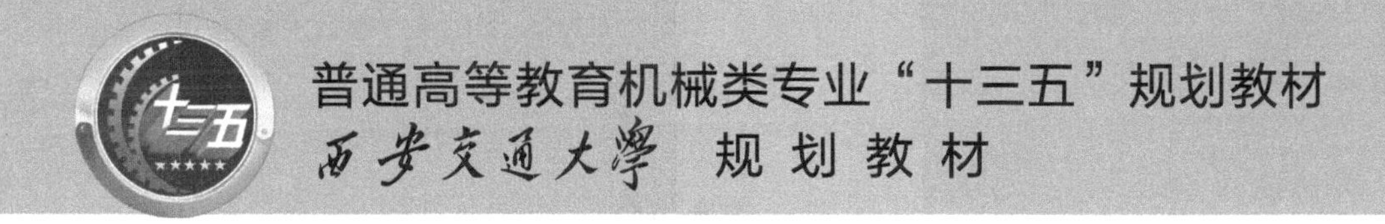

机械制造实训教程

（第2版） （上册）

主编 宋超英
编者 崔 琦 屈玲川 栗茂林

U0290845

内容简介

本教程是根据教育部颁布的高等学校金工实习教学基本要求，结合编者多年从事实践教学经验，并参考同类教材编写而成，力图内容充实、面向学生、实用性强，是一本实践教学和学生自学的实用教材。

本教程分为上下两册，本册主要包括机械制造基础知识、传统机械冷加工和现代加工等内容，同时还编入了木工加工、特种加工以及作为附录的常用技术资料等内容。

本教程可作为高等院校的实践教学教材，也可作为从事课外科技实践活动学生自学机械加工知识和技能的实用指导书，同时也可供职业教育、技能培训及有关技术人员参考。

图书在版编目(CIP)数据

机械制造实训教程. 上册/宋超英主编. —2 版. —西安：西安交通大学出版社，2018.8(2022.1 重印)

ISBN 978-7-5693-0802-0

Ⅰ.①机… Ⅱ.①宋… Ⅲ.①机械制造-高等学校-教材 Ⅳ.①TH

中国版本图书馆 CIP 数据核字(2018)第 179478 号

书　　名　机械制造实训教程 上册 第 2 版
主　　编　宋超英
责任编辑　李慧娜

出版发行　西安交通大学出版社
(西安市兴庆南路 1 号　邮政编码 710048)
网　　址　http://www.xjtupress.com
电　　话　(029)82668357　82667874(发行中心)
(029)82668315(总编办)
传　　真　(029)82668280
印　　刷　西安日报社印务中心

开　　本　787mm×1 092mm　1/16　**印张**　18.375　**字数**　440 千字
版次印次　2018 年 8 月第 2 版　2022 年 1 月第 6 次印刷
书　　号　ISBN 978-7-5693-0802-0
定　　价　42.00 元

读者购书、书店添货，如发现印装质量问题，请与本社发行中心联系、调换。
订购热线：(029)82665248　(029)82665249
投稿热线：(029)82668315
读者信箱：64424057@qq.com

版权所有　侵权必究

前言 Foreword

工程实践训练是高等院校理工科专业培养合格工程科技人才的必要环节。为了培养适应21世纪社会需要的创新型人才，激发学生的学习兴趣，使学生把被动学习变为自主学习，并将课余时间更多地用于知识、技能的学习上，西安交通大学在原工程训练中心和校办工厂实习部分的基础上，于2007年10月成立了新型的学生工程实践基地——工程坊。

工程坊致力于培养学生的工程意识和工程实践能力，《机械制造实训教程（上册）》是配合学生进行工程实践教育的配套教材。本教材自2011年第1版出版后，受到教师和学生的欢迎，同时也收到许多读者对本教材提出的改进意见和建议。根据读者意见和工程坊近几年实践教学的经验，以及教学改革项目实施中的教学内容，我们对教材进行了部分修订，在保持第1版教材面向学生、实用性强、通俗易懂、便于自学等特色的基础上，修订出版了第2版。

教材第2版主要修订内容包括：

(1)增加了第9章——基于项目的综合应用实例。本章内容主要是将我们实施教学改革项目的实践内容作为教学实例与从事实践教学的老师分享，也可作为学生综合应用所学知识和技能的参考内容。

(2)更新了第7章第2节的内容。以目前主流新版数控系统（广数GSK980TB3）为对象，介绍数控车床的控制、编程方法，替换了原来老版本数控系统的内容，使教材的内容更加贴近实际。

本次修订由宋超英高级工程师担任主编，崔琦、屈玲川、栗茂林老师参编。其中第2版新增部分第9章由崔琦老师编写，第7章第2节由栗茂林老师编写。

限于编者水平，书中难免有错误和不妥之处，恳请广大读者指正。

《机械制造实训教程》编写组

2018年8月

目录 Contents

第 1 章　机械制造基础知识

1.1　课程介绍

1.1.1　教学内容

机械制造实习是一门实践性很强的技术基础课，是大学生了解现代机械制造生产工艺过程、获得机械制造基础知识、培养实践动手能力的实践性教学环节，是大学本科教学计划内的必修课程。

学生通过实习了解现代机械制造的一般过程和基本工艺知识，熟悉机械零件的常用加工方法，初步掌握各工种主要加工设备、工夹量具的操作技能以及安全操作技术；培养学生的工程实践能力以及安全生产、产品质量、生产成本、节能环保意识；同时培养学生创新能力、理论联系实际的科学作风以及遵守安全技术操作规程、爱护公物、勇于实践等基本素质。机械制造实习是培养复合型人才和建立多学科知识结构的重要基础，也为其他课程的学习奠定了必备的知识与实践基础。

广义的产品生产过程包括：市场调研、可行性论证、产品设计、产品制造、产品销售和售后服务等阶段，如图 1－1 所示。

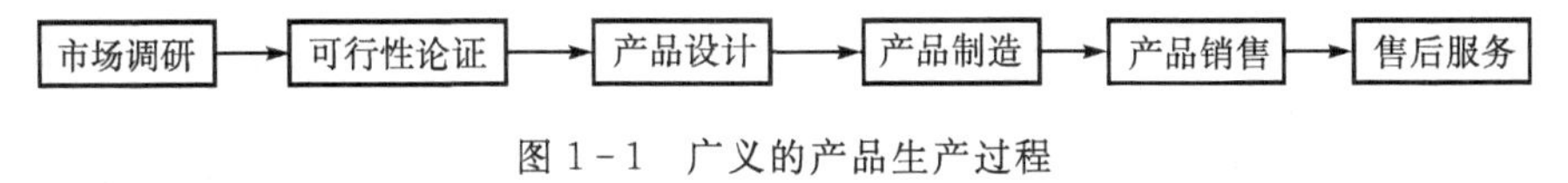

图 1－1　广义的产品生产过程

以上各阶段主要工作内容如下：

• 市场调研：主要对市场前景、现状信息的调查收集，包括对目标客户的需求调查、预期市场规模调查、同类产品市场现状调查等。

• 可行性论证：在对市场调研信息、企业内部资源进行综合分析的基础上，对生产该产品的可行性进行全面论证，最终得出是否立项研发、生产的决定。包括市场前景、产品生命周期、企业资金能力、企业生产能力、产品经济效益等方面的评估、论证。

• 产品设计：根据对产品的技术性能要求，完成产品各项技术设计。包括产品技术方案设计、结构设计、电路设计以及在各项设计过程中的试验、验证等工作，最终以各种设计技术文件的形式提交结果。

• 产品制造：这是将产品构思变为具体实物的过程，也是产品生产过程中最复杂的环节。具体内容包括加工工艺方案制订、编制工艺文件、编制生产计划、进行生产准备、零件加工、产品装调、质量检验、包装入库等。

• 产品销售：包括市场开拓、售前服务、合同签订、产品移交、货款回收等工作。

• 售后服务：包括协助用户产品安装调试、故障维修、用户意见收集、市场信息反馈等工作。

机械制造实习所涉及的是一般产品生产中机械类产品或机械零部件的生产制造过程。根据各学校教学实习条件不同，一般将机械制造过程中的典型环节或工种作为教学实习内容，如图 1－2 所示。

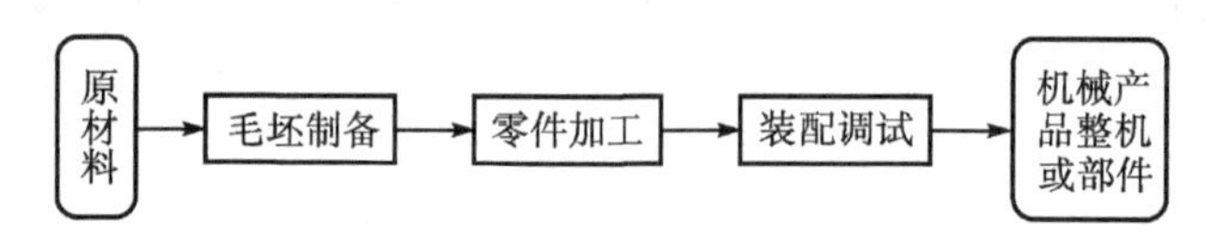

图 1－2　机械类产品生产制造过程

以上各加工环节的主要内容如下：

• 毛坯制备：对于大多数金属零件，一般均用不同工艺方法将金属原材料先制成与被加工零件外形相近并留有加工余量的零件毛坯，以节约原材料并便于后续加工。常用毛坯加工的方法有铸造、锻造、焊接、切割裁剪等。

• 零件加工：零件的成形过程，就是对零件毛坯进行加工，去除多余的材料，得到图纸要求的零件形状、尺寸和表面状态。常用的加工方法主要有切削加工、特种加工、热处理、表面处理等加工工艺。

• 装配调试：将加工完成的合格零件按照一定的顺序和配合关系组装到一起，并进行必要的调整、试验，达到有关技术要求，成为具有特定功能的产品整机或功能部件的生产过程。

其中，零件加工包括：

切削加工——包括车削、铣削、刨削、磨削、钻削等机械加工和钳工加工两大类。

特种加工——相对于传统机械切削加工，特种加工主要不是依靠机械能，而是直接利用电能、声能、光能和化学能等能量形式对工件进行加工的工艺方法。常用的有电火花、激光、超声波、电解加工、化学蚀刻等方法。

热处理——在许多金属零件的毛坯制备和切削加工过程中，为便于切削和保证零件的力学性能，需要在某些加工工艺之前或之后对零件进行热处理。热处理是不改变零件的形状，而通过对其加热、保温、冷却来改变零件材料的内部组织结构，从而获得所需的力学性能和加工性能。

表面处理——为满足零件表面不同的机械性能、防护性能和装饰效果的要求，一般均要对零件或整机进行不同的表面处理。常用方法有表面热处理、喷砂处理、抛光处理、电镀、喷漆等工艺。

1.1.2　教学目的

机械制造实习是一门实践性课程，通过学生的动手实践过程，达到如下教学目的：

① 使学生了解机械制造的一般过程，机械零件加工的主要工艺方法，初步建立工程概念及机械制造过程的感性知识。

② 使学生了解各加工工种的工艺特点和加工范围，了解各工种常用设备及工具的结构原理及其安全操作规程，初步掌握有关工种的基本操作方法和技能，并通过实际操作独立完成简单零件的加工制作。

③ 通过实习，使学生养成注重安全、遵守纪律、爱护公物、勤俭节约、勇于实践的良好习惯

和理论联系实际的严谨作风，拓宽专业视野，增强就业竞争力。

1.1.3　教学要求

1. 基本要求

实习教学应以实践操作为主，讲授、示范为辅，采用启发式、互动式教学。通过讲解、示范、观摩和实际操作，使学生了解机械制造的一般过程，了解各工种工艺特点和加工范围，了解各工种常用设备及刀具、工具、量具的结构原理和操作使用方法，学习机械加工工艺基础知识，重点学习和初步掌握车工、铣工、钳工、铸造、焊接以及现代数控加工等各工种的基本操作方法，独立完成简单零件的加工过程，并完成实习总结报告。

2. 能力培养要求

通过实习注重培养学生的工程实践能力、创新意识和创新能力，使学生初步掌握有关工种操作技能和设备、工具、量具的正确使用方法，促使学生养成勤于思考、勇于实践的良好作风和习惯，培养学生的工程意识、产品意识、质量意识，提高其工程素质，强化学生遵守劳动纪律、遵守安全技术操作规程和爱护公共财产的自觉性，提高学生的综合能力和素质。

3. 安全要求

在实习中始终坚持安全第一的观念，将学生的安全教育融入实习的全过程。通过各种方法和手段，强化学生安全生产意识，对学生进行严格的安全教育，使学生切实了解并严格遵守各项安全操作技术规程，做到安全、文明生产，确保学生的人身安全和设备安全。

1.2　安全生产基础

1.2.1　安全生产基本概念

安全和健康是人们最基本的需求，保障人身安全和身体健康是人们从事工作、学习和生活等社会活动的前提条件，也是建设和谐社会的重要内容。

党和国家高度重视安全生产工作，制定了一系列的安全生产法律法规，建立了系统的安全监管体系。在各类生产企业中，安全生产必须摆在重要位置，是企业管理的一项重要内容。

在机械制造实习过程中，学生所从事的教学实践活动，虽然并非真正意义上的生产活动，但在实习中所处的环境、操作的各种加工设备、使用的工具，都与企业的生产作业十分相似，并且由于参与实习的学生所具有的好奇、好动、缺乏安全常识等特点，使安全风险更加突出。为了保障实习学生的人身安全，必须通过各环节的安全教育以及安全生产基础知识的学习，使学生树立安全意识，建立安全生产的基本概念，掌握安全操作和自身安全防护的基本技能。

1. 安全生产的基本术语

安全生产——是指在生产过程中，要努力改善劳动条件，消除或控制不安全因素，防止人身伤亡和财产损失事故发生，使劳动生产在保护劳动者的安全健康和财产安全的前提下进行。

事故——是指已经引起或可能引起伤害、疾病和(或)对财产、环境或第三方造成损害的一件或一系列事件。事故是一种发生在人们生产、生活活动中的特殊事件，人们的任何生产、生活活动中都可能发生事故。

危害——可能引起的损害，包括引起疾病和外伤，财产损失或环境破坏。

风险——发生特定危害事件的可能性以及事件结果的严重性。

危险源——指可能造成人员伤亡、财产损失或环境破坏的事故根源，可以是存在危险的一件设备、一处设施或一个系统，也可以是它们中存在危险的一部分。

隐患——就是潜藏着未被发现的危险源。可导致事故发生的人的不安全行为、物的不安全状态和管理上的缺陷都是事故隐患。

违章作业——凡在劳动生产过程中违反国家的安全法规和企事业单位及其上级部门制定的各种安全规章制度的行为，均属违章作业。违章作业是导致生产安全事故的主要原因。

本质安全——指设备、设施或技术工艺具备内在的能够从根本上防止发生事故的功能。本质安全功能具有即使操作失误，也不会发生事故或伤害的功能，或者设备、设施或工艺技术本质具有防止人的不安全行为的功能。

2. 事故的类别

事故可以按不同的视角进行分类，如按事故伤害程度、事故严重程度、事故经济损失程度和事故致害原因分类。在《企业职工伤亡事故分类》(GB6441—1986)中，按致害原因将事故类别分为20类，以下仅就常见的事故类型加以介绍。

物体打击——指失控物体的惯性力造成的人身伤害事故。如落物、滚石、锤击砸伤等造成的伤害，不包括爆炸而引起的物体打击。

车辆伤害——指机动车辆引起的伤害事故。如机动车在行驶中的挤、压、撞车或倾覆等事故，在行驶中上下车、搭乘矿车以及车辆运输挂钩、跑车事故。

机械伤害——指机械设备与工具引起的绞、辗、碰、割、戳等伤害。如工件或刀具飞出伤人，切屑伤人，手或身体被卷入，手或其他部位被刀具碰伤、被转动的机构缠压住等。

触电——指电流流经人体造成生理伤害事故。如人体接触带电的设备金属外壳或裸露的临时电线，漏电的手持电动工具，起重设备误触高压或感应带电，雷击伤害，触电坠落等事故。

灼伤——指强酸、强碱溅到身体引起的灼伤，或因火焰引起的烧伤，高温物体引起的烫伤，放射线引起的皮肤损伤。

火灾——指造成人身伤亡的火灾事故。

高处坠落——指由于危险重力势能差引起的伤害事故。如使用脚手架、平台、陡壁施工等高于地面的坠落，地面踏空失足坠入洞、坑、沟、升降口等事故。

3. 事故产生的原因

安全事故的发生，均有其内在的因果关系，对事故进行分析、研究的重要任务就是找出导致事故发生的各类原因，进而找到预防和控制安全事故发生的方法。经过对大量安全事故原因的分析、归纳，将事故的原因分为直接原因、间接原因和根本原因。

(1)事故的直接原因

所谓事故的直接原因，即直接导致事故发生的原因。大多数学者认为，事故的直接原因只有两个，即人的不安全行为和物的不安全状态。

① 人的不安全行为：

• 忽视安全、忽视警告、操作错误——未经许可开动、关停、移动机器，酒后作业，手伸进机器危险部位，机器超速运转，不停机进行加油、检查、调整、修理、清扫作业；忽视报警信号、警告标志;按钮、手柄、开关操作错误,工件装夹不牢等。

• 造成安全装置失效——拆除安全防护装置或调整错误造成安全装置失效。

• 使用不安全的设备——使用无安全装置或安全装置失效的设备;使用存在故障的设备。

• 用手代替工具操作——用手代替手动工具;用手清除切屑;不用夹具紧固工件,而用手持工件进行加工。

• 冒险进入危险场所——在起吊物下作业、停留;冒险进入危险物品装卸作业区域;靠近易产生飞溅物的加工设备附近;攀、坐不安全的位置。

• 生产作业中分散注意力——如与他人聊天、看书报、听音乐,做与工作无关的事情。

• 物体存放不当——工具、工件、材料摆放在不稳固的台面或设备上;成品、半成品叠放过高或摆放不稳;切屑收集存放不当。

• 个人安全防护用具使用不当——不按规定要求穿工作服、戴工作帽;操作旋转加工设备时戴手套;未按专业工种要求使用个人安全防护用具(如护目镜、安全帽、绝缘鞋、安全带、防护手套等)。

② 物的不安全状态:

• 防护、保险、信号等装置缺乏或有缺陷——无防护罩、防护栏或防护罩位置不当,无安全保险、报警装置;无安全警告标志;电气设备无安全接地、绝缘不良;电气装置带电部分裸露;保险、保护装置调整不当或失效。

• 设备、设施、工具附件有缺陷——设计不当,结构不符合安全要求(如制动装置有缺陷;安全距离不够;工件有锋利毛刺、毛边等);机械强度、绝缘强度不够;起吊绳索不符合要求;设备保养不当、带病或超负荷运转。

• 个人防护用具缺少或有缺陷——个人防护用品、用具,包括防护服、手套、护目镜及面罩、呼吸器官护具、听力护具、安全帽、安全带、安全鞋等。缺少,是指无个人防护用品、用具;缺陷是指个人防护用品、用具不符合安全要求。

• 生产作业环境不良——包括照明光线不良,如照度不足、光线过强、作业场所烟雾弥漫而致视线不清;通风不良,如无通风设施或通风系统效率低;作业场所狭窄或杂乱,如材料、制品、工具堆放不安全;交通通道规划不安全、地面滑,如运输、人行通道穿过危险作业区域,地面有油迹或其他液体、易滑物体;危险物品存放不安全;环境温度、湿度不当,超过人体耐受限度。

(2)事故的间接原因

事故的间接原因,是指那些并不直接导致事故发生,但却使事故的直接原因得以产生和存在的原因。事故的间接原因可归纳为以下几种:

• 技术上和设计上存在缺陷——是指从安全的角度来分析,在技术上和设计上存在的与事故发生原因有关的缺陷。这类缺陷主要表现在:在设计上因设计错误或考虑不周造成的失误;在技术上因安装、施工、使用、维修、检查等达不到要求而留下的事故隐患等。如设计违反有关安全规范、标准、规程;在图纸、公式使用、数据计算、材料选用和设备选择等方面的设计错误;设备安全不符合有关安全技术规范;工程施工技术水平差,质量达不到设计要求和验收规范;检验、检测技术落后,未能发现安全隐患等。因操作人员操作技术不熟练,操作方法不当而造成事故的,也属于技术上的缺陷。

• 员工教育培训不够——是指虽然形式上对员工进行了安全生产知识的教育和培训,但没有达到预期效果，员工对安全生产技术和安全规定没有完全掌握，对设备、设施的工作原理和安全防范措施没有学懂弄通，对本岗位的安全操作方法、安全防护方法一知半解，应付不了日常操作中遇到的各种问题，不熟悉本岗位的安全操作规程，不能真正按章操作，以至不能防止事故的发生。

• 身体的原因——包括有眩晕、头痛、癫痫、高血压等疾病，近视、耳聋、色盲等残疾，身体过度疲劳、醉酒、药物的作用等。

• 精神、情绪的原因——包括怠慢、反抗、不满等不良情绪，烦躁、紧张、恐怖、心不在焉等精神状态，偏狭、固执等性格缺陷等。此外，过度兴奋和积极等精神状态也有可能产生不安全行为。

• 管理上的缺陷——包括劳动组织不合理，企业主要领导人对安全生产的责任心不强，作业标准不明确，缺乏设备检查保养制度，人事配备不完善，对现场工作缺乏检查或指导错误，没有健全的操作规程，没有或不认真实施事故防范措施等。

事故统计表明，85％左右的事故都与管理因素有关。换句话说，如果采取合适的管理措施，大部分事故将会得到有效的控制。因此，管理因素是事故发生乃至造成严重损失的最主要原因。

• 教育的原因——是指各级教育组织（大、中、小学校）中的安全教育不完全、不到位。各级学校在对学生进行文化教育的同时，也担负着提高学生全面素质的重任。素质当中当然也包括安全素质。正是由于学校教育中在安全教育方面的不完全、不到位，大多数仍停留在常识式的初级阶段，使得学生面对形形色色的突发性事件，不知所措，遭受了不必要的伤害和损失。

• 社会历史的原因——一个国家、民族、社会，在其长期发展的历史过程中所形成的各种传统观念或模式，对人们的意识、行为均会产生深刻的影响，包括人们的安全意识和法律意识。

（3）事故的根本原因

间接原因滋长了低标准行为和条件，然而，这并不是“原因——结果”这一关联的开端。因果链表明支配事故/事件的根源是缺乏控制，这是事故的根本原因。因此，必须针对根本原因建立一套标准，并按此标准进行系统地检查。

管理人员要对安全标准和管理失控程序进行专业管理；知道标准、计划及如何组织工作以满足标准；直接给人们提供要达到的标准；检测自己和他人的行为表现。这些都是管理者应加以控制的。如果没有进行有效控制，人的行为就可能失控，事故就会开始发展并且引发间接和直接的事故因素，导致事故的发生。

4. 安全事故的预防和控制

通过对大量安全事故的成因进行分析，绝大多数（98％以上）事故是可以预防的。基于这一认识，我们就能够应用管理技能来避免事故的发生或减少事故对人员和财产造成的影响。也就是可以对事故进行预防和控制。

事故预防是指通过采用技术和管理的手段使事故不发生；事故控制是通过采用技术和管理手段，使事故发生后不造成严重后果或损失尽可能地减少。

（1）事故预防与控制的基本原则

人的不安全行为和物的不安全状态是导致安全事故发生的原因，这些原因可归纳为四个方面的问题：

① 不正确的态度：个别生产人员忽视安全，甚至故意采取不安全的行为。

② 技术、知识不足:生产人员缺乏安全知识、缺乏经验,或技术不成熟。

③ 身体不适:生产人员健康状况或生理状态不佳,如听力、视力不良,反应迟钝、疾病、醉酒或其他生理机能障碍。

④不良的工作环境:照明、温度、湿度不适宜,通风不良,强烈的噪声、振动,物料堆放杂乱,作业空间狭小,设备、工具缺陷等不良的物理环境以及操作规程不合适、没有安全规程或其他妨碍贯彻安全规程的事物。

针对上述四个方面的事故原因,必须运用安全技术、安全教育、安全管理三方面的措施,对安全事故进行预防与控制。

安全技术着重解决物的不安全状态问题;安全教育和安全管理主要解决人的不安全行为问题,安全教育使人知道应该怎样做,安全管理则是要求人必须怎样做。这就是事故预防与控制的基本原则。

(2)采用安全技术预防和控制事故的措施

针对设备、环境中的各种危险和有害因素之特点,综合归纳出各种消除、预防技术措施如下:

• 消除:从根本上消除危险和有害因素。其手段就是实现本质安全,这是预防事故的最优选择。

• 减弱:当危险、有害因素无法根除时,则采取措施使之降低到人们可接受的水平。如依靠个体防护降低吸入尘毒的数量,以低毒物质代替高毒物质等。

• 屏蔽和隔离:当消除和减弱均无法做到时,则对危险、有害因素加以屏蔽和隔离,使之无法对人造成伤害或危害。如安全罩、防护屏。

• 设置薄弱环节:利用薄弱元件,使危险因素未达到危险值之前就预先破坏,以防止重大破坏性事故。如保险丝、安全阀、爆破片。

• 联锁:以某种方法使一些元件相互制约以保证机器在违章操作时不能启动,或处在危险状态时自动停止。如起重机械的超载限制器和行程开关。

• 防止接近:使人不能落入危险或有害因素作用的地带,或防止危险或有害因素进入人的操作地带。例如安全栅栏、冲床设置的双手按钮。

• 加强:提高结构的强度,以防止由于结构破坏而导致发生事故。

• 时间防护:使人处在危险或有害因素作用的环境中的时间缩短到安全限度之内。如对重体力劳动和严重有毒有害作业,实行缩短工时制度。

• 距离防护:增加危险或有害因素与人之间的距离以减轻、消除它们对人体的作用。如对放射性、辐射、噪声的距离防护。

• 取代操作人员:对于存在严重危险或有害因素的场所,用机器人或运用自动控制技术来取代操作人员进行操作。

• 传递警告和禁止信息:运用组织手段或技术信息告诫人避开危险或危害,或禁止人进入危险或有害区域。如向操作人员发布安全指令,设置声、光安全标志、信号。

1.2.2　机械加工安全基础知识

机械是现代生产和生活中必不可少的装备。机械是由若干相互联系的零部件按一定规律装配起来,能够完成一定功能的装置。机械设备在运行中,至少有一部分按一定的规律做相对运动。机械在给人们带来高效、快捷和方便的同时，在其运行、使用过程中，也会带来撞击、挤压、切割等机械伤害和触电、噪声、高温等非机械危害。

在机械制造实习过程中，学生会接触各种金属切削机床、锻压机床、铸造机械、木工机械以及电动工具、手动工具，这些设备和工具均是实际生产中使用的生产设备，学生在使用、操作时同样存在发生人身伤害事故的危险。为保障实习学生免受各种不安全因素的危害，使学生了解机械加工过程中的危险因素，树立安全意识，掌握有关机械加工安全基本知识是十分必要的。

1. 机械设备的危险部位

- 旋转部件。如传动轴、联轴器、卡盘、丝杠、心轴、铣刀等。
- 旋转部件与成切线运动部件之间的咬合处。如传动皮带和皮带轮、链条和链轮等。
- 旋转的凸块和孔洞处。如风扇叶，凸轮，有减重孔或轮辐的带轮、飞轮等。
- 对向旋转部件的咬合处。如齿轮啮合处、反向旋转的轧辊、混合辊等。
- 旋转部件与固定构件之间。如砂轮与砂轮支架间、传输带与传输带架间。
- 直线运动部件与固定构件之间。如锻锤的锤体与砧板、冲床的上下模之间。
- 往复直线运动的部件。如牛头刨床的滑枕、剪板机的压料板和刀刃。
- 单向运动的部件。如带锯边缘的锯齿、砂带磨光机的砂带。

在机械设备运转过程中，操作者或其他人员接近或碰触上述机械设备的危险部位时，都可能对人身造成碰撞、夹击、剪切、卷入等多种伤害。

2. 机械伤害的类型

• 卷入、缠绕和碾扎伤害：这类伤害主要由设备的旋转运动部件造成，如将人的头发卷入机器；随身佩带的饰物(围巾、领带、项链等)缠绕而伤及人体；手套、肥大的衣袖或下摆卷入机器等。

• 挤压、剪切和冲击伤害：这类伤害主要由单向或往复运动部件造成，如运动的工作台造成的撞击；剪板机压料装置的挤压，刀刃的剪切；手进入冲床上下模之间造成的挤压等。

• 飞出物、跌落物打击伤害：这类伤害主要由具备一定动能的物体击中人体造成。如未夹紧的刀片、工件，破碎的砂轮片；连续排出的或破碎而飞散的切屑；锻造加工中飞出的工件；由于管道、阀门破损高压蒸汽或液体喷射；高处掉落物件(哪怕质量很小)；倾翻、滚落的物件；超行程脱轨的机件；夹持不牢或绳索断裂的吊挂物等。

• 碰伤、割伤和擦伤：如切削刀具的锋刃；零件表面的毛刺；工件或废屑的锋利飞边；机械设备的尖棱、利角、锐边、手柄；粗糙的表面(如砂轮、毛坯)；机械结构上的凸出、悬挂部分；长、大加工件伸出机床的部分等。

在机械加工作业过程中，除存在上述各种机械类伤害的危险外，还可能受到加工设备和生产环境造成的电气、噪声、振动、温度等非机械危害。

3. 机械加工中的安全防范措施

在机械加工生产过程中产生事故的原因仍然是由人的不安全行为和物的不安全状态所导致。防范事故的发生，还是应从人和物两方面着手。在解决设备和环境安全的前提下，应重点解决人的不安全行为，主要有以下几个方面的措施：

• 建立安全意识。通过系统的安全培训，牢固树立安全意识；充分认识安全事故的严重后果，消除侥幸心理；严格遵守安全操作规程，不违章操作；严肃认真、精神集中地进行操作，不做任何与工作无关、分散注意力的事情。

• 掌握安全操作技能。通过培训和学习，了解各种设备、工具的性能，掌握正确的使用、操作方法，勤学多练，提高操作水平。

• 掌握必要的安全防护技能和正确的事故处置方法。掌握基本的安全生产知识和安全防护技能，正确识别各种安全隐患，提高自我安全保护能力；掌握正确的事故处置程序和方法。

除在思想上重视安全，努力学习和掌握安全操作技能及安全防护知识外，在加工生产过程中还应注意以下具体安全事项：

① 避免进入机械危险区域。操作者在加工过程中应避免进入机械设备运动范围或飞溅物的作用范围，如牛头刨床的前后方、砂轮机的正面、机床切屑排出方向等；操作者的肢体不得进入冲床模具、剪切刀口之间。

② 避免接触机器的危险部位。在机器运转时，任何人员不得接触裸露的机械运转部件，如车床的卡盘及工件、铣刀、联轴器、皮带及带轮等。

③ 不得拆除机器的防护、保险装置。不能为了方便而拆除设备的防护罩、防护网、连锁保险装置；应经常检查、测试安全保险装置的可靠性，发现故障必须及时修理，确保各种防护、保险设施正常有效。

④ 检修设备按有关规定操作。在对设备进行检查、修理时，必须切断设备电源，电源开关处须设置"有人工作，禁止合闸"警示牌，必要时应设专人监护。

⑤ 按要求正确使用个人防护器具。操作人员要严格按照不同作业工种的要求，正确使用个人防护用品、用具，包括防护服、手套、护目镜及面罩、呼吸器官护具、听力护具、安全帽、安全带、安全鞋等；在工作场所不穿高跟鞋、拖鞋，不佩戴项链、领带、围巾、耳机等。

1.2.3　安全用电常识

人们现代生活和生产活动都与电能的使用密切相关，安全、合理地使用各种电器设备，会带给我们舒适的生活享受和生产的高效率。电能带给人们便利的同时，也会造成事故，带来人身伤害和经济损失。

在机械制造实习过程中，学生会接触各种电力驱动的加工设备、电动工具和照明器具，如果使用操作不当或设备出现故障，都有可能发生电气系统事故，从而威胁人身安全。学习安全用电知识，掌握用电安全防护技能，是保障实习学生安全，免遭电气事故伤害的有效措施。

1. 电气事故的类型

电气事故包括人身事故和设备事故，事故损害都是由电效应的不同形式造成，主要有以下几种类型：

• 触电：触电是人体接触带电体造成，触电又可分为电击和电伤。电击是电流直接作用于人体而所造成伤害；电伤是电流转换成热能、机械能等其他能量形式作用于人体而造成伤害。

• 过载、短路：电气回路和机器设备由于故障可造成线路过载或短路事故，过载和短路可导致火灾、爆炸以及突然停电等事故，突然停电还可能引发二次事故造成人身伤害和财产损失。

• 雷击：雷电是一种自然气象现象，是发生在雷雨云之间或雷雨云与大地之间的放电现象。雷电具有电性质、热性质和机械性质等多方面的破坏作用。雷击是雷电的放电能量直接或其感应电势经过人体、建筑物、设备的现象。雷击所带来的危害主要有人身伤亡、火灾和爆炸、建筑物损坏、设备损坏、大范围停电等。

• 静电:静电是由相对静止的正、负电荷积累形成,静电具有能量低、电压高、泄漏慢的特点。静电最严重的危害是在易燃易爆场所容易引起火灾和爆炸,也可以对人给以电击而引发二次事故。

• 电磁辐射:主要指 100 kHz 以上的电磁辐射。在一定强度的高频电磁波照射下,人体所受到的伤害主要表现为头晕、记忆力减退、睡眠不好等神经衰弱症状。此外,高频电磁波还可能造成高频感应放电和高频干扰。

2. 电流对人体的伤害形式

电气事故中对人身的伤害类型主要是触电事故,是电流对人体的作用结果。电流对人体的伤害形式如下:

• 电击:电击分为直接接触电击和间接接触电击,前者是触及正常状态下带电的带电体时发生的电击,后者是触及正常状态下不带电、而在故障状态下意外带电的带电体时发生的电击,也称为故障状态下的电击。电击对人体的伤害,是电流直接流过人体,破坏人的心脏、神经系统、呼吸系统的正常工作造成的伤害。

• 电伤:电伤是电流的热效应、化学效应或机械效应对人体外部造成的局部伤害。电伤分为电弧烧伤、电流灼伤、皮肤金属化、电烙印、机械性损伤、电光眼等伤害。其中电弧放电造成的烧伤,是最常见且最危险的。

• 电流对人体的伤害程度:电流可使人体肌肉产生突然收缩效应,产生针刺感、压迫感、打击感、痉挛、疼痛、血压升高、昏迷、心率不齐、心室颤动等症状。数十毫安的电流通过人体可使呼吸停止,数十微安的电流直接流过心脏会导致致命的心室纤维性颤动。电流对人体的损伤程度与电流大小、电流持续时间、电流种类、电流途径和人体的健康状况等因素有关。工频电流作用于人体的生理效应见表 1-1。

表 1-1 工频电流作用于人体的生理效应

电流范围	电流/mA	电流持续时间	生理效应
0	0～0.5	连续	没有感觉
A1	0.5～5	连续	开始有感觉,手指、手腕处有麻感,没有痉挛,可以摆脱带电体
A2	5～30	数分钟内	发生痉挛,不能摆脱带电体,呼吸困难,血压升高,是可以忍受的极限
A3	30～50	数秒至数分钟	心跳不规则,昏迷,血压升高,强烈痉挛,时间过长即引起心室纤维性颤动
B1	50～数百	低于心脏搏动周期	受强烈刺激,但未发生心室纤维性颤动
		超过心脏搏动周期	昏迷,心室纤维性颤动,接触部位留有电流通过的痕迹

续表 1－1

电流范围	电流/mA	电流持续时间	生理效应
B2	超过数百	低于心脏搏动周期	在心脏搏动周期特定相位电击时，发生心室纤维性颤动，昏迷，有电击痕迹
		超过心脏搏动周期	心跳停止，昏迷，可有致命的电灼伤

表 1－1 中，电流范围一栏内 0 是没有感觉的范围；A1、A2、A3 是不引起心室纤维性颤动，不致产生严重后果的范围；B1、B2 是容易产生严重后果的范围。

3. 防范电气事故的安全措施

要防止电气安全事故的发生，同样是采取措施消除设备和环境的不安全状态和人的不安全行为。

保证设备和环境的安全，主要采取的技术措施如下：

• 绝缘：是用绝缘物将带电体封闭起来，使人体无法接触带电体或带电体不能与其他导体接触，避免人体触电、电路漏电、短路发生。电气设备的绝缘应符合其相应的电压等级、环境条件和使用条件。

• 屏护：是采用遮拦、护罩、护盖、箱闸等将带电体与外界隔绝开来。屏护装置应有足够的尺寸，并与带电体保持足够的安全距离。金属材料制成的屏护装置应可靠接地(或接零)。

• 安全距离：是将可能触及的带电体置于可能触及的范围之外。其安全作用与屏护的安全作用基本相同。安全距离的大小取决于电压高低、设备类型、环境条件和安装方式等因素。

• 保护接地(或接零)：保护接地就是将所有电器设备在正常情况下不带电的金属外壳以及和它连接的金属部分与大地做可靠的金属连接。当设备在工作时出现绝缘破坏而使外壳带电时，可使电流经接地体流入大地，当人体接触带电的外壳时，将可能产生的接触电压控制在安全范围之内，以保护人身安全。保护接零是针对工作于直接接地的低压三相四线配电系统中电气设备的一种安全保护措施。工作于该配电系统的设备外壳应与电路零线相连接，其保护作用与保护接地类同。

• 双重绝缘和加强绝缘：双重绝缘是在带电导体的基本绝缘外再增加保护绝缘，防止在工作时基本绝缘损坏后发生电击事故；加强绝缘是采用单一绝缘而达到双重绝缘的水平，也即是一种提高绝缘性能的单一绝缘。

• 采用安全电压：安全电压是在一定条件下、一定时间内不危及生命安全的电压，安全电压限值是在任何情况下、任意两导体之间都不得超过的电压值。我国规定工频安全电压有效值的额定电压有 42 V、36 V、24 V、12 V 和 6 V。不同的环境条件和工作场合，必须按照规定使用不同额定值的安全电压。

• 漏电保护：漏电保护装置主要用于防止电击事故的发生。电流型漏电保护装置以漏电电流或触电电流为动作信号，动作信号经处理后带动执行元件动作，使线路迅速分断。

以上各项仅是针对电器设备、用电环境和电路设施所采取的技术防范措施，要想彻底杜绝电气事故对人的伤害，防止作为用电主体的人的不安全行为也是重要的内容。人们在日常生活和生产活动中，应当遵守如下安全用电事项：

① 非专业电气维修人员不得擅自修理配电电路设施或设备的电气故障；专业电气维修人员在修理电路故障时，必须采取绝缘、隔离等安全防护措施，使用专用工具和个人防护器具。

② 施工作业中如需临时用电，应由专业电工按有关安全标准架设电路，非专业人员禁止擅自接线；不得用潮湿的手插拔电源插头；禁止触碰任何裸露的接线端子，电线接头和绝缘破损、老化的电气线路。

③ 在使用手持式电动工具和移动式电气设备时，应首先检查外壳、手柄有无裂缝和破损，电缆和插头是否完好，机械转动部分是否灵活无障碍。长期未使用的设备，还应在使用前测量绝缘电阻。

④ 严禁超过线路负荷用电；保护开关跳闸或保险丝熔断后，必须检查电路和设备，找出断电原因、排除电路故障后，方可合闸送电；禁止使用铜、铝导线代替保险丝或使用超过额定电流规格的保险丝。

⑤ 所有断电检修作业必须在电源开关处挂“有人工作，禁止合闸”警示牌；禁止用手直接分、合有较大负荷的刀闸开关。

⑥ 当发生触电事故时，应设法立即切断有关设备或电路的电源，使触电者脱离电源。如无法切断电源，应使用绝缘的长杆等物，将电线挑开或将触电者拉离电源，禁止用手直接接触触电者；当触电者出现呼吸或心跳停止时，必须立即施行心肺复苏现场救护，并迅速向专业救援机构报警。

1.2.4 学生实习安全要求

参加机械制造实习的学生，绝大部分都是初次接触各种机械加工设备，对安全生产知识也知之甚少。因此，实习学生在正式进入实习车间开展实习前，学校负责实习的业务部门必须对学生进行必要的安全教育，使学生了解国家有关安全生产的法律、法规和基本安全知识，强化同学们的安全意识，牢固确立“安全第一”的观念。

为了保证学生在实习期间的人身安全，特对实习学生提出以下具体的安全要求：

① 进入实习场所后，应自觉遵守各项实习纪律，听从实习指导人员的安排；对于自己不熟悉或与实习无关的设备、设施不擅自操作和乱动；不在实习场所追逐、打闹。

② 按要求正确穿戴工作服、工作帽，工作服袖口和下摆要扎紧，女生长发应放入工作帽内；禁止穿凉鞋、拖鞋、高跟鞋以及裙子进入实习场所；操作时禁止佩戴项链、领带、围巾、耳机。

③ 自觉遵守各专业工种安全操作规程，不违章作业；按照操作规程要求正确使用个人安全防护用具，严禁戴手套操作旋转加工机械；操作机器设备时，要精神集中，不做任何与工作无关、分散注意力的事情。

④ 在装夹工件、安装刀具、测量工件、调整速度等操作时，必须停机进行；清理切屑不能徒手进行，应采用工具清理；擦拭机床时必须切断机床电源。

⑤ 操作机器过程中如出现意外情况，应立即切断电源，保护好现场并及时报告指导教师；如发现事故隐患或者其他不安全因素，应当立即向指导教师报告。

⑥ 认真做好工作场地的整备工作，保持场地整洁、通道畅通、物件摆放整齐有序。

1.3　机械产品制造过程

机械制造工业是国民经济的支柱产业，它担负着向社会各行业提供各种机械装备的任务。机械制造工业所提供装备的水平对国民经济的技术进步、质量水平和经济效益有着直接的影响。

设计的机械产品必须经过制造，方可成为现实。从原材料（或半成品）成为机械产品的全过程称为生产过程。制造过程是生产过程的最主要部分。

1.3.1　机械产品生产工艺

在机械产品制造过程中，人们根据产品的结构、质量要求和具体生产条件，选择适当的加工方法，组织产品的生产。

1. 产品的生产过程

机械产品的生产过程，是产品从原材料转变为成品的全过程，主要过程如图 1－3 所示。

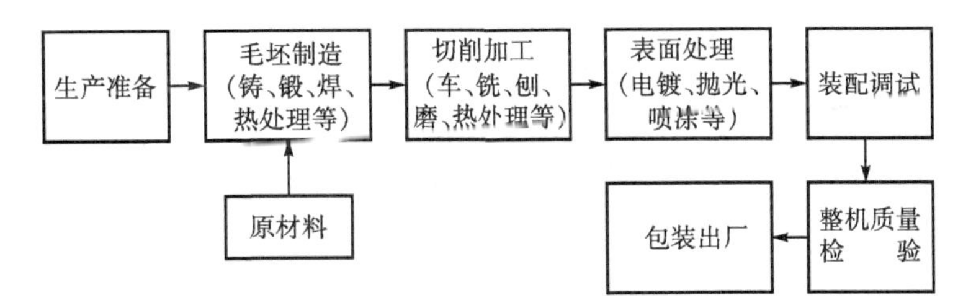

图 1－3　产品的生产过程

产品的各个零件的生产不一定完全在一个企业内完成，可以分散在多个企业，进行生产协作。如螺钉、轴承的加工常常由专业生产厂家完成。

2. 产品的加工方法

机械产品的加工根据各阶段所达到的质量要求不同可分为毛坯加工和切削加工两个主要阶段。热处理工艺穿插在其间进行。

(1)毛坯加工

毛坯成型加工的主要方法有铸造、锻造和焊接。

• 铸造是指熔炼金属，制造铸型，并将熔融金属浇入铸型，凝固后获得一定形状和性能铸件的成型方法，如柴油机机体、车床床身等。

• 锻造是指对坯料施加外力使其产生塑性变形，改变尺寸、形状及改善性能，用以制造机械零件、工件或毛坯的成型方法，如航空发动机的曲轴、连杆等都是锻造成型的。

• 焊接是指通过加热或加压，或两者并用，并且用或不用填充材料，使焊件达到原子结合的一种加工方法。一般用于大型框架结构或一些复杂结构，如轧钢机机架、坦克的车身等。

铸造、锻造、焊接加工往往要对原材料进行加热，所以也称这些加工方法为热加工(严格说来应是在再结晶温度以上的加工)。

(2)切削加工

切削加工用来提高零件的精度和降低表面粗糙度，以达到零件的设计要求，主要的加工方法有车削、铣削、刨削、钻削、镗削、磨削等。

• 车削加工是应用最为广泛的切削加工之一，主要用于加工回转体零件的外圆、端面、内孔，如轴类零件、盘套类零件的加工。

• 铣削加工也是一种应用广泛的加工形式，主要用来加工零件上的平面、沟槽等。

• 刨削主要用来加工平面，由于加工效率低，一般用于单件小批量生产。

• 钻削和镗削主要用于加工工件上的孔。钻削用于小孔的加工；镗削用于大孔的加工，尤其适用于箱体上轴承孔孔系的加工。

• 磨削通常作为精密加工，经过磨削的零件表面粗糙度数值小，精度高。因此，磨削常作为重要零件上主要表面的终加工。

表 1－2 和表 1－3 分别列出各种加工方法的加工精度和表面粗糙度 Ra 值，以供参考。

表 1－2　各种加工方法的大致加工精度

加工方法	公差等级(IT)																	
	01	0	1	2	3	4	5	6	7	8	9	10	11	12	13	14	15	16
研磨	—	—	—	—	—	—	—											
珩						—	—	—	—									
圆磨							—	—	—	—								
平磨							—	—	—	—								
金刚石车							—	—	—									
金刚石镗							—	—	—									
拉削							—	—	—	—								
铰孔								—	—	—	—	—						
车									—	—	—	—	—					
镗									—	—	—	—	—					
铣削										—	—	—	—					
刨、插削												—	—					
钻孔												—	—	—	—			
滚压、挤压								—	—	—	—	—						
冲压												—	—	—	—	—		
压铸													—	—	—	—		
粉末冶金成型								—	—	—								
粉末冶金烧结										—	—	—	—					
砂型铸造、气割																		—
锻造																	—	

表 1-3 各种加工方法的大致表面粗糙度

方法	粗糙度值 Ra/μm												相当于旧国标表面光洁度
	50	25	12.5	6.3	3.2	1.6	0.8	0.4	0.2	0.1	0.05	0.025	
火焰切割													▽2—▽3
去皮磨													▽2—▽4
锯													▽2—▽5
刨、插削													▽3—▽7
钻削													▽3—▽5
化学铣													▽4—▽6
电火花加工													▽5—▽6
铣削													▽4—▽7
拉削													▽5—▽7
铰孔													▽5—▽8
镗、车削													▽4—▽7
滚筒光整													▽7—▽9

1.3.2 机械产品的质量

产品的质量是企业生存与发展的根本保证，机械产品的质量是由机械制造生产过程决定的。影响机械产品质量的因素很多，其中设计质量是保证产品质量的前提，而制造质量是保证产品质量的关键。制造质量主要包括零件的加工质量和装配质量。

1. 零件的加工质量

零件的质量主要是指零件的材质、力学性能和加工质量等。零件的材质和力学性能将在本章 1.5 节叙述。零件的加工质量是指零件的加工精度和表面质量。加工精度是指加工后零件的尺寸、形状和表面间相互位置等几何参数与理想几何参数相符合的程度。相符合的程度越高，零件的加工精度越高。实际几何参数对理想几何参数的偏离称为加工误差。很显然，加工误差越小，加工精度越高。零件的几何参数加工得绝对准确是不可能的，也是没有必要的。在保证零件使用要求的前提下，对加工误差规定一个范围，称为公差。零件的公差越小，对加工精度的要求就越高，零件的加工就越困难。零件的精度包括尺寸精度、形状精度和位置精度，相应地存在尺寸误差、形状误差、位置误差以及尺寸公差、形状公差和位置公差。零件的表面质量是指零件的表面粗糙度、波度、表面层冷变形强化程度、表面残余应力的性质和大小以及表面层金相组织等。零件的加工质量对零件的使用有很大影响，其中考虑最多的是加工精度和表面粗糙度。

(1)尺寸精度

尺寸精度是指加工表面本身尺寸(如圆柱面的直径)或几何要素之间的尺寸(如两平行平面间的距离)的精确程度，即实际尺寸与理想尺寸的符合程度。尺寸精度要求的高低是用尺寸公差来体现。“公差与配合”国家标准将确定尺寸精度的标准公差分为 20 个等级，分别用 IT01、IT0、IT1、IT2、…、IT18 表示。从前向后，精度逐渐降低：IT01 公差值最小，精度最高；IT18 公差值最大，精度最低。相同的尺寸，精度越高，对应的公差值越小。相同的公差等级，尺寸越小，对应的公差值越小。零件设计时常选用的尺寸公差等级为 IT6～IT11。IT12～IT18 为未注公差尺寸的公差等级(常称为自由公差)。

考虑到零件加工的难易程度，设计者不宜将零件的尺寸精度标准定得过高，只要满足零件的使用要求即可，各种加工方法能达到的精度等级如表 1－2 所示。

(2)形状精度和位置精度

形状精度是指零件上的几何要素线、面的实际形状相对于理想形状的准确程度。位置精度是指零件上的点、线、面要素的实际位置相对于理想位置的准确程度。形状和位置精度用形状公差和位置公差(简称形位公差)来表示。"形位公差"在国家标准中规定的控制零件形位误差的项目及符号如表 1－4 所示。

对于一般机床加工能够保证的形位公差要求，图样上不必标出，也不作检查。对形位公差要求高的零件，应在图样上标注。形位公差等级分 1 级～12 级(圆度和圆柱度分为 0 级～12 级)。同尺寸公差一样，等级数值越大，公差值越大。

表 1－4　形位公差的分类、项目及符号

分类	项目	符号
形状公差	直线度	—
	平面度	⏥
	圆度	○
	圆柱度	⌭
	线轮廓度	⌒
	面轮廓度	⌓

分类		项目	符号
位置公差	定向	平行度	//
		垂直度	⊥
		倾斜度	∠
	定位	同轴度	◎
		对称度	⌯
		位置度	⌖
	跳动	圆跳动	↗
		全跳动	⌰

(3)表面粗糙度

零件的表面总是存在一定程度的凹凸不平，即使是看起来光滑的表面，经放大后观察，也会发现凹凸不平的波峰波谷。零件表面的这种微观不平度称为表面粗糙度。表面粗糙度是在毛坯制造或去除金属加工过程中形成的。表面粗糙度对零件表面的结合性能、密封、摩擦、磨损等有很大影响。

国家标准规定了表面粗糙度的评定参数和评定参数的允许数值。最常用的就是轮廓算术平均偏差 Ra 和不平度平均高度 Rz，单位为 μm。

轮廓算术平均偏差 Ra 为取样长度 l 范围内，被测轮廓上各点至中线距离绝对值的算术平均值，如图 1－4 所示。

中线的两侧轮廓线与中线之间所包含的面积相等，即：

$$F_1 + F_3 + \cdots + F_{n-1} = F_2 + F_4 + \cdots F_n$$

$$Ra = \frac{1}{l}\int_0^l |y| \, \mathrm{d}x$$

或近似写成

$$Ra \approx \frac{1}{n}\sum_{i=1}^{n} |y_i|$$

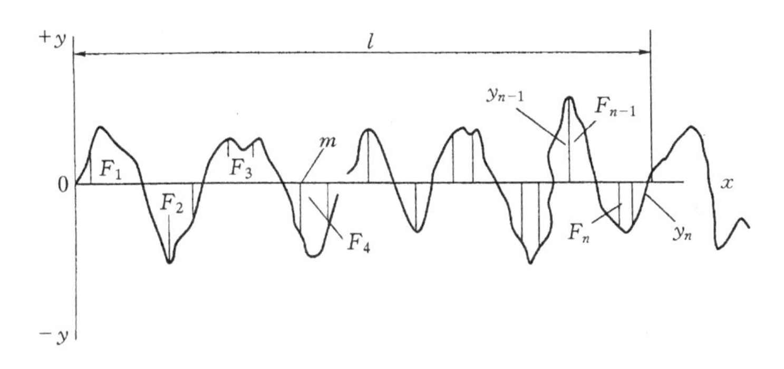

图 1-4 轮廓算术平均偏差

如图 1-5 所示，不平度平均高度就是在基本测量长度范围内，从平行于中线的任意线起，自被测量轮廓上 5 个最高点与 5 个最低点的平均距离，即

$$Ra=\frac{1}{5}[(h_1+h_3+h_5+h_7+h_9)-(h_2+h_4+h_6+h_8+h_{10})]$$

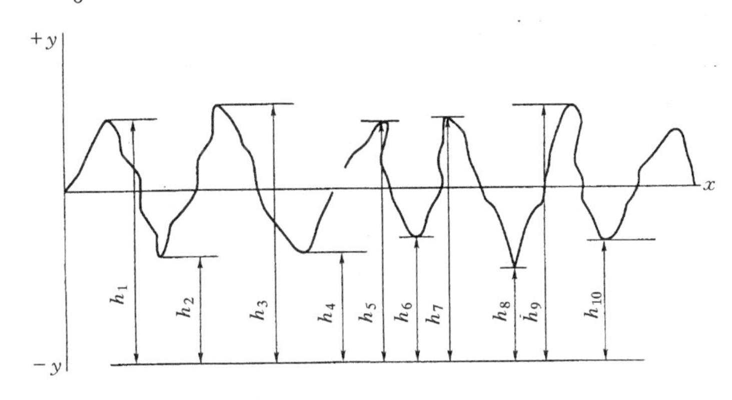

图 1-5 不平度平均高度

一般零件的工作表面粗糙度 Ra 值在 0.4～3.2 μm 范围内选择。非工作表面的粗糙度 Ra 值可以选得比 3.2 μm 大一些，而一些精度要求高的重要工作表面粗糙度 Ra 值则比 0.4 μm 小得多。一般说来，零件的精度要求越高，表面粗糙度值要求越小，配合表面的粗糙度值比非配合表面小，有相对运动的表面比无相对运动的表面粗糙度值小，接触压力大的运动表面比接触压力小的运动表面粗糙度值小。而对于一些装饰性的表面则表面粗糙度值要求很小，但精度要求却不高。

与尺寸公差一样，表面粗糙度值越小，零件表面的加工就越困难，加工成本越高。各种加工方法所能达到的表面粗糙度范围参见表 1-3。

2. 装配质量

任何机器都是由若干零件、组件和部件组成的。根据规定的技术要求，将零件结合成组件和部件，并进一步将零件、组件和部件结合成机器的过程称为装配。装配是机械制造过程的最后一个阶段，合格的零件通过合理的装配和调试，就可以获得良好的装配质量，从而保证机器进行正常的运转。

装配精度是装配质量的指标。主要有以下几项：

① 零、部件间的尺寸精度。其中包括配合精度和距离精度。配合精度是指配合面间达到规定的间隙或过盈的要求。距离精度是指零、部件间的轴向距离、轴线间的距离等。

② 零、部件间的位置精度。其中包括零、部件的平行度、垂直度、同轴度和各种跳动等。

③ 零、部件间的相对运动精度。指有相对运动的零、部件间在运动方向和运动位置上的精度。如车床车螺纹时刀架与主轴的相对移动精度。

④ 接触精度。接触精度是指两配合表面、接触表面和连接表面间达到规定的接触面积大小与接触点分布情况。如相互啮合的齿轮、相互接触的导轨面之间均有接触精度要求。

一个机械产品推向市场，需要经过设计、加工、装配、调试等环节。产品的质量与这些环节紧密相关，最终体现在产品的使用性能上，如图 1－6 所示。企业应从各方面来保证产品的质量。

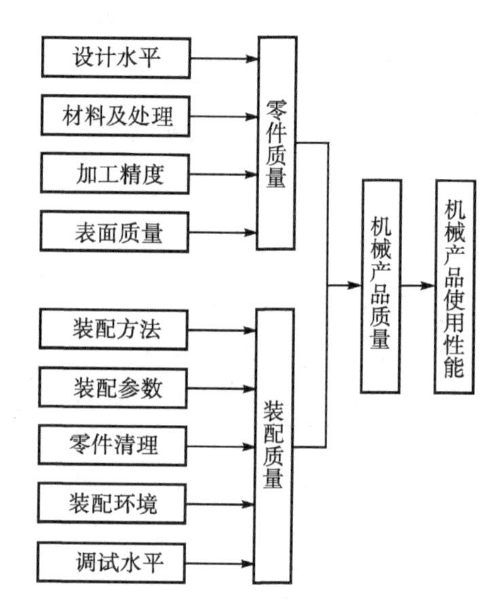

图 1－6　产品质量因果图

3. 质量检测的方法

机械加工不仅要利用各种加工方法使零件达到一定的质量要求，而且要通过相应的手段来检测。检测应自始至终伴随着每一道加工工序。同一种要求可以通过一种或几种方法来检测。质量检测的方法涉及的范围和内容很多，这里作简单介绍。

(1) 金属材料的检测方法

金属材料应对其外观、尺寸、理化三个方面进行检测。外观采用目测的方法。尺寸使用样板、直尺、卡尺、钢卷尺、千分尺等量具进行检测。理化检测项目较多，下面分类叙述。

① 化学成分分析。化学成分分析是依据来料保证单中指定的标准规定化学成分，由专职理化人员对材料的化学成分进行定性或定量的分析。入厂材料常用的化学成分分析方法有：化学分析法、光谱分析法、火花鉴别法。

• 化学分析法能测定金属材料各元素含量，是一种定量分析方法，也是工厂必备的常规检验手段。

• 光谱分析法是根据物质的光谱测定物质组成的分析方法。其测量工具为台式和便携式光谱分析仪器。

• 火花鉴别法是把钢铁材料放在砂轮上磨削，由发出的火花特征来判断它的成分的方法。

② 金相分析。金相分析是鉴别金属和合金的组织结构的方法，常用的有宏观检验和微观检验两种。

• 宏观检验，即低倍检验，是用目视或在低倍放大镜（不大于 10 倍的放大镜）下检查金属材料表面或断面以确定其宏观组织的方法。常用的宏观检验法有：硫印试验、断口检验、酸蚀试验和裂纹试验。

• 显微检验，即高倍检验，是在光学显微镜下观察、辨认和分析金属的微观组织的金相检验方法。显微分析法可测定晶粒的形状和尺寸，鉴别金属的组织结构，显现金属内部的各种缺陷，如夹杂物、微小裂纹和组织不均匀及气孔、脱碳等。

③ 力学性能试验。力学性能试验有硬度试验、拉力试验、冲击试验、疲劳试验、高温蠕变及其他试验等。力学性能试验及以下介绍的各种试验均在专用试验设备上进行。

④ 工艺性能试验。工艺性能试验有弯曲、反复弯曲、扭转、缠绕、顶锻、扩口、卷边以及淬透性试验和焊接性试验等。

⑤ 物理性能试验。物理性能试验有电阻系数测定、磁学性能测定等。

⑥ 化学性能试验。化学性能试验有晶间腐蚀倾向试验等。

⑦ 无损探伤。无损探伤是不损坏原有材料，检查其表面和内部缺陷的方法。主要有以下几种：

• 磁粉探伤：利用铁磁性材料在磁场中会被磁化，而夹杂等缺陷是非磁性物质及裂缝磁力线均不易通过的原理，在工件表面上施散导磁性良好的磁粉（氧化铁粉），磁粉就会被缺陷形成的局部磁极吸引，堆集其上，显出缺陷的位置和形状。磁粉探伤用于检查铁磁性金属和合金表面层的微小缺陷，如裂纹、折叠、夹杂等。

• 超声探伤：利用超声波传播时有明显的指向性来探测工件内部的缺陷。当超声波遇到缺陷时，缺陷的声阻抗（即物质的密度和声速的乘积）同工件的声阻抗相差很大，因此大部分超声能量将被反射回来。如发射脉冲式超声波，并对超声波进行接收，就可探出缺陷，且可从反射波返回时间和强度来推知缺陷所处深度和相对大小。超声探伤用于检验大型锻件、焊件或棒材的内部缺陷，如裂纹、气孔、夹杂等。

• 渗透探伤：在清洗过的工件表面上施加渗透剂，使它渗入到开口的缺陷中，然后将表面上的多余渗透剂除去，再施加一薄层显像剂，后者由于毛细管作用而将缺陷中的残存渗透剂吸出，从而显出缺陷。渗透探伤用于检验金属表面的微小缺陷，如裂纹等。

• 涡流探伤：将一通入交流电的线圈放入一根金属管中，管内将感应出周向的电流，即涡流。涡流的变化会使线圈的阻抗、通过电流的大小和相位发生变化。管（工件）的直径、厚度、电导率和磁导率的变化以及缺陷会影响涡流进而影响线圈（检测探头）的阻抗。检测阻抗的变化就可以达到探伤的目的。涡流探伤用于测定材料的电导率、磁导率、薄壁管壁厚和材料缺陷。

(2) 尺寸的检测方法

尺寸 1000 mm 以下，公差值大于 0.009～3.2 mm，有配合要求的工件（原则上也适用于无配合要求的工件）使用普通计量器具（千分尺、卡尺和百分表等）检测。常用量具的介绍见 1.4

节。特殊情况可使用测距仪、激光干涉仪、经纬仪、钢卷尺等测量。

(3) 表面粗糙度的检测方法

表面粗糙度的检测方法有样板比较法、显微镜比较法、电动轮廓仪测量法、光切显微镜测量法、干涉显微镜测量法、激光测微仪测量法等。在生产现场常用的是样板比较法。它以表面粗糙度比较样块工作面上的粗糙度为标准,用视觉法和触觉法与被检表面进行比较,来判定被检表面是否符合规定。

(4) 形位误差的检测方法

根据形面及公差要求的不同,形位误差的检测方法各不相同。下面以一种检测圆跳动的方法为例来说明形位误差的检测。

检测原则:使被测实际要素绕基准轴线作无轴向移动回转一周时,由位置固定的指示器在给定方向上测得的最大与最小读数之差。

检测设备:一对同轴顶尖、带指示器的测量架。

检测方法:如图 1-7 所示,将被测零件安装在两顶尖之间。在被测零件回转一周过程中,指示器读数最大差值即为单个测量平面上的径向跳动。

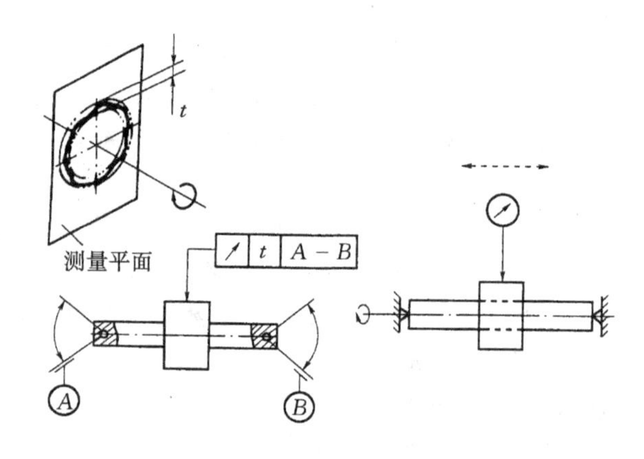

图 1-7　圆跳动的检测方法

按上述方法,测量若干个截面,取各个截面上测得跳动量中的最大值,作为该零件的径向跳动。

1.4　常用量具及使用方法

量具是用来测量零件线性尺寸、角度以及检测零件形位误差的工具。为保证被加工零件的各项技术参数符合设计要求,在加工前后和加工过程中,都必须用量具进行检测。选择使用量具时,应当适合于被检测量的性质,适合于被检测零件的形状、测量范围。通常选择的量具的读数精度应小于被测量公差的 0.15。

1.4.1　游标卡尺

游标卡尺是一种比较精密的量具。其结构比较简单,可以直接测量出工件的内径、外径、长度和深度等。游标卡尺按游标读数值可分为 0.01 mm、0.02 mm、0.05 mm 三个精度等级。

按测量尺寸范围有 0～125 mm、0～200 mm、0～250 mm、0～300 mm 等多种规格。使用时，根据零件精度要求及零件尺寸大小进行选择。

游标卡尺由尺身和游标(副尺)两部分组成。图 1－8 所示的游标卡尺的测量尺寸范围为 0～200 mm，游标读数值为 0.02 mm。尺身上每小格为 1 mm，当两卡爪贴合(尺身与游标的零线重合)时，游标上的 50 格正好等于尺身上的 49 mm。游标上每格长度为 49 mm÷50＝0.98 mm。尺身与游标每格相差为：1 mm－0.98 mm＝0.02 mm。

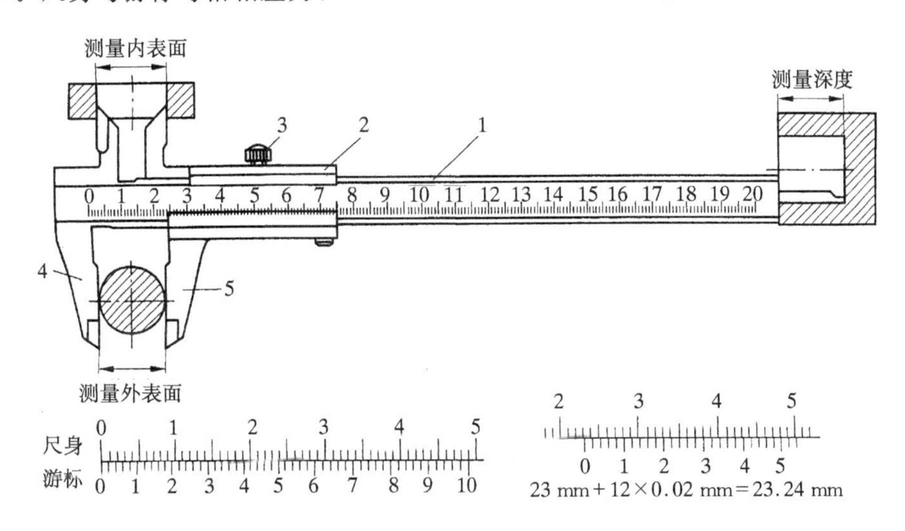

图 1－8　游标卡尺及读数方法

1—尺身；2—游标；3—止动螺钉；4—固定卡爪；5—活动卡爪

测量读数时，先在尺身上读出最大的整数，然后在游标上找到与尺身刻度线对齐的刻线，并数清格数，用格数乘 0.02 得到小数，将尺身上读出的整数与游标上得到的小数相加就得到测量的尺寸。

例如，尺身读数为 23 mm，游标刻度线与尺身刻度线对齐的格数为 12 格，则该零件的尺寸为 23 mm＋12×0.02 mm ＝ 23.24 mm。

图 1－9 所示为专门用于测量深度和高度的游标卡尺。高度游标卡尺除用来测量高度外，也可用于精密划线。

游标卡尺使用注意事项：

① 检查零线。使用前应先擦净卡尺，合拢卡爪，检查尺身和游标的零线是否对齐。如对不齐，应送计量部门检修。

② 放正卡尺。测量内、外圆时，卡尺应垂直于工件轴线，使两卡爪处于最大直径处。

③ 用力适当。当卡爪与工件被测量面接触时，用力不能过大，否则会使卡爪变形、磨损，使测量精度下降。

④ 准确读数。读数时视线要对准所读刻线并垂直尺面，否则读数不准。

⑤ 防止松动。未读出读数之前游标卡尺离开工件表面，须将止动螺钉拧紧。

⑥ 严禁违规。不得用游标卡尺测量毛坯表面和正在运动的工件。

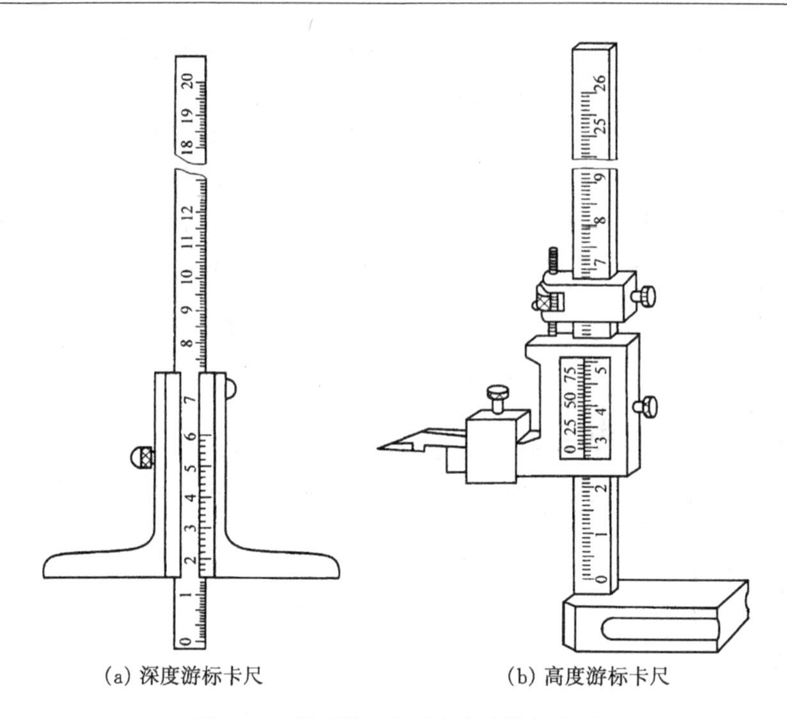

(a) 深度游标卡尺　　(b) 高度游标卡尺

图 1-9　深度游标卡尺和高度游标卡尺

1.4.2　千分尺

千分尺按照用途可分为外径千分尺、内径千分尺和深度千分尺几种。外径千分尺按其测量范围有 0～25 mm、25～50 mm、50～75 mm 等各种规格，最小读数值为 0.01 mm。

图 1-10 所示是测量范围为 0～25 mm 的外径千分尺。尺架的左端有测砧，右端的固定套筒在轴线方向刻有一条中线（基准线），上下两排刻线互相错开 0.5 mm，形成主尺。微分筒左端圆周上均布 50 条刻线，形成副尺。微分筒和测微螺杆连在一起，当微分筒转动一周，带动测微螺杆沿轴向移动 1 个螺距 0.5 mm，因此，微分筒转过一格，测微螺杆轴向移动的距离为 0.5 mm÷50=0.01 mm，此尺的测量精度就是 0.01 mm。

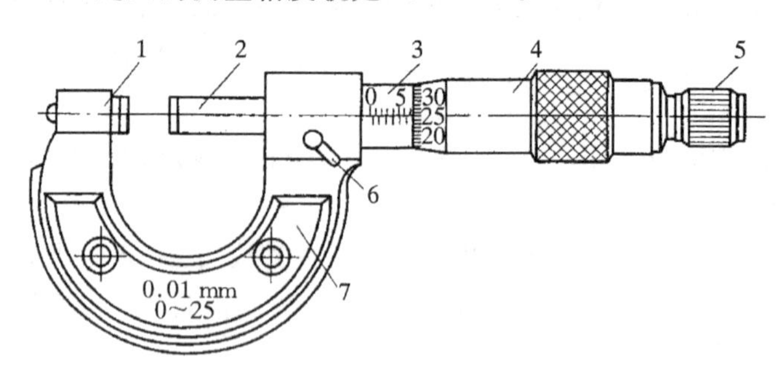

图 1-10　外径千分尺

1—测砧；2—测微螺杆；3—固定套筒；4—微分筒；5—棘轮；6—锁紧钮；7—尺架

千分尺的读数方法：

① 读出固定套筒上露出刻线的整数毫米和半毫米数(应为 0.5 mm 的整数倍)。

② 读出微分筒上与轴向刻度中线对齐的刻度数值(刻线格数 0.01 mm)。

③ 将两部分读数相加即为测量尺寸，如图 1－11 所示。

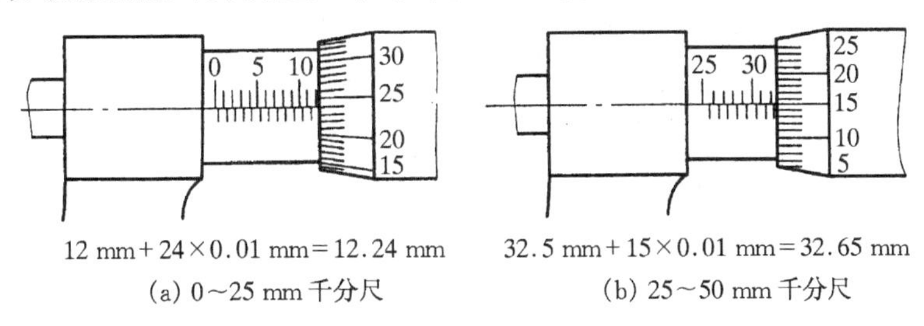

12 mm＋24×0.01 mm＝12.24 mm　　32.5 mm＋15×0.01 mm＝32.65 mm

(a) 0～25 mm 千分尺　　(b) 25～50 mm 千分尺

图 1－11　千分尺的读数

例如，固定套筒读数为 12 mm，微分筒上与中线对齐的格数为 24 格，则该零件的尺寸为 12 mm＋24×0.01 mm＝12.24 mm，如图 1－11(a)所示。

使用千分尺注意事项：

① 校对零点。将测砧与测微螺杆擦拭干净，使它们相接触，看微分筒圆周刻度零线与中线是否对准。如没有，将千分尺送计量部门检修。

② 测量。左手握住尺架，用右手旋微分筒，当测微螺杆快接近工件时，必须使用右端棘轮(此时严禁使用微分筒，以防止用力过度造成测量不准或破坏千分尺)以较慢的速度与工件接触。当棘轮发出“嘎嘎”的打滑声时，表示压力合适，应停止旋转。

③ 从千分尺上读取尺寸。可在工件未取下前进行，读完后松开千分尺，亦可先将千分尺锁紧，取下工件后再读数。

④ 被测尺寸的方向必须与测微螺杆方向一致；不得用千分尺测量毛坯表面和运动中的工件。

1.4.3　百分表

百分表是一种精度较高的比较测量工具，它只能读出相对的数值，不能测出绝对数值。百分表主要用来检验零件的形、位误差，也常用于在工件装夹时的精密找正，其测量精度为 0.01 mm。百分表一般安装于表架、表座上使用，如图 1－12 所示。

测量时当测量头向上或向下移动 1 mm 时，通过测量杆上的齿条和几个齿轮带动大指针转一周，小指针转一格。刻度盘在圆周上有 100 条等分的刻度线，每格读数值为 0.01 mm；小指针每格读数值为 1 mm。测量时大、小指针所示读数变化值之和即为尺寸变化量。小指针处的刻度范围就是百分表的测量范围。刻度盘可以转动，供测量时调整大指针对零位刻线之用。

百分表使用注意事项：

① 使用前，应检查量杆的灵活性。具体做法是：轻轻推动测量杆，看其能否在套筒内灵活移动。每次松开手后，指针应回到原来的刻度位置。

② 测量时，百分表的测量杆要与被测表面垂直，否则将使测量杆移动不灵活，测量结果不准确。

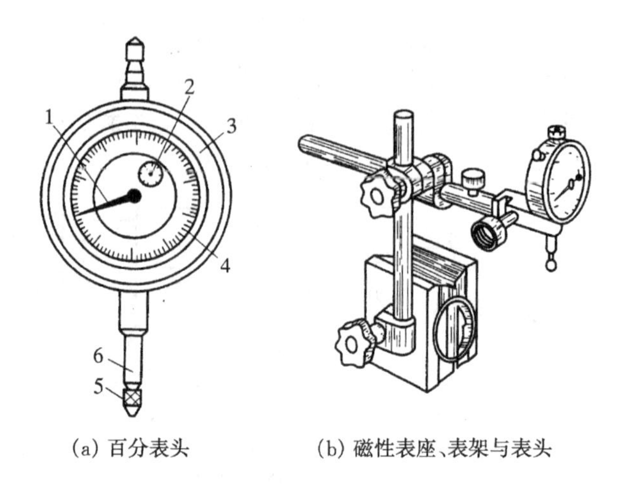

(a) 百分表头　　(b) 磁性表座、表架与表头

图 1-12　百分表

1—大指针；2—小指针；3—表壳；4—刻度盘；5—测量头；6—测量杆

③ 百分表用完后，应擦拭干净，放入盒内，并使测量杆处于自由状态，防止表内弹簧过早失效。

1.4.4　万能角度尺

万能角度尺是用来测量零件角度的。万能角度尺采用游标读数，可测任意角度，如图 1-13所示。扇形板带动游标可以沿主尺移动。角尺可用卡块紧固在扇形板上。可移动的直尺又可用卡块固定在角尺上。基尺与主尺连成一体。

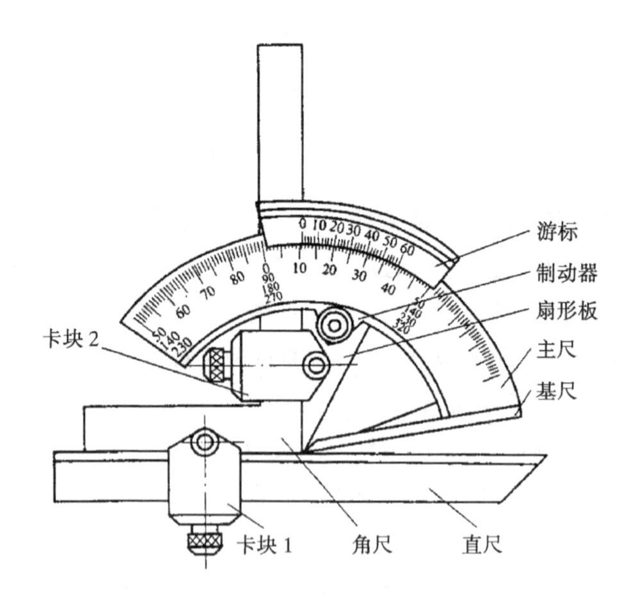

图 1-13　万能角度尺

万能角度尺的刻线原理与读数方法和游标卡尺相同。其主尺上每格一度，主尺上的 29°

与游标的 30 格相对应。游标每格为 29°÷30＝58′。主尺与游标每格相差 2′，也就是说，万能角度尺的读数精度为 2′。

测量时应先校对万能角度尺的零位。其零位是当角尺与直尺均装上，且角尺的底边及基尺均与直尺无间隙接触时，主尺与游标“0”线对齐。校零后的万能角度尺可根据工件所测角度的大致范围组合基尺、角尺、直尺的相互位置，可测量 0～320°范围的任意角度，如图 1-14 所示。

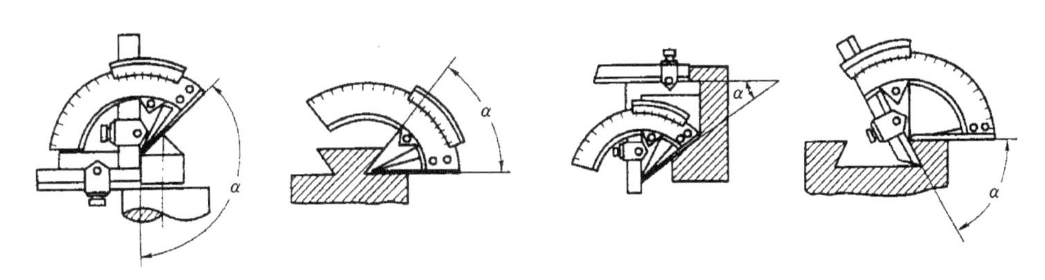

图 1-14　万能角度尺应用实例

1.4.5　塞尺、刀口形直尺、直角尺

1. 塞尺

塞尺（又称厚薄尺）是用其厚度来测量间隙大小的薄片量尺，如图 1-15 所示。它是一组厚度不等的薄钢片。钢片的厚度为 0.03～0.3 mm，印在每片钢片上。使用时根据被测间隙的大小选择厚度接近的钢片（可以用几片组合）插入被测间隙。能插入钢片的最大厚度即为被测间隙值。

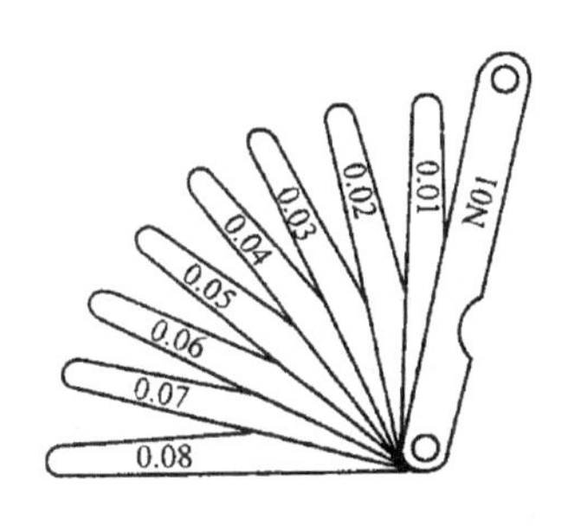

图 1-15 塞尺

使用塞尺时必须先擦净尺面和工件，组合成某一厚度时选用的片数越少越好。另处，塞尺插入间隙不能用力太大，以免折弯尺片。

2. 刀口形直尺

刀口形直尺（简称刀口尺）是用光隙法检验直线度或平面度的量尺，图 1-16 为刀口形直尺及其应用。如果工件的表面不平，则刀口形直尺与工件表面间有间隙存在。根据光隙可以判断误差状况，也可用塞尺检验缝隙的大小。

3. 直角尺

直角尺的两边成准确 90°，是用来检验工件垂直度的非刻线量尺。使用时将其一边与工件的基准面贴合，然后使其另一边与工件的另一表面接触。根据光隙可以判断误差状况，也可用塞尺测量其缝隙大小，如图 1 - 17 所示。直角尺也可以用来保证划线垂直度。

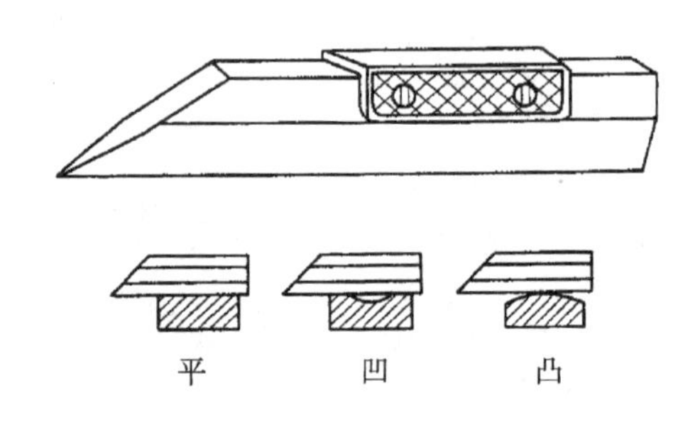

图 1 - 16　刀口形直尺及其应用

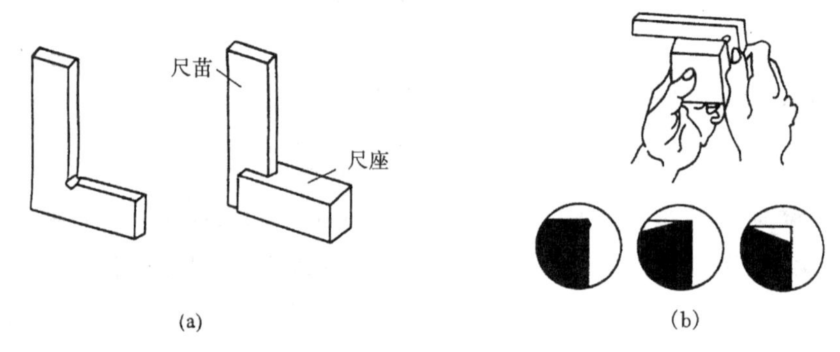

图 1 - 17　直角尺及其应用

1.4.6　量具的保养与检定

量具的精度直接影响到检测的可靠性，因此，必须加强量具的保养与检定，方法如下：

① 量具在使用前后必须用干净棉纱擦干净。

② 不能用量具测量运动着的工件；精密量具不能测量毛坯零件。

③ 测量时，不能用力过大或过猛，不能测量温度过高的工件。

④ 量具不能与工具混放，更不能当工具使用。

⑤ 量具使用完后，要擦净、涂油，放置在专用的量具盒内。

⑥ 量具必须根据校验周期校验。

1.5　机械工程材料

1.5.1　机械工程材料的分类

机械工程材料是指在各工程领域中使用的材料，按化学成分、结构及性能特点，工程材料分类如下：

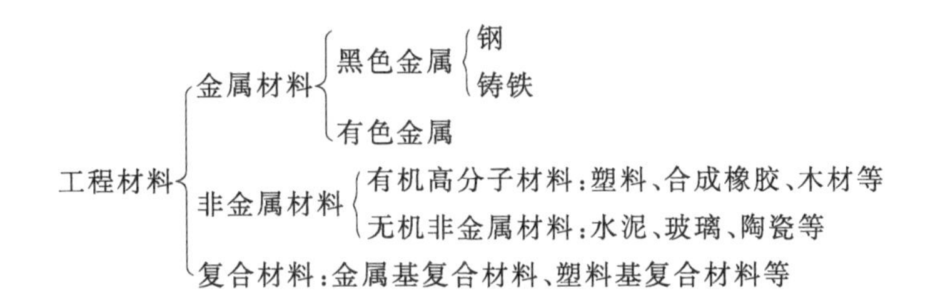

1.5.2　常用金属材料的性能与应用

1. 金属材料性能简介

金属材料的性能包括工艺性能与使用性能。工艺性能决定了金属材料的加工方法,使用性能决定了金属材料的应用范围,使用的可靠性和寿命。

(1)工艺性能

工艺性能是指金属材料对加工过程的接受能力和加工的难易程度,包括铸造性能、锻压性能、焊接性能、切削加工性能、热处理性能等。

- 铸造性能:金属材料用铸造成形获得优质铸件的能力,包括金属材料的流动性、冷却时的收缩率等。
- 锻压性能:金属材料在锻压成形时塑性变形而不破裂的能力。
- 焊接性能:金属材料在焊接时是否容易焊接的性能。
- 切削加工性能:金属材料被刀具切削的难易程度。
- 热处理性能:金属材料在热处理时的可淬硬性和获得淬透层深度的能力(淬透性)。

(2)力学性能

金属的力学性能是指金属材料抵抗外力作用的特性,包括强度、塑性、硬度、韧性等。

- 强度:金属材料在静载荷的作用下抵抗塑性变形和断裂的能力,是机械零件选材和设计的依据。
- 塑性:金属材料在静载荷的作用下产生塑性变形而不破坏的能力。
- 硬度:金属材料表面抵抗硬物体压入的能力,材料硬度越高,耐磨性能越好。
- 冲击韧性:金属材料在冲击载荷的作用下抵抗断裂破坏的能力。

2. 常用金属材料的性能与应用

在机械制造实习过程中,常常接触到各种不同的金属材料,常用金属材料的性能与特性见表 1-5。

表 1－5　常用金属材料主要机械特性及用途

材料种类	材料名称	典型材料	抗拉强度/MPa	硬度 HBW	耐蚀性	机械加工性能	特点与用途
黑色金属	碳钢	Q235－A	370～500	/	差	良	具有较好的强度、塑性、韧性，较好的焊接性能。用于制造强度不太高的零件，如螺栓、键、连杆等
		45	≥600	≤229（未热处理）	差		最常用的中碳调质钢，综合力学性能良好，适用于制造轴、齿轮、蜗杆等
		65Mn	735	≤229（退火后）	良	良 * * *	冷变形塑性和焊接性差，具有过热时仍能保持细晶粒，不致过热，适用于制造工作时不变热的工具：丝锥、铣刀、螺纹刀、小型冲模等
		T10/T10A	/	≤197（退火后）	差	良	属于共析钢，在 700～800 ℃加热时仍能保持细晶粒，不致过热，适用于制造工作时不变热的工具：丝维、铣刀、螺纹刀、小型冲模等
	合金钢	20Cr	835	≤179（退火状态）	差		高温正火或调质后，可加工性良好、焊接性较好，用于制造小截面、形状简单、较高转速、载荷小的表面耐磨零件。如小轴、小齿轮等
		40Cr	980	≤207（退火状态）	差		调质处理后具有良好的综合力学性能，低温冲击韧度及低的缺口敏感性，淬透性良好，用于制造中速、中等载荷的零件，如机床齿轮、轴、蜗杆、连杆等
		1Cr17Ni7	≥520	≤187	优		经冷加工有高的强度，用于制造铁道车辆、传送带螺栓、螺母等
	铸铁	HT100	≥100 *	≤170	良		有一定的力学性能和良好的可加工性能，适用于机床中受轻负荷，受一些磨损但不影响使用性能的铸件，如手轮、托盘等
		QT400－18	≥400	130～180	良		具有良好的焊接性和可加工性，常温冲击韧度高，而且脆性转变温度低同时低温韧性也很好，适用于制造汽车、拖接机中的轮毂、离合器与差速器壳体，阀门阀体、减速器箱体等
有色金属	铜	H62	600（硬态）	164（硬态）	良		具有良好的力学性能，热态下塑性良好，可加工性好，是应用广泛的一种黄铜品种。适用于各种深拉伸和弯折制造的受力零件，如销钉、螺母、导管等
		HPb59－1	620	44	一般		可加工性良好，有良好的力学性能，适用于一般机器零件、焊接件、热轧件
	铝	1060	60～95	/	良	不好	具有较好的耐蚀性、塑性、导电和导热性，强度低，用于制造不承受载荷，但具有高的可塑性、焊接性、高的耐蚀性或导热、导电的结构元件，如电容器、电线保护套管、电缆电线线芯等
		2Al12	420 * *	/	一般	一般 * * * *	一种高温强度铝，可进行热处理强化，在退火和刚淬火下塑性中等，点焊、焊接性良好，适用于制造高载荷零件和构件，但不包括冲压件和锻件

注：* 铸件壁厚 10～20 mm；* * 壁厚大于 10～20；* * * 退火状态；* * * * 淬火时效。

1.5.3　常用非金属材料的性能与应用

非金属材料是由非金属元素或化合物构成的材料，成形工艺简单，又具有某些特殊性能，是天然的非金属材料和某些金属材料所不及。学生在金工实习过程中常常会用到一些非金属材料。常用非金属材料的性能与应用见表 1－6。

表 1－6　常用非金属材料主要特性及用途

材料种类	材料名称	典型材料	密度/(g/cm)	线膨胀系数/(a·10^{-6}/℃)	导热性	导电性	抗拉强度/MPa	工作温度	耐蚀性	机械加工性能	特点与用途
非金属	塑料	尼龙1010	1.01～1.06	105	差	不导电	52～55＊	－60～80 ℃	一般	良	强度、刚性、耐热性不及尼龙 66，成型工艺性良好，耐磨性亦好，适用于制造工作在轻载荷、温度不高、湿度变化大且无润滑的情况下使用的零件
		硬聚氯乙烯	1.35～1.45	50～80			45～50	60 ℃以下	良	不良	强度较高，化学稳定性及介电性良好，耐油性和抗老化性较好，易焊接，适用于耐腐蚀的结构材料或设备衬里材料
		聚四氟乙烯	2.10～2.20	100～120			14～25	－180～250 ℃	良	不良	有优异化学稳定性，耐热性、耐寒性高，力学性能低，导热率低，热膨胀大，耐磨不高，用作耐化学腐蚀、耐高温的密封元件，如填料、涨圈、阀座等
		有机玻璃	1.18	50～60			50～60＊	－15～55 ℃	优	良	透光，机械强度高，有一定的耐热、耐寒性，适用于要求有一定强度的、透明结构的零件
	橡胶	硅橡胶	0.8	64(20 ℃)	良	不良	/	－70～280 ℃	差	良	耐寒、耐高温，电绝缘性好，耐腐蚀性差，适用于制作密封圈，胶管等
		氯丁橡胶	1.15～1.30	/	差		15～20	－40～120 ℃	良	不良	具有优良的抗氧化，抗臭氧性，不易燃，能自熄。主要用于抗臭氧、抗老化的重型电缆护套、耐油、耐化学腐蚀的胶管，如输送带、电缆包皮等
	玻璃钢	环氧玻璃钢	/	/	绝热		/	≥130 ℃	良	良	机械强度高，耐酸碱性好，吸水性低，耐热性较差，应用广泛，一般用于酸碱性介质中高强度制品或支撑件等
		酚醛玻璃钢						－30～130 ℃	良	良	机械强度较差，性脆，耐酸性好，吸水性低，耐热性较高，成本较低，一般用于酸性介质中

注：＊ 拉伸强度。

1.5.4　常用复合材料简介

复合材料最大的特点是能根据人们的要求来设计材料，改善材料的使用性能，克服单一材料的某些特点，充分发挥各组成材料的特性，取长补短，有效地利用材料。复合材料品种分类繁多，常用复合材料有纤维增强复合材料、层叠复合材料和颗粒复合材料三类。复合材料是一种新型的、很有发展潜力的工程材料，其应用会越来越广泛。

1. 纤维增强复合材料

纤维增强复合材料分为玻璃纤维增强塑料(玻璃钢)和碳纤维增强塑料,玻璃钢主要用作轴承、轴承座、汽车车身等。

2. 层叠复合材料

层叠复合材料分为夹层结构复合材料和塑料—金属多层复合材料。夹层结构复合材料主要用于机翼、火车车厢、汽车夹层玻璃和运输容器等。塑料—金属多层复合材料主要用于无润滑条件下的各种轴承等。

3. 颗粒复合材料

常见的颗粒复合材料有金属陶瓷、石墨—铝合金颗粒复合材料等。石墨—铝合金颗粒复合材料是一种新型轴承材料。氧化物(Al_2O_3)金属陶瓷用于高速切削刀具材料及高温耐磨材料,如刹车片等。钛基碳化钨为硬质合金,可制作切削刀具等。镍基碳化钛可制作火箭上的耐高温零件等。

1.6 钢的热处理

1.6.1 热处理概念

常用热处理是将钢在固态下进行加热、保温和冷却,改变其表面或内部组织,从而获得所需性能的工艺方法。

通过热处理可以消除毛坯缺陷,提高材料的力学性能(强度、硬度、塑料和韧性等),同时,还可改善其工艺性能(如改善毛坯或原材料的切削性能,使之易于加工),从而扩大材料的使用范围,提高材料的利用率,同时也能保证产品质量,延长产品的使用寿命。因此,机械工业中许多重要零件都要进行热处理。

在热处理时,要根据零件的形状、大小、材料及性能等要求,采取不同的加热速度、加热温度、保温时间以及冷却速度。因而有不同的热处理方法,常用的有普通热处理和表面热处理两类。普通热处理有退火、正火、淬火和回火,如图 1-18 所示。表面热处理可分为表面淬火与化学热处理两类。

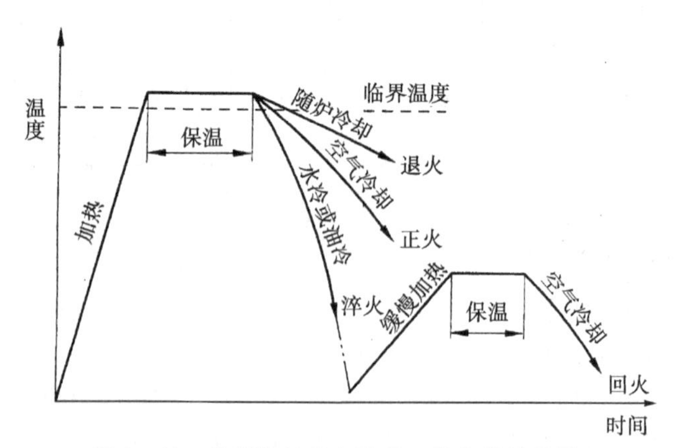

图 1-18 常用热处理方法的工艺曲线示意图

1.6.2　热处理常用设备

常用热处理设备可分为主要设备和辅助设备两大类。主要设备包括热处理炉、热处理加热装置、冷却设备、测量和控制仪表等；辅助设备包括检测设备、校正设备和消防安全设备等。

1. 热处理炉

常用的热处理炉有箱式电阻炉、井式电阻炉和盐浴炉等。

(1)箱式电阻炉

箱式电阻炉是热处理的常见加热设备，它是利用布置在炉膛内的电阻丝等电热元件发热，通过对流和辐射对零件进行加热，如图1-19所示。适用于钢铁材料和非钢铁材料(有色金属)的退火、正火、淬火、回火及固体渗碳等热处理，具有操作简便，控温准确，也可通入保护性气体防止零件加热时的氧化，劳动条件好等优点。

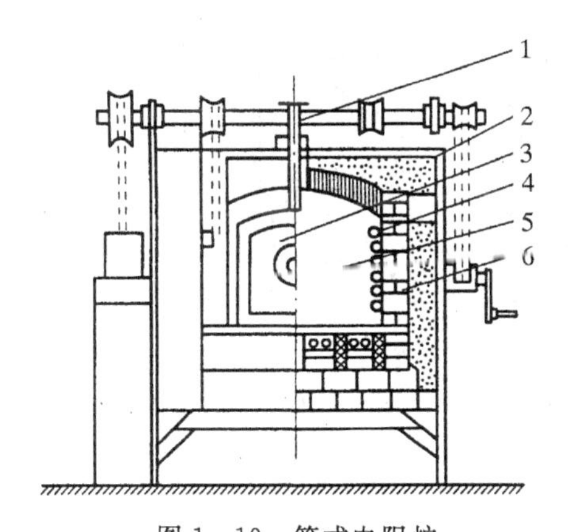

图1-19　箱式电阻炉

1—热电偶；2—炉壳；3—炉门；4—电阻丝；5—炉膛；6—耐火砖

(2)井式电阻炉

井式电阻炉的工作原理与箱式电阻炉相似，其炉口向上，形如井状，如图1-20所示。常用的有中温井式炉、低温井式炉和气体渗碳炉三种。中温井式炉主要应用于长形零件的淬火、

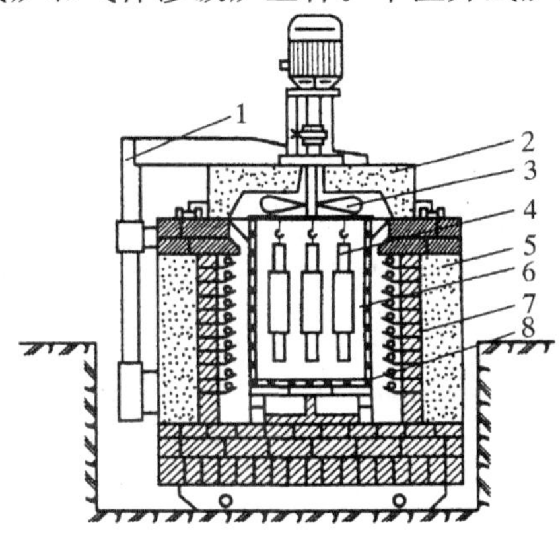

图1-20　井式电阻炉

1—炉盖升降机构；2—炉盖；3—风扇；4—零件；5—炉体；6—炉膛；7—电热元件；8—装料筐

退火和正火等热处理；井式炉与箱式炉相比，井式炉热量传递较好，炉顶可装风扇，使温度分布较均匀，细长零件垂直放置可克服零件水平放置时因自重引起的弯曲；井式电阻炉采用吊车起吊零件，能减轻劳动强度，故应用也较广。

(3)盐浴炉

盐浴炉是用熔融盐液作为加热介质、将工件浸入盐液内加热的工业炉。盐浴炉结构简单，制造方便，费用低，加热质量好，加热速度快，同时工件始终处于盐液内加热，工件出炉时表面又附有一层盐膜，所以能防止工件表面氧化和脱碳。但在盐浴炉加热时，需对零件进行扎绑、夹持等，使操作复杂，劳动强度加大，加热介质的蒸气对人体有害，工作条件差，同时炉体升温启动时间长。因此，盐浴炉常用于中、小型且表面质量要求高的零件，如图 1 - 21 所示。

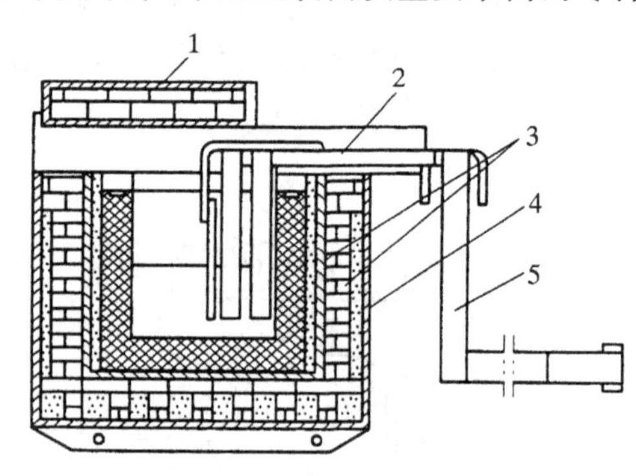

图 1 - 21　盐浴炉

1—炉盖；2—电极；3—炉衬；4—炉体；5—导线

2. 冷却设备

常用的冷却设备有水槽、油槽、浴炉、缓冷坑等。

3. 质检设备

常用的质检设备有布氏硬度试验机、洛氏硬度试验机、金相显微镜、量具、制样设备、无损探伤设备等。

1.6.3　钢的普通热处理

1. 退火

将钢加热到某一适当温度，并保温一定时间，然后缓慢冷却(一般随炉冷却)的工艺过程称为退火。退火的主要目的是：改善组织，使成分均匀、晶粒细化，提高钢的力学性能，消除内应力，降低硬度，提高塑性和韧性，改善切削加工性能。

退火既为了消除和改善前道工序遗留的组织缺陷和内应力，又为后续工序做好准备。因此，退火又称预先热处理。如在零件制造过程中常对铸件、锻件、焊接件进行退火处理，便于以后的切削加工或为淬火做组织准备。

2. 正火

将钢加热到适当温度，保温一定时间，然后在空气中自然冷却的工艺过程称为正火。正火的主要目的与退火基本类似。其主要区别是正火的冷却速度稍快，正火比退火所得到的组织细，强度和硬度比退火的高，而塑性和韧性则稍低，内应力消除不如退火彻底。因此，有些塑性和韧性较好、硬度低的材料（如低碳钢），可以通过正火处理，提高工件硬度，改善其切削性能。正火热处理的生产周期短、效率高，因此，在能达到零件性能要求时，尽可能选用正火。

3. 淬火

将钢加热到临界温度以上，保温一定时间，然后快速冷却的工艺过程称为淬火。淬火的主要目的是：提高工件强度和硬度，增加耐磨性。淬火是钢件强化最经济有效的热处理工艺，几乎所有的工具、模具和重要的零件都需要进行淬火热处理。

淬火后，钢的硬度高、脆性大，一般不能直接使用，必须进行回火后（获得所需综合性能）才能使用。

4. 回火

将已经淬火的钢重新加热到一定温度，保温一定时间，然后冷却到室温的工艺过程称为回火。回火一方面可以消除或减少淬火产生的内应力，降低硬度和脆性，提高韧性；另一方面可以调整淬火钢的力学性能，达到钢的使用性能。根据回火温度的不同，回火可分为低温回火、中温回火和高温回火三种。

(1)低温回火

低温回火的回火温度为 150～250 ℃，主要是减少工件内应力，降低钢的脆性，保持高硬度和高耐磨性。低温回火主要应用于要求硬度高、耐磨性好的工件，如量具、刃具（钳工用的锯条、锉刀等）、冷变形模具和滚珠轴承等。

(2)中温回火

中温回火的回火温度为 350～450 ℃。经中温回火后可以使工件的内应力进一步减少，组织基本恢复正常，因而具有很高的弹性。中温回火主要应用于各类弹簧、高强度的轴及热锻模具等工件。

(3)高温回火

高温回火的回火温度为 500～650 ℃。经高温回火后可以使工件的内应力大部分消除。具有良好的综合力学性能（既有一定的强度、硬度，又有一定的塑性、韧性）。通常将淬火后再高温回火的处理称为调质处理。调质处理被广泛用于综合性能要求较高的重要结构零件，其中轴类零件应用最多。

1.6.4　钢的表面热处理

机械制造中有不少零件表面要求具有较高的硬度和耐磨性，而心部要求有足够的塑性和韧性。这些要求很难通过选择材料来解决。为了兼顾零件表面和心部的不同要求，可采用表面热处理方法。生产中应用较广泛的有表面淬火与化学热处理等。

1. 表面淬火

将钢件的表面快速加热到淬火温度，在热量还未来得及传到心部之前迅速冷却，仅使表面层获得淬火组织的工艺过程称为表面淬火。淬火后需进行低温回火，以降低内应力，提高表面硬化层的韧性和耐磨性。表面淬火适用于对中碳钢和中碳合金钢材料的表面热处理。

2. 化学热处理

化学热处理是利用化学介质中的某些元素渗入到工件的表面层，来改变工件表面层的化学成分和结构，从而达到使工件的表面层具有特定要求的组织和性能的一种热处理工艺。通过化学热处理可以强化工件表面，提高表面的硬度、耐磨性、耐腐蚀性、耐热性及其他性能等。

按照渗入元素的种类不同，化学热处理可分为渗碳、渗氮、氰化和渗金属法等。

• 渗碳是将零件置于高碳介质中加热、保温，使碳原子渗入表面层的过程。零件渗碳再经过淬火和低温回火，使工件的表面层具有高硬度和耐磨性，而工件的中心部分仍然保持着低碳钢的韧性和塑性。

• 渗氮是将零件置于高氮介质中加热、保温，使氮原子渗入表面层的过程。其目的是提高零件表面层的硬度与耐磨性，以及提高疲劳强度、抗腐蚀性等。

• 氰化(又称碳氮共渗)是使零件表面同时渗入碳原子与氮原子的过程，它使钢表面具有渗碳与渗氮的特性。

• 渗金属是指以金属原子渗入钢的表面层的过程。它使钢的表面层合金化，以使工件表面具有某些合金钢、特殊钢的特性，如耐热、耐磨、抗氧化、耐腐蚀等。生产中常用的有渗铝、渗铬等。

复习思考题

1. 什么是安全生产?
2. 安全事故的类别有哪些?
3. 造成事故的直接原因是什么?
4. 人的不安全行为有哪些?
5. 事故预防和控制的基本原则是什么?
6. 学生实习期间要注意哪些安全事项?
7. 机械产品的生产过程有哪几个阶段?
8. 游标卡尺的测量原理是什么?
9. 机械工程材料是如何分类的?
10. 金属材料的力学性能主要包括哪几个方面? 其主要指标有哪些?
11. 什么是热处理? 常用的热处理工艺有哪些? 热处理保温的目的是什么?
12. 试比较退火和正火的异同点。
13. 淬火的目的是什么? 淬火后为什么要回火? 常用的回火方法有哪几种? 分别用于哪些零件?
14. 什么是调质? 调质能达到什么目的?
15. 表面淬火的目的是什么?

第2章　车工

2.1　学习要点与操作安全

1. 学习要点

(1)了解普通车床的加工范围、型号规格、组成。

(2)了解车刀的常用材料的种类及性能，掌握车刀的种类、使用与安装。

(3)了解切削运动，掌握切削用量的选择。

(4)掌握车床的调整与使用、工件的装夹、车床的保养与润滑，熟悉常用装夹附件的特点及应用。

(5)掌握典型零件的加工方法。

2. 操作安全

(1)正确穿着工作服，工作服袖口、衣摆扣紧，留长发者须戴工作帽，并将长发置于帽内；禁止带手套操作车床，高速切削时带防护眼镜；不得戴围巾、穿拖鞋、凉鞋、高跟鞋、裙子操作车床。

(2)开机前应对机床规定部位加油润滑，检查各操作手柄是否处于正常位置，然后开动车床进行保护性空运转(低速运转 3～5 min)，检查机床运转是否正常，防护装置是否安全可靠，发现问题须及时处理。

(3)刀具和工件必须装夹牢固，装卸工件后应立即从卡盘取下丁字扳手，避免开启车床后丁字扳手飞出伤人。

(4)加工过程中禁止用手接触刀具和工件，禁止用手拉切屑，禁止用手触摸卡盘刹车或采用反转刹车，禁止倚靠机床。

(5)装夹、测量工件时，均须停车进行，高低速手柄必须放在空挡位置，并按下急停开关，避免车床误动伤人；变速时一定要停车，待主轴停稳后再变速，防止损伤变速箱。

(6)加工时，注意力要集中，防止滑板、刀具与卡盘碰撞；操作者应靠工件右侧 30°以上站立，避免切削屑飞溅伤人；禁止多人同时操作车床。

(7)发生事故或刀具断裂，以及车床出现不正常声音时应立即按下急停开关停车。

(8)机床运转时，操作者不能离开机床，如需离开须停车并关闭电源。

2.2　车床加工基础知识

2.2.1　车削加工范围及特点

1. 车削加工范围

车削加工就是在车床上利用工件的回转运动和刀具的直线移动对工件进行切削加工，按照图样要求改变其形状和尺寸，生产出合格零件的加工方法。

车削加工的主运动是工件的旋转运动，进给运动是刀具的移动。做进给运动的车刀可作纵向、横向、斜向的直线运动以加工不同的回转表面。

在金属切削机床中，各类车床约占其总数的一半。无论是大批量生产，还是单件小批量生产，车削加工都占有重要的地位。随着数控车床的普及，普通车床的应用在逐渐减少。

车床的加工范围较广，主要加工各种回转表面，其中包括：外圆、内孔、端面、锥体、成型面、螺纹、滚花等。车床的主要用途如图 2－1 所示，其中 v_c 为主运动，f 为进给运动。

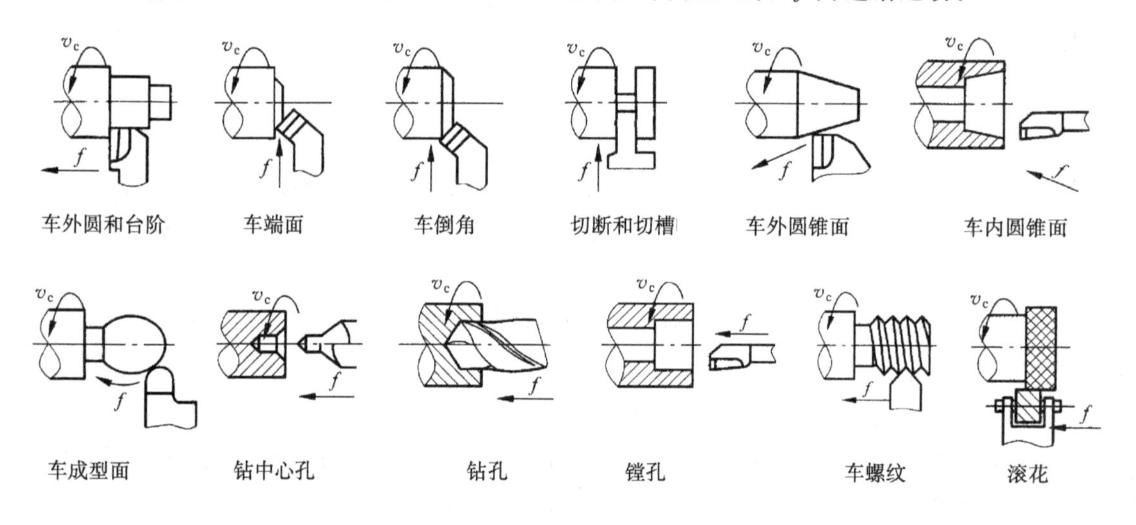

图 2－1　车床加工范围

2. 车削加工特点

车削加工与其他切削加工方法比较有如下特点：

① 车削应用范围广。它是加工不同材质、不同精度的具有回转表面的零件不可缺少的工序。

② 容易保证零件各加工表面的位置精度。当加工同一零件各回转面时，如果不再重新装夹，则可保证各加工表面的同轴度、平行度、垂直度等位置精度的要求。

③ 生产成本低。车刀是刀具中最简单的一种，制造、刃磨和安装较方便，且车床附件较多、利用率高、生产准备时间短，降低了生产成本。

④ 生产率较高。车削加工一般是等截面连续切削。因此，切削力变化小，相比刨、铣等加工方法，车床切削过程平稳。故可选用较大的切削用量，提高生产率。

⑤ 能够满足一定的尺寸精度。车削的尺寸精度一般可达IT8～IT7，表面粗糙度 Ra 值为3.2～1.6 μm。尤其是对不宜磨削的有色金属进行精车加工可获得更高的尺寸精度和更小的表面粗糙度。

2.2.2 车床及其附件

1. 车床的型号及规格

(1)型号

机床型号是机床产品的代号，由汉语拼音字母和阿拉伯数字组成，用以表示机床的类别和结构特性以及主要规格。我国目前机床型号的编制，是按照GB/T15375—1994“金属切削机床型号编制方法”实行。

机床的种类很多，其中车床是最常用的一类。车床型号的示例如图2-2所示，其第一位类别代号C是车床汉语拼音的第一个大写字母；第二位为组别代号，它们依次是：0表示仪表车床，1表示单轴自动车床，2表示多轴自动、半自动车床，3表示六角车床，4表示曲轴及凸轮车床，5表示立式车床，6表示落地式(卧式)普通车床，7表示仿形及多刀车床，8表示轮、轴、锭、辊及铲齿车床，9表示其他车床；第三位是系别代号，如1表示卧式车床；第四、五位合在一起表示机床的主参数，即机床能加工工件的最大回转直径的1/10(mm) 。最后的A、B等字母和数字，表示第1次、第2次重大改进。

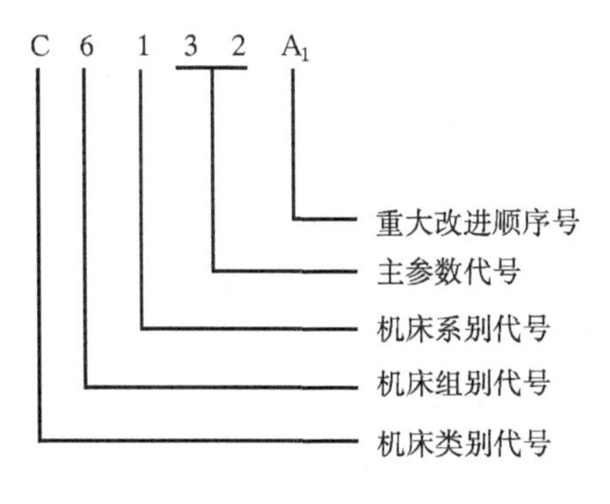

图2-2 车床型号

(2)规格

车床的规格包括中心高和顶尖距两个参数。中心高是工件回转中心线与床身平面的垂直距离，决定了零件加工的直径范围。参数数值为车床型号中主参数值的5倍。如C6132车床的中心高是160 mm，C6136车床的中心高是180 mm。

顶尖距是车床前后两顶尖间的最大距离，决定了零件加工的长度范围。不同车床的顶尖距不同，并可有多种选择。如C6132A_1和C6136顶尖距均为750 mm。

2. C6132A_1普通卧式车床简介

(1)组成

C6132A_1普通卧式车床由床身、主轴变速箱、进给箱、光杠、丝杠、操纵杆、溜板箱、刀架、尾座等部分组成，如图 2－3 所示。

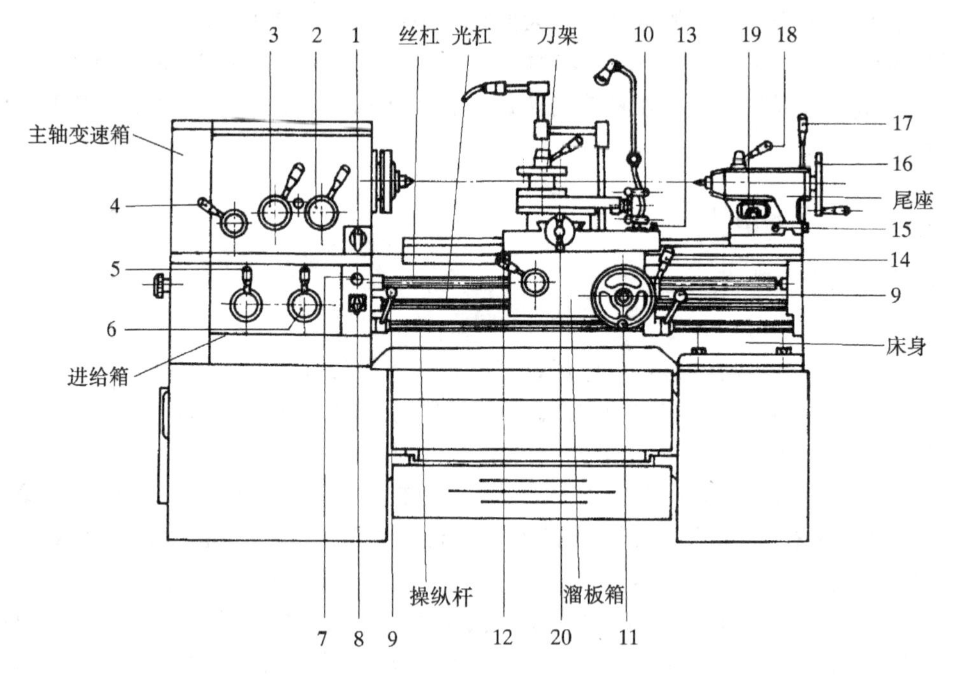

图 2－3　C6132A$_1$ 普通卧式车床

1—主轴高低速旋钮；2，3—主轴变速手柄；4—左右螺纹变换手柄；5，6—螺距、进给量调整手柄；7—急停按钮；8—冷却泵开关；9—正反车手柄；10—小刀架进给手柄；11—纵向移动手动手柄；12—开合螺母手柄；13—溜板箱锁紧螺钉；14—纵横向自动进给手柄；15—调节尾座横向移动螺钉；16—顶尖套筒移动手轮；17—尾座锁紧手柄；18—顶尖套筒夹紧手柄；19—尾座锁紧调整螺母；20—刀架横向移动手动手柄

① 床身：床身是车床的基础零件，用以连接各主要部件，并保证各部件之间有相对正确的位置。床身上的导轨用以引导刀架和尾座相对于主轴进行正确移动。

② 主轴变速箱：内装主轴和主轴变速齿轮。电机的转速通过主轴变速箱可得到正反主轴转速各 12 种，即主运动。主轴又通过齿轮传动，将运动传给进给箱，可实现进给运动。主轴为空心结构，如图 2－4 所示。主轴前端的外锥面用于安装车床附件，前端内锥面用于安装顶尖，主轴通孔可穿入长棒料。

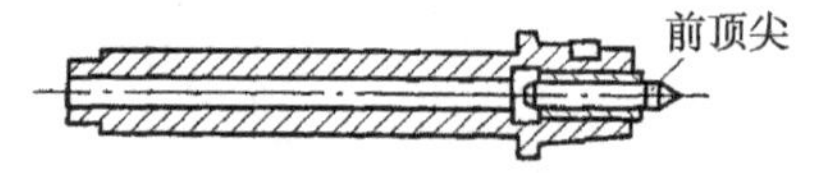

图 2－4　车床主轴结构示意图

③ 进给箱：内装进给运动的变速机构，可将运动传递给光杠或丝杠，可按所需要的进给量或螺距进行调整，以改变进给速度。

④ 光杠、丝杠：光杠、丝杠将进给箱的运动传给溜板箱。光杠用于自动走刀时车削除螺纹以外的表面，可改变走刀量；丝杠只用于车削螺纹，可以改变螺距。

⑤ 操纵杆：控制正转、反转和停车。手柄放在中间是停车，手柄向上提是正转，手柄向下压是反转。

⑥ 溜板箱：是车床进给运动的操纵箱，主要作用是改变运动形式。它可将光杠传来的旋转运动通过齿轮齿条和丝杠螺母，转换为车刀平行于主轴的纵向直线运动或垂直于主轴的横向直线运动，也可通过操纵对开螺母将丝杠的旋转运动转变为刀架的纵向移动以车削螺纹。

⑦ 刀架:用来夹持车刀并使其作纵向、横向或斜向进给运动,由大拖板(又称大刀架)、中滑板(又称中刀架、横刀架、中托板)、转盘、小滑板(又称小刀架、小托板)和方刀架组成,如图 2-5所示。大拖板与溜板箱连接,带动车刀沿床身导轨作纵向移动。中滑板沿大拖板上面的导轨作横向移动。转盘用螺栓与中滑板紧固在一起,松开螺母,可使其在水平面内扳转任意角度。小滑板沿转盘上面的导轨可作短距离的移动。将转盘扳转某一角度后,小滑板便可带动车刀作相应的斜向移动。方刀架最多可同时安装 4 把同方向的车刀。

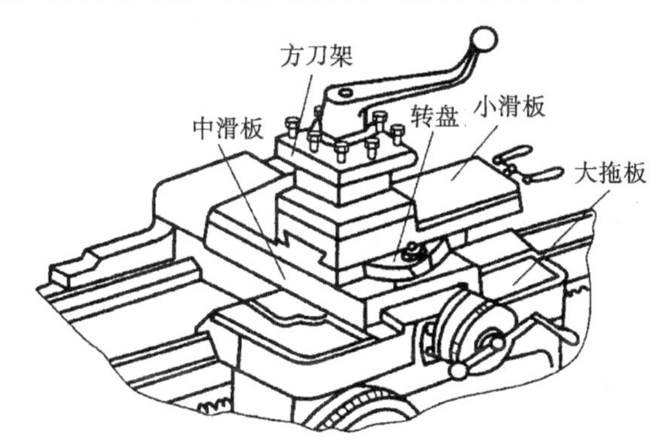

图 2-5　刀架的组成

⑧ 尾座:安装在车床导轨上。在尾座的套筒内安装顶尖可用来支承工件,也可安装钻头、铰刀等刀具在工件上钻孔、铰孔,并可以通过偏移尾座车削外锥面。

(2)调整与使用

如图 2-3 所示,C6132A 普通卧式车床采用操纵杆式开关,在光杠下面有一正反车手柄 9。手柄 9 向上为正转,向下为反转,中间为停止位置。

① 主轴转速的调整:主轴的不同转速是靠主轴变速箱上的高低速旋钮 1 和主轴变速手柄 2,3 配合使用得到的。高低速旋扭 1 有低速Ⅰ和高速Ⅱ两个位置,主轴变速手柄 2 有 2 个位置、手柄 3 有 3 个位置,它们相互配合使用可使主轴获得从 25～2000 r/min 的 12 种不同的转速(详见变速箱上的主轴变速表)。

注意事项:a. 必须停车变速;b. 变速时一般先将高低速旋扭 1 置空挡位置使主轴空挡,再调整主轴变速手柄 2,3;c. 当变速手柄推、拉不到正常位置时,可用手扳动卡盘,同时推拉手柄至正常位置。

② 进给量的调整:进给量大小的调整是靠变换配换齿轮及改变进给量调整手柄 5,6 的位置得到的。手柄 5 向里推,自左至右有 1—6 挡位,向外拉,自左至右有 A—F 挡位。手柄 6 向里推,自左至右有Ⅰ—Ⅴ5 个挡位,向外拉,左右有 S、M 两挡。挂 S 挡接通光杠,挂 M 挡接通丝杠。按机床的螺距和进给量标牌的指示,通过各挡位的不同组合,可以获得多种螺距和进给量(详见主轴箱上进给量表)。

③ 手动手柄的使用:操作者面对车床,顺时针摇动纵向移动手动手柄 11,刀架向右移动;逆时针摇动,刀架向左移动。顺时针摇动刀架横向移动手动手柄 20,刀架向前移动;逆时针摇动,刀架向后移动。

④ 自动手柄的使用:操作者面对车床,将自动进给手柄 14 向后压,实现纵向自动走刀;向前拉,实现横向自动走刀;放在中间位置,则停止自动走刀。

3. 卧式车床的传动系统

图 2－6 是卧式车床的传动系统框图。电动机输出的动力，经传动带通过主轴箱传给主轴，变换主轴箱外的变速手柄位置，得到不同的齿轮组啮合，从而得到不同的主轴转速。主轴通过卡盘带动工件作旋转运动。同时，主轴的旋转运动通过换向机构、交换齿轮、进给箱、光杠(或丝杠)传给溜板箱，使溜板箱带动刀架沿床身作直线进给运动。

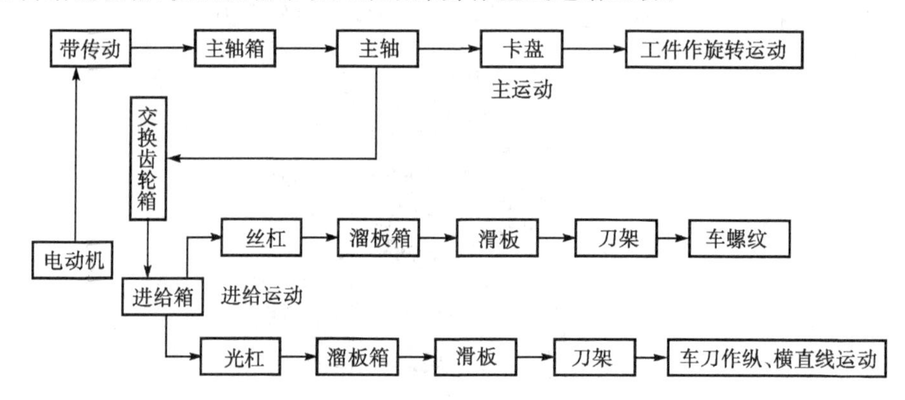

图 2－6　卧式车床传动系统框图

4. 车床附件

车床上常备有三爪自定心卡盘、四爪单动卡盘、顶尖、中心架、跟刀架、花盘和心轴等附件，以适应不同形状和尺寸的工件的装夹。

(1)三爪自定心卡盘(简称三爪卡盘)

三爪卡盘是车床上最常用的附件，其结构如图 2－7 所示。当转动 3 个小锥齿轮中的任何一个时，都会使大锥齿轮旋转。大锥齿轮背面有平面螺纹，它与 3 个卡爪背面的平面螺纹相配合。于是大锥齿轮转动时，3 个卡爪在卡盘体的径向槽内同时作向心或离心移动，以夹紧或松开工件。

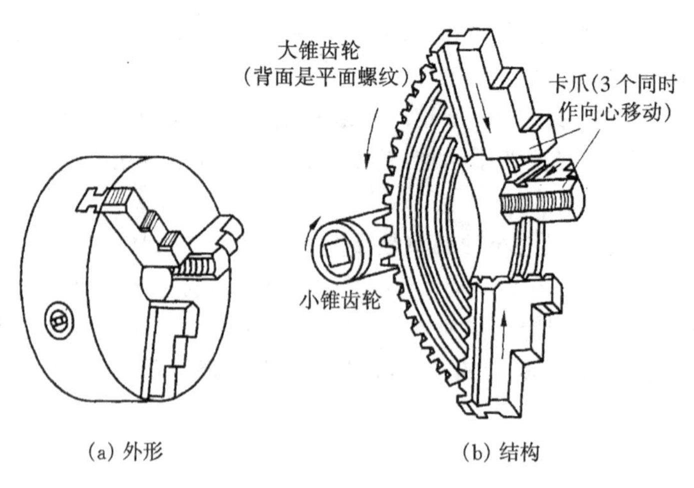

(a) 外形　　(b) 结构

图 2－7　三爪自定心卡盘

三爪卡盘的优点是能够自动定心，装夹工件方便，安装效率高。但夹紧力小，定心精度不很高，为 0.05～0.15 mm，传递的扭矩也不大。适用于夹持表面光滑、规则的圆柱形、正三角柱、正六角柱等工件。

(2)四爪单动卡盘

四爪单动卡盘的结构如图 2-8 所示,4 个卡爪分别安装在卡盘体的 4 条槽内,每个卡爪背面有螺纹,单独与 4 个螺杆相配合。分别转动螺杆,就能逐个调整卡爪的位置。

四爪单动卡盘的优点是夹紧力大,安装精度高,校正后精度可达 0.01 mm,但校正慢、效率低。适用于装夹表面粗糙、形状不规则、尺寸较大或偏心的工件。装夹时,工件上应预先划出加工线,再仔细找正位置,如图 2-9 所示。

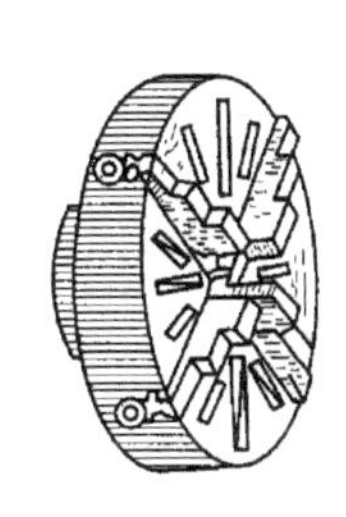

图 2-8　四爪单动卡盘

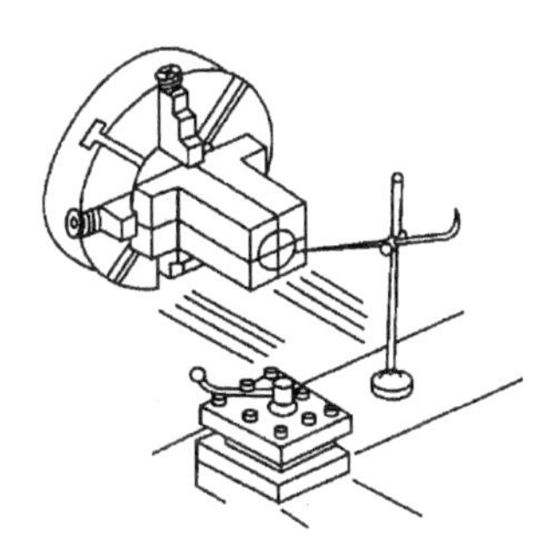

图 2-9　在四爪卡盘上找正工件位置

(3)顶尖和顶尖套

顶尖的形状如图 2-10(a)所示。60°的锥形部分用来支承工件。尾部则安装在车床主轴孔或尾座套筒孔中。顶尖尺寸较小时,可通过顶尖套安装。顶尖套的形状如图 2-10(b) 所示。

用顶尖安装工件时,应先车平工件端面,并用中心钻打出中心孔。中心钻及中心孔的形状如图 2-11 所示。中心孔的圆锥部分与顶尖配合,应平整光洁。中心孔的圆柱部分用于容纳润滑油和避免顶尖尖端触及工件。

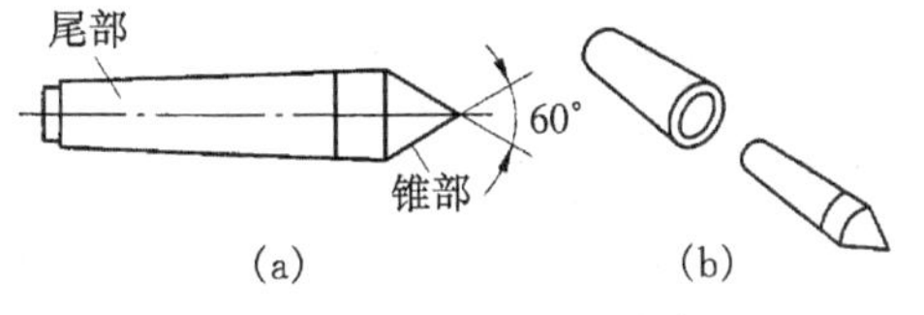

图 2-10　顶尖及顶尖套

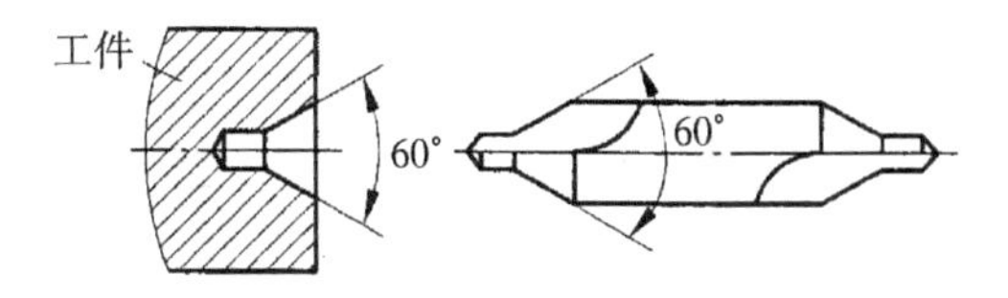

图 2-11　中心钻和中心孔

(4)中心架和跟刀架

当加工长度与直径之比大于 10 的细长轴时,除了用顶尖装夹工件以外,还需要采用中心架或跟刀架支承,以减小因工件刚性差而引起的加工误差。

中心架的结构如图 2-12 所示,由压板螺钉紧固在车床导轨上,调节 3 个支承爪与工件接触,以增加工件刚性。中心架用于夹持一般长轴、阶梯轴以及端面和孔都需要加工的长轴类工件。

跟刀架的结构如图 2-13 所示。它紧固在刀架纵溜板上,并与刀架一起移动,跟刀架只有两个支承爪,它只适用于夹持精车或半精车细长光轴类的工件。

(5)花盘

形状不规则而无法用三爪或四爪卡盘装夹的工件,可以用花盘装夹。用花盘装夹工件的情况如图 2-14 所示。用花盘装夹工件时,往往重心偏向一边,为了防止转动时产生振动,在花盘的另一边需加平衡块。工件在花盘上的位置需要仔细找正。

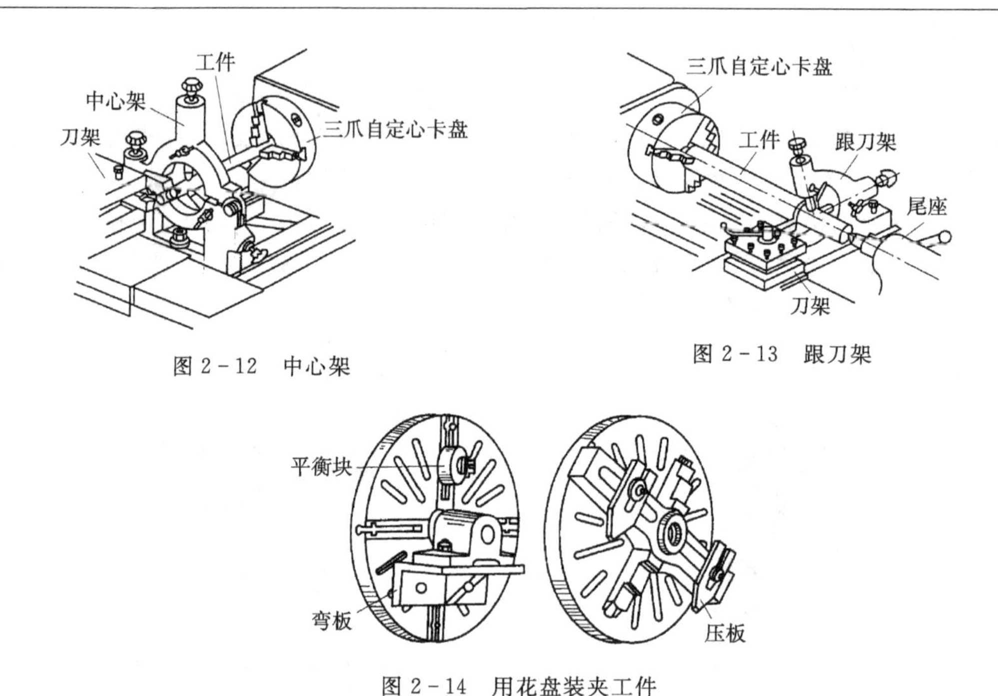

图 2-12 中心架

图 2-13 跟刀架

图 2-14 用花盘装夹工件

(6)心轴

在普通车床上加工内、外圆的同轴度及端面和孔的垂直度要求较高的盘、套类零件时,可用心轴安装。如图 2-15 所示,将工件安装在心轴上,再把心轴安装在前后顶尖之间来加工工件外圆或端面。

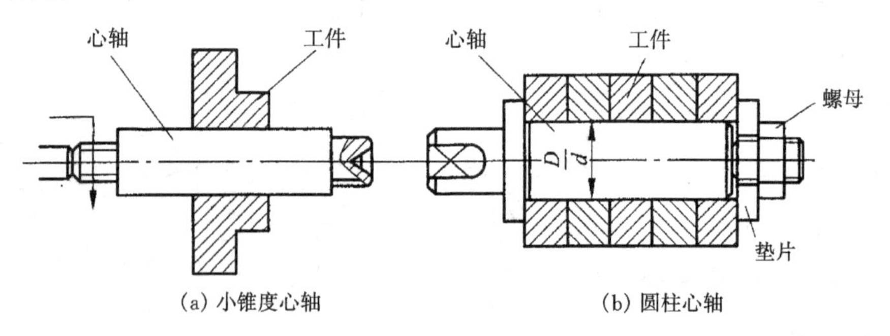

图 2-15 心轴的安装

2.2.3 车刀及其安装

1. 车刀的性能

车刀的切削部分,其材料应具有良好的切削性能,包括耐磨性、耐高温性、坚韧性,良好的工艺性能,如导热性、热处理性、刃磨性、焊接性等。

2. 车刀的材料

常用的车刀材料有高速钢、硬质合金、超硬刀具材料等。高速钢是一种含钨、铝、铬、钒等元素较多的高合金工具钢,具有高的硬度、强度和耐磨性,且耐热性和淬透性良好,分为普通高速钢和高性能高速钢。硬质合金是由高硬度、高熔点的金属碳化物(WC、TiC 等)粉末,用钴等金属粘接剂在高温下烧结而成的。其切削速度、耐磨性、耐热性均远远高于高速钢。超硬刀具材料主要是指金刚石、立方氮化硼和陶瓷。常用车刀材料的性能见表 2－1。

表 2－1　常用车刀材料及性能

材料	分类	切削性能	工艺性能
普通高速钢	钨系高速钢 W18Cr4V	高硬度、高强度、高耐磨性、耐热性好	刃磨及热处理工艺控制方便
	钨钼系高速钢 W6Mo5Cr4V2	抗弯强度、冲击韧度和高温塑性高于钨系高速钢	磨削工艺略差
硬质合金	钨钴类 YG	耐磨性和耐热性均高于高速钢，抗弯强度和冲击韧度低于高速钢	刃磨性差
	钨钛钴类 YT	硬度和耐磨性提高，但抗弯强度、磨削性能和导热率有所下降，不耐冲击	刃磨性差

3. 车刀的种类

(1)按结构形式分类

车刀按结构形式可分为以下几种。

① 整体式车刀：车刀的切削部分与夹持部分材料相同，用于在小型车床上加工零件或加工有色金属及非金属，高速钢刀具即属此类，如图 2－16(a)所示。

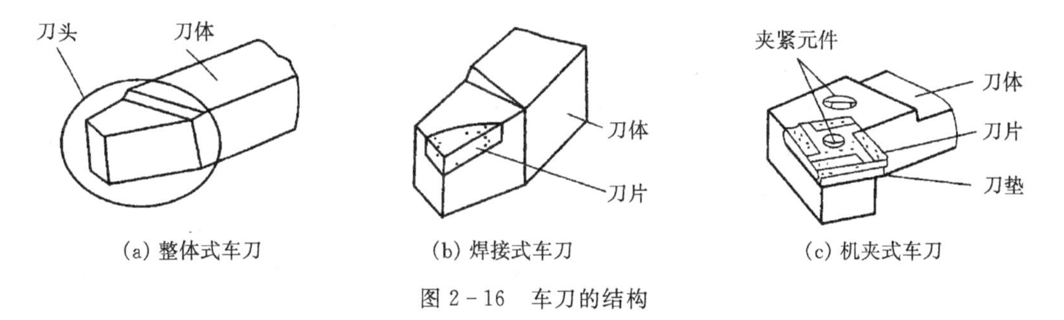

(a) 整体式车刀　(b) 焊接式车刀　(c) 机夹式车刀

图 2－16　车刀的结构

② 焊接式车刀：车刀的切削部分与夹持部分材料完全不同。切削部分材料多以刀片形式焊接在刀杆上，常用的硬质合金车刀即属此类。适用于各类车刀，特别是较小的刀具，如图 2－16(b)所示。

③ 机夹式车刀：机夹式车刀避免了刀片因焊接产生的应力、变形等缺陷，且刀杆利用率高，如图 2－16(c)所示。

(2)按用途分类

车刀按用途可分为外圆车刀、端面车刀、切断刀、切槽刀、镗孔刀、成形车刀、螺纹车刀等，如图 2－17、图 2－18 所示。

① 外圆车刀：用于加工外圆柱面和外圆锥面，它分直头车刀、弯头车刀和偏刀三种。直头车刀主要用于车削没有阶梯的光轴；45°弯头外圆车刀可以车削外圆，又可以车削端面和倒棱，通用性较好，所以得到广泛的使用；偏刀有 90°和 93°主偏角两种，常用来车削阶梯轴和细长

轴。细长轴车削也可采用 75°车刀，以提高车刀耐用度。

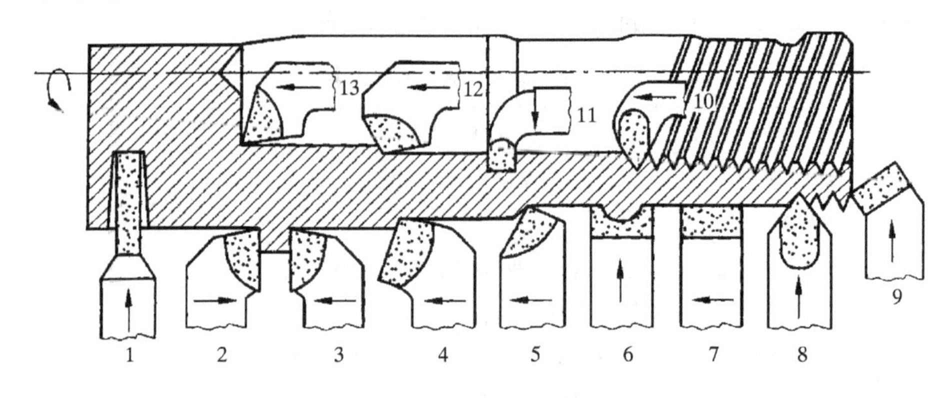

图 2－17 常用车刀及其用途

1—切断刀；2—90°左偏刀；3—90°右偏刀；4—弯头车刀；5—直头车刀；6—成形车刀；7—宽刃精车刀；8—外螺纹车刀；9—端面车刀；10—内螺纹车刀；11—内槽车刀；12—通孔镗刀；13—盲孔镗刀

偏刀又可分为右偏刀和左偏刀。主切削刃在刀杆左侧，正常方向进给的车刀称为右偏刀；主切削刃在刀杆右侧，反方向进给的车刀称为左偏刀。

② 端面车刀：用于车削垂直于轴线的平面，它工作时采用横向进给。

③ 切断刀：用于从棒料上切下已加工好的零件，也可以切窄槽。切断刀切削部分宽度很小，强度低，排屑不畅时极易折断。

④ 切槽刀：用于车削沟槽，外形与切断刀类似，其刀头尺寸要长于沟槽尺寸。

⑤ 镗孔刀：用于车削圆孔，其工作条件相比外圆车刀较差，这是由于镗孔刀的刀杆截面尺寸和悬伸长度都受被加工孔的限制，刚度低、易振动，只能承受较小的切削力。

⑥ 成形车刀：是一种加工回转体成形表面的专用刀具。它不但可以加工外成形表面，还可以加工内成形表面。成形车刀设计与制造比较麻烦，刀具成本比较高，主要用在大批量生产。但为了保证表面精度，小批量生产时也常使用。

⑦ 螺纹车刀：车削部分的截形与工件螺纹的轴向截形（即牙型）相同。按所加工的螺纹牙型不同，有普通螺纹车刀、梯形螺纹车刀、矩形螺纹车刀、锯齿形螺纹车刀等几种。车削螺纹比攻螺纹和套螺纹加工精度高，表面粗糙度低，因此，螺纹车刀车削螺纹是一种常用的方法。

常用车刀的外形如图 2－18 所示。

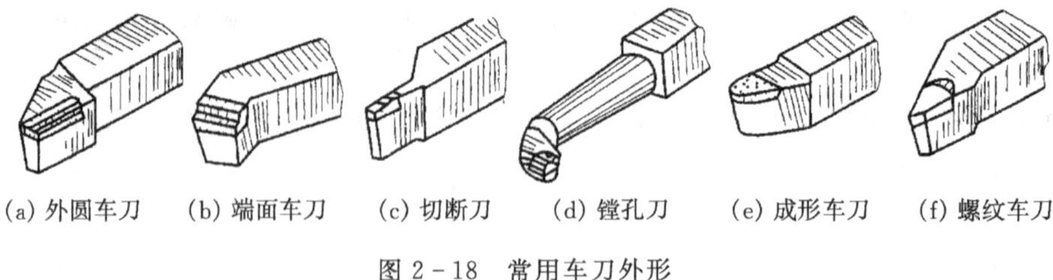

(a) 外圆车刀 (b) 端面车刀 (c) 切断刀 (d) 镗孔刀 (e) 成形车刀 (f) 螺纹车刀

图 2－18 常用车刀外形

4. 车刀的安装

车刀使用时必须正确安装。以外圆车刀为例，安装的基本要求如下：

① 刀尖应与车床主轴线等高且与尾座顶尖对齐，其底面应平放在方刀架上。如果刀尖低

于主轴轴线，可在刀杆下面垫上垫片，垫片数量不宜过多，以 1～3 片为宜，一般用两个螺钉交替压紧车刀。

② 刀头伸出长度应为刀杆厚度的 1.5～2 倍，伸出太长易在切削时产生振动，影响加工质量；伸出太短，切削时排屑不顺利，也不便于观察。

③ 刀具的安装角度要符合刃磨角度，安装时刀杆要与工件中心线垂直，特别是 90°偏刀，安装时要保证刀尖在整个刀体的最外一点。

④ 加工时方刀架必须锁紧。

⑤ 装好零件和刀具后，应检查加工极限位置是否会干涉、碰撞。

2.2.4　工件装夹

1. 用卡盘、花盘装夹工件

采用哪种装夹方式是根据工件的具体情况而定的，当工件长度与直径的比小于 4 时，刚性很好，采用卡盘或花盘装夹即可；长径比大于 4 小于 10 时，刚性较好，可采用一夹一顶安装或两顶尖安装。

三爪自定心卡盘可用来装夹直径较小的圆柱形、正三角柱等工件，如图 2－19(a)所示。当装夹直径较大的外圆工件时可用三个反爪进行，如图 2－19(b)所示。但三爪自定心卡盘由于夹紧力不大，所以一般只适用于重量较轻的工件；当装夹重量较重或形状不规则的工件时，宜用四爪单动卡盘或花盘装夹。

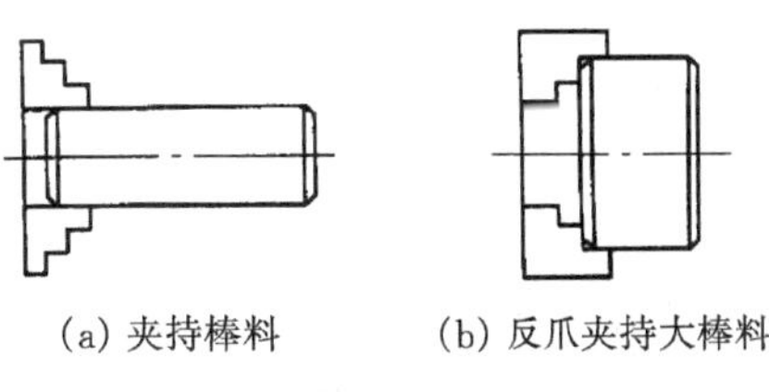

(a) 夹持棒料　(b) 反爪夹持大棒料

图 2－19　使用卡盘安装工件

2. 用一夹一顶方式装夹工件

一般长度与直径之比大于 4 的回转工件，尤其是精度要求高的工件，不能直接用三爪自定心卡盘装夹，而要用一端夹住，另一端用后顶尖顶住的装夹方法。这种装夹方法能承受较大的轴向切削力，使工件刚性大大提高，同时，在加工过程中可提高切削用量。

具体操作方法如下。

① 把刀架横向退后，纵向根据工件长度移动至合适位置。

② 参照工件长度把尾座移到适当位置锁紧，套筒摇出约 50～60 mm 的长度锁紧。

③ 将工件用三爪自定心卡盘卡住 10～15 mm 的长度，要能转动和伸缩。

④ 右手把工件来回转动，让中心孔顶住顶尖(如工件被卡盘卡住的部位长度不合适，再摇尾座套筒调整后锁紧)。

⑤ 左手转动丁字扳手卡紧工件，然后用双手转动丁字扳手锁紧工件，其余两孔也逐个拧紧。

⑥ 开车检验，如顶尖能跟工件同步旋转，说明安装工件已完成。

3. 用两顶尖装夹工件

当工件需要多个工序完成加工时，为了统一多次装夹的定位，不能用一夹一顶方式装夹，而需用两顶尖装夹，如图 2－20 所示。工件支承在前后两顶尖之间，工件的一端用鸡心夹头夹紧，由拨盘带动旋转。

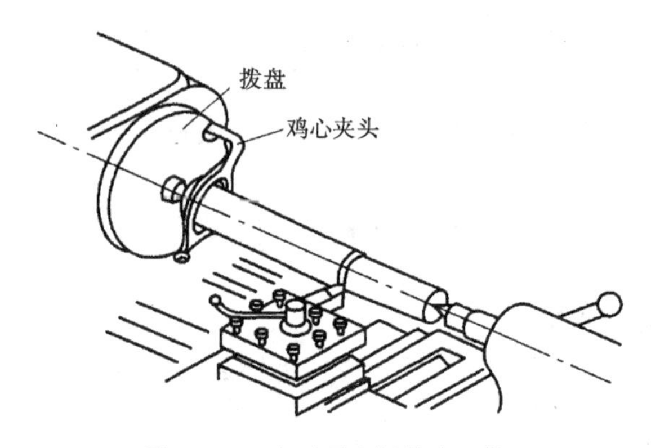

图 2-20　在两顶尖间装夹工件

加工细长轴时，需视情况使用中心架和跟刀架，具体使用方式见车床附件部分。

2.2.5　车床的润滑和日常保养

1. 车床的润滑

车床的移动部件和转动部件统称为运动部件。运动部件的摩擦表面必须保持良好的润滑和清洁状态，方能使车床运转正常，减少磨损，延长其使用寿命。

(1)润滑方式

普通车床上需要润滑的表面较多，不同的表面其润滑方式也各不相同。

① 强制润滑：这种润滑是利用油泵强制将油液喷射到各摩擦表面的一种方式，一般用于转速高、表面复杂、润滑点相对集中和需要连续润滑的场合。主轴箱内的变速齿轮和轴承由于转速高、负荷大、摩擦严重，就必须采用强制润滑。

② 油浴润滑：这是一种将运动部件(如齿轮)始终浸没在润滑油中的润滑方式。通常用于进给箱和溜板箱内的齿轮润滑。

③ 溅油润滑：这种润滑方式常用于密闭箱体内部一些摩擦表面的润滑。在车床的主轴箱内，利用部分浸没在润滑油中高速转动的齿轮将润滑油溅射到箱体内的油槽中，再经油孔流到各润滑部位。

④浇油润滑：这种润滑是一种人工浇油的润滑方式。通常是对外露的移动表面用油壶浇油，如导轨和溜板表面。

⑤滴油润滑：这是一种利用线绳吸油、滴油的原理实现润滑的方式。用毛线作油绳，一端浸在进给箱和溜板箱的油池中，一端引到箱内润滑点，毛线将润滑油浸吸上来，毛线上的油饱和时就会自动滴油到润滑部位，如图 2-21 所示。

⑥注油润滑：这是一种用油壶人工加油到各润滑点的方法。通常用于尾座和中拖板的手柄(轮)转轴部位以及丝杠、光杠、操作杆支架轴承处。加油时，用油壶嘴稍稍用力压进注油口的钢球，加油后移开油壶即可，钢球自动回位密封注油口。

⑦油脂润滑：这是一种利用机床上的黄油杯向润滑部位挤压油脂的润滑方式。通常用于挂轮架中间轴等不便经常润滑操作的润滑点。黄油杯中事先装满钙基润滑脂(黄油)，操作机床前只需紧一紧黄油杯盖，即可将润滑脂压进润滑点，如图 2-22 所示。

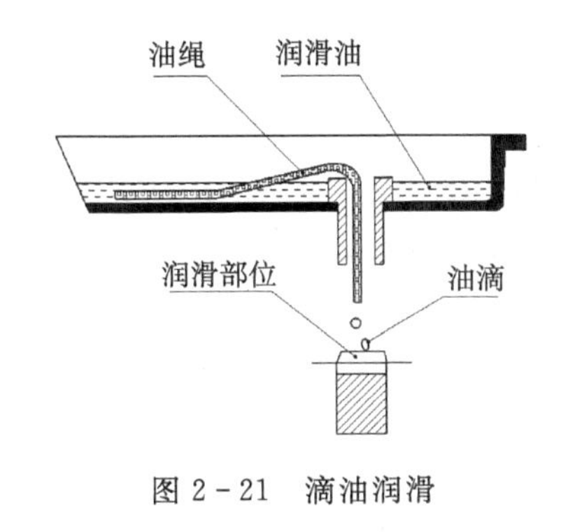

图 2-21　滴油润滑

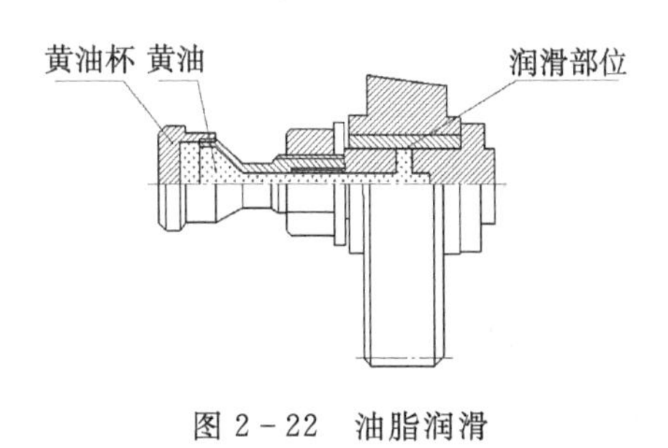

图 2-22　油脂润滑

(2)润滑要求

不同润滑点的润滑方式和加、注油周期如表 2-2 所示。

表 2-2　车床各润滑点的润滑方式和加、注油周期

序号	润滑点	润滑方式	加、注油周期
1	主轴箱内部零(部)件	强制和溅油润滑	箱体内的油 3 个月换一次;要求车床起动后油标中随时有油流动
2	进给箱齿轮和轴承	油浴、溅油和滴油润滑	每天加油一次以保持油箱油位
3	床身导轨、拖板导轨	浇油润滑	每天工作前、后均需擦净并浇油一次
4	丝杠、光杠、操作杆轴承和尾座、拖扳手柄以及刀架转动部位	注油润滑	每天一次
5	挂轮箱内中间齿轮轴轴承	油脂润滑	每 7 天加一次油脂,每天拧一次黄油杯盖

2. 车床的日常保养

为了保持车床精度,延长使用寿命,操作者必须懂得爱护车床、维护保养车床,培养良好的工作习惯和爱护设备的责任心。

车床的日常保养如下:

① 工作前,要给车床加注润滑油(脂)。从观察窗查看润滑油面高度是否符合要求,用油壶给各注油点加注机油,拧一拧黄油杯盖等。

② 每天结束工作后,首先切断电源,其次清扫铁屑、擦净车床各导轨面并均匀浇上润滑油,擦拭车床表面、操作手柄等,既避免场地零乱又使车床保持清洁。

③ 每周保养车床导轨,包括床身导轨、中拖板导轨和小拖板导轨,要求进行清洁和润滑保养。清洁浇、注油口,擦拭油标,清洗或更换油绳,检查有无螺钉松动,保持车床整洁、美观。

2.3　车床操作要点

在车削零件时，首先要记住车削要领：先开车、后对刀、退了刀、再停车。其次要准确、迅速地调整背吃刀量，必须熟练地使用大拖板、中滑板和小滑板的刻度盘，同时在加工中必须按照操作步骤进行。

2.3.1　刻度盘和操作手柄的使用

大拖板能够沿床身导轨做平行于主轴的纵向直线运动。使用溜板箱的纵向移动手动手柄11，可使大拖板在床面上快速移动，面对车床，手柄顺时针转，大托板向右移动，手柄逆时针转，大拖板向左移动。

调整大拖板的刻度盘时，对于 $C6132A_1$ 车床，刻度盘每转动一小格大拖板移动 0.5 mm，转动一圈移动 100 mm。

中滑板能够沿大拖板的燕尾导轨做垂直于主轴的横向直线运动。中滑板的刻度盘紧固在丝杠轴头上，中滑板和丝杠螺母紧固在一起。当中滑板手柄带着刻度盘转一周时，丝杠也转一周，这时螺母带动中滑板移动一个螺距。所以中滑板移动的距离可根据刻度盘上的格数来计算。刻度盘每转一格中滑板带动刀架横向移动距离＝丝杠螺距/刻度盘格数。

$C6132A_1$ 车床刻度盘每转动一小格，中滑板带动车刀移动 0.05 mm，即径向背吃刀量为 0.05 mm，零件直径方向减少 0.1 mm；每转动一圈径向背吃刀量为 4 mm，直径方向减少 8 mm。

调整刻度时，如果手柄转过了头，或试切后发现尺寸不对而需将车刀退回时，刻度盘不能直接退回到所要求的刻度，应将刻度盘反转半圈以上再转至所需位置，如图 2－23(c)所示，这样才能消除丝杠与螺母间存在的间隙。

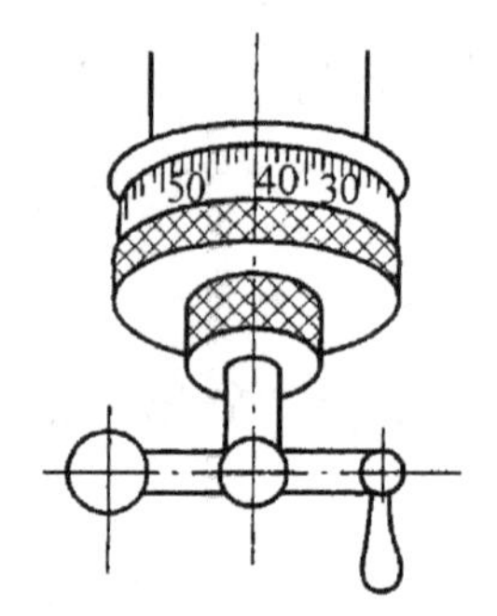

(a) 要求转至 30 但摇过头成 40

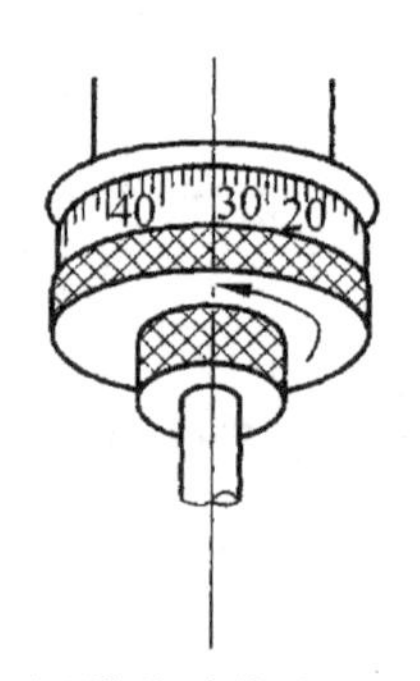

(b)错误：直接退至 30

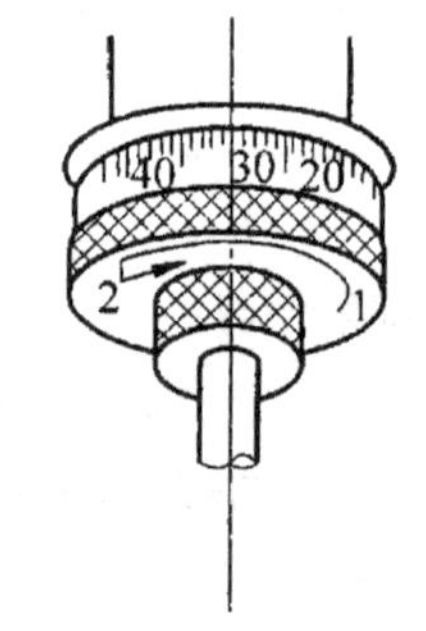

(c)正确：反转半圈以上再转至所需位置 30

图 2－23　刻度盘手柄摇过了头的纠正方法

小滑板沿中滑板的燕尾导轨做直线运动，其刻度盘的原理及其使用与中滑板相同。其刻度盘主要用于控制工件长度方向上的尺寸。小滑板的丝杆螺距为 3 mm，每转动一小格为 0.05 mm，转一圈为 3 mm。

2.3.2　车削加工步骤

在正确安装零件和刀具之后，通常按以下步骤进行车削。

1. 试切

试切是车削的关键，为了控制背吃刀量，保证零件径向的尺寸精度，开始车削时，应先进行试切。试切后，如果尺寸合格了，就按此背吃刀量将整个表面车削完毕；如果尺寸大了，就需重新进行试切，直到尺寸合格后才能进行完整的切削。

以切削外圆为例，试切法的步骤如图 2-24 所示。

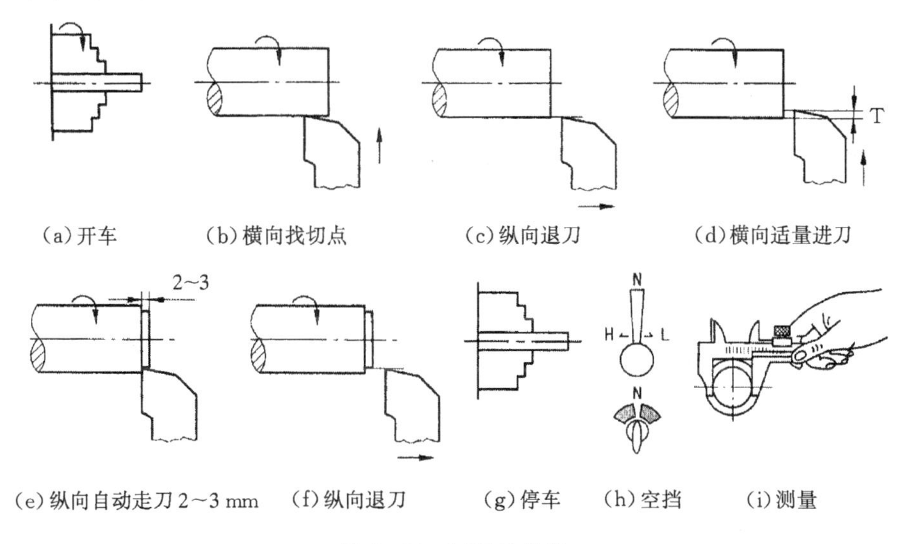

(a) 开车　(b) 横向找切点　(c) 纵向退刀　(d) 横向适量进刀

(e) 纵向自动走刀 2～3 mm　(f) 纵向退刀　(g) 停车　(h) 空挡　(i) 测量

图 2-24　试切法步骤

其中，第二步横向找切点是指对刀使车刀与工件表面轻微接触。第四步横向适量进刀的进刀量一般要小于切削用量。

2. 切削

经试切获得合格尺寸后，就可以扳动自动走刀手柄使之自动走刀。当车刀纵向进给至距末端 3～5 mm 时，应将自动进给改为手动进给，以避免自动走刀超长或车刀切削卡盘爪。如需再切削，可将车刀纵向退刀，调整切削深度后再进行车削。如不再切削，则应先将车刀沿横向退出，脱离零件已加工表面，再沿纵向退出车刀，然后停车。

3. 检验

零件加工完后要进行测量检验，以确保零件的质量。

注意检验时不要将零件取下，避免重新装夹产生的位置偏差。使用游标卡尺测量直径时，卡尺卡爪不能太紧也不可太松，以旋紧止动螺钉后可将卡爪从工件上顺利取下为宜。

2.3.3　切削运动与切削用量选择

1. 切削运动

切削运动是在切削加工中刀具与工件的相对运动，即表面成形运动。切削运动可分为主运动和进给运动。

主运动是使工件与刀具产生相对运动进行切削的最基本运动，主运动的速度最高，所消耗的功率最大。在切削运动中，主运动只有一个，它可以由工件完成，也可以由刀具完成；可以是旋转运动，也可以是直线运动。在车削加工时，主运动的表现形式是工件的旋转运动。

进给运动是不断把切削层投入切削，以逐渐切削出整个表面的运动，也就是说，有了进给运动，才能连续切削。进给运动一般速度较低，消耗的功率较少，可由一个或多个运动组成；可以是连续的，也可以是间断的，在车削加工时，进给运动的表现形式是刀具的直线运动。

2. 切削用量

切削用量是衡量切削运动大小的参数，它包括有三个要素：切削速度 v_c、进给量 f 、背吃刀量 a_p，如图 2－25 所示。

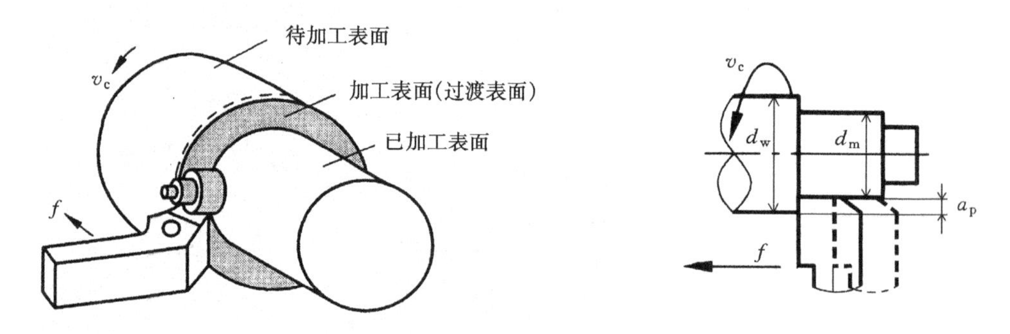

图 2－25　切削用量示意图

(1)切削速度 v_c

切削刃选定点相对于工件主运动的瞬时速度称为切削速度，单位为 m/s 或 m/min。主运动为旋转运动时，切削速度一般为其最大的线速度。

$$v_c = \frac{\pi d n}{1000}\ \text{m/s}$$

式中：d—工件的直径，单位为 mm。

n—工件的转速，单位为 r/s。

(2)进给量 f

刀具在进给运动方向上相对工件的位移量称为进给量。既工件每转一圈，刀具沿走刀方向相对移动的距离。进给量分为纵向走刀量和横向走刀量。

(3)背吃刀量 a_p

在通过切削刃上选定点并垂直于该点主运动方向的切削层尺寸平面中，垂直于进给运动方向测量的切削层尺寸，称为背吃刀量。简单地说，就是工件待加工表面与已加工表面之间的垂直距离。车削时，可用下式计算：

$$a_p = \frac{d_w - d_m}{2}\ \text{mm}$$

式中：d_w—工件待加工表面直径，单位为 mm。

d_m—工件已加工表面直径，单位为 mm。

车削时形成的三个表面包括待加工表面、已加工表面和加工表面。待加工表面是指工件上即将被切去金属层的表面。已加工表面是指切削后得到新的金属层表面。加工表面是指与车刀主刀刃接触的表面。

3. 切削用量的选择

切削用量的选择根据粗车、精车而不同，具体如下：

(1)粗车

粗车的目的是尽快从工件上切去大部分加工余量，使工件接近最后的形状和尺寸。粗车要给精车留有合适的加工余量，而尺寸精度和表面质量要求都很低。在生产中，在不影响安全和不损坏设备的前提下，加大背吃刀量 a_p 对提高生产率最为有利，而对车刀寿命的影响又最小。因此，粗车时应优先选用较大的背吃刀量 a_p；其次根据可能，适当加大进给量 f；最后确定切削速度 v_c。切削速度 v_c 一般采用中等或中等偏低的数值。

粗车的切削用量推荐为：背吃刀量 $a_p=2\sim4$ mm；进给量 $f=0.15\sim0.40$ mm/r；切削速度 $v_c=50\sim70$ m/min(硬质合金车刀切钢时)，或 $v_c=40\sim60$ m/min (硬质合金车刀切铸铁时)。

粗车铸件时，由于工件表面有硬皮，如果背吃刀量 a_p 太小，刀尖反而容易被硬皮碰坏或磨损。因此，第一刀的背吃刀量 a_p 应大于硬皮的厚度 b，如图 2－26 所示。

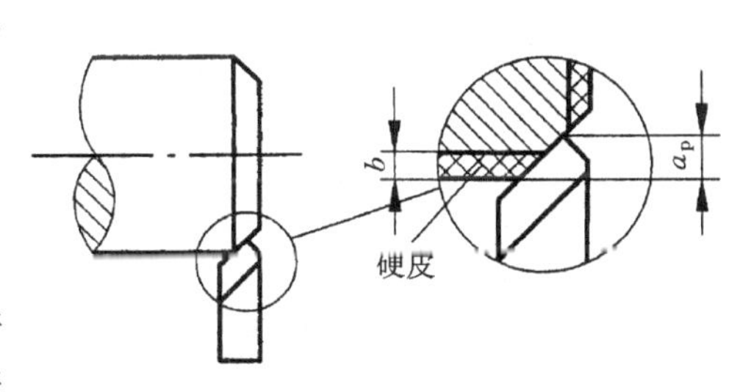

图 2－26　粗车铸件的背吃刀量 a_p

选择切削用量时，还要看加工时的具体情况，如驱动机床主轴转动的电机功率是否足够，工件安装是否牢靠。若工件的夹持部分长度较短或表面凹凸不平，切削用量也不宜过大。粗车给半精车的加工余量一般为 2～4 mm。

(2)精车

为了保证零件的尺寸精度和表面粗糙度，要合理选择精车的切削用量。生产实践证明，车削钢件时较高的切速($v_c\geqslant100$ m/min)或较低的切速($v_c\leqslant6$ m/min)都可获得较小的表面粗糙度。但采用低速切削生产率低，一般只有在精车小直径的工件时采用。选用较小的背吃刀量 a_p 和采用较小的进给量均有利于降低 R_a 值。

精车的切削用量选择范围如下：背吃刀量 $a_p=0.3\sim0.5$ mm(高速精车时)，或 $a_p=0.05\sim0.10$ mm(低速精车时)；进给量 $f=0.05\sim0.2$ mm/r；切削速度 $v_c=100\sim200$ m/min(硬质合金车刀切钢时)，或 $v_c=60\sim100$ m/min (硬质合金车刀切铸铁时)。

小窍门：如何保证尺寸精度和表面粗糙度。

精车的尺寸公差等级一般为 IT8～IT7，其尺寸精度主要是依靠准确地试切和度量来保证的，因此操作时务必认真和细心。

精车的表面粗糙度 R_a 值一般为 3.2～1.6 μm，其主要保证措施如下：

① 选择几何形状合适的车刀。把刀尖磨出小圆弧以减小残留面积，使 Ra 值减小。

② 合理选择精车时的切削用量。

③ 合理选择切削液也有助于降低表面粗糙度。低速精车钢件时采用乳化液，低速精车铸铁件时采用煤油；高速精车一般不用切削液。为了保护生态环境，目前切削加工正朝着少用、甚至不用切削液的方向发展。

2.4　车削工艺

2.4.1　车削外圆、台阶与端面

1. 车外圆

车外圆是车削加工中最基本、最常见的工作。常见的外圆车刀及车外圆方法如图 2-27 所示。

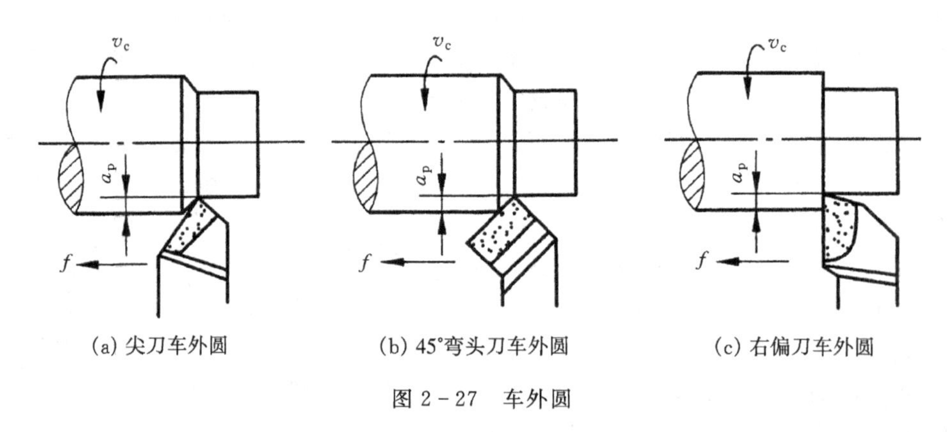

图 2-27　车外圆

尖刀主要用于粗车没有台阶或台阶不大的外圆；弯头车刀用于粗车外圆、带 45°斜面的外圆，也用于车端面和倒角；主偏角为 90°的偏刀，车外圆时的背向力很小，常用来粗、精车细长轴和带有垂直台阶的外圆。

2. 车台阶

车高度在 5 mm 以下的低台阶时，可在车外圆时同时车出，如图 2-28 所示。为使车刀的主切削刃垂直于工件的轴线，可在预先车好的端面上对刀，使主切削刃与端面贴平。

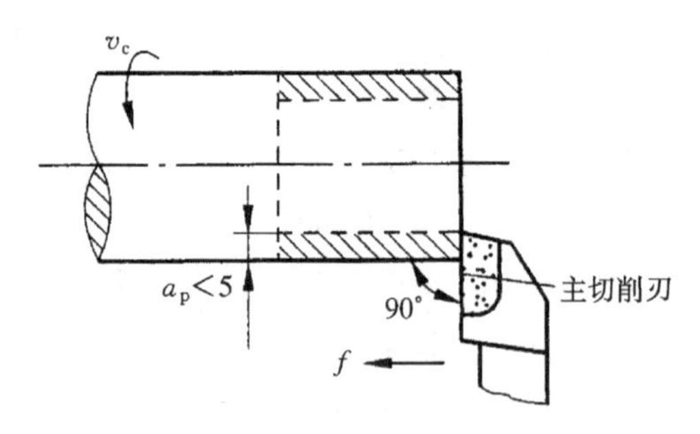

图 2-28　车低台阶

车高度在 5 mm 以上的高台阶时，应增加走刀次数进行车削，如图 2-29 所示。

为使台阶长度符合要求，可用钢板尺进行测量，如图 2-30 所示。车削时先用刀尖刻出线痕，以此作为加工界限。这种方法很不准确，一般线痕所定的长度应比所需的长度略短，以留有余地。

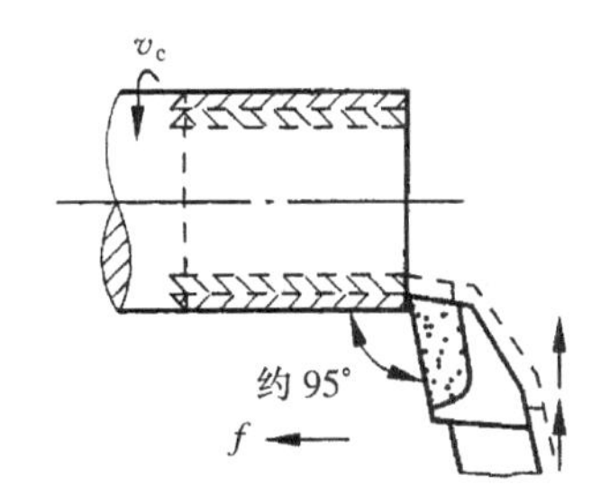

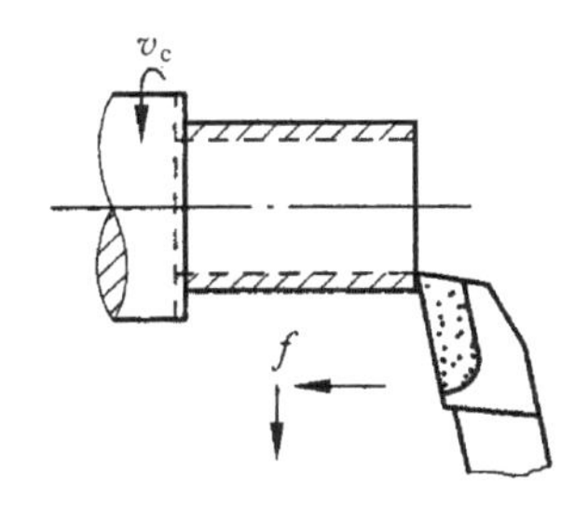

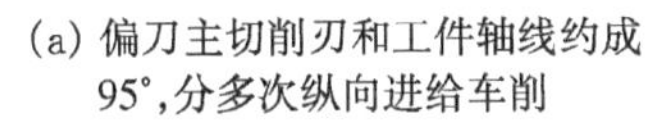
(a) 偏刀主切削刃和工件轴线约成 95°,分多次纵向进给车削

(b)在末次纵向进给后,车刀横向退出,车出90°台阶

图 2－29　车高台阶

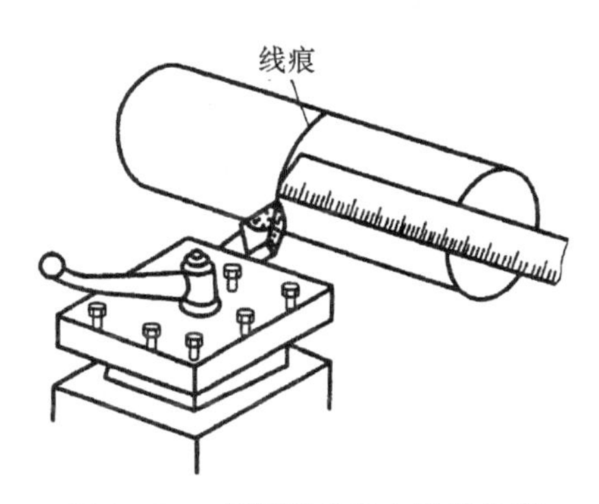

图 2－30　用钢尺确定台阶的长度

3. 车端面

车端面是车削加工中最基本、最常见的工作。端面常作为轴、套、盘类零件的轴向基准,因此,车削时常先车出做为基准的端面。常见的端面车刀及车端面方法如图 2－31 所示。

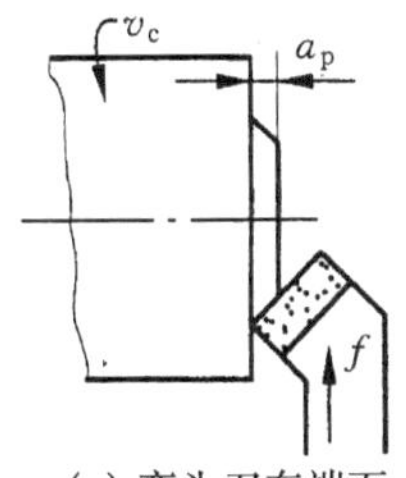

(a) 弯头刀车端面

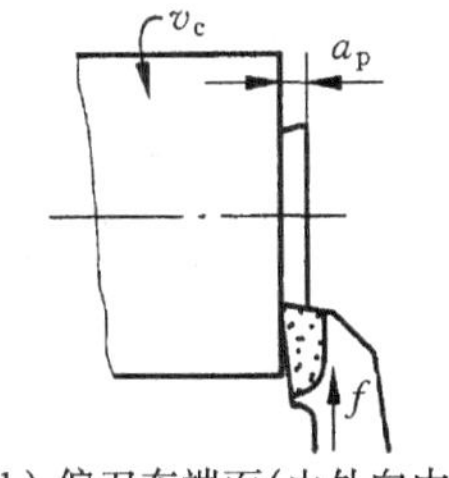

(b) 偏刀车端面(由外向中心)

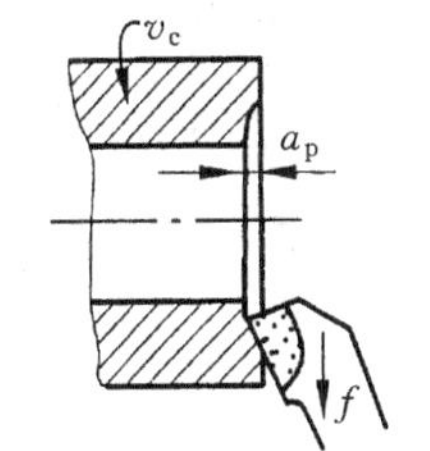

(c) 偏刀车端面(由中心向外)

图 2－31　车端面

车端面时应注意以下几点:

① 安装零件时,要对其外圆及端面找正。

② 车刀的刀尖应对准工件的中心,以免车出的端面中心留有凸台和崩坏刀尖。

③ 用右偏刀车端面(见图 2－31(b)),当背吃刀量 a_p 较大时,容易扎刀。而且到工件中心时是将凸台一下子车掉的,因此容易损坏刀尖。用弯头刀车端面,凸台是逐渐车掉的,所以车端面用弯头刀较为有利(见图 2－31(a))。

④ 端面的直径从外到中心是逐渐减小的,因此工件在同一转速下切削速度也是变化的,

此时工件的转速可比车外圆时选择得高一些。有时为降低端面的表面粗糙度,可由中心向外车削(见图 2-31(c))。

(5)车直径较大的端面,若出现凹心或凸肚时,应检查车刀和方刀架是否锁紧,以及大拖板是否松动。为使车刀准确地横向进给而无纵向松动,应将大拖板锁紧在床面上,此时可用小滑板调整背吃刀量 a_p。

2.4.2 孔加工

1. 钻孔、扩孔、铰孔

(1)钻孔

在车床上钻孔,是将麻花钻头装在尾座套筒锥孔中进行,如图 2-32 所示。钻孔时,零件旋转运动为主运动,钻头的纵向移动为进给运动。钻孔的尺寸公差等级一般为 IT10 以下,表面粗糙度 R_a 值为 12.5 μm 以上,属于孔的粗加工。对于要求不高的非配合孔,属于终加工。

钻孔操作步骤如下:

① 车平端面。为防止钻头引偏,先将零件端面车平。

② 钻中心孔。用中心钻在端面中心预钻一中心孔,以引导钻头。

③ 装夹钻头。锥柄钻头可直接装在尾座套筒锥孔中,直柄钻头用钻夹头夹持。

④ 调整尾座位置。调整尾座位置,使钻头能达到所需长度,为防止振动应使套筒伸出距离尽量短。位置调好后,固定尾座。

⑤ 开车钻削。钻削时速度不宜过高,以免钻头剧烈磨损,通常取 v 为 0.3~0.6 m/s。钻削时通过手摇尾架手轮使钻头缓慢进给,将要钻通时,应降低进给速度,以防折断钻头。孔钻通后,先退出钻头再停车。钻削过程中,必须常退出钻头进行排屑和冷却。钻削碳素钢时,须加切削液。

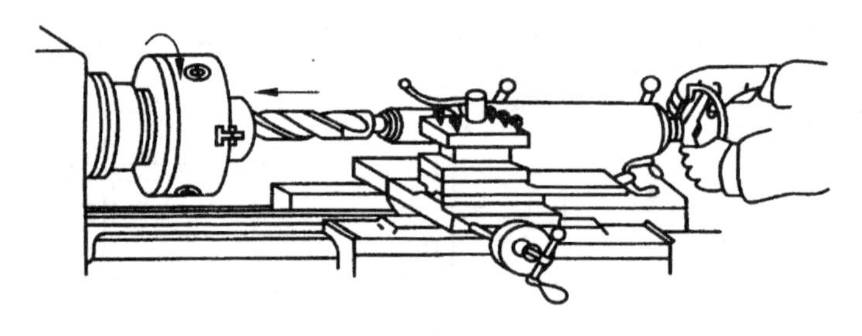

图 2-32 在车床上钻孔

(2)扩孔

扩孔是在钻孔的基础上对孔进一步加工。在车床上扩孔的方法与车床钻孔相似,所不同的是用刚性较好的扩孔钻。扩孔的余量与孔径大小有关,一般为 0.5~2 mm。扩孔的尺寸公差等级可达 IT10~IT9,表面粗糙度 R_a 值为 6.3~3.2 μm,属于孔的半精加工。由于扩孔钻的钻芯粗,刚度较好,故可以适当校正钻孔后孔轴线的直线度。

(3)铰孔

铰孔是扩孔后或半精车孔后的精加工,其方法与车床上钻孔相似。铰孔用的刀具为铰刀。铰孔的余量为 0.1~0.2 mm,尺寸公差等级一般为 IT8~IT7,表面粗糙度 R_a 值为 1.6~0.8 μm。

在车床上加工有一定批量、或者直径较小而精度和表面粗糙度要求较高的孔，通常采用钻—扩—铰联用的工艺方法。

2. 镗孔

钻出的孔或铸孔、锻孔，若需进一步加工，可进行镗孔。镗孔可作为孔的粗加工、半精加工或精加工，加工范围很广。镗孔能较好地纠正孔原来的轴线歪斜，提高孔的位置精度。

(1)镗刀的安装

镗通孔、盲孔及内孔切槽所用的镗刀，如图 2－33 所示。为了避免由于切削力而造成的“扎刀”或“抬刀”现象，镗刀伸出长度应尽可能短，以减少振动，但应不小于镗孔深度。安装通孔镗刀时，主偏角可小于 90°，如图2－33(a)所示；安装盲孔镗刀时，主偏角需大于 90°，如图 2－33(b)所示，否则内孔底平面不能镗平，镗孔在纵向进给至孔的末端时，再转为横向进给，即可镗出内端面与孔壁垂直良好的衔接表面。安装镗刀时刀尖要装得略高于工件中心，以减少颤动和扎刀现象。若刀尖低于工件中心，还可能使镗刀下部碰坏孔壁或无法切削。镗刀刀杆应尽可能粗些。镗刀安装后，在开车前，应先检查镗刀刀杆装得是否正确，以防止镗孔时由于镗刀刀杆装歪斜而使镗杆碰到已加工的内孔表面。

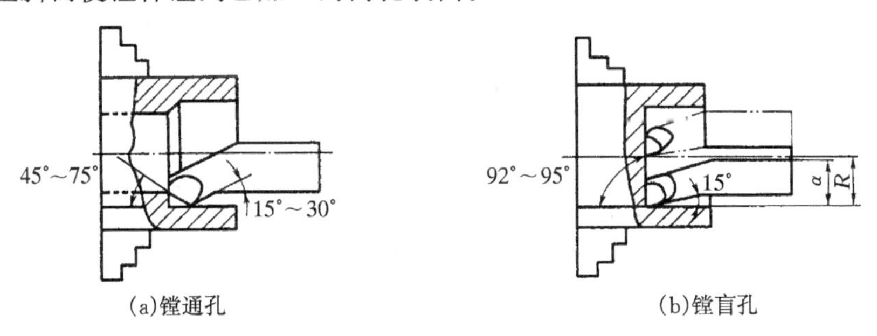

(a)镗通孔　　(b)镗盲孔

图 2－33　在车床上镗孔

(2)镗孔操作

① 由于镗刀杆刚性较差，切削条件不好，因此，切削用量应比车外圆时小。

② 粗镗时，应先进行试切，调整切削深度，然后自动或手动走刀。调整切深时，必须注意镗刀横向进退方向与车外圆相反。

③ 精镗时，背吃刀量和进给量应更小，调整背吃刀量时应利用刻度盘，并用游标卡尺检查零件孔径。当孔径接近最后尺寸时，应以很小的背吃刀量镗削，以保证镗孔精度。

2.4.3　切断与槽加工

1. 切断

切断要用切断刀。切断刀的形状与切槽刀相似，但因刀头窄而长，很容易折断。常用的切断方法有直进法和左右借刀法两种，如图 2－34 所示。直进法常用于切断铸铁等脆性材料；左右借刀法常用于切断钢等塑性材料。

切断时应注意以下几点：

① 切断一般在卡盘上进行，如图 2－35 所示。工件的切断处应距卡盘近些，避免在顶尖安装的工件上切断。

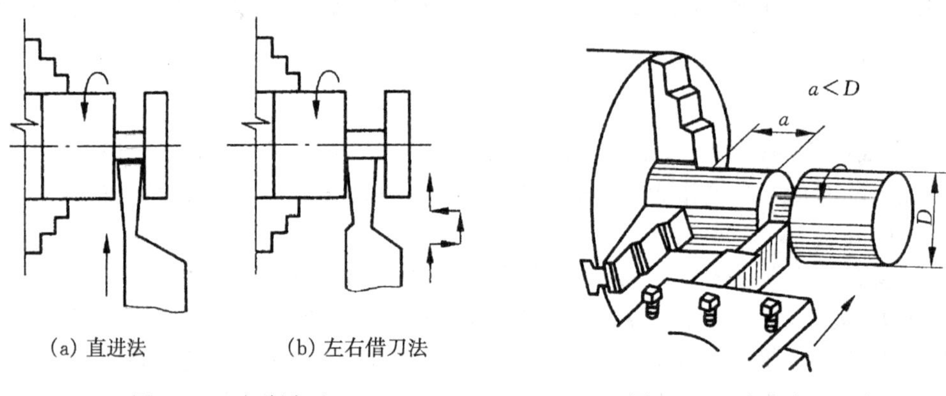

(a) 直进法　　(b) 左右借刀法

图 2－34　切断方法　　　　图 2－35　在卡盘上切断

② 切断刀刀尖必须与工件中心等高，否则切断处将留有凸台，且刀头也容易损坏，如图 2－36所示。

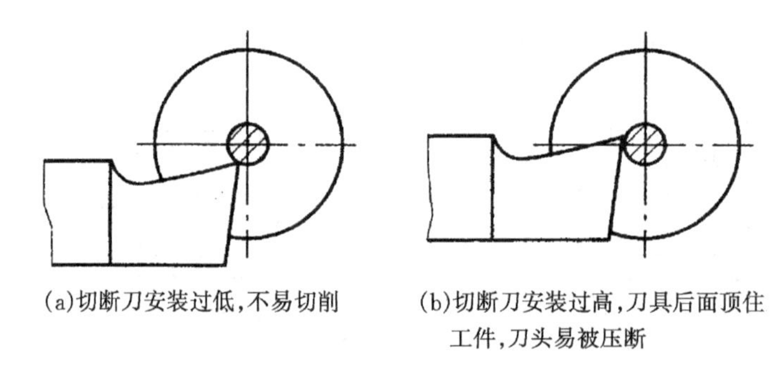

(a)切断刀安装过低，不易切削　　(b)切断刀安装过高，刀具后面顶住工件，刀头易被压断

图 2－36　切断刀刀尖必须与工件中心等高

③ 切断刀伸出刀架的长度不要过长，但应大于工件半径。

④ 进给要缓慢均匀。将要切断时，必须放慢进给速度，以免刀头折断。

⑤ 切断钢件时需要加切削液进行冷却润滑，切铸铁时一般不加切削液，但必要时可用煤油进行冷却润滑。

2. 切槽

在工件表面上车沟槽的方法叫切槽，槽的形状有外槽、内槽和端面槽，如图 2－37 所示。

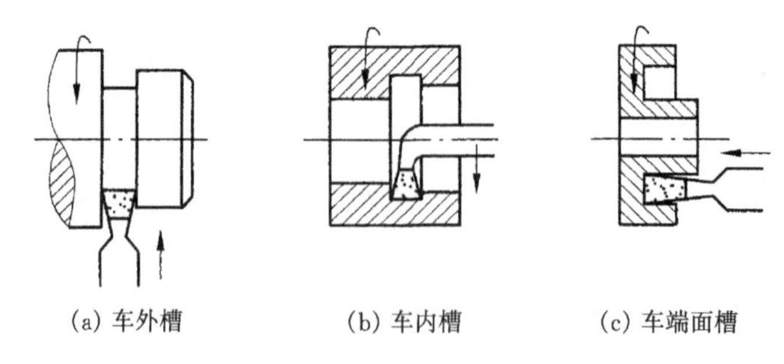

(a) 车外槽　　(b) 车内槽　　(c) 车端面槽

图 2－37　常用切槽的方法

(1)切槽刀的选择

常选用高速钢切槽刀切槽，切槽刀的几何形状和角度如图 2-38 所示。

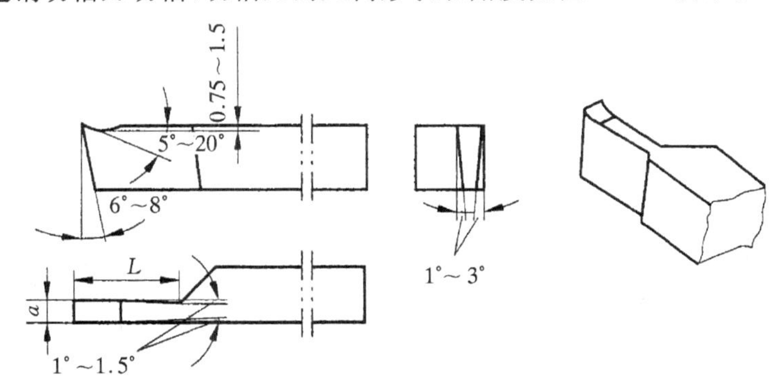

图 2-38　高速钢切槽刀

(2)切槽刀的安装

切槽刀的安装要点与切断刀相同，但注意伸出长度要大于槽深。

(3)切槽的方法

① 车削精度不高的和宽度较窄的矩形沟槽，可以用刀宽等于槽宽的切槽刀，采用直进法一次车出；精度要求较高的，一般分两次车成。

② 车削较宽的沟槽，可用多次直进法切削，并在槽的两侧留一定的精车余量，然后根据槽深、槽宽精车至尺寸。

③ 车削较小的圆弧形槽，一般用成形车刀车削；较大的圆弧槽，可用双手联动车削，用样板检查修整。

④ 车削较小的梯形槽，一般用成形车刀完成；较大的梯形槽，通常先车直槽，然后用梯形刀直进法或左右切削法完成。

2.4.4　车锥面与回转成形面

1. 车锥面

在机械制造业中除了采用圆柱体和圆柱孔作为配合表面外，还广泛采用圆锥体和圆锥孔作为配合表面。例如，车床的主轴锥孔、尾座套筒锥孔和顶尖、钻头、铰刀的锥柄配合等。这是因为圆锥面配合有配合紧密、装卸方便，以及多次拆卸仍能保持准确定心作用等优点。车锥面的方法有小滑板转位法、尾座偏移法、靠模法和宽刀法四种。

(1)小滑板转位法

小滑板转位法车锥面如图 2-39 所示。根据零件的圆锥角 α，将小滑板转 $\alpha/2$ 后锁紧。当用手缓慢而均匀转动小滑板手柄时，刀尖则沿锥面的母线移动，从而加工出所需要的锥面。

小滑板转位法适合加工锥面不长的工件，也可加工较大锥角的内锥面。表面粗度 R_a 值为 6.2～3.2 μm。

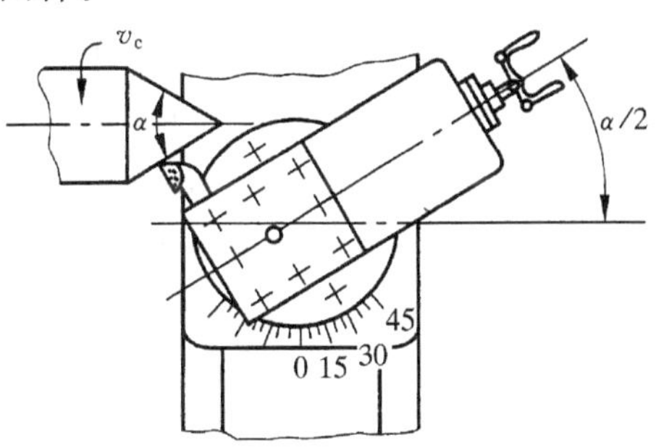

图 2-39　小滑板转位法车锥面

(2)尾座偏移法

尾座偏移法车锥面如图 2-40 所示,工件安装在前后顶尖之间。将尾座体相对底座横向向前或向后偏移一定距离 S,使工件回转轴线与车床主轴轴线的夹角等于圆锥半角 $\alpha/2$,当刀架自动进给时即可车出所需的锥面。尾座偏移法只适用于加工在双顶尖上安装的较长工件,且圆锥半角 $\alpha/2<8^\circ$的外锥面。表面粗糙度 R_a 值可达 6.3~1.6 μm,多用于单件和成批生产。

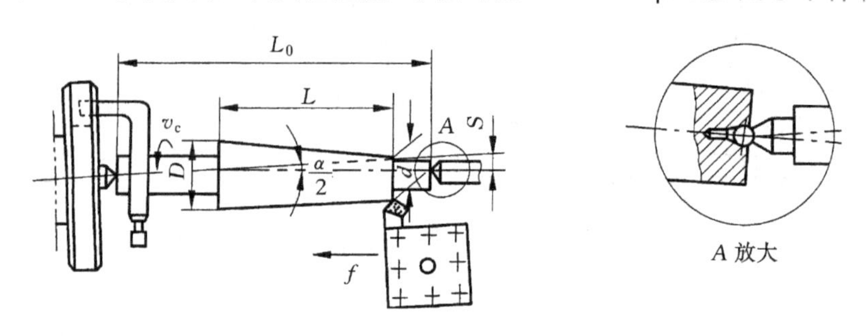

图 2-40 尾座偏移法车锥面

(3)宽刀法

车削较短的圆锥时,可以用宽刃刀直接车出,如图 2-41 所示。其工作原理实质上是属于成形法,所以要求切削刃必须平直,切削刃与主轴轴线的夹角应等于工件圆锥半角 $\alpha/2$。同时要求车床有较好的刚性,否则易引起振动。当工件的圆锥斜面长度大于切削刃长度时,可以用多次接刀方法加工,但接刀处必须平整。粗糙度 R_a值一般可达 6.3~3.2 μm。

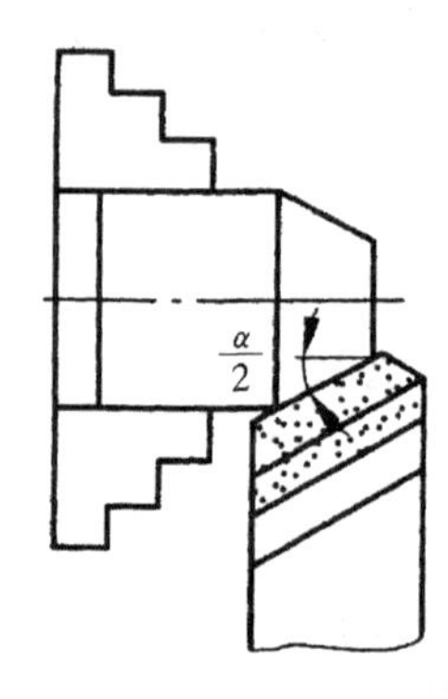

图 2-41 用宽刃刀车削圆锥

(4)靠模法

靠模法车锥面适用于成批生产,如图 2-42 所示,靠模装置固定在床身后面。靠模板可绕中心轴相对底座扳转一定角度 $\alpha/2$,滑块在靠模板导轨上可自由滑动,并通过连接板与中滑板相连。将中滑板螺母与横向丝杠脱开,当大拖板自动或手动纵向进给时,中滑板与滑块一起沿靠模方向移动,即可车出圆锥半角为 $\alpha/2$ 的锥面。加工时,小滑板扳转 90°,以便调整车刀的横向位置和背吃刀量 a_p。靠模法可加工长度较大且圆锥半角 $\alpha/2<12^\circ$的内、外锥面。表面粗糙度 R_a 值可达 6.3~1.6 μm。

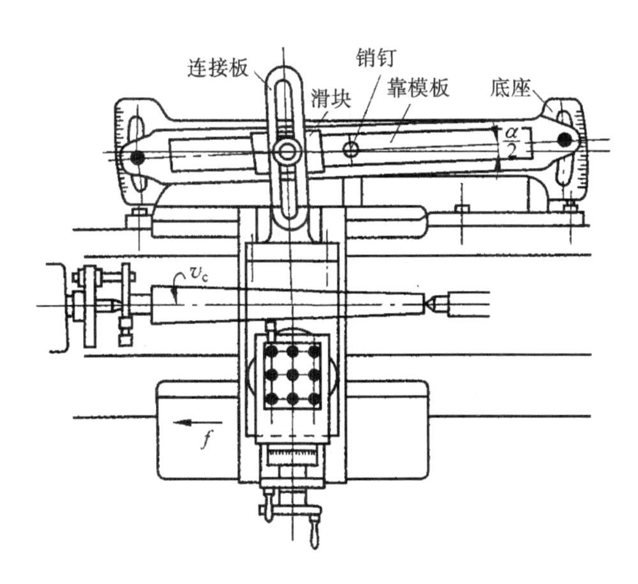

图 2-42　靠模法车锥面

2. 车回转成形面

回转成形面是由一条曲线(母线)绕一固定轴线回转而成的表面,如手柄和圆球等。车削回转成形面的方法有双手控制法、靠模法和样板刀法。在单件生产中常采用双手控制法,这需要靠工人长期实践掌握的技能和技巧。

(1)双手控制法车成形面

双手控制法车成形面如图 2-43 所示。车成形面一般使用圆头车刀。车削时,用双手同时摇动中滑板和小滑板(或大拖板)的手柄,使刀尖所走的轨迹与回转成形面的母线相符。加工中需要经过多次车削和度量。成形面的形状一般用样板检验,如图 2-44 所示。由于手动进给不均匀,在工件形状基本正确后,可用锉刀和砂纸加以修整,以得到所需的精度及表面粗糙度。这种方法对操作技术要求较高,但由于不需要特殊的设备,生产中仍被普遍采用,多用于单件小批生产中。

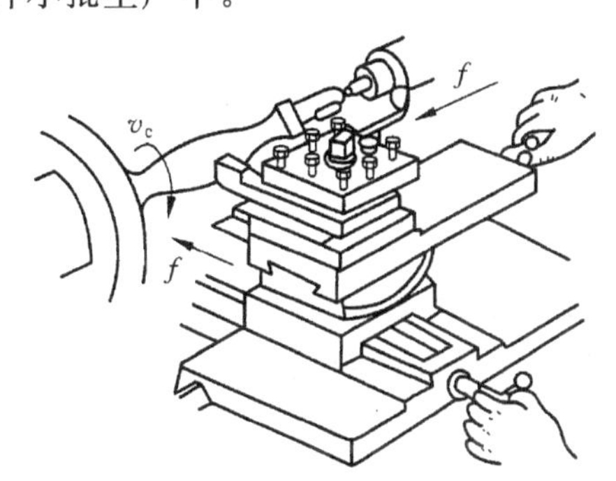

图 2-43　双手控制法车成形面

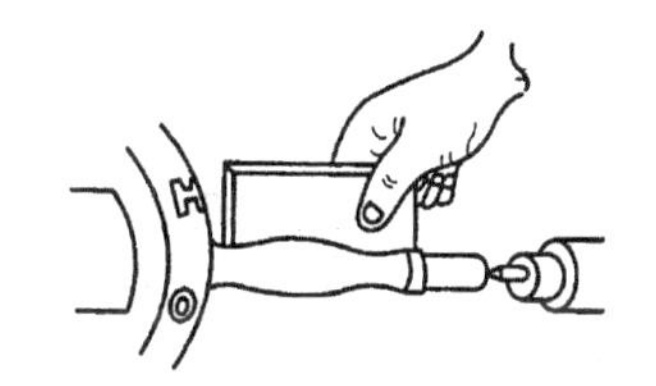

图 2-44　用样板检验成形面

(2)靠模法车成形面

靠模法车成形面如图 2-45 所示。它与靠模法车锥面类似,所不同的是靠模槽的形状不是斜槽，而是与成形面母线相符的曲线槽，并将滑块换成滚柱。此时刀架中滑板螺母与横向丝杠必须脱开。当大拖板纵向走刀时，滚柱在靠模的曲线槽内移动，从而使车刀刀尖随之作曲线移动，即可车出所需要的成形面。这种方法操作简单，生产率较高，因此多用于成批生产。

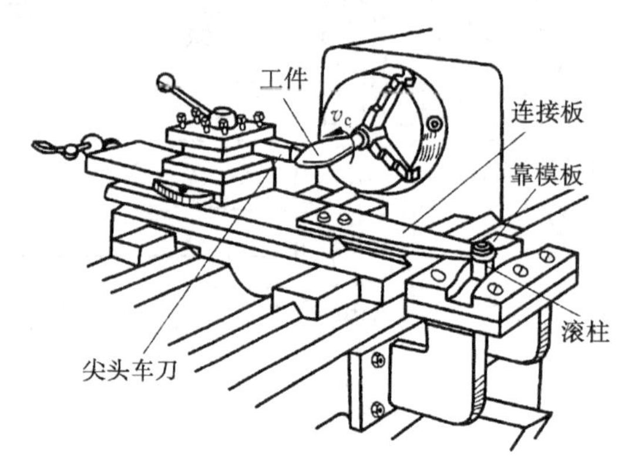

图 2-45　靠模法车成形面

(3)样板刀法车成形面

样板刀法车成形面如图 2-46 所示。它与宽刀法车锥面类似，所不同的是刀刃不是斜线而是曲线，与零件的表面轮廓形状相一致。由于样板刀的刀刃不能太宽，刃磨出的曲线形状也不十分准确，因此常用于加工形状比较简单、要求不太高的成形面。

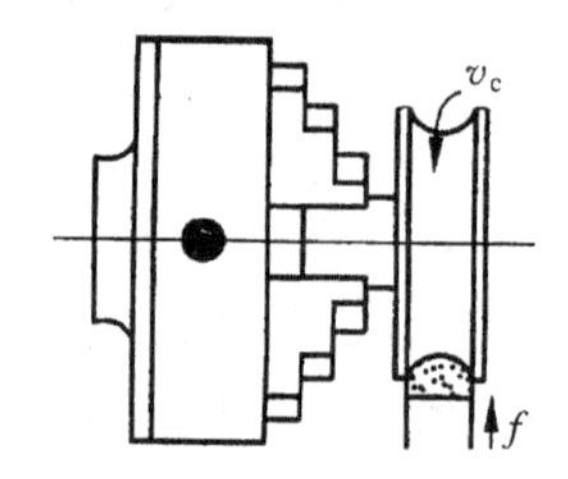

图 2-46　样板刀法车成形面

2.4.5　车削螺纹

在机械产品中，螺纹的应用很广泛。例如：车床的主轴与卡盘的连接，方刀架上螺钉对刀具的紧固，丝杠与螺母的传动等。

1. 螺纹种类与参数

螺纹种类有很多，按牙型分三角形、方牙、梯形螺纹等数种，如图 2-47 所示。按标准分有公制和英制螺纹。公制三角形螺纹牙型角为 60°，用螺距或导程来表示；英制三角形螺纹牙型角为 55°，用每英寸牙数作为主要规格。各种螺纹都有左旋、右旋、单线、多线之分，其中以公制三角形螺纹即普通螺纹应用最广。普通螺纹以大径、中径、螺距、牙型角和旋向为基本要素，是螺纹加工时必须控制的部分。

普通三角螺纹的基本牙型如图 2-48 所示，决定螺纹的三个基本要素如下，车削螺纹时必须保证三要素都符合要求。

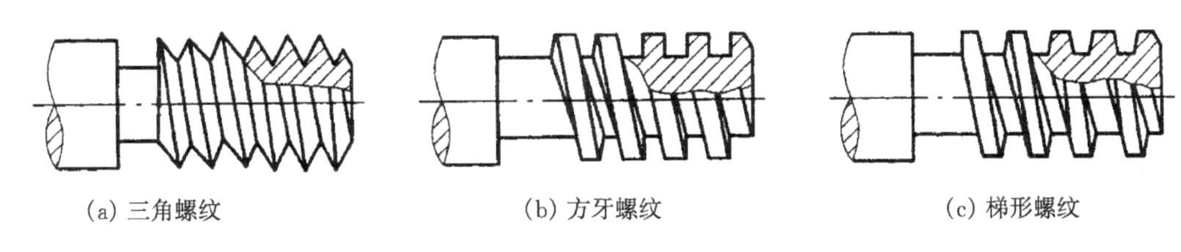

(a) 三角螺纹　(b) 方牙螺纹　(c) 梯形螺纹

图 2-47　螺纹的种类

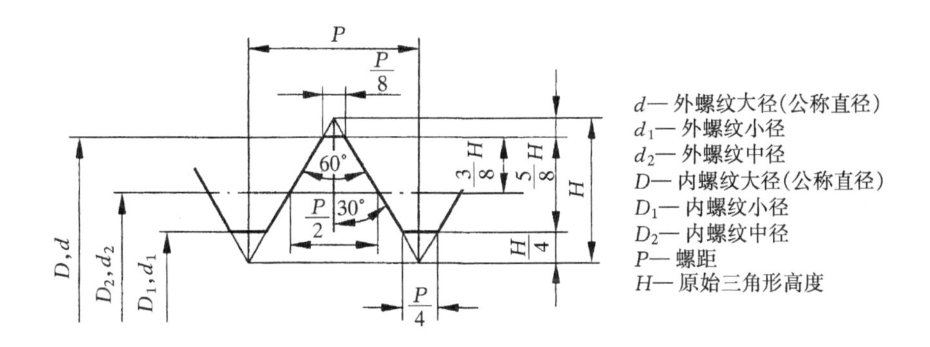

图 2-48　普通螺纹的基本牙型(GB 192-1981)

(1)螺纹牙型

螺纹牙型是指在通过螺纹轴线的剖面上,螺纹的轮廓形状。牙型角 α 应对称于轴线的垂线,即两个牙型半角 $\alpha/2$ 必须相等。公制三角螺纹牙型角 $\alpha=60°$;英制三角螺纹牙型角 $\alpha=55°$。

(2)螺纹中径 d_2(D_2)

中径是螺纹的牙厚与牙间相等处的圆柱直径。中径是螺纹的配合尺寸,相配合的内、外螺纹,其中径尺寸必须相等。螺纹配合的松紧程度,主要靠控制内外螺纹的中径公差来确定。

(3)螺距 P

螺距是螺纹相邻两牙对应点的轴向距离。公制螺纹的螺距以 mm 为单位;英制螺纹的螺距以每英寸牙数来表示。

2. 车削螺纹

各种螺纹车削的基本规律大致相同。现以车削普通螺纹为例加以说明。

车削螺纹是在普通卧式车床上用螺纹车刀进行加工的一种加工方法。车螺纹时,保证螺纹三要素的具体方法如下所述。

(1)保证牙型

为了获得正确的牙型,需要正确刃磨车刀和安装车刀。

正确刃磨车刀包括两方面的内容:一是使车刀的刀尖角等于牙型角 α,并使车刀切削部分的形状与螺纹牙槽形状相吻合;二是使车刀背前角 $\gamma_p=0°$。粗车螺纹时,为了改善切削条件,可用背前角为正的车刀,但精车时一定要使用背前角 $\gamma_p=0°$的车刀。

正确安装车刀也包括两方面的内容:一是车刀刀尖必须与工件回转中心等高;二是车刀刀尖角的平分线必须垂直于工件轴线。为了保证这一要求,安装车刀时常用对刀样板对刀。普通螺纹车刀的几何角度及对刀方法如图 2-49 所示。

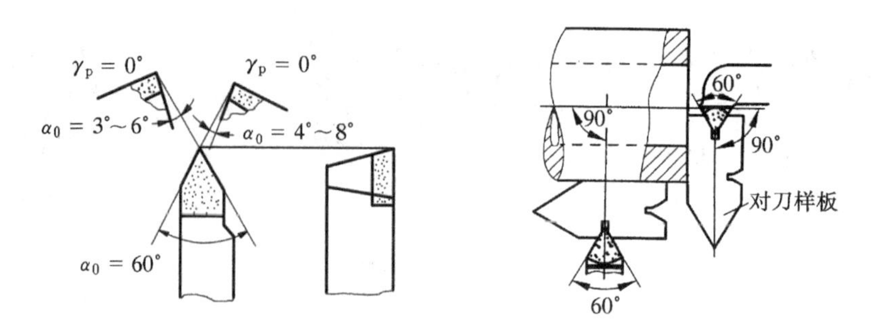

图 2-49　普通螺纹车刀的几何角度及对刀方法

(2)保证螺距

为了获得所需要的工件螺距 $P_{工}$,必须保证工件每转一转,车刀准确地移动一个螺距。这需要正确调整车床和配换齿轮,并在车削过程中避免乱扣。调整车床和配换齿轮的目的是保证工件与车刀的正确运动关系。如图 2-50 所示,工件由主轴带动,车刀由丝杠带动。主轴与丝杠是通过换向机构三星轮 a、b、c(或其他换向机构),配换齿轮 z_1、z_2、z_3、z_4 和进给箱连接起来的。三星轮可改变丝杠的旋转方向,通过调整它来车削右旋螺纹或左旋螺纹。丝杠要转 $P_{工}/P_{丝}$ 转,车刀纵向移动的距离等于丝杠转过的转数乘以丝杠螺距 $P_{丝}$,即 $S=(P_{工}/P_{丝})\cdot P_{丝}=P_{工}$,正好是所需要的工件螺距。关键是要得到丝杠与主轴的转速比 $P_{工}/P_{丝}$,这决定于配换齿轮 z_1、z_2、z_3、z_4 的齿数和进给箱里传动齿轮的齿数。其计算公式如下:

$$i=\frac{n_{丝杠}}{n_{主轴}}=i_{配}\times i_{进}=\frac{z_1}{z_2}\times\frac{z_3}{z_4}\times i_{进}=\frac{P_{工}}{P_{丝}}$$

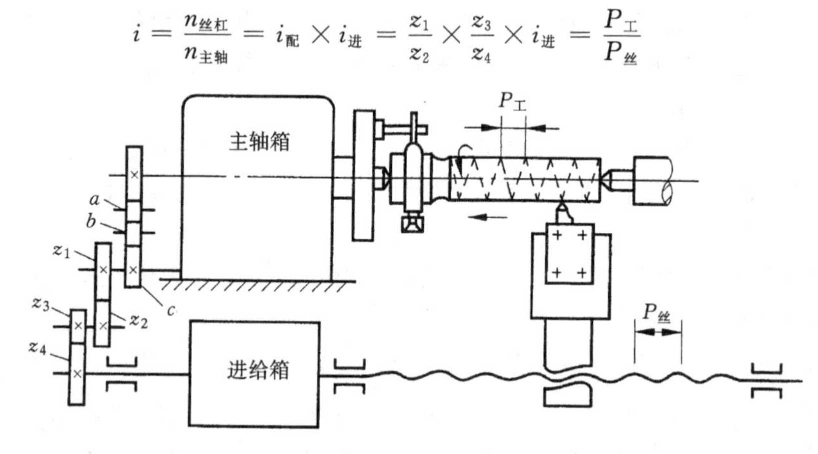

图 2-50　车螺纹时车床传动示意图

一般加工前根据工件的螺距 $P_{工}$,查找机床标牌上的对应参数,然后调整进给箱上的手柄位置及配换齿轮的齿数即可。

车螺纹时,牙型需经过多次走刀才能切成。在每次走刀中,都必须保证车刀落在第一次切出的螺纹槽内,否则就叫"乱扣"。如果乱扣,工件即成废品。若 $P_{丝}/P_{工}$ 为整数,在车削过程中可任意打开开合螺母,当再合上开合螺母时,车刀仍会落入原来已切出的螺纹槽内,不会乱扣;若 $P_{丝}/P_{工}$ 不为整数,就不能随意打开合开螺母,否则会产生乱扣。为了避免乱扣,一旦合上开合螺母,就不能再打开,需要采取开反车纵向退回的方法。

车螺纹的过程中,为了避免乱扣现象,还应注意以下几点:

① 调整中、小滑板的间隙(调镶条)，不要过紧或过松，以移动均匀、平稳为好。

② 如从双顶尖上取下工件度量，不能松开卡箍。在重新安装工件时，要使卡箍与拨盘(或卡盘)的相对位置，保持与原来一致。

③ 在切削过程中，若需换刀，则应重新对刀。对刀是指在闭合开合螺母的前提下，移动小滑板，使车刀落入已切出的螺纹槽内。因为传动系统有间隙，因此对刀须在车刀沿走刀方向走一段距离后，停车再进行。

(3)保证螺纹中径

螺纹中径 $d_2(D_2)$的大小是靠控制切削过程中多次进刀的总背吃刀量 $\sum a_p$ 来实现的。进刀的总背吃刀量 $\sum a_p$，可根据计算的螺纹工作牙高由横向刻度盘大致控制，最后用螺纹量规测量来保证。测量外螺纹用螺纹环规，测量内螺纹用螺纹塞规。

根据螺纹中径公差，每种量规有过规和止规(量规的过端和止端一般做成一体)。检验螺纹时，如果过规能旋入，而止规不能旋入，则说明所加工的螺纹合格。

(4)车削螺纹的方法和步骤

车削外螺纹的方法和步骤如图 2-51 所示。

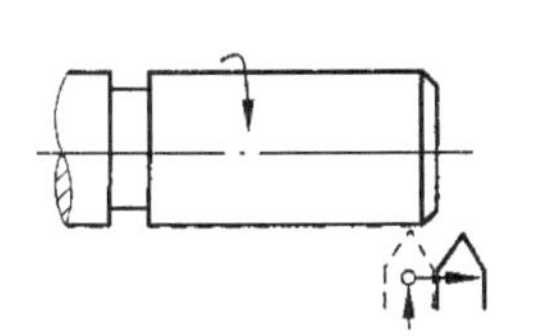

(a) 开车，使车刀与工件轻微接触，记下刻度盘读数，向右退出车刀

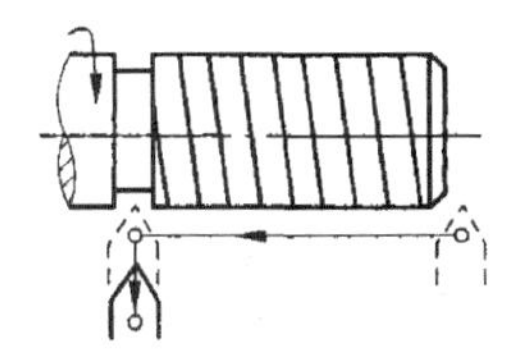

(b) 合上开合螺母，在工件表面上车出一条螺旋线，横向退出车刀，停车

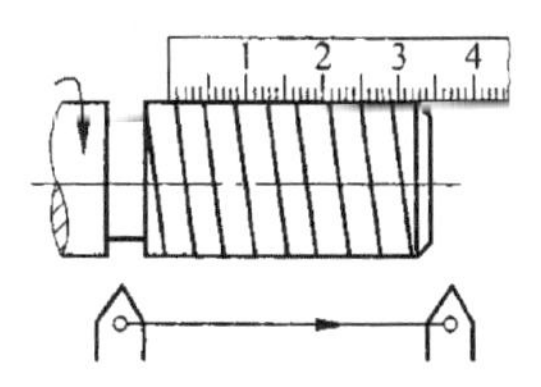

(c) 开反车使车刀退到工件右端、停车，用钢尺检查螺距是否正确

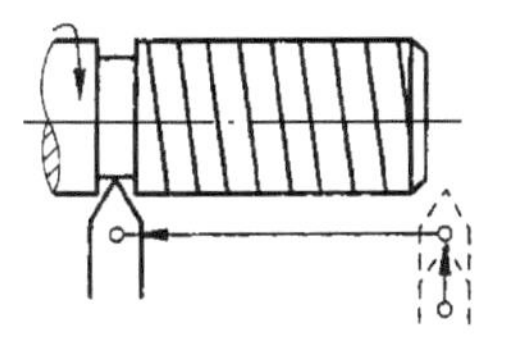

(d) 利用刻度盘调整切深，开车切削

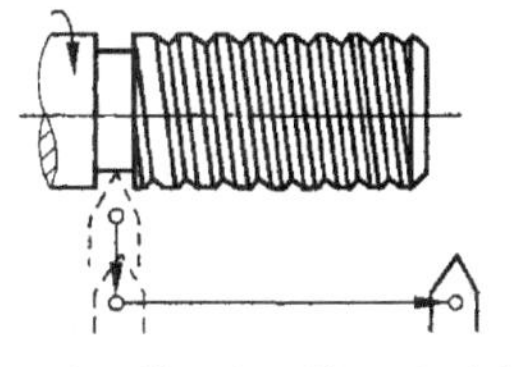

(e) 车刀将至行程终了时，应做好退刀停车准备，先快速退出车刀，然后停车，开反车退回刀架

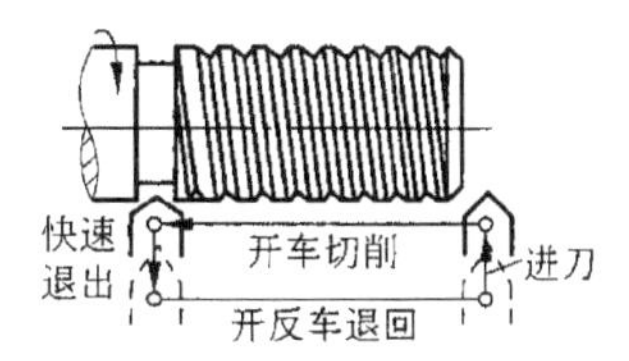

(f) 再次横向进切深，继续切削，其切削过程的路线如图所示

图 2-51　车削螺纹的方法和步骤

车内螺纹的方法和步骤与车外螺纹类似。需要先车出内螺纹的小径 D_1，再车螺纹。对于公称直径较小的内螺纹，亦可在车床上用丝锥攻出。

3. 车螺纹的进刀方法

① 直进刀法。用中滑板横向进刀，两切削刃和刀尖同时参加切削。直进刀法操作方便，能保证螺纹牙型精度，但车刀受力大，散热差，排屑难，刀尖易磨损。此法适用于车削脆性材料、小螺距螺纹或精车螺纹。

② 斜进刀法。用中滑板横向进刀和小滑板纵向进刀相配合，使车刀基本上只有一个切削刃参加切削，车刀受力小，散热、排屑有改善，可提高生产率。但螺纹牙型的一侧表面粗糙度值较大，所以在最后一刀要留有余量，用直进法进刀修光牙型两侧。此法适用于塑性材料和大螺距螺纹的粗车。

操作注意事项：

- 车削螺纹时一定要采用低转速切削。
- 车削螺纹时严禁用手触摸零件或用棉纱擦拭旋转的螺纹。
- 螺纹车好后应立刻提起开合螺母。

2.4.6　滚花

各种工具和机器零件的手握部分，为了便于握持和增加美观，常常在表面上滚出各种不同的花纹。如千分尺的微分筒、铰杠扳手以及螺纹量规等。这些花纹一般是在车床上用滚花刀滚压而形成的，如图 2－52 所示。滚花花纹有直纹和网纹两种，滚花刀也分直纹滚花刀和网纹滚花刀，如图 2－53 所示。滚花是用滚花刀来挤压工件，使其表面产生塑性变形而形成花纹。滚花的径向挤压力很大，因此加工时，工件的转速要低些。需要充分供给冷却润滑液，以免损坏滚花刀和防止细屑滞塞在滚花刀内而产生乱纹。

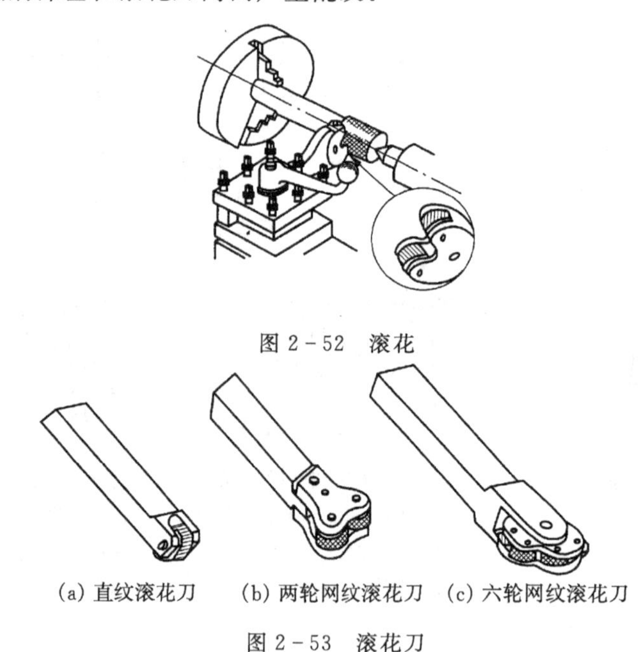

图 2－52　滚花

(a) 直纹滚花刀　(b) 两轮网纹滚花刀　(c) 六轮网纹滚花刀

图 2－53　滚花刀

2.4.7　操作练习

操作练习 1：在普通车床上加工完成图 2－54 所示零件。

操作练习 2：在普通车床上加工完成图 2－55 所示零件，体会钢质零件与尼龙材质零件的加工差别。

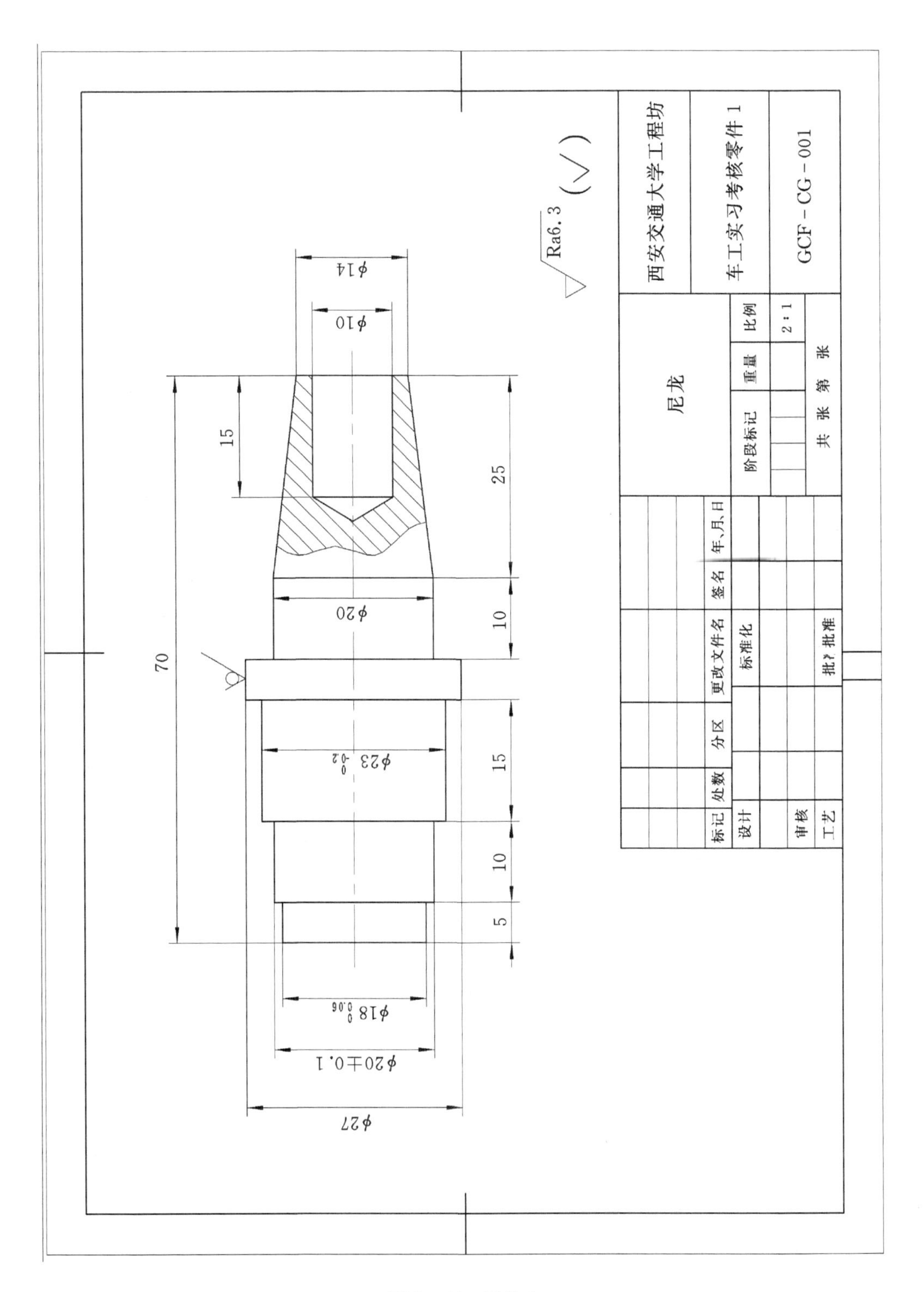
西安交通大学工程坊
车工实习考核零件 1
GCF - CG - 001
尼龙
阶段标记
重量
比例
2 : 1
共　张　第　张
标记
处数
分区
更改文件名
签名
年、月、日
设计
标准化
审核
工艺
批准
Ra6.3
φ14
φ10
φ20
φ23 $^{0}_{-0.2}$
φ18 $^{0}_{-0.06}$
φ20±0.1
φ27
15
25
10
15
10
5
70

图 2 - 54　零件 1

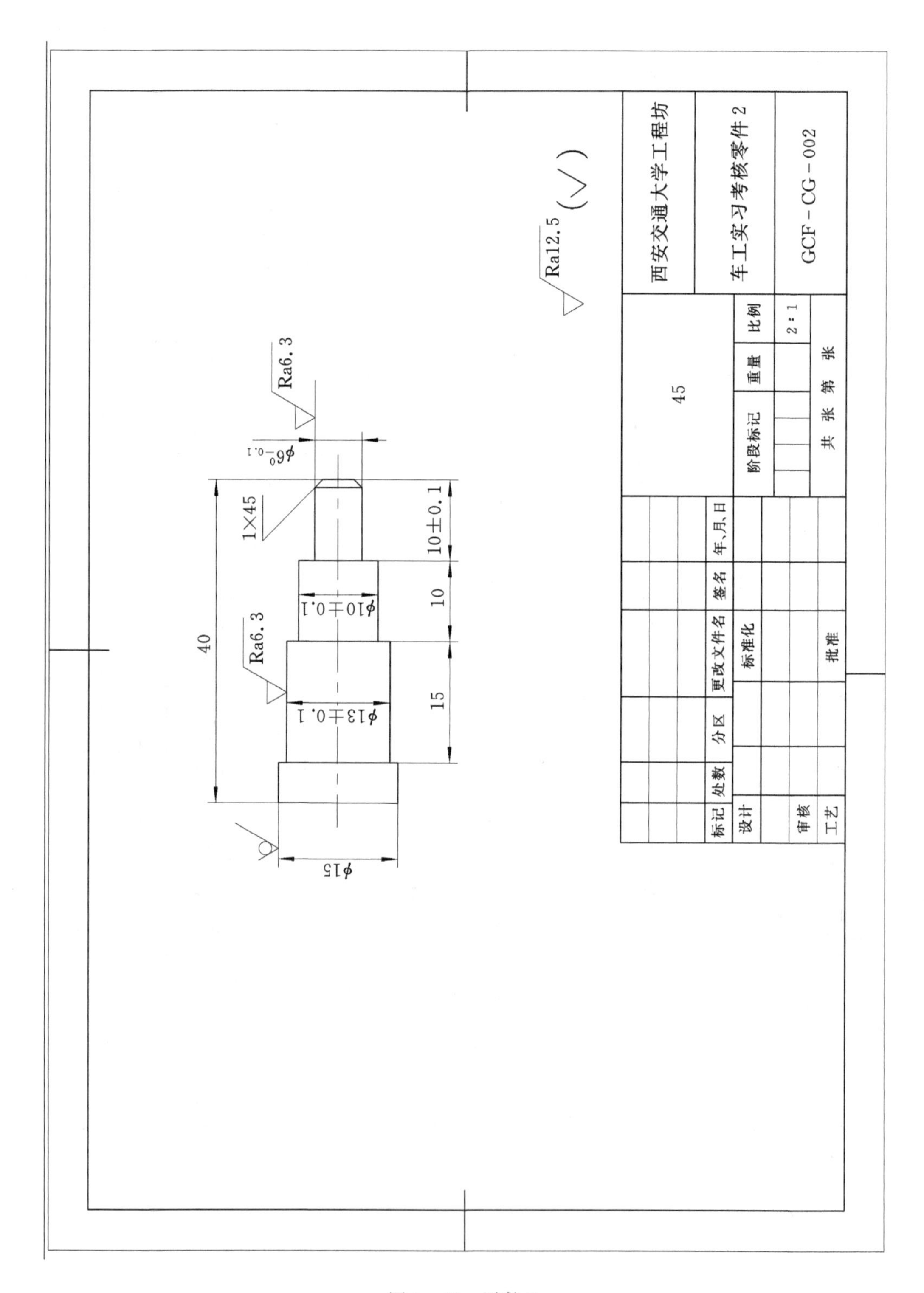

西安交通大学工程坊
车工实习考核零件2
GCF-CG-002
45
阶段标记
重量
比例
2:1
共 张 第 张
标记
处数
分区
更改文件名
签名
年、月、日
设计
标准化
审核
工艺
批准
Ra12.5
Ra6.3
Ra6.3
φ6⁰₋₀.₁
1×45
10±0.1
10
15
40
φ10±0.1
φ13±0.1
φ15

图 2-55 零件 2

2.5　典型零件车削工艺分析

2.5.1　工艺基础知识

切削工艺要根据零件的材料、批量、形状、尺寸大小、加工精度等要求进行编制。切削工艺的安排，大大影响零件加工质量、生产率及加工成本。在单件小批生产小型零件的切削加工中，通常按以下步骤进行。

1. 阅读零件图

零件图是制造零件的依据。通过阅读零件图，了解被加工零件的材料，加工面位置，各加工面的尺寸精度、形状位置精度及表面粗糙度要求，以确定加工工艺方案，为加工出合格零件做好技术准备。

2. 零件的预加工

加工前，要对毛坯进行检查，有些零件还需要进行预加工，常见的预加工有划线和钻中心孔。

① 毛坯划线。零件的毛坯很多是由铸造、锻压和焊接方法制成的。由于毛坯的制造误差和制造过程中产生的内应力引起的变形，需要在加工前对这些毛坯划线。通过划线确定加工余量，加工位置界线。通过合理分配各加工面的加工余量，避免毛坯报废。但在大批量生产中，由于零件毛坯使用专用夹具装夹，则不用划线。

② 钻中心孔。由于轴类零件加工过程中，需多次掉头装夹，为保证各外圆面间同轴度要求，必须建立同一定位基准。同一基准的建立是在棒料两端用中心钻钻出中心孔，零件通过双顶尖装夹进行加工。

3. 选择加工机床及刀具

根据零件被加工部位的形状和尺寸，选择合适类型的机床，这样既能保证加工精度和表面质量，又能提高生产率。

4. 装夹零件

零件在切削加工之前，必须牢固地装夹在机床上，保证其相对机床和刀具有一个正确位置。零件装夹是否正确，直接影响零件加工质量和生产率。零件装夹方法主要有以下两种。

① 直接装夹。零件直接装夹在机床工作台或通用夹具(如三爪自定心卡盘、四爪单动卡盘等)上。这种装夹方法简单、方便，通常用于单件小批量生产。

② 专用夹具装夹。零件装夹在为其专门设计和制造的能正确迅速装夹零件的夹具中。用这种方法装夹零件时，无需找正，而且定位精度高，夹紧迅速可靠，通常用于大批量生产。

5. 零件的切削加工

一个零件往往有多个表面需要加工，而各表面的质量要求又不相同。为了高效率、高质量、低成本地完成零件各表面的切削加工，需要视零件的具体情况，合理地安排加工顺序和划分加工阶段。

(1)加工阶段的划分

① 粗加工阶段。即用较大的背吃刀量和进给量、较小的切削速度进行切削。这样既可以

用较少的时间切除零件上大部分加工余量，提高生产效率，同时还能及时发现毛坯缺陷，及时报废或予以修补。

② 精加工阶段。因该阶段零件加工余量较小，可用较小的背吃刀量和进给量、较大的切削速度进行切削。很容易达到零件的尺寸精度、形位精度和表面粗糙度要求。

划分加工阶段除有利于保证加工质量外，还能合理地使用设备，即粗加工可在功率大、精度低的机床上进行；精加工则在高精度机床上进行，以利于长期保持设备的精度。但是，当毛坯质量高、加工余量小、加工精度要求不很高时，可在一道工序中完成粗、精加工，而不需要划分加工阶段。

(2)加工顺序的安排

影响加工顺序安排的因素很多，通常考虑以下原则：

① 基准先行原则。应在一开始就确定好加工精基准面，然后再以精基准面为基准加工其他表面。一般零件上较大的平面多作为精基准面。

② 先粗后精原则。先进行粗加工，后进行精加工，有利于保证加工精度和提高生产率。

③ 先主后次原则。主要表面是指零件上的工作表面、装配基准面等，它们的技术要求较高，加工工作量较大，故应先安排加工。次要表面(如非工作面、键槽、螺栓孔等)因加工工作量较小，对零件变形影响小，而又常与主要表面有相互位置要求，所以应在主要表面加工之后或穿插其间安排加工。

④ 先面后孔原则。有利于保证孔和平面间的位置精度。

6. 零件检测

切削加工后的零件是否符合零件图要求，要通过用测量工具测量的结果来判断。

2.5.2 轴类、盘套类零件的车削工艺

轴类零件是机械中用来支承齿轮、带轮等传动零件并传递扭矩的零件。盘套类零件的结构一般由孔、外圆、端面和沟槽等组成，它们都是常用典型零件。

1. 轴类零件的车削

一般传动轴，各表面的尺寸精度、位置精度和表面粗糙度均有严格要求，长度与直径比值也较大，加工时不能一次完成全部表面，往往需多次调头装夹，为保证装夹精度，多采用双顶尖装夹。

2. 盘套类零件的车削

盘套类零件其结构基本相似，工艺过程基本相似。除尺寸精度、表面粗糙度外，保证位置精度是车削工艺重点考虑的问题。加工时，通常分粗车、精车。精车时，尽可能将有位置精度要求的外圆、端面、孔在一次装夹中全部加工完成。若不能在一次装夹中完成，一般先加工孔，然后以孔定位用心轴装夹加工外圆和端面。

2.5.3 典型零件综合工艺

图 2-56 是一个典型的轴类零件，在车床上进行加工时，其加工工艺步骤如表 2-3 所示。

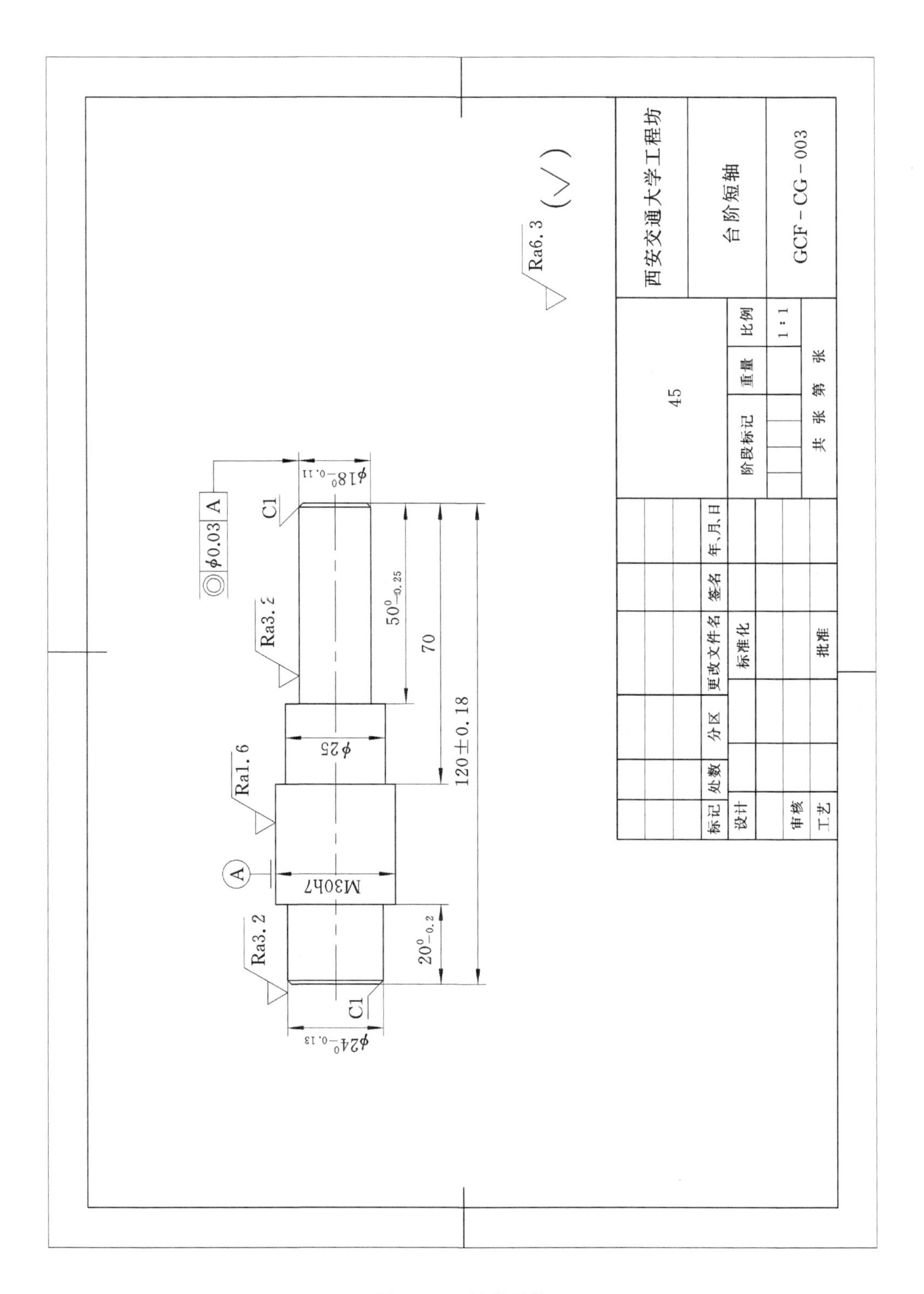
西安交通大学工程坊
台阶短轴
GCF－CG－003
45
比例
1∶1
重量
阶段标记
共　张　第　张
标记
处数
分区
更改文件名
签名
年、月、日
设计
标准化
审核
工艺
批准
Ra6.3
Ra3.2
Ra1.6
Ra3.2
φ0.03
A
C1
C1
φ18⁰₋₀.₁₁
φ25
M30h7
φ24⁰₋₀.₁₃
50⁰₋₀.₂₅
70
120±0.18
20⁰₋₀.₂

图 2－56　轴类零件

表 2-3　加工工艺步骤

序号	工序名称	工序内容
1	下料	切断下料 $\phi35\times122$
2	粗车外圆	1. 夹一端，料伸出卡盘 75 mm 左右； 找正，车端面 1 mm； 粗车 $\phi18^{0}_{-0.11}$、$\phi25$ 外圆，留半精车余量 0.5～1.0 mm 2. 掉头夹 $\phi25$ 外圆，找正； 车端面 1 mm，保证长度 120±0.18； 粗车 $\phi24^{0}_{-0.13}$、$\phi30$ 外圆，留半精车余量 0.5～1.0 mm
3	半精车外圆	1. 夹 $\phi25$ 外圆，找正； 车外圆 $\phi30$ 至尺寸，外圆 $\phi24^{0}_{-0.13}$ 至尺寸，倒角 $1\times45°$，保证长度 $20^{0}_{-0.2}$ 2. 掉头夹 $\phi30$ 外圆，找正； 车外圆 $\phi25$ 至尺寸，外圆 $\phi18^{0}_{-0.11}$ 至尺寸，倒角 $1\times45°$，保证长度 $50^{0}_{-0.25}$
4	车螺纹	车螺纹 $M30_{-7h}$至尺寸
5	检验	检验图中各尺寸

* **创意园地**

充分利用车床加工回转表面的特性，可加工出许多造型，如酒杯、子弹、花瓶等。

复习思考题

1. 车床可以加工哪些类型的零件？
2. 车床型号表示了哪些内容？
3. 车床由哪些主要部分组成？各部分有何功能？
4. 在车床上装夹工件有哪几种方法？装夹时应注意哪些问题？
5. 车床操作有哪些安全注意事项？
6. 车床的润滑方式一般有哪几种？
7. 常用车刀的材料有哪几种？适用于哪些加工场合？
8. 安装车刀时要达到哪些要求？

9. 车床有哪些常用附件？有何用途？
10. 车削轴类零件时，工件的装夹方法有几种？
11. 在车床上钻孔时要注意哪些事项？
12. 铰孔的加工余量一般为多少？怎样决定？
13. 镗通孔和不通孔时，车刀有何区别？
14. 螺纹一般分为哪几种牙型？
15. 试述车削普通螺纹的操作步骤。
16. 车削圆锥面的方法有哪几种？

第3章　铣工

3.1　学习要点与操作安全

1. 学习要点

(1)了解普通铣床的加工范围、型号规格、组成。

(2)掌握铣刀的种类与安装。

(3)掌握铣削运动、铣削用量的选择。

(4)掌握铣床的调整与使用、工件的装夹、铣床的保养与润滑。

(5)熟悉铣床常用附件的使用。

(6)掌握典型零件的加工方法。

2. 操作安全

(1)操作者工作前须穿好工作服,扣紧袖口,长发者必须戴工作帽并将发辫放入帽内,操作时不得戴手套、穿裙子、拖鞋。

(2)机床启动前须检查各手柄位置是否准确、可靠,并对规定部位按规定方法进行润滑,再启动机床进行保护性空运转。发现异常情况,应及时处理。变速时必须停车,防止损伤变速箱。

(3)安装刀具前,须检查铣刀是否完好,刀片有无裂缝、烧伤,镶嵌式、紧固式刀具的刀片是否牢固。安装刀具必须紧固,装好后要试车,正常后方可使用。

(4)装夹工件时,须装夹合理、牢固。使用机床附件时,必须确实保证与主机牢固连接。

(5)加工中严禁用手摸或用棉纱擦拭正在转动的刀具和机床的转动部位。测量和检查工件时必须停车进行,切削时禁止调整工件。高速切削时应戴防护镜。

(6)装卸工件、清扫切屑时必须停机。清除切屑时,只允许用毛刷,禁止用嘴吹或用手直接清理。禁止用潮湿的手接触任何电气开关,以免触电发生危险。

(7)操作机床时必须精力集中,不许擅离机床。禁止多人同时操作机床。

3.2　铣床加工基础知识

3.2.1　铣床加工范围及特点

1. 铣床的加工范围

铣削加工是在铣床上利用刀具的旋转运动和工件的连续移动来加工工件的一种机械加工方法。

铣削加工的范围较广，可加工平面(包括水平面、垂直面、斜面)、台阶面、沟槽(包括键槽、直角槽、角度槽、燕尾槽、T 形槽、圆弧槽、螺旋槽)和成形面等。此外，还可进行孔加工(包括钻孔、扩孔、铰孔、镗孔)和分度工作。铣床可加工的零件表面如图 3－1 所示。

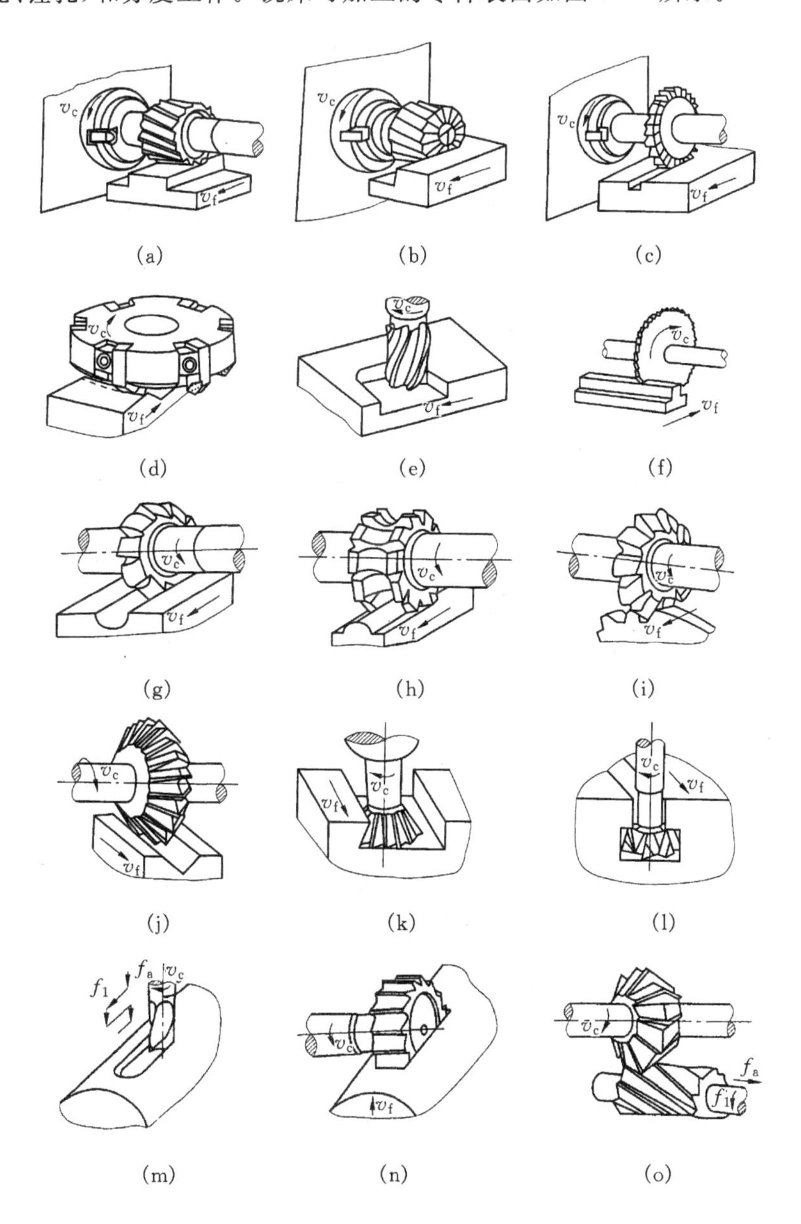

图 3－1　铣床加工范围

(a)圆柱形铣刀铣削平面；(b)套式立铣刀铣削台阶面；(c)三面刃铣刀铣削直角槽；(d)端铣刀铣削平面；(e)立铣刀铣削凹平面；(f)锯片铣刀切断；(g)凸半圆铣刀铣削凹圆弧面；(h)凹半圆铣刀铣削凸圆弧面；(i)齿轮铣刀铣削齿形；(j)角度铣刀铣削 V 形槽；(k)燕尾槽铣刀铣削燕尾槽；(l)T 形槽铣刀铣削 T 形槽；(m)键槽铣刀铣削键槽；(n)半圆键槽铣刀铣削半圆键槽；(o)角度铣刀铣削螺旋槽

2. 铣床加工特点

铣削加工在机械零件切削和工具生产中占相当大的比重，仅次于车削加工。铣削加工特点如下：

① 由于铣刀为一种回转的多刃刀具，故铣削加工生产率高。

② 由于每个刀齿旋转一圈只切削一次，刀齿散热较好，故切削速度可选高一些。

③ 铣削中每个铣刀刀齿逐渐切入切出，形成断续切削，因此产生的冲击、振动、热应力均对刀具耐用度及工件表面质量产生影响。

④ 铣削加工可达到的精度一般为IT9～IT7级，可达到的表面粗糙度 R_a 值为6.3～1.6 μm。

3.2.2　铣床及其附件

铣削加工可以在卧式铣床、立式铣床、工具铣床、龙门铣床以及各种专用铣床上进行。对于单件及小批量生产中的中小型零件，以卧式铣床和立式铣床最为常用。

1. 卧式铣床

卧式铣床是铣床中应用最多的一种，其主要特点是主轴轴线与工作台面平行。因主轴处于横卧位置，所以称作卧铣。铣削时，铣刀安装在主轴上或与主轴连接的刀轴上，随主轴作旋转运动；工件装夹在夹具或工作台面上，随工作台作纵向、横向或垂向直线运动。

X6132卧式万能铣床如图3-2所示。型号X6132中，X表示铣床类，6表示卧铣，1表示万能升降台铣床，32表示工作台宽度的1/10，即工作台的宽度为320 mm。

卧式万能铣床（简称万能铣床）与普通卧式铣床的主要区别是在纵向工作台与横向工作台之间有转台，能让纵向工作台在水平面内转±45°。这样，在工作台面上安装分度头后，通过配换齿轮与纵向丝杠连接，能铣削螺旋线。因此，其应用范围比普通卧式铣床更广泛。

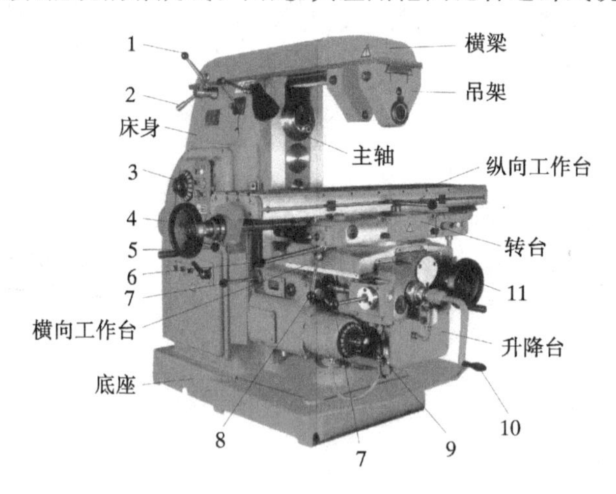

图3-2　X6132卧式万能升降台铣床

1—横梁锁紧手柄；2—横梁前后移动手柄；3—主轴变速转盘；4—纵向手动进给手轮；5—主轴变速手柄；6—纵向机动进给手柄；7—横向和升降机动进给手柄；8—横向工作台锁紧手柄；9—进给变速转盘手轮；10—升降手动进给手柄；11—横向手动进给手轮

X6132卧式万能铣床主要组成部分如下：

① 床身：床身用来固定和支撑铣床上所有的部件。电动机、主轴及主轴变速机构等安装在它的内部。

② 横梁：横梁的上面安装吊架，用来支撑刀杆外伸的一端，以加强刀杆的刚性。横梁可沿床身的水平导轨移动，以调整其伸出的长度。

③ 主轴：主轴是空心轴，前端有7∶24的精密锥孔，其用途是安装铣刀刀杆并带动铣刀旋转。

④ 纵向工作台：纵向工作台在转台的上方作纵向移动，带动台面上的工件作纵向进给。

⑤ 横向工作台：位于升降台上面的水平导轨上，带动纵向工作台作横向进给。

⑥ 转台：转台作用是能将纵向工作台在水平面内扳转一定的角度，以便铣削螺旋槽。

⑦ 升降台：升降台它可以使整个工作台沿床身的垂直导轨上下移动，以调整工作台面到铣刀的距离，并作垂直进给。

⑧ 底座：底座用以支承床身和工作台，内盛切削液。

2. 立式铣床

立式铣床与卧式铣床的区别在于其主轴轴线与工作台面垂直。

图3-3所示为X5032立式铣床。型号X5032中，X表示铣床类，5表示立铣，0表示立式升降台铣床，32表示工作台宽度的1/10，即工作台的宽度为320 mm。

X5032立铣的主要组成部分与X6132万能卧铣基本相同，除主轴所处位置不同外，它没有横梁、吊架和转台。铣削时，铣刀安装在主轴上，由主轴带动作旋转运动；工作台带动工件作纵向、横向或垂向的直线运动。

3. X8126B万能工具铣床

万能工具铣床可以通过水平主轴和垂直主轴实现卧铣和立铣的功能。X8126B万能工具铣床如图3-4所示。

图3-3　立式铣床

图3-4　万能工具铣床

X8126B万能工具铣床主要组成部分如下：

① 床身是用来固定和支撑铣床上所有的部件。电动机、主轴及进给变速机构等安装在它

的内部。

② 水平主轴可沿床身的水平导轨移动，实现铣刀的横向进给。

③ 垂直主轴用于安装铣刀刀杆并带动铣刀旋转。

④ 工作台用于紧固铣床附件或工件，可带动台面上的工件作纵向和升降运动。

⑤ 主轴变速箱可通过 3 个双联齿轮，可得到 8 种主轴速度。

⑥ 进给箱可调节工作台和主轴进给量。

4. 铣床附件

(1)机床用平口钳

机床用平口钳是一种通用夹具，常用来装夹小型工件，如图 3-5 所示。在铣床上使用时先把平口钳钳口找正固定在工作台上，再装夹工件。

(2)回转工作台

回转工作台如图 3-6 所示，除了能带动它上面的工件一起旋转外，还可完成分度工作。用它可以加工工件上的圆弧形外形、圆弧形槽、多边形工件和有分度要求的槽或孔等。回转工作台按其外圆直径的大小区分，有 200 mm、320 mm、400 mm 和 500 mm 等几种规格。

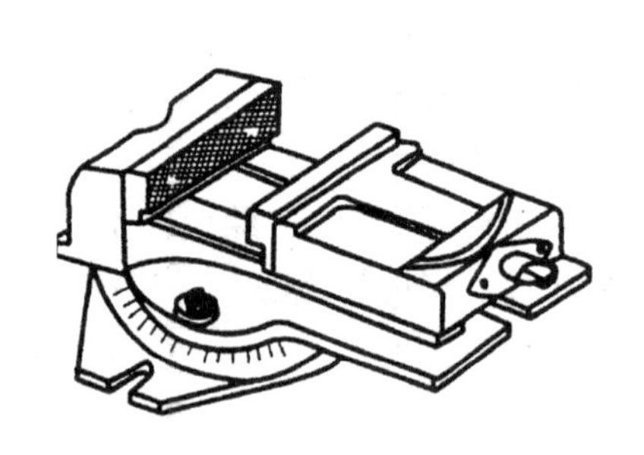

图 3-5　平口钳

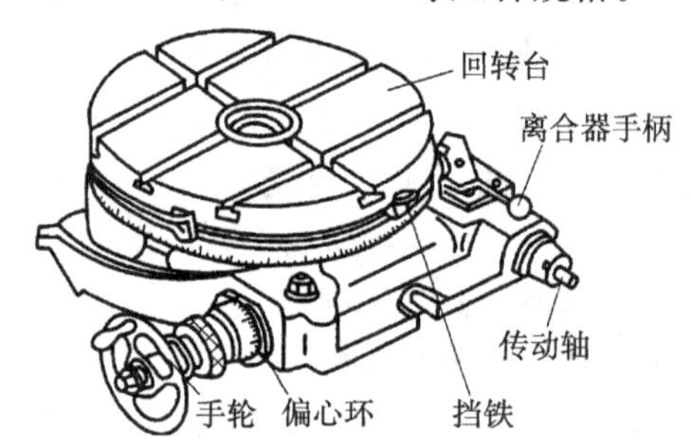

图 3-6　回转工作台

(3)万能铣头

万能铣头的外形如图 3-7(a)所示。其底座用螺栓固定在铣床的垂直导轨上。铣床主轴的运动通过铣头内的两对锥齿轮传到铣头主轴上。铣头的大本体可绕铣床主轴轴线偏转任意角度，如图 3-7(b)所示。装有铣头主轴的小本体还能在大本体上偏转任意角度，如图 3-7(c)所示。因此，万能铣头的主轴可在空间偏转成任意所需的角度，使加工范围得以扩大。

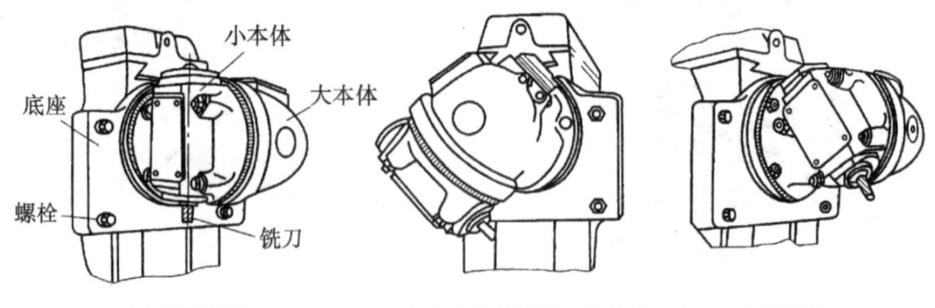

(a) 万能铣头　(b) 大本体偏转一定角度　(c) 小本体偏转一定角度

图 3-7　万能铣头

(4)分度头

在铣削加工中，常会遇到铣六方、齿轮、花键和刻线等工作。这时，工件每铣过一面或一个槽之后，需要转过一个角度，再铣削第二面、第二个槽，这种工作叫做分度。分度头是分度时常用的附件，其中万能分度头最为常见，如图 3－8 所示。

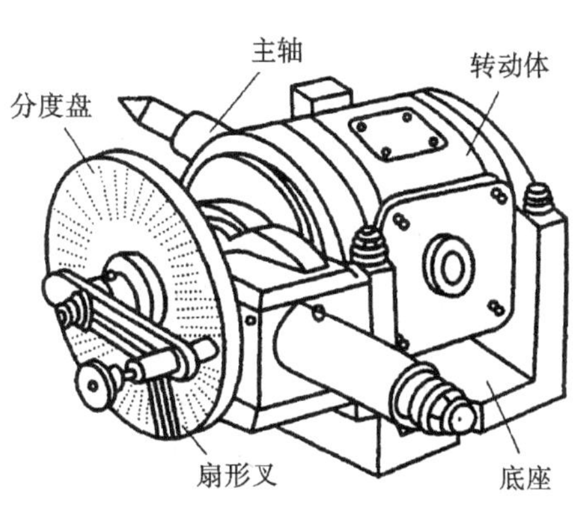

图 3－8　万能分度头

① 万能分度头的构造。

万能分度头由底座、转动体、主轴和分度盘等组成。工作时，它利用底座下面的导向键与纵向工作台中间的 T 形槽相配合，并用螺栓将其底座紧固在工作台上。分度头主轴前端可安装卡盘装夹工件，亦可安装顶尖，与尾座顶尖一起支承工件。

万能分度头的传动系统如图 3－9 所示，其中蜗杆与蜗轮的传动比为 1∶40。也就是说，分度手柄通过一对传动比为 1∶1 的直齿轮(注意，图中一对螺旋齿轮此时不起作用)带动蜗杆转动一周时，蜗轮只带动主轴转过 1/40 圈。若已知工件在整个圆周上的等分数目为 z，则每分一个等分要求分度头主轴转 $1/z$ 圈。这时，分度手柄所要转的圈数 n 即可由下列比例关系推得：

$$1:40=\frac{1}{z}:n,\text{即 } n=\frac{40}{z}$$

式中，n 为分度手柄转动的圈数；z 为工件等分数；40 为分度头定数。

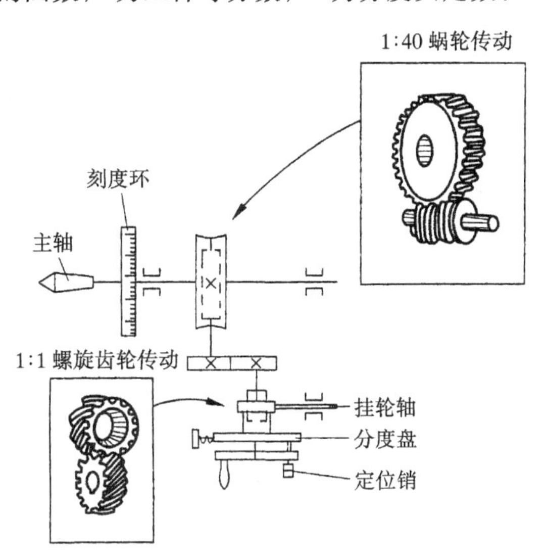

图 3－9　万能分度头传动系统图

② 分度方法。

利用分度头进行分度的方法很多，这里先介绍最常用的简单分度法。这种分度法可直接利用公式 $n=40/z$。例如，铣齿数 z 为 38 的齿轮，每铣一齿后分度手柄需要转的圈数 $n=\frac{40}{z}=$

$\frac{40}{38}=1\frac{1}{19}$圈。也就是说，每铣一齿后分度手柄需转过一整圈又 1/19 圈。其中 1/19 圈可通过分度盘控制。

分度盘如图 3-10 所示。国产分度头一般备有两块分度盘。每块的两面分别有许多同心圆圈，各圆圈上钻有数目不同的相等孔距的盲孔。

第一块分度盘正面各圈孔数依次为：24，25，28，30，34，37；反面依次为：38，39，41，42，43。

第二块分度盘正面各圈孔数依次为：46，47，49，51，53，54；反面依次为：57，58，59，62，66。

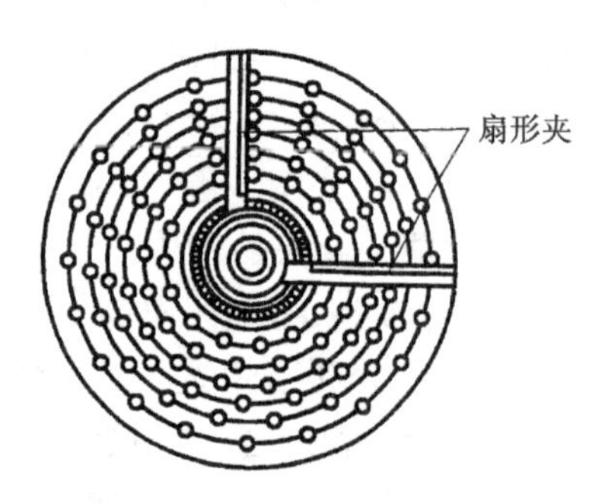

图 3-10　分度盘

分度时，将分度手柄上的定位销调整到孔数为 19 的倍数的孔圈上，即调整到孔数为 38 的孔圈上。这时，手柄转过 1 圈后，再在孔为 38 的孔圈上转过 2 个孔距，即 $n=1\frac{1}{19}=1\frac{2}{38}$。

为确保每次分度手柄转过的孔距数准确无误，可调整分度盘上扇形夹的夹角，使之正好等于 2 个孔距。这样，每次分度手柄所转圈数的真分数部分可扳转扇形夹由其夹角保证。

③ 角度分度法。

铣削工件时，有时工件需要转过一定的角度，这时就要采用角度分度法。由简单分度法的公式可知，手柄转 1 圈，主轴带动工件转过 1/40 圈，即转过 9°。若工件需要转过的角度为 θ，则手柄的转数 $n=\frac{\theta}{9}$圈，这就是角度分度法的计算公式。具体的操作方法与简单分度法相同。

3.2.3　铣刀及其安装

1. 铣刀

铣刀实质上是一种由几把单刃刀具组成的多刃刀具，其刀齿分布在圆柱铣刀的外回转表面或端铣刀的端面上。常用的铣刀材料有高速钢和硬质合金两种。

铣刀的分类方法很多，根据安装方式的不同分为带孔铣刀和带柄铣刀两大类。

(1)带孔铣刀

带孔铣刀如图 3-11 所示，一般用于卧式铣床。图 3-11(a)为圆柱铣刀，用于铣削中小平面；图 3-11(b)为三面刃铣刀，用于铣削小台阶面、直槽和柱形工件的小侧面；图 3-11(c)为锯片铣刀，用于铣削窄缝或切断；图 3-11(d)为盘状模数铣刀，用于铣削齿轮的齿形；图 3-11(e)、(f)分别为单角、双角铣刀，用于加工各种角度槽及斜面；图 3-11(g)、(h)为半圆弧铣刀，用于铣削内凹和外凸的圆弧表面。

(2)带柄铣刀

带柄铣刀如图 3-12 所示，多用于立铣，有时亦可用于卧铣。图 3-12(a)为镶齿端铣刀，用于铣削较大平面；图 3-12(b)为立铣刀，用于铣削直槽、小平面和内凹平面等；图 3-12(c)为键槽铣刀，用于铣削轴上键槽；图 3-12(d)为 T 形槽铣刀，与立铣刀配合使用，铣削 T 形槽；图 3-12(e)为燕尾槽铣刀，用于铣削燕尾槽。

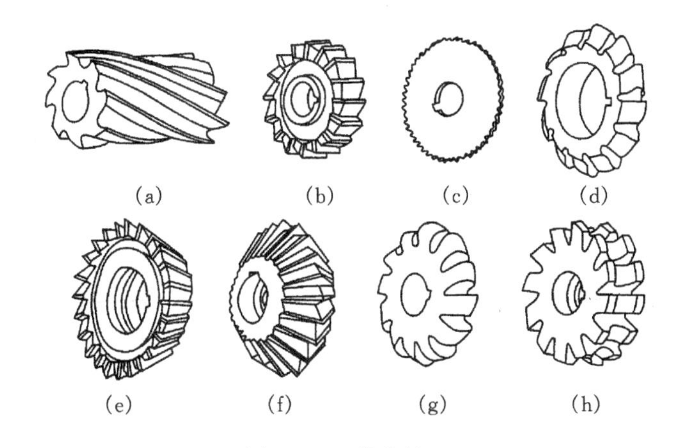

图 3-11　带孔铣刀

(a)圆柱铣刀；(b)三面刃铣刀；(c)锯片铣刀；(d)盘状模数铣刀；
(e)单角铣刀；(f)双角铣刀；(g)凹圆弧铣刀；(h)凸圆弧铣刀

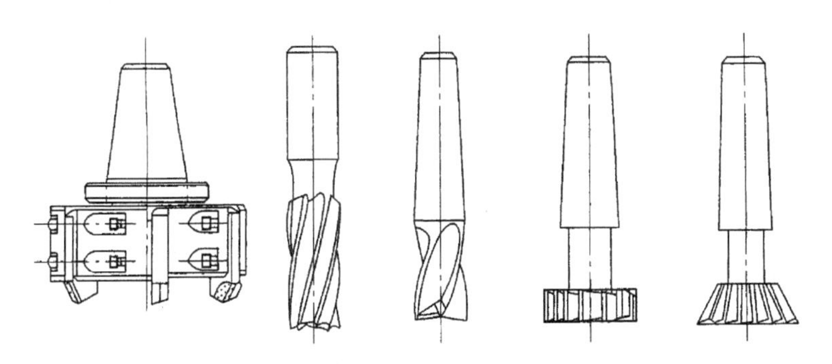

(a)镶齿端铣刀　(b)立铣刀　(c)键槽铣刀　(d)T形槽铣刀　(e)燕尾槽铣刀

图 3-12　带柄铣刀

2. 铣刀的安装

(1)带孔铣刀的安装

带孔铣刀多用长刀轴安装，安装时，铣刀应尽可能靠近主轴或吊架，使刀轴和铣刀有足够的刚度，套筒的端面与铣刀的端面必须擦净，以减小铣刀端面跳动。带孔铣刀安装步骤如图 3-13 所示。刀杆上先套上几个套筒垫圈，装上键，再套上铣刀，如图 3-13(b)所示；在铣刀外边的刀杆上，再套上几个套筒后拧上压紧螺母，如图 3-13(c)所示；装上吊架，拧紧吊架紧固螺钉，轴承孔内加润滑油，如图 3-13(d)所示；初步拧紧螺母，并开机观察铣刀是否装正，装正后用力拧紧螺母，如图 3-13(e)所示。

(2)带柄铣刀的安装

① 锥柄立铣刀的安装。如果锥柄立铣刀的锥柄尺寸与主轴孔内锥尺寸相同，则可直接装入铣床主轴中并用拉杆将铣刀拉紧；如果铣刀的锥柄尺寸与主轴孔内锥尺寸不同，则根据铣刀锥柄的大小，选择合适的变锥套，将配合表面擦净，然后用拉杆把铣刀和变锥套一起拉紧在主轴上，如图 3-14(a)所示。

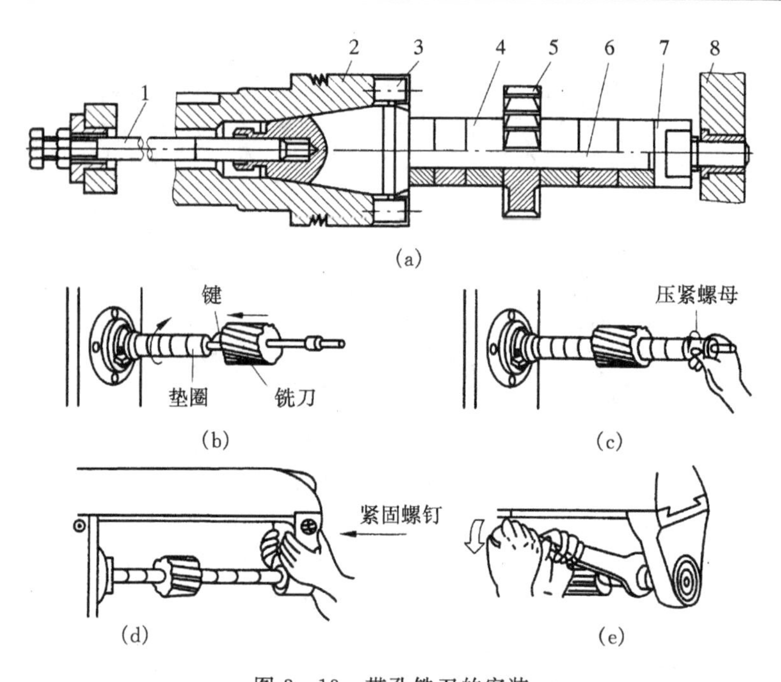

图 3-13　带孔铣刀的安装

1—拉杆；2—主轴；3—端面键；4—套筒；5—铣刀；6—刀杆；7—螺母；8—吊架

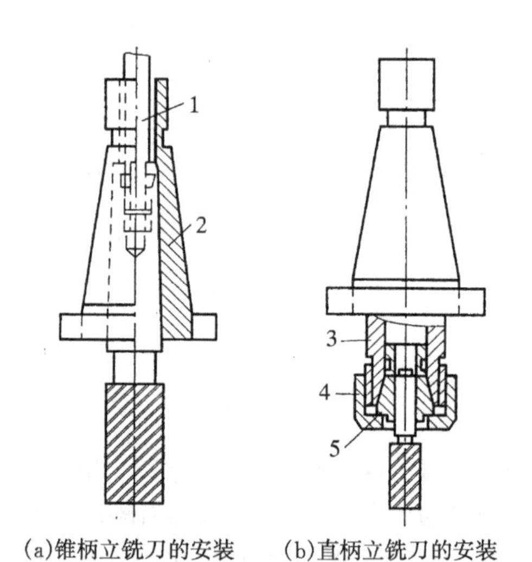

(a)锥柄立铣刀的安装　(b)直柄立铣刀的安装

图 3-14　带柄铣刀的安装

1—拉杆；2—变锥套；3—夹头体；4—螺母；5—弹簧套

② 直柄立铣刀的安装。如图 3-14(b)所示，这类铣刀多用弹簧夹头安装。铣刀的直柄插入弹簧套 5 的孔中。用螺母 4 压弹簧套的端面，使弹簧套的外锥面受压而缩小孔径，即可将铣刀夹紧。弹簧套有 3 个开口，故受力时能收缩。弹簧套有多种孔径，以适应各种尺寸的立铣刀。

3.2.4　工件装夹

铣床常用的工件装夹方法有平口钳装夹、压板螺栓装夹、回转工作台装夹、V 形铁装夹、角铁装夹、分度头装夹。

1. 平口钳装夹

用平口钳装夹工件注意事项：

① 工件的被加工面必须高出钳口，可用平行垫铁垫高工件，如图 3－15(a)所示。

② 为了使工件装夹牢固，防止铣削时松动，必须把比较平整的平面贴紧垫铁和钳口。为使工件贴紧垫铁，应一面夹紧，一面用木锤轻击工件的上平面，如图 3－15(a)所示。

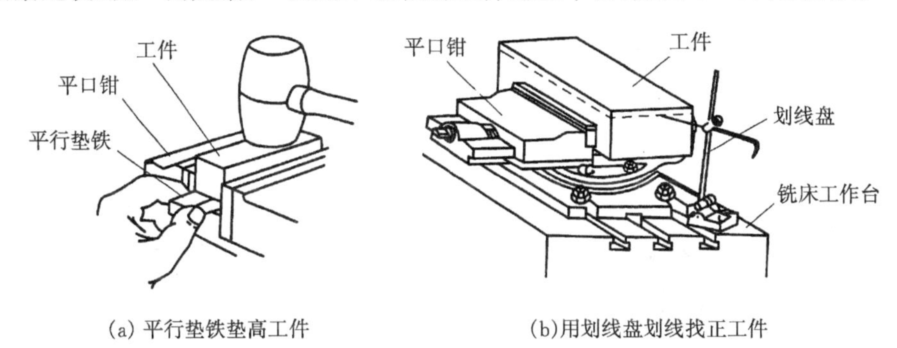

(a) 平行垫铁垫高工件　　(b)用划线盘划线找正工件

图 3－15　用平口钳安装工件

③ 为了保护钳口和工件已加工表面，往往装夹工件时在钳口处要垫上铜皮。

④ 用手挪动垫铁检查贴合程度，如有松动，说明工件与垫铁的贴合不好，应松开平口钳重新夹紧。

⑤ 如果工件需要划线找正，可用划线盘进行，如图 3－15(b)所示。

⑥ 对于刚度不足的工件，安装时应增加支撑，以免夹紧力使工件变形，如图 3－16 所示。

2. 压板螺栓装夹

对于大型工件或平口钳难以装夹的其他工件，使用压板螺栓直接将其装夹在工作台上，如图 3－17 所示。压板的位置要安排得当，压紧螺栓应靠近切削面，以便压紧工件，并且压力大小要合适。

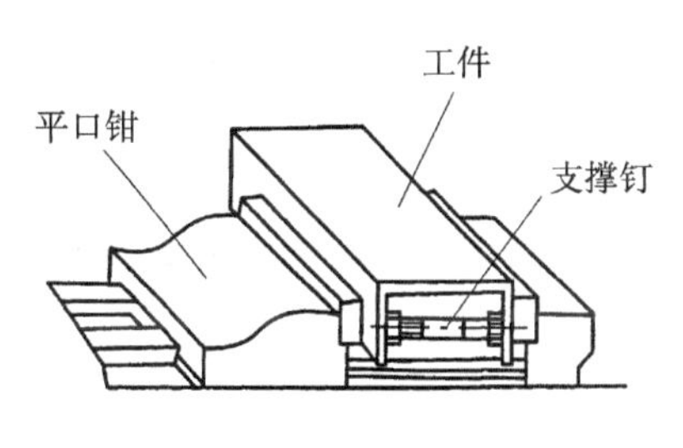

图 3－16　框形工件的安装

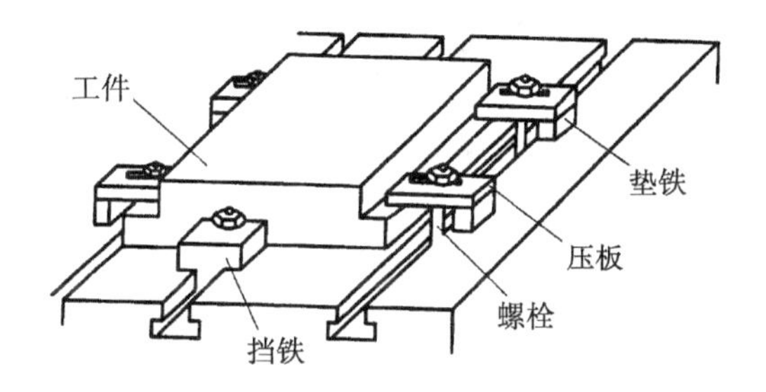

图 3－17　用压板螺栓安装工件

3. 回转工作台装夹

铣圆弧槽时，可以用压板螺栓、平口钳或三爪自定心卡盘将工件装夹在回转工作台上。装夹工件时必须使工件上圆弧槽的中心重合。铣削时，铣刀旋转，用手均匀缓慢地摇动回转工作台，即可在工件上铣出圆弧槽。

4. V 形铁装夹

铣圆柱面时可使用 V 形铁装夹，如图 3－18 所示。

5. 角铁装夹

角铁又称弯板，它是用来铣削工件上垂直或斜面的一种通用夹具，如图 3－19 所示。在使用角铁前，应检验其角度的精确性，将其安装在铣床工作台上时，应先使用标准角度尺、划针盘或百分表校正其在工作台的位置，再将工件安装在角铁上。

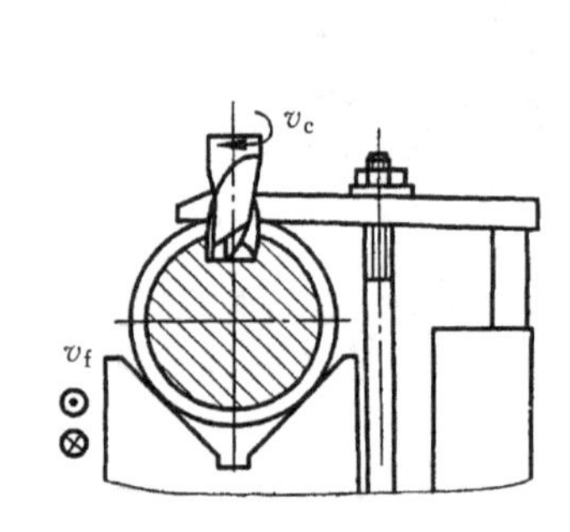

图 3－18　用 V 形铁装夹工件

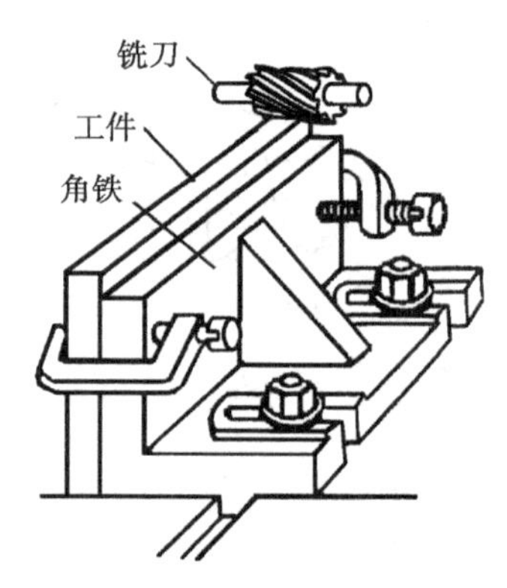

图 3－19　工件装夹在角铁上

6. 分度头装夹

分度头多用于装夹有分度要求的工件。它既可用分度头卡盘（或顶尖）与尾座顶尖一起使用装夹轴类零件，如图 3－20(a)所示；也可只使用分度头卡盘装夹工件，如图 3－20(b)、(c)所示。由于分度头的主轴可以在垂直平面内扳转，因此可利用分度头在水平、垂直及倾斜位置上装夹工件。

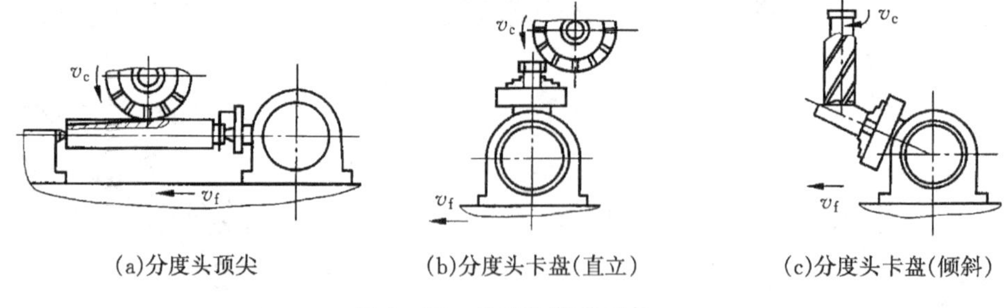

(a)分度头顶尖　　(b)分度头卡盘(直立)　　(c)分度头卡盘(倾斜)

图 3－20　分度头装夹工件

7. 专业夹具

当零件的生产批量较大时，可采用专用夹具或组合夹具装夹工件。这样既能提高生产效率，又能保证产品质量。

3.2.5　铣床的润滑与日常保养

1. 润滑

铣床的各润滑点如图 3-21 所示。必须按期、按油质要求加注润滑油。注油工具一般使用手捏式油壶。

(1)每天注油一次

① 垂直升降导轨处油孔是弹子油杯,注油时,将油壶嘴压住弹子后注入。

② 纵向工作台两端油孔各有一个弹子油杯,注油方法同垂直导轨油孔。

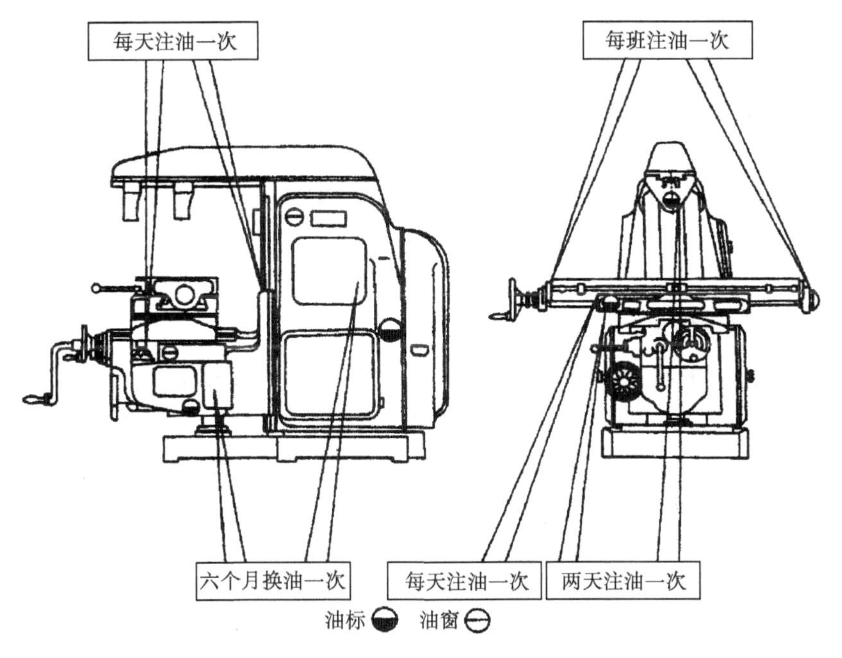

图 3-21　X6132 型万能升降台铣床各润滑点

③ 横向丝杠处,用油壶直接注射于丝杠表面,并摇动横向工作台使整个丝杠都润滑。

④导轨滑动表面在工作前、后擦净并注油。

⑤手动油泵在纵向工作台左下方,注油时开动纵向机动进给,使工作台在往复移动的同时,拉(压)手动油泵(每天润滑工作台 3 次,每次拉动 8 回)使润滑油流至纵向工作台运动部位。

(2)两天注油一次

① 手动油泵油池在横向工作台左上方,注油时旋开油池盖,注入润滑油至油标线齐。

② 挂架上油池在挂架轴承处,注油方法同手动油泵油池。

(3)六个月换油一次

主轴传动箱油池和进给传动箱油池,为了保证油质,六个月换一次,一般由机修人员负责。

(4)油量观察点

① 带油标的油池共有 4 个,即主轴传动箱、进给传动箱、手动油泵和挂架上油池,要经常注意油池内的油量,当油量低于标线时,应及时补足。

② 观油窗有两个，即主轴传动箱、进给传动箱上观油窗。起动机床后，观察油窗是否有油流动，如没有应及时处理。

2. 日常保养

日常保养需注意以下几点：

① 严格按操作规程操作设备，按润滑要求定期对机床进行润滑。

② 熟悉机床性能和使用范围，不超负荷工作。

③ 如发现机床有异常现象，立即停车检查。

④工作台、导轨面上不准乱放工具或杂物，毛坯工件直接装在工作台上时应使用垫片。

⑤工作前应先检查各手柄是否放在正确位置，然后开车数分钟进行试运转，观察机床是否运转正常。

⑥工作完毕，应将机床擦拭干净，并注润滑油。

3.3 铣床操作要点

3.3.1 铣床转速、进给调整与操作

1. X6132 卧式万能铣床

X6132 万能卧式铣床的开关、手柄位置如图 3-2 所示，具体调整与操作如下。

① 主轴转速的调整：将主轴变速手柄向下同时向左扳动，再转动数码盘，可以得到从 30～1500 r/min 的 18 种不同转速。注意：变速时一定要停车，且在主轴停止旋转之后进行。

② 进给量调整：先将进给量数码盘手轮向外拉出，将数码盘手轮转动到所需要的进给量数值，再将手柄向内推回。可使工作台在纵向、横向和垂直方向分别得到 23.5～1180 mm/min 的 18 种不同的进给量。注意：垂直进给量只是数码盘上所列数值的 1/2。

③ 手动进给手柄的使用：操作者面对机床，顺时针摇动工作台左端的纵向手动手轮，工作台向右移动；逆时针摇动，工作台向左移动。顺时针摇动横向手动手轮，工作台向前移动；逆时针摇动，工作台向后移动。顺时针摇动升降手动手柄，工作台上升；逆时针摇动，工作台下降。

④ 自动进给手柄的的使用：在主轴旋转的状态下，向右扳动纵向自动手柄，工作台向右自动进给；向左扳动，工作台向左自动进给；中间是停止位。向前推横向自动手柄，工作台沿横向向前进给；向后拉，工作台向后进给。向上拉升降自动手柄，工作台向上进给；向下推升降自动手柄，工作台向下进给。

⑤ 工作台快速移动按钮

工作台快速移动按钮在起动/停止按钮上方及横向工作台右上方左边一个按钮。要使工作台快速移动，先开动进给手柄，再按住按钮，工作台即按原运动方向快速移动；放开快速按钮，快速进给立即停止，仍以原进给速度继续进给。注意：快速进给只在工件表面的一次走刀完毕之后的空程退刀时使用。

操作注意事项：

① 允许在机床开动情况下进行进给变速，但机动进给时，不允许变换进给速度。

② 手动进给时的注意事项。

- 当工作台被紧固手柄锁紧时，不允许摇动手柄。

• 由于丝杠和螺母间存在间隙，所以摇动手柄时如超过刻线，不能直接退回到刻线处，而应将手柄回转一圈后，再重新摇到要求的刻线处。

• 摇转完毕，应将手柄离合器与丝杠脱开，以防快速移动工作台时，手柄转动伤人。

③ 机动进给操作的注意事项。

• 机动进给完毕，应将操作手柄放在停止位置。

• 不能两个方向同时使用机动进给。

• 当工作台某方向被锁紧时，该方向不允许使用机动进给。

• 注意检查机动进给方向是否正确。

2. X5032 万能立式铣床

X5032 万能立式铣床调整及手柄使用与 X6132 万能卧式铣床基本相同。

3. X8126B 万能工具铣床

X8126B 万能工具铣床的开关、手柄位置如图 3-22 所示。

图 3-22　X8126B 万能工具铣床操作手柄

1—水平主轴横向自动进给手柄；2—水平主轴横向手动进给手柄；3—主轴变速手柄；4—进给量变换手柄；5—纵向手动进给手柄；6—纵向或升降自动进给手柄；7—升降手动进给手柄

(1)主轴转速的调整

将主轴变速手柄拉出，再转动手柄，使指针对准转速指示牌上所需转速，再将手柄推回。如果推不动，需将主轴旋转手动手柄略微旋转，直至主轴变速手柄能够完全推入。水平主轴可得到 110～1230 r/min 8 种不同转速，垂直主轴为 150～1660 r/min 8 种不同转速。

操作注意事项：变速时一定要停车。

(2)进给量调整

进给量变换手柄操作与主轴变速手柄相同。可得到 25～285 mm/min 8 种不同进给量。

操作注意事项：变换进给量时应空挡。

(3)手动进给手柄的使用

操作者面对手柄，顺时针摇动纵向手动进给手柄，工作台向前移；逆时针摇动，工作台向后移。顺时针摇动升降手动进给手柄，工作台向上移，逆时针摇动，工作台向下移。

(4)自动进给手柄的使用

在主轴旋转的状态下，操作者面向手柄，向左扳自动进给手柄，工作台向前移；向右扳，工作台向后移；向上扳，工作台上升；向下扳，工作台下降。

3.3.2　铣削用量的选择

1. 铣削运动

铣削过程必须有以下运动：

① 主运动：铣削时，铣刀安装在铣床主轴上，其主运动是铣刀绕自身轴线的高速旋转运动。

② 进给运动：进给运动是指工件随工作台缓慢的直线运动或转动。

2. 铣削用量

铣削用量是指铣削速度 V_c，进给量 f，背吃刀量(又称铣削深度)a_p，侧吃刀量(又称铣削宽度)a_e，四个要素。

① 铣削速度 V_c，铣削速度即铣刀最大直径处的线速度，可由下式计算：

$$V_c = \pi dn/1000(\mathrm{m/min})$$

式中：d—铣刀直径，单位为 mm；

n—铣刀转速，单位为 r/min。

② 进给量 f，铣削时，工件以进给运动方向上相对刀具的移动量即为铣削时的进给量。由于铣刀为多刃刀具，计算时按时间单位不同，有以下三种度量方法：

- 每齿进给量 f_z，其单位为 mm/齿。
- 每转进给量 f，其单位为 mm/r。
- 每分钟进给量 V_r，其单位为 mm/min。

上述三者的关系为：

$$V_r = f \times n = f_z \times Z \times n(\mathrm{mm/min})$$

一般铣床标牌上所指出的进给量为 V_r。

③ 背吃刀量 a_p。背吃刀量是指沿铣刀轴线方向测量的切削层尺寸。切削层指工件上正被切削刃切削的那层金属。

④ 侧吃刀量 a_e。侧吃刀量是指垂直于铣刀轴线方向上测量的切削层尺寸。

图 3-23 所示分别表示了圆周铣削和端面铣削的铣削用量。

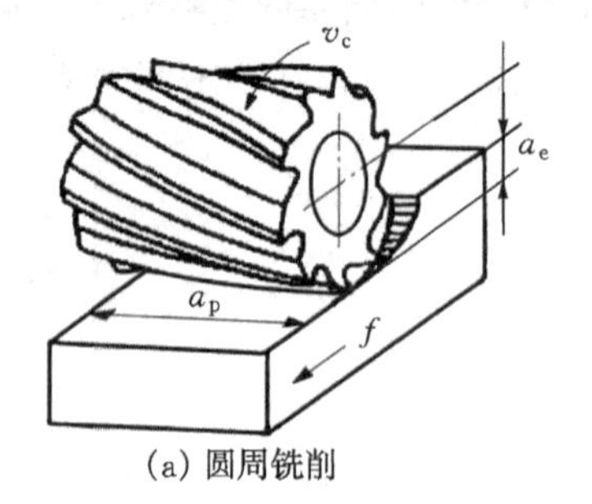

(a) 圆周铣削

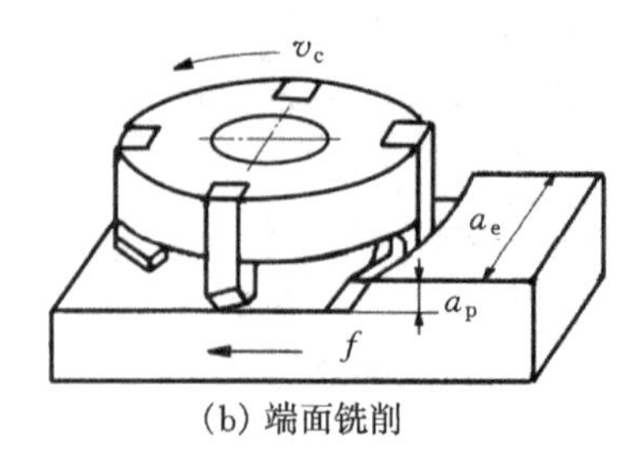

(b) 端面铣削

图 3-23　铣削用量要素

3. 铣削用量的选择

(1)铣削深度选择

对于圆柱铣刀铣削深度 a_e(如图 3－23(a)所示)的选择：当加工余量小于 5 mm 时，一次进给就可全部铣削加工余量；若加工余量大于 5 mm 或需要精加工时，可分两次进给。第二次的铣削深度为 0.5～2 mm。对于面(端)铣刀而言，铣削深度 a_p(如图 3－23(b)所示)的选择是：当加工余量小于 6 mm 时，可一次切除全部加工余量，若需要精铣则留精铣余量 1 mm。

(2)进给量 f 的选择

铣刀的每齿进给量如表 3－1 所列。进给量小值常用于精铣，大值用于粗铣。每齿进给量 f_z 确定后，按 $V_r=f\times n=f_z\times Z\times n$ 计算出进给速度 V_r 并按铣床进给速度表选取近似值。

表 3－1 铣刀的每齿进给量 f_z/mm

刀具材料	铣刀类型	被加工金属材料				
		碳钢	合金钢	工具钢	灰铸铁	可锻铸铁
高速钢	端铣刀	0.10～0.30	0.07～0.25	0.07～0.20	0.10～0.35	0.10～0.40
	三面刃盘铣刀	0.05～0.20	0.05～0.20	0.05～0.15	0.07～0.25	0.07～0.25
	立铣刀	0.03～0.15	0.02～0.10	0.025～0.10	0.07～0.18	0.05～0.20
	成型铣刀	0.07～0.10	0.05～0.10	0.07～0.10	0.07～0.12	0.07～0.15
	圆柱铣刀	0.07～0.20	0.05～0.20	0.05～0.15	0.10～0.30	0.10～0.35
硬质合金	端铣刀	0.10～0.30	0.075～0.20	0.07～0.25	0.20～0.50	0.1～0.4
	三面刃盘铣刀	0.10～0.30	0.05～0.25	0.05～0.25	0.125～0.30	0.1～0.3

3. 铣削速度 V_c 的选择

铣削速度的选择根据被加工材料不同参见表 3－2 所列铣削速度的参考值。

表 3－2 铣削速度的参考值 V_c/(m/min)

加工材料	硬度 HB/强度 σ_b(单位：Mpa)	高速钢铣刀	硬质合金铣刀
低碳钢	125～175/44～62	24～42	75～150
	175～225/44～79	21～40	70～120
	225～275/79～97	18～36	60～115
中碳钢	275～325/97～114	15～27	54～90
	325～375/114～132	9～21	45～75
	375～425/132～150	7.5～15	36～60
高碳钢	125～175/44～62	21～36	75～130
	175～225/62～79	18～33	68～120
	225～275/79～97	15～27	60～105
	275～325/97～114	12～21	53～90
	325～375/114～132	9～15	45～68
	375～425/132～150	6～12	36～54

续表 3－2

加工材料		硬度 HB/强度 σ_b(单位:Mpa)	高速钢铣刀	硬质合金铣刀
合金钢		175～225/62～79	21～36	75～130
		225～275/79～97	15～30	60～120
		275～325/97～114	12～27	55～100
		325～375/114～132	7.5～18	37～80
		375～425/132～150	6～15	30～60
高速钢		200～250/70～88	12～23	45～83
灰铸铁		100～140	12～36	110～150
		150～190	21～30	68～120
		190～220	15～24	60～105
		220～260	9～18	45～90
		260～320	4.5～10	21～30
可锻铸铁		110～160	42～60	105～210
		160～200	24～36	83～120
		200～240	15～24	72～120
		240～280	9～21	42～60
铸钢	低碳钢	100～150/35～53	18～27	68～105
	中碳钢	100～160/35～56	18～27	68～105
		160～200/56～70	15～24	60～90
		200～225/70～79	12～21	53～75
	高碳钢	180～240/63～84	9～18	53～80
铝合金			180～300	360～600
铜合金			45～100	120～190
镁合金			180～270	150～600

3.4　铣床基本加工工艺

3.4.1　铣平面

1. 铣水平面

铣平面可用周铣法或端铣法，并应优先采用端铣法。但在很多场合，例如在卧式铣床上铣平面，也常用周铣法。铣削平面的步骤如下：

① 开车使铣刀旋转，升高工作台，使零件和铣刀稍微接触，记下刻度盘读数，如图 3－24(a)所示。

② 纵向退出零件，停车，如图 3－24(b)所示。

③ 利用刻度盘调整侧吃刀量(为垂直于铣刀轴线方向测量的切削层尺寸)，使工作台升高到规定的位置，如图 3－24(c)所示。

④ 开车先手动进给，当零件被稍微切入后，可改为自动进给，如图 3－24(d)所示。

⑤ 铣完一刀后停车，如图 3－24(e)所示。

⑥ 退回工作台，测量零件尺寸，并观察表面粗糙度，重复铣削到规定要求，如图 3－24(f)所示。

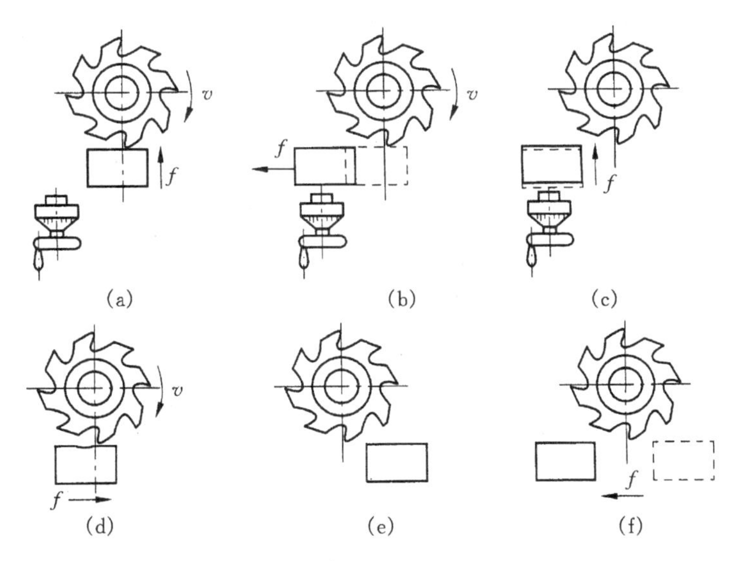

(a)　(b)　(c)　(d)　(e)　(f)

图 3－24　铣水平面

2. 铣斜面

铣斜面可以用如图 3－25 所示的倾斜零件法铣斜面，也可用如图 3－26 所示的倾斜铣刀轴线法铣斜面，此外，还可用角度铣刀铣斜面。铣斜面的这些方法，可视实际情况灵活选用。

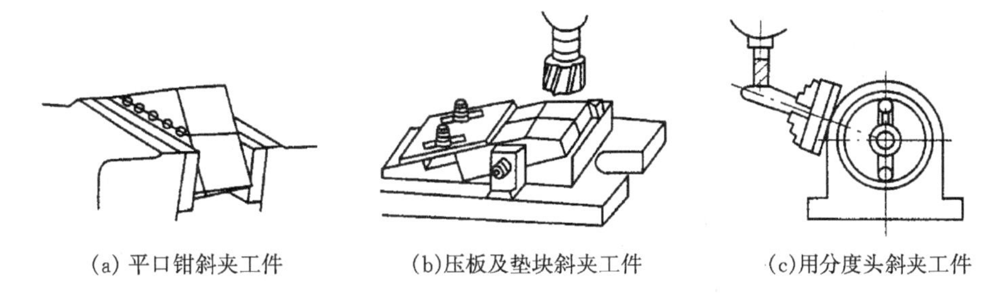

(a) 平口钳斜夹工件　(b)压板及垫块斜夹工件　(c)用分度头斜夹工件

图 3－25　倾斜零件法铣斜面

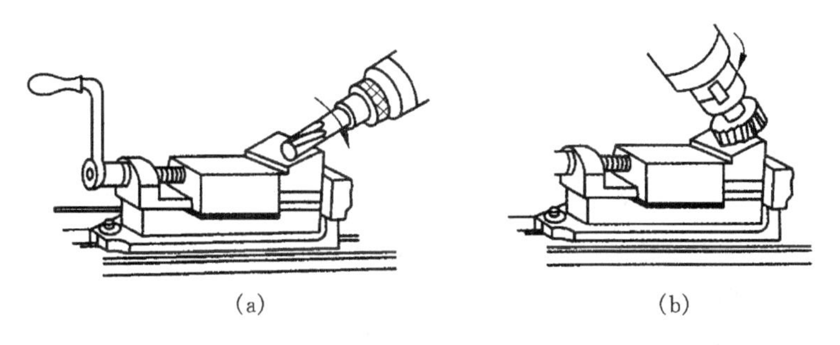

(a)　(b)

图 3－26　倾斜铣刀轴线铣斜面

3.4.2 铣台阶

台阶面是由两个相互垂直的平面组成的。其特点是两个平面不仅是同一把铣刀的不同刀刃同时加工出的，而且两个平面是同一定位基准。故两个平面垂直与否主要靠刀具保证。在卧式和立式铣床上均可铣削台阶。在卧式铣床上采用三面刃铣刀铣台阶面，如图 3-27 所示。

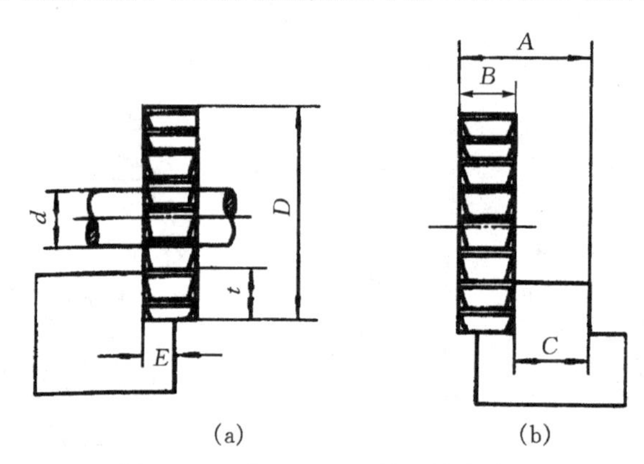

图 3-27 使用三面刃铣刀铣台阶面

使用三面刃铣刀铣削台阶，主要是选择铣刀的宽度 B 和外径 D，如图 3-27 所示。铣刀宽度 B 应大于工件的台阶宽度 E。为保证在铣削中台阶的上平面能在直径为 d 的铣刀杆下通过，如图 3-27 所示，尽可能选择直径较大的三面刃铣刀。三面刃铣刀直径应符合下式条件：

$$D>2t+d$$

式中：t—台阶深度或工件的厚度；

d—铣刀杆套筒外直径。

铣削垂直面较宽而水平面较窄的台阶面时，可采用立式铣床和立铣刀铣削，如图 3-28 所示。

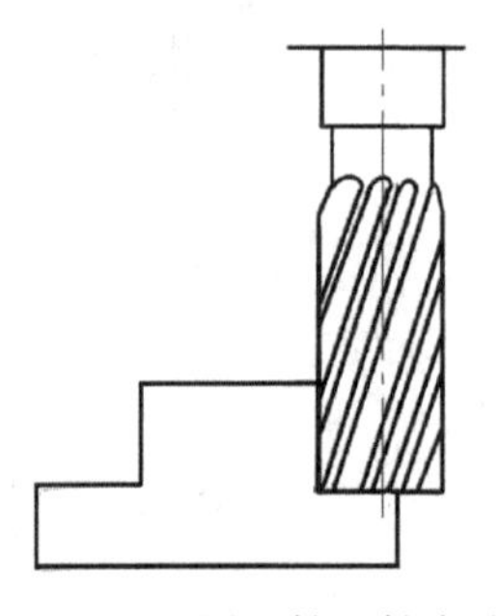

图 3-28 用立铣刀铣台阶

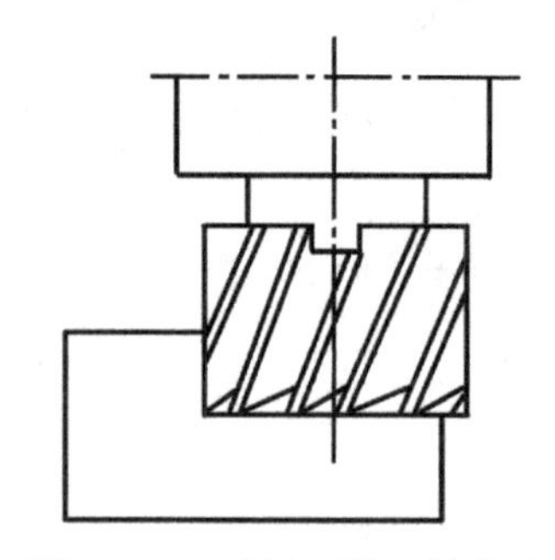

图 3-29 采用面铣刀铣台阶

铣削垂直面较窄而水平面较宽的台阶面时，可采用面(端)铣刀铣削，如图 3-29 所示。铣刀直径 D 应按台阶宽度尺寸 E 选取，即 $D=1.5E$。

单件铣削双台阶如图 3-27 所示。其铣削操作步骤如下：

① 当工件安装好后，可先开动铣床使主轴旋转，并移动工作台，使铣刀端面刀刃微擦到工件侧面，记下刻度盘读数。为了判断刀刃是否擦着工件表面，可先在工件表面做标记，以便于观察。

② 退出纵向工作台，利用刻度盘将横向工作台移动一个距离 E，并调整高度尺寸 t，便可铣削一侧的台阶，如图 3-27(a)所示。

③ 用刻度盘控制，将横向工作台移动距离 $A(A=B+C)$，铣另一侧台阶，如图 3-27(b)所示。

④若台阶较深，应沿着靠近台阶的侧面分层铣削。

⑤铣削时应紧固不使用的进给机构，防止工作台窜动。

⑥机床主轴未停稳不得测量工件或触摸工件表面。

3.4.3　铣沟槽

在铣床上可以加工的沟槽有直角槽、V 形槽、燕尾槽、T 形槽、键槽和圆弧槽等，如图3-30所示。下面重点介绍铣键槽、圆弧槽、T 形槽和螺旋槽的铣削方法。

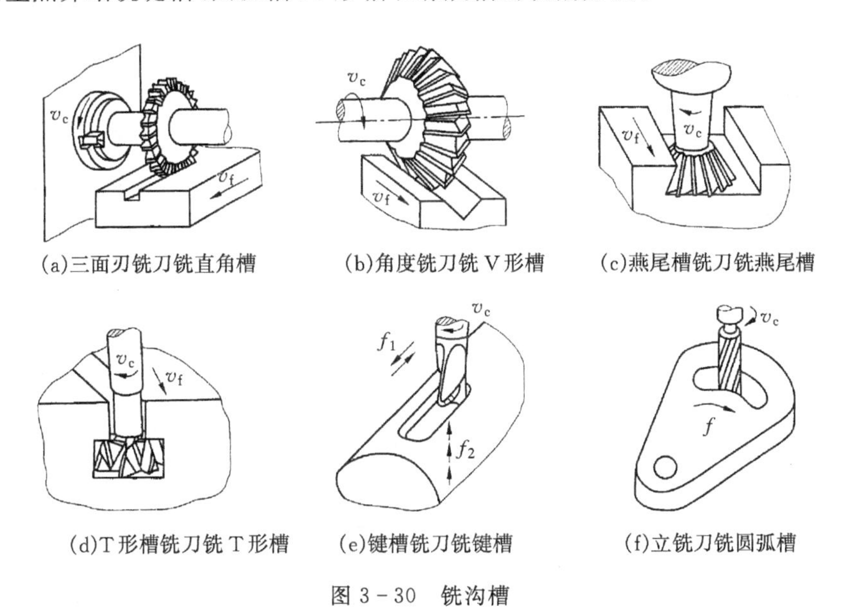

(a)三面刃铣刀铣直角槽　(b)角度铣刀铣 V 形槽　(c)燕尾槽铣刀铣燕尾槽

(d)T 形槽铣刀铣 T 形槽　(e)键槽铣刀铣键槽　(f)立铣刀铣圆弧槽

图 3-30　铣沟槽

1. 铣键槽

常见的键槽有封闭式和敞开式两种。对于封闭式键槽，单件生产一般在立铣床上加工，采用平口钳装夹工件，如图 3-31(a)所示。由于平口钳不能自动对中，工件需要找正。当批量较大时，常在键槽铣床上加工，工件多采用轴用虎钳装夹，如图 3-31(b)所示。轴用虎钳的优点是自动对中，工件不需找正。利用轴用虎钳把工件夹紧后，再用键槽铣刀一层一层地铣削，直到符合要求为止。

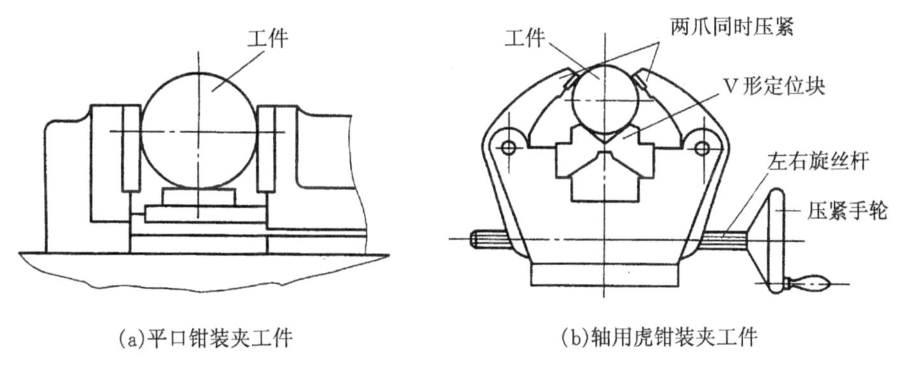

(a)平口钳装夹工件　(b)轴用虎钳装夹工件

图 3-31　铣轴上键槽工件的装夹方法

若用立铣刀加工，则由于立铣刀端部中心部位无切削刃，不能向下进刀。因此必须预先在槽的一端钻一个落刀孔，才能用立铣刀铣键槽。

对于敞开式键槽，可在卧铣上进行，一般采用三面刃铣刀加工即可，如图 3－20(a)所示。

2. 铣圆弧槽

铣圆弧槽要使用铣床附件回转工作台，如图 3－6 所示。工件用压板螺栓直接安装或通过三爪自定心卡盘安装在回转工作台上。安装工件时，必须使工件上圆弧槽的中心与回转工作台的中心重合。摇动回转工作台手轮，带动工件作圆周进给运动即可铣出圆弧槽如图 3－30(f)所示。回转工作台周围有刻度，用以观察和确定回转台的大致位置，其准确位置可从手轮轴上的刻度盘读出。除了铣圆弧槽外，回转工作台还用于较大工件的分度工作或外圆弧面的加工。

3. 铣 T 形槽

T 形槽应用很多，如铣床和刨床的工作台上用来安放紧固螺栓头的就是 T 形槽。要铣 T 形槽，必须首先用立铣刀或三面刃铣刀铣出直槽，如图 3－32(a)所示。然后在立铣上用 T 形槽铣刀铣削，如图 3－32(b)所示。由于 T 形槽铣刀工作时排屑困难，因此切削用量应选得小些，同时应多加切削液。最后，再用角度铣刀铣出倒角，如图 3－32(c)所示。

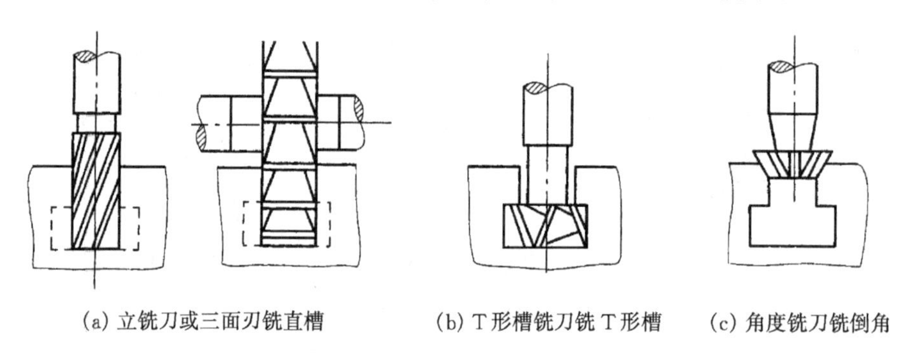

(a) 立铣刀或三面刃铣直槽　　(b) T 形槽铣刀铣 T 形槽　　(c) 角度铣刀铣倒角

图 3－32　T 形槽的铣削加工

4. 铣螺旋槽

在铣削加工中常常会遇到铣削斜齿轮、麻花钻和圆柱铣刀上的螺旋沟槽等，这类工作，称为铣螺旋槽。铣床上铣螺旋槽与车螺纹的原理基本相同。铣削时，刀具作旋转运动，工件一方面随工作台作匀速直线轴向移动，一方面又由分度头主轴带动作等速旋转运动，如图 3－33 所示。要铣削出一定导程的螺旋槽，必须保证当工件纵向进给一个导程时，工件刚好转过一圈。这一点可通过在纵向丝杠的末端与分度头挂轮轴之间加配换齿轮 z_1、z_2、z_3、z_4 来实现，如图 3－34所示。

从图 3－34 所示的传动系统来看，若纵向工作台的丝杠螺距为 P，当它带动纵向工作台移动导程 L 的距离时，丝杠应旋转 L/P 转，再经过配换齿轮 z_1、z_2、z_3、z_4 与分度头内部两对齿轮(速比均为 1∶1)和蜗杆蜗轮(速比为 1∶40)传动，应恰好使分度头主轴转 1 转。根据这一关系可得

$$\frac{L}{P} \times \frac{z_1 \times z_3}{z_2 \times z_4} \times 1 \times \frac{1}{40} = 1$$

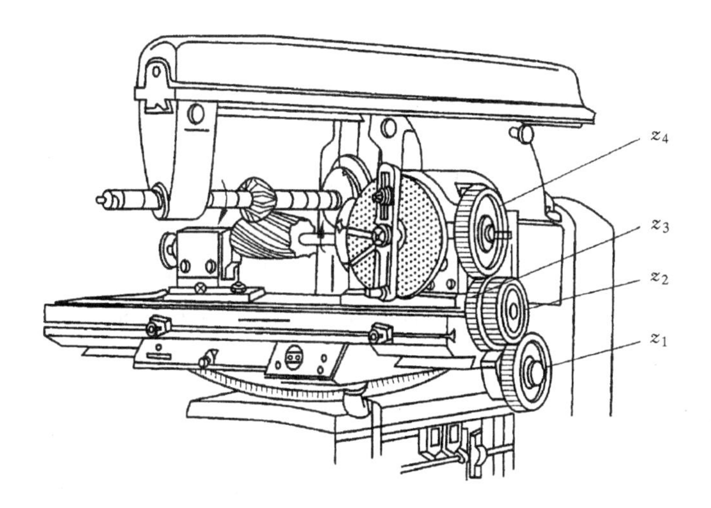

图 3-33 铣螺旋槽

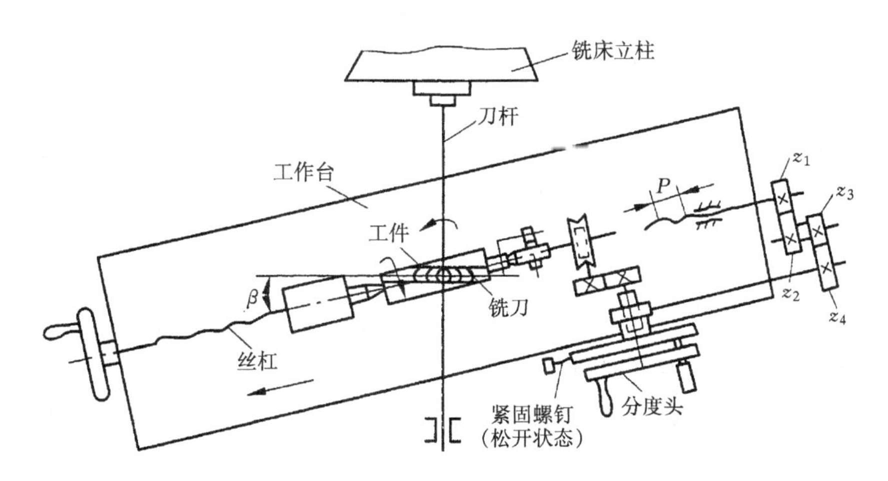

图 3-34 铣右旋螺旋槽传动系统俯视图

整理上式后得

$$\frac{z_1 \times z_3}{z_2 \times z_4} = \frac{40P}{L}$$

这就是铣螺旋槽时计算配换齿轮数的基本公式。式中，z_1、z_3 为主动配换齿轮的齿数；z_2、z_4 为从动配换齿轮的齿数；P 为丝杠螺距(X6132 为 6 mm)；L 为工件导程(mm)，$L=\pi d\cot\beta$，其中 β 为螺旋槽的螺旋角。

例题：在 X6132 卧式万能升降台铣床上铣削右螺旋铣刀的螺旋槽，其螺旋角 β 为 32°，工件外径 d 为 75 mm，试选择配换挂轮(注意：选择配换挂轮时，一定要考虑机床已经配有的配换挂轮)。

解：(1)求螺旋槽导程 L

$$L=\pi d\cot\beta=3.1416\times75\times1.6=377\ \text{mm}$$

(2)计算配换齿轮比

$$\frac{z_1 \times z_3}{z_2 \times z_4} = \frac{40 \times P}{L} = \frac{40 \times 6}{377} = 0.6366 \approx \frac{7}{11} = \frac{7 \times 1}{5.5 \times 2} = \frac{70 \times 30}{55 \times 60}$$

故选择配换挂轮为：$z_1 = 70$，$z_2 = 55$，$z_3 = 30$，$z_4 = 60$。

为了获得规定的螺旋槽的截面形状，还必须使铣床纵向工作台在水平面内转过一个角度，使螺旋槽的槽向与铣刀旋转平面一致。这样可以避免铣削时出现干涉现象。转过的角度应等于工件的螺旋角 β。通过在万能卧铣上扳动转台来实现此角度，转台的转向由螺旋槽的方向来决定。当操作者站在工作台的中央位置，铣右旋螺旋槽时，用右手推工作台，参见图 3－34；铣左旋螺旋槽时，则用左手推工作台。

3.4.4　切断

常在卧式铣床上采用锯片铣刀切断工件(锯片铣刀也可铣窄槽)，如图 3－1(f)所示。锯片铣刀的刀齿有粗齿、中齿和细齿之分。粗齿锯片铣刀的齿数少，齿槽的容屑量大，主要用于切断工件。细齿锯片铣刀的齿数最多，齿更细，排列更密，但齿槽容屑量小。中齿和细齿锯片铣刀适用于切断较薄的工件，也常用于铣窄槽。

1. 铣刀选择

用锯片铣刀切断时，主要选择据片铣刀的直径和宽度。其直径的选择条件与三面刃铣刀相同(即切削深度为工件的厚度)。其宽度的选择应与直径匹配，锯片铣刀直径大，其宽度尺寸也相应增大；反之，则减薄。若采用疏齿的错齿锯片铣刀则可增大切断的切削用量，提高生产率。

锯片铣刀的直径大而宽度小，刚性较差，强度较低。切断深度大，受力就大，铣刀容易折断。安装锯片铣刀时应注意如下几点：

① 刀杆与铣刀间不能采用键连接。铣刀紧固后，依靠铣刀杆垫圈与铣刀两侧端面间的摩擦力带动铣刀旋转。若有必要，在靠近压紧螺母的垫圈内装键，也可有效防止铣刀松动。

② 安装大直径锯片铣刀时，应在铣刀两端面采用大直径的垫圈，以增大其刚性和摩擦力，使铣刀工作更加平稳。

③ 为增强刀杆的刚性，锯片铣刀的安装应尽量靠近主轴端部或挂架。

④ 锯片铣刀安装后应保证刀齿的径向圆跳动和端面圆跳动不超过规定的范围，方能使用。

2. 切断时的工件装夹

对于小型工件常用机用平口钳装夹。其固定钳口一般都与主轴轴线平行，切削力应朝向固定钳口。工件在钳口上的夹紧力方向也与工作台进给方向平行。工件悬伸出钳口的长度要尽量短，以铣刀不会接触钳口为宜，目的是增强刚性和减少切削时的震动。大型工件切断时多采用压板、螺钉装夹，压板的着力点应尽可能靠近铣刀的切削位置，并校正定位靠铁与主轴轴线平行或垂直。工件的切缝应选在 T 形槽的上方，以免工作台面受损。切断薄而细长的工件时多采用顺铣，可使切削力朝向工作台面，减少对压紧力的要求，防止工件变形。

3.4.5　铣成型面

成型面一般在卧式铣床上用成型铣刀来加工，如图 3－35(a)所示。成型铣刀的形状要与成型面的形状相吻合。如零件的外形轮廓是由不规则的直线和曲线组成，这种零件就称为具有曲线外形表面的零件。这种零件一般在立式铣床上铣削，加工方法有：按划线用手动进给铣削、用圆形工作台铣削、用靠模铣削，如图 3－35(b)所示。

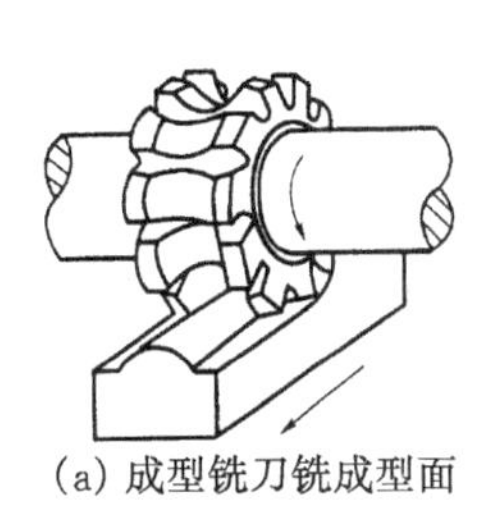

(a) 成型铣刀铣成型面

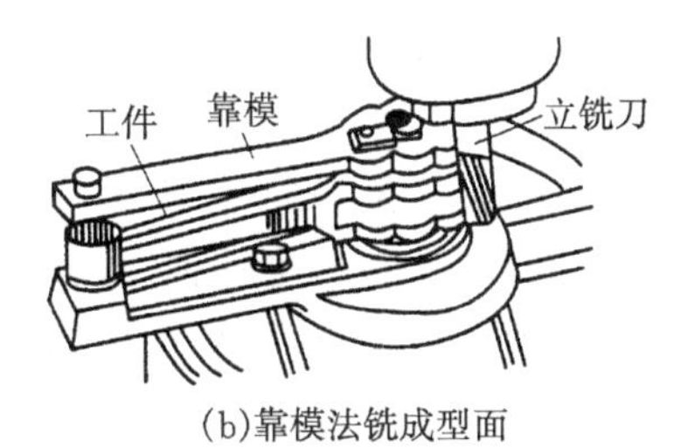

(b)靠模法铣成型面

图 3－35　铣成型面

操作时注意以下要点：

1. 在铣床上用双手配合进给按划线铣曲面

① 双手同时操作横向、纵向手柄，密切注视铣刀切削刃与划线始终相切并铣去半个样冲眼，余量大时采用逐渐趋近法分几次铣至要求。

② 双手配合进给时，铣刀在两个方向上始终要保持逆铣，以免损伤工件和铣刀。

③ 凸凹弧转换时要迅速协调，以避免出现凸起和深坑，致使曲面不圆滑。

④ 铣削外形较长且变化较平缓的曲面时，沿长度方向可采用机动进给，另一个方向采用手动进给配合。

2. 在铣床上利用回转工作台铣曲面

① 用对中心的方法使铣刀轴线、工件曲面的回转轴线及回转工作台的旋转轴线三者同心，然后移动横向工作台，使铣刀的圆周刀刃位于回转工作台的轴线上，之后再调整回转工作台和铣床升降台，使铣刀处于铣削的位置。

② 选择机床的纵向进给为铣削时的主进给，选好铣削用量。

③ 检查铣刀、工件装夹可靠无误后即可开始铣削。铣完一段圆弧，再按划线校正装夹下一段圆弧。

④ 对于形状比较复杂的曲面，在立式铣床上用回转工作台装夹工件，要求各曲面的回转轴线要与回转台的回转轴线同轴，依次严格按照曲面图样要求调整工件和铣刀位置。为确保调整精度，回转工作台的角位移量用分度盘控制；铣刀沿轴线垂直位移量用百分表控制。

⑤ 曲面检验采用半径样板或专用样板透光检查。

3.4.6　孔加工

在铣床上加工孔的工艺手段通常有钻孔、镗孔和铰孔。

1. 钻孔

在铣床上用钻头在实体材料上加工孔的方法为钻孔。钻头的回转运动是主运动，工件(工作台)或钻头(主轴)沿钻头的轴向移动做进给运动。钻孔的加工精度较低,只能用于孔的粗加工。

在铣床上钻孔时,工件安装在工作台上,直柄钻头通过钻夹头安装在铣床主轴内。锥柄钻头和钻夹头锥柄的锥度与主轴孔的锥度(7∶24)相同时可以直接安装钻头。若二者不同,则需要加装对应的过渡锥套(常用莫氏锥度 1#～4#)进行安装。钻孔采用的普通标准麻花钻可按工件上孔加工的要求选用。

在铣床上进行多孔工件加工时,可利用铣床工作台进给手柄刻度盘上的刻度来控制工作台的移动距离,准确地按其中心距对下一孔的位置进行定位,同时还可以参照孔的划线位置进一步确定孔的位置是否正确。

在铣床上加工直径较大或是圆周等分的孔时,可将工件用压板装夹在回转工作台上进行钻孔。钻孔前应先校正回转工作台主轴轴线,使其与工作台台面垂直,并校正圆周等分孔的回转轴线与回转工作台主轴轴线相重合,如图 3-36 所示。

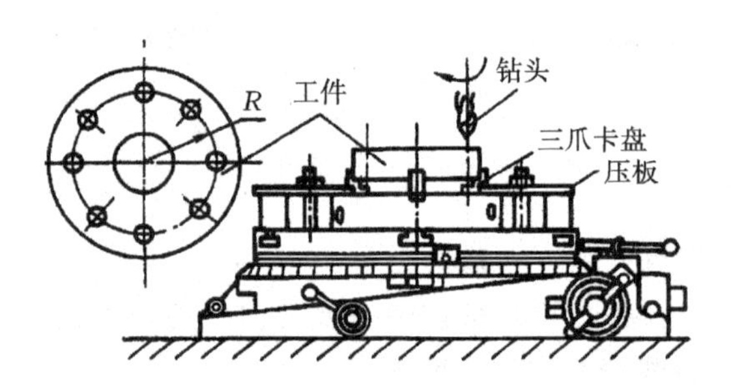

图 3-36　在铣床上用回转工作台装夹工件钻孔

2. 镗孔

在铣床上用镗刀镗孔是在工件原有孔的基础上提高孔的加工精度。镗削时,镗刀旋转作主运动,工件或镗刀作直线进给运动。镗孔的尺寸经济精度可达 IT9～IT7,表面粗糙度 Ra 为 3.2～0.8 μm。孔距精度可控制在 0.05 mm 左右。

在铣床上镗孔一般是把工件直接装夹在工作台面上,在安装工件时,按工件上已划出的圆周线及侧母线进行找正,并使孔的轴心线与定位平面平行。

3. 铰孔

在铣床上铰孔是用铰刀对已粗加工或半精加工的孔进行精加工。铰孔之前要经过钻孔、扩孔或镗孔,对精度高的孔,还需分粗铰和精铰。铰孔尺寸精度可达 IT9～IT7,表面粗糙度 Ra 小于 1.6 μm。

铰孔时,铰刀安装在主轴锥孔中,铰刀的轴线与铣床主轴轴线、铰刀轴线与孔轴的轴线要保证重合,否则铰出的孔会产生孔口扩大等不符合规定的加工要求。因此,铰孔进程中对工作台位置的调整提出了更高要求。

3.4.7　操作练习

操作练习 1:使用万能工具铣床进行铣削加工练习,按图 3-37 要求,完成各个几何形状尺寸的加工。

操作练习 2:使用万能工具铣床和碳素钢圆棒毛坯料,完成图 3-38 所示的零件的加工。

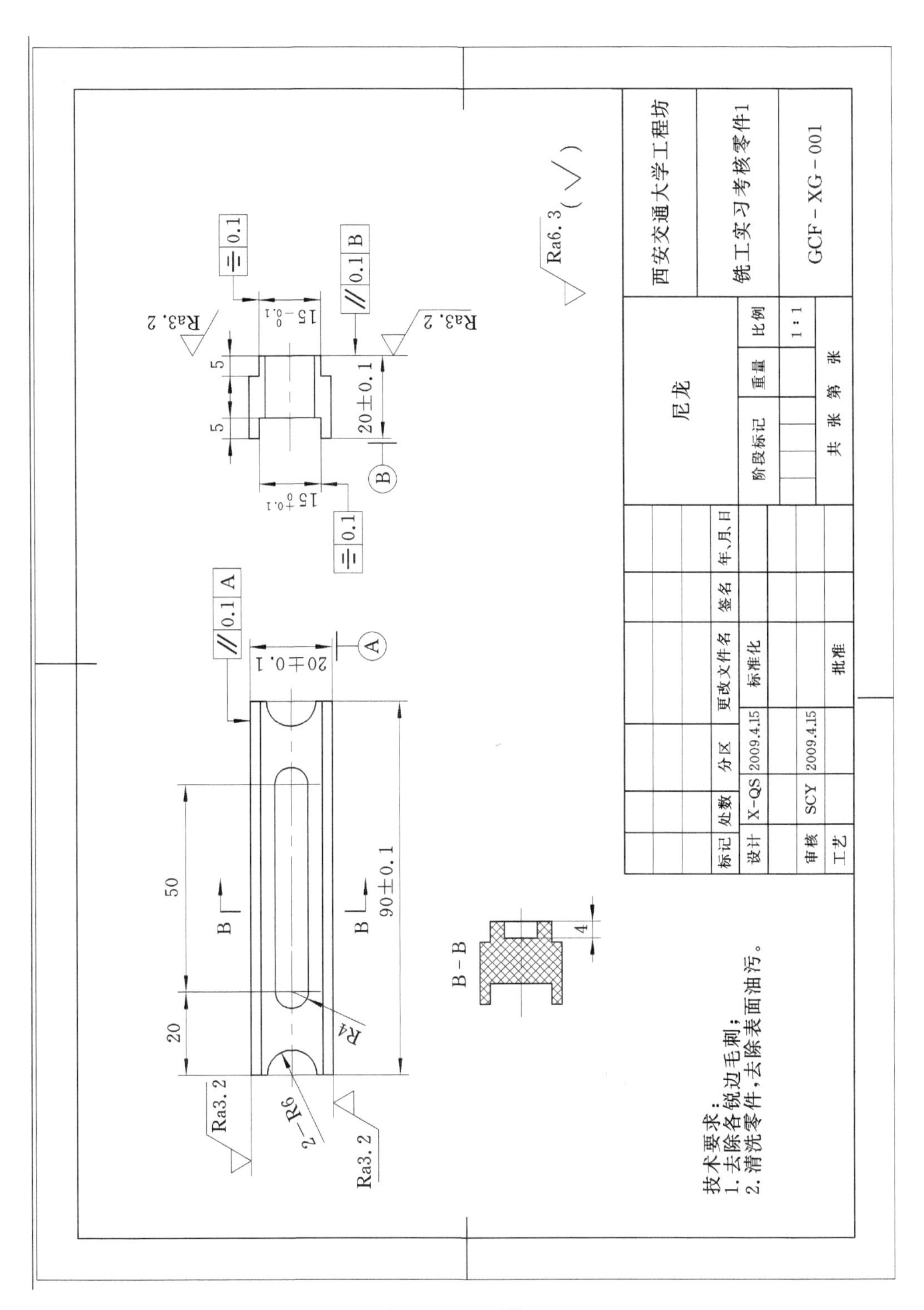

西安交通大学工程坊
铣工实习考核零件1
GCF-XG-001
尼龙
比例
1:1
重量
阶段标记
共　张　第　张
标记 处数 分区 更改文件名 签名 年､月､日
设计 X-QS 2009.4.15 标准化
审核 SCY 2009.4.15 批准
工艺
Ra6.3
Ra3.2
20±0.1
90±0.1
50
20
R4
2-R6
B-B
4
5
15
0.1
A
B
技术要求:
1. 去除各锐边毛刺;
2. 清洗零件,去除表面油污。

图 3-37　零件 1

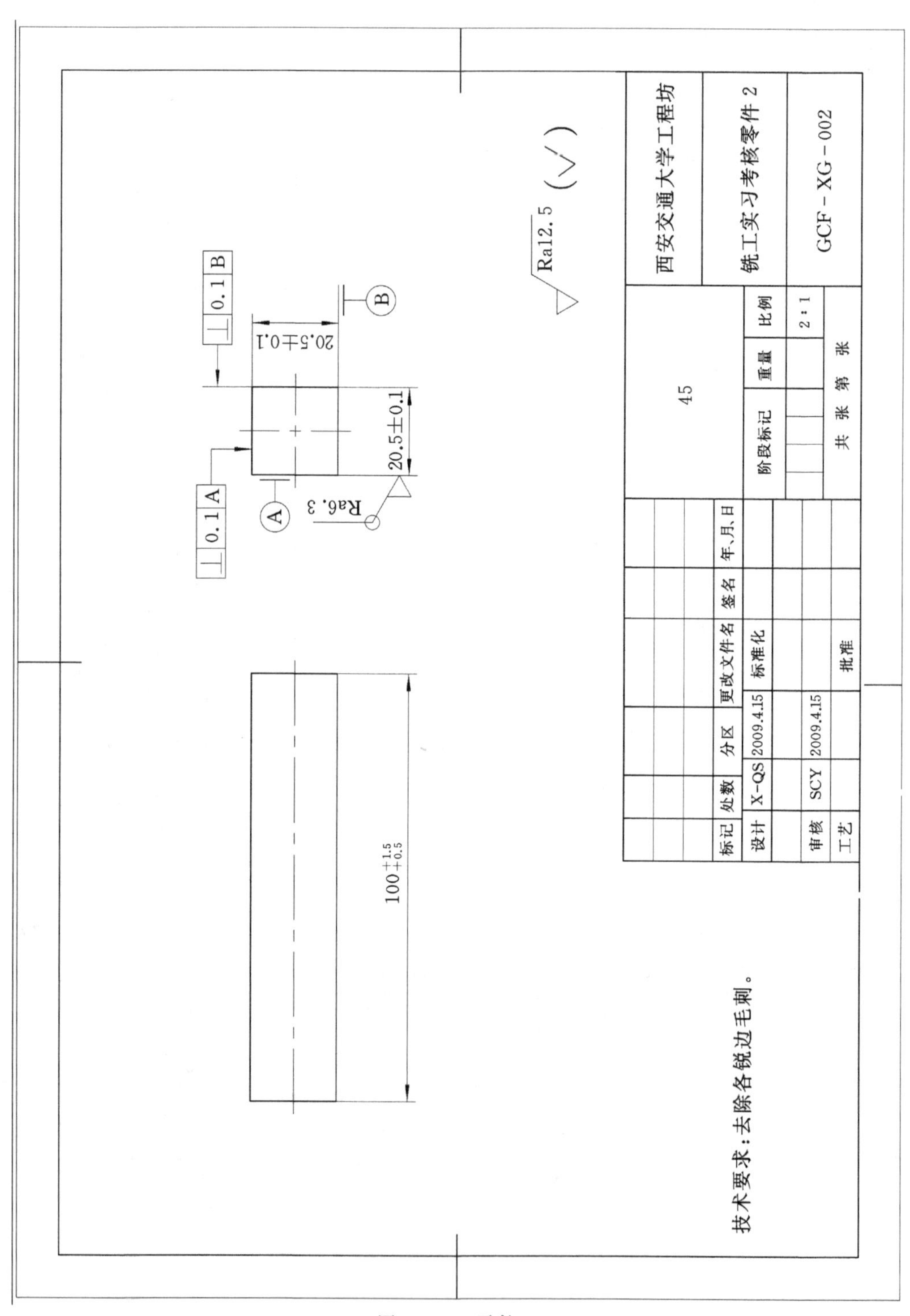
西安交通大学工程坊
铣工实习考核零件 2
GCF-XG-002
45
比例
2:1
重量
阶段标记
共　张　第　张
标记
处数
分区
更改文件名
签名
年、月、日
设计
X-QS
2009.4.15
标准化
审核
SCY
2009.4.15
工艺
批准
Ra12.5
Ra6.3
20.5±0.1
20.5±0.1
100 +1.5 +0.5
⊥ 0.1 A
⊥ 0.1 B
A
B
技术要求：去除各锐边毛刺。

图 3-38　零件 2

3.5 典型零件工艺分析

图 3-39 为一个碳素钢材料的零件，采用铣床加工完成，其加工工艺如下表所示：

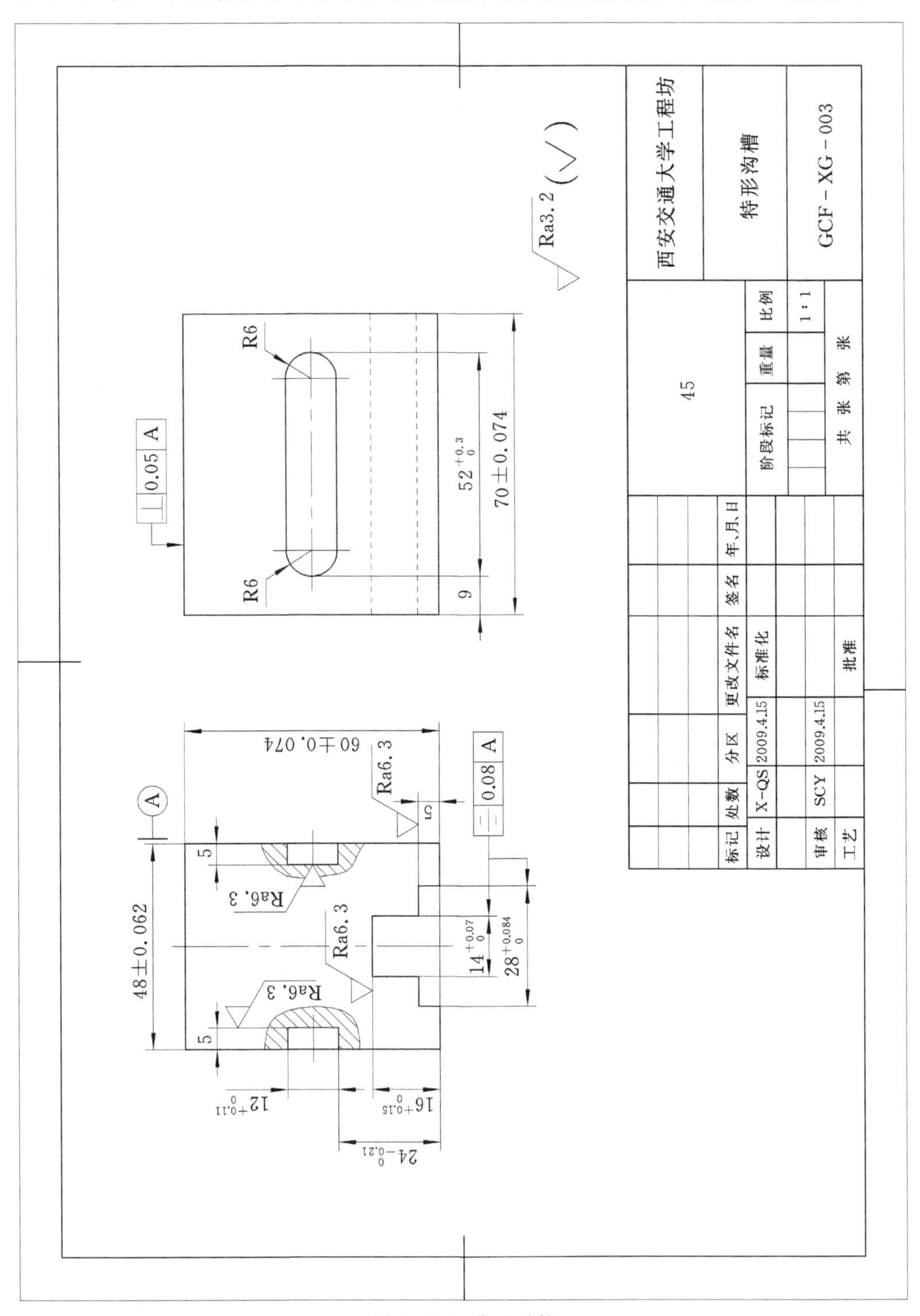

图 3-39　典型零件

序号	工序名称	工序内容
1	下料	粗铣下料 50×62×72
2	半精铣外形	半精铣外形，保证粗糙度 3.2，垂直度 ⊥ | 0.05 | A 尺寸 70±0.074，48±0.062，60±0.074
3	铣 $14_{0}^{+0.07}$×16、$28_{0}^{+0.084}$×5 槽	1. 粗铣槽宽 27，留半精铣余量单边 0.5，深度 4.5，留余量0.5； 2. 粗铣槽，宽 13，留半精铣余量单边 0.5，深度 15.5，留余量 0.5； 3. 半精铣槽 $28_{0}^{+0.084}$，保证尺寸 $28_{0}^{+0.084}$，5，粗糙度 3.2，6.3； 4. 半精铣槽 $14_{0}^{+0.07}$，保证尺寸 $14_{0}^{+0.07}$、$16_{0}^{+0.15}$、粗糙度 3.2，6.3
4	铣键槽	1. 夹紧一端粗铣键槽，宽 11，留半精铣余量单边 0.5，深 4.5，留余量0.5； 2. 半精铣键槽保证尺寸 $12_{0}^{+0.11}$，R6，$52_{0}^{+0.30}$，粗糙度 3.2，及定位尺寸 $24_{-0.21}^{0}$，$9_{0}^{+0.10}$； 3. 反转另一面加紧工件，粗铣键槽宽 11，留半精铣余量单边 0.5，深 4.5，留余量 0.5； 4. 半精铣键槽保证尺寸 $12_{0}^{+0.11}$，R6，$52_{0}^{+0.30}$，粗糙度 3.2，及定位尺寸 $24_{-0.21}^{0}$，$9_{0}^{+0.10}$
5	检验	检查工件各尺寸是否符合图纸要求

* **创意园地**

利用铣床特点，可制作一些以平面为主的造型，如方塔、烟灰缸、房子等。

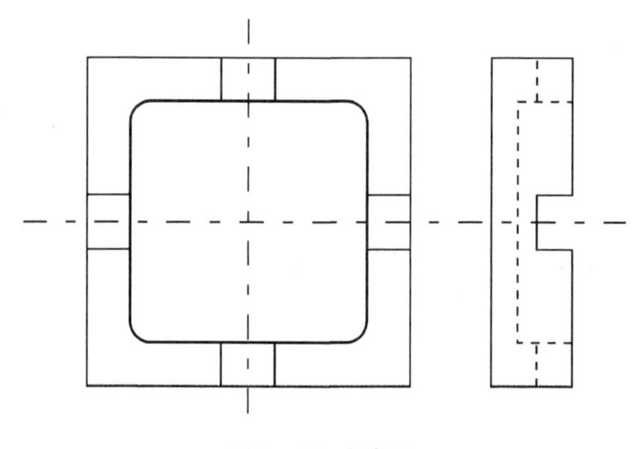

图 3-40　烟灰缸

复习思考题

1. 铣削加工的内容主要有哪些方面？
2. 最常用的铣床有哪两类？
3. 铣刀有哪些分类方法？试说出常用的铣刀有哪几类？
4. 安装铣刀时有哪些注意事项？

5. 常用铣床附件有哪些？试述它们的功用。
6. 铣削用量的选择原则是什么？
7. 操作铣床应注意哪些安全事项？
8. 按刻度盘刻度摇进给手柄，若摇过了量，直接反摇至预定刻度处是否可以？为什么？简述正确的操作方法。
9. 什么叫端面铣削？什么叫周边铣削？
10. 使用机用平口钳装夹工件应注意些什么？
11. 简述铣削平面的加工步骤。
12. 铣削斜面有哪几种加工方法？
13. 常见直角沟槽和特形沟槽有哪些？
14. 简述封闭型键槽的加工方法。
15. 轴类工件有哪些装夹方法？装夹时应注意些什么？
16. 切断加工时选择铣刀直径的依据是什么？

第 4 章　钳工

4.1　学习要点与操作安全

1. 学习要点

(1)了解钳工工作在机械制造和维修中的作用。

(2)能正确使用钳工常用的工具和量具。

(3)掌握钳工加工基础知识和基本操作技能,能按零件图独立加工简单的工件。

(4)熟悉机械装配和拆卸的过程。

2. 操作安全

(1)使用手锤、大锤不得带手套,手锤的锤柄不能有油污。

(2)使用锉刀、錾子、刮刀等工具时,不应用力过猛。锉削时,不准用嘴吹铁屑。

(3)锯削时,工件应夹紧,用力要均匀,工件将锯断时,用手或支架托住。

(4)操作钻床,严禁带手套,袖口要扎紧,女工必须戴帽子,并将长发挽入帽内。

4.2　钳工加工基础知识

4.2.1　钳工加工范围及特点

钳工加工以手工工具为主,主要是通过工人手持工具对工件进行加工,其主要工作包括划线、錾削、锯削、锉削、钻孔、扩孔、铰孔、攻螺纹、刮削和研磨等。除基本操作之外,钳工的工作还包括机器的装配、调试、修理和机具的改进等。

钳工加工具有使用工具简单、加工多样灵活、操作方便和适用广泛等特点。虽然钳工劳动强度较大,技术水平要求较高,生产效率较低,但在某些情况下可以完成用机械加工难以完成或不方便完成的加工工作,在机械制造和修配工作中,仍占有很重要的地位。随着科学技术的发展,钳工正向机械化和自动化的方向发展,但依靠技能和技巧的基本钳工操作仍然占有重要地位。

4.2.2　钳工常用设备、工具和量具

1. 钳工台

钳工台为钳工专用工作台,多采用钢木结构,高度 800～900 mm。台面上装有台虎钳和防护网,如图 4－1 所示。

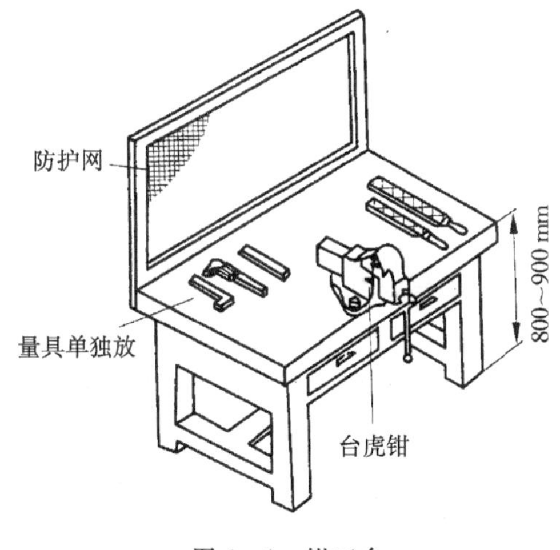

图 4-1　钳工台

2. 台虎钳

台虎钳用来夹持工件，有固定式和回转式两种，如图 4-2 所示。台虎钳的规格用钳口的宽度表示，常用的有 125 mm、150 mm、200 mm 等。

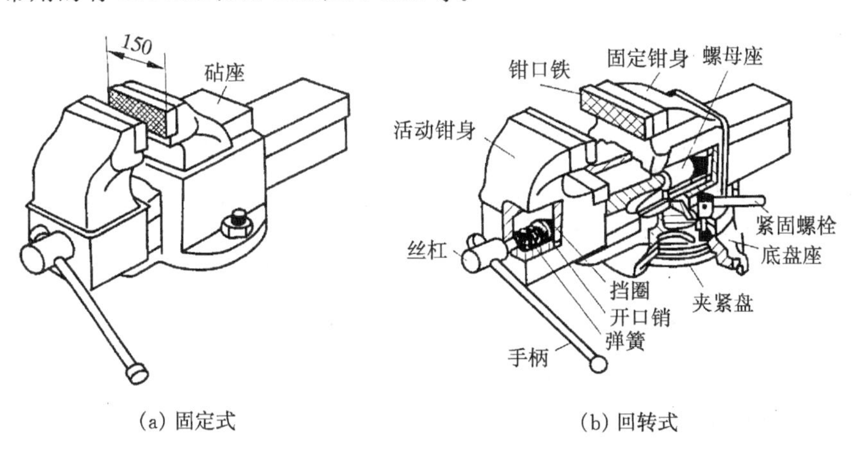

(a) 固定式　　(b) 回转式

图 4-2　台虎钳

3. 砂轮机

砂轮机是用来磨削各种刀具和工具的设备，如修磨钻头、錾子、刮刀、划规、划针和样冲等，如图 4-3所示。

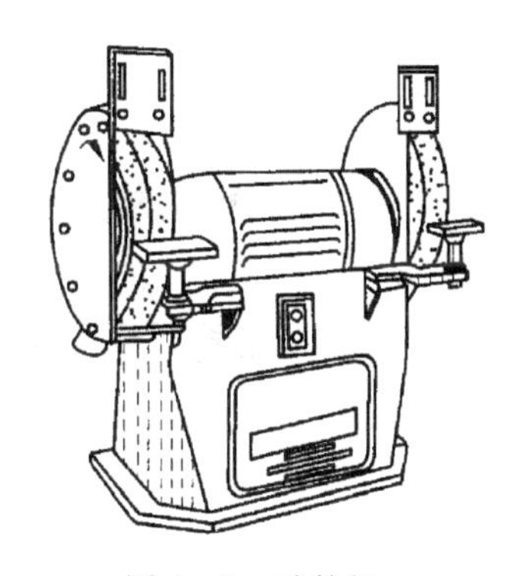

图 4-3　砂轮机

4. 钻床

钻床是用来加工各类圆孔的设备。它的规格一般可按加工孔的最大直径表示，其品种规格较多。常用的钻床有台式钻床、立式钻床和摇臂钻床，如图 4-4 所示。

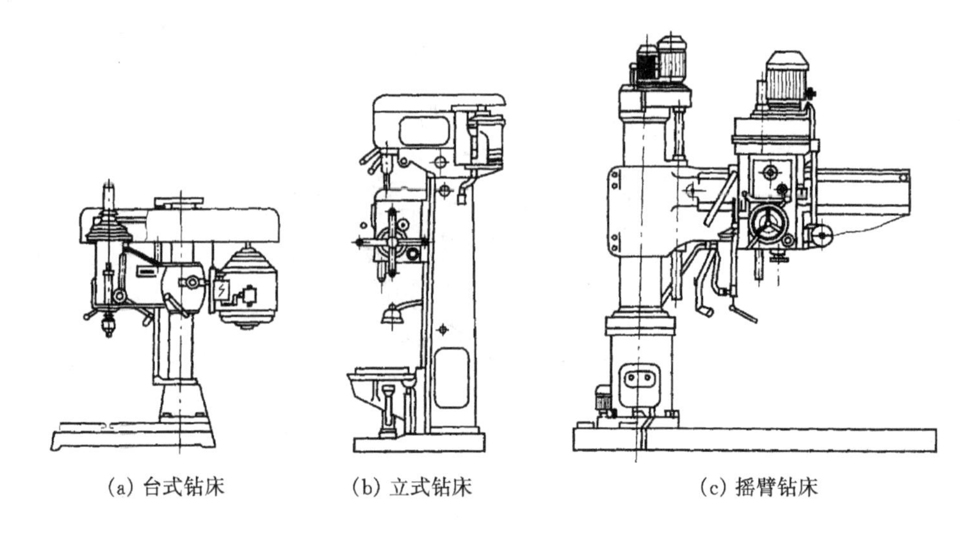

图 4-4　钻床

5. 钳工常用的工具和量具

钳工基本操作中常用的工具，如图 4-5 所示。常用的量具，如图 4-6 所示，量具的使用方法参见本书第 1 章 1.4 节。

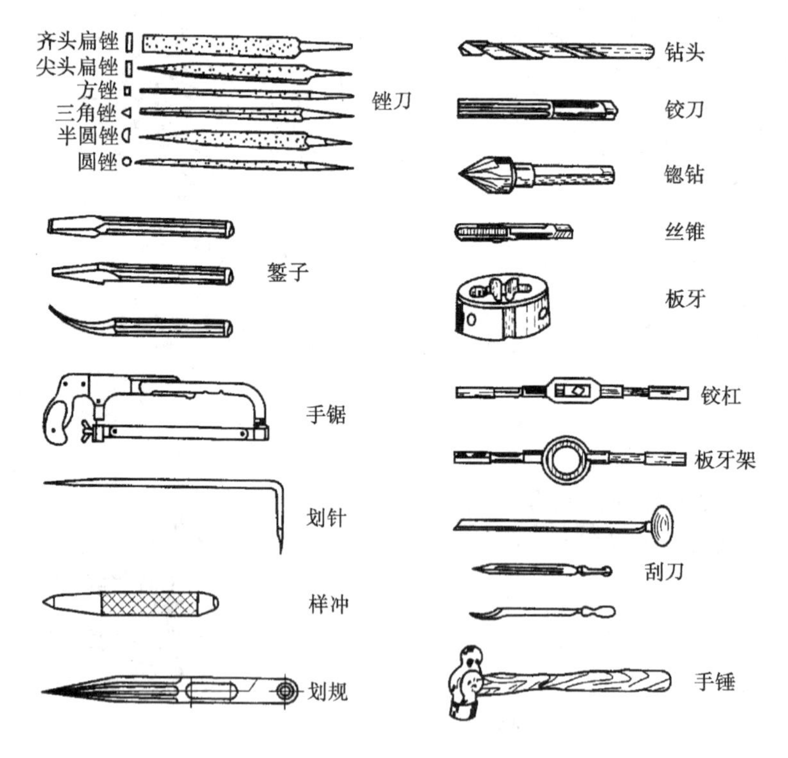

图 4-5　钳工常用工具

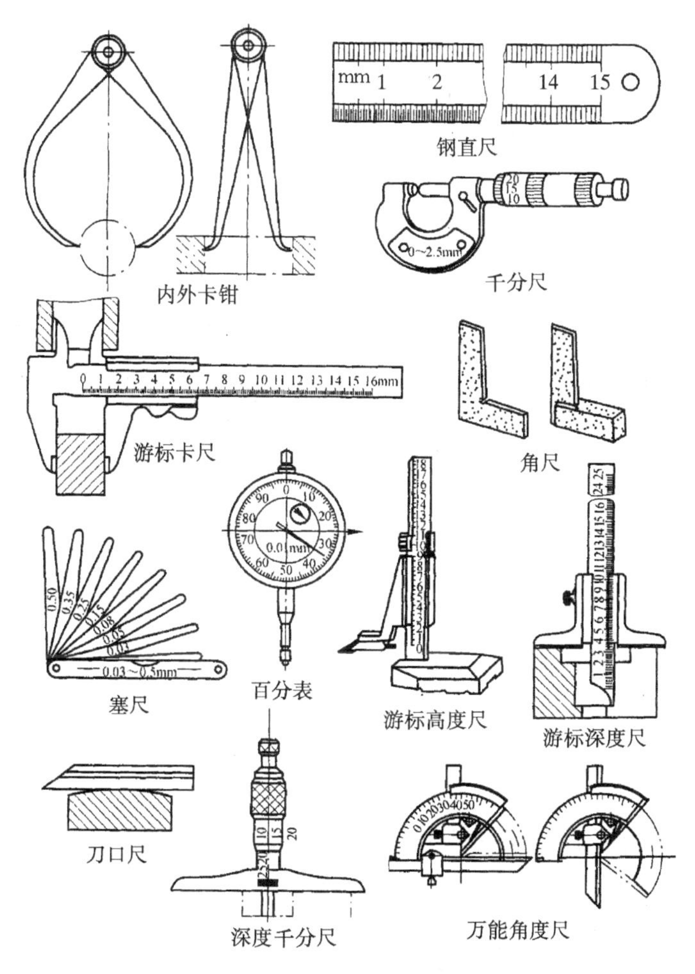

图 4－6　钳工常用量具

4.3　钳工基本加工工艺

钳工基本加工工艺包括划线、錾削、锯割、钻孔、扩孔、锪孔、铰孔、攻螺纹、套螺纹、装配、刮削、研磨、矫正和弯曲、铆接以及作标记等。

4.3.1　划线

划线就是在毛坯或工件的表面上，用划线工具划出待加工部位的轮廓线或作为基准的点、线的操作过程。

1. 划线的作用与分类

(1)划线的作用

划线可以在毛坯上进行，也可以在已加工面上进行，其作用如下：

① 表示出加工余量、加工位置或工件安装时的找正线，作为工件加工和安装的依据。

② 借划线检查毛坯的形状和尺寸，避免不合格的毛坯投入机械加工而造成浪费。

③ 合理分配各加工表面的加工余量。

(2)划线的分类

划线分为平面划线和立体划线两类。

① 平面划线:在工件的一个平面上划线,如图 4-7(a)所示。

② 立体划线:在工件的长、宽、高三个方向上划线,如图 4-7(b)所示。

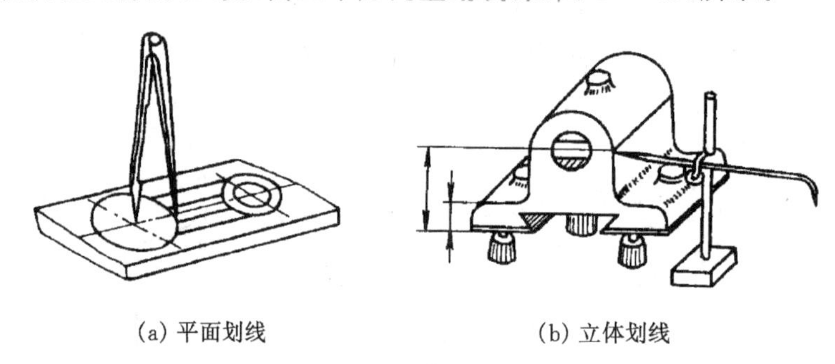

(a) 平面划线　　(b) 立体划线

图 4-7　划线种类

2. 划线工具及其用途

划线最常用的工具有划线平板、方箱、V 形铁、千斤顶、划针、划规、划卡、划线盘、游标高度尺、样冲等。

(1)基准工具

划线平板是划线的基准工具,如图 4-8 所示。它用铸铁制成,上表面是划线的基准平面,要求平直、光滑。安装时要平稳牢固,长期不用时,应涂油防锈,并加盖保护。

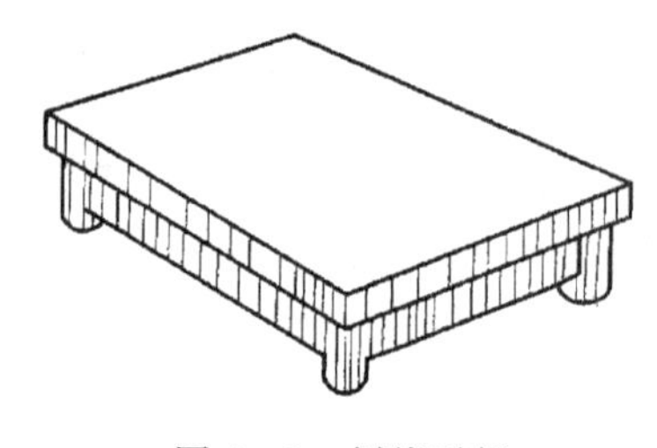

图 4-8　划线平板

(2)支撑工具(夹持工具)

① 方箱:用来夹持较小工件,通过在平板上的翻转,可划出相互垂直的线来,如图 4-9 所示。

② V 形铁:用来支撑圆柱形工件,进行划中心线或找中心,如图 4-10 所示。

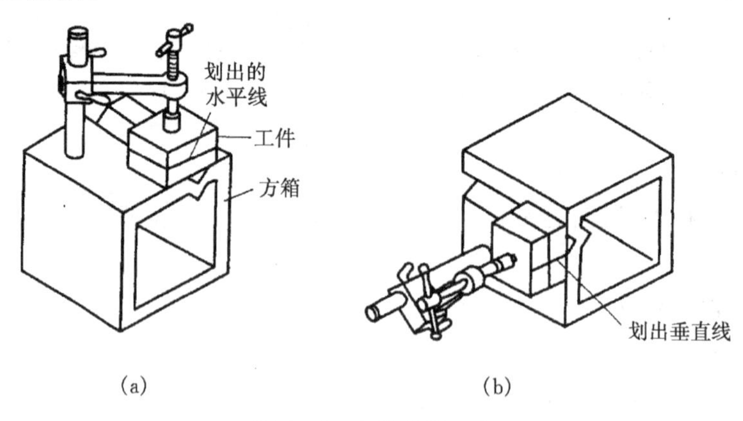

(a)　　(b)

图 4-9　方箱支撑工件

③ 千斤顶：用于支撑较大工件进行划线，一般三个为一组把工件支撑起来，其高度可调整，以便找正工件位置，如图4-11所示。

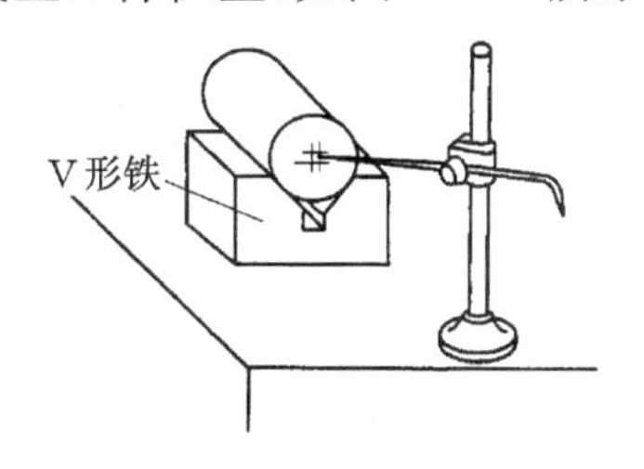

图4-10 用V形铁支撑工件

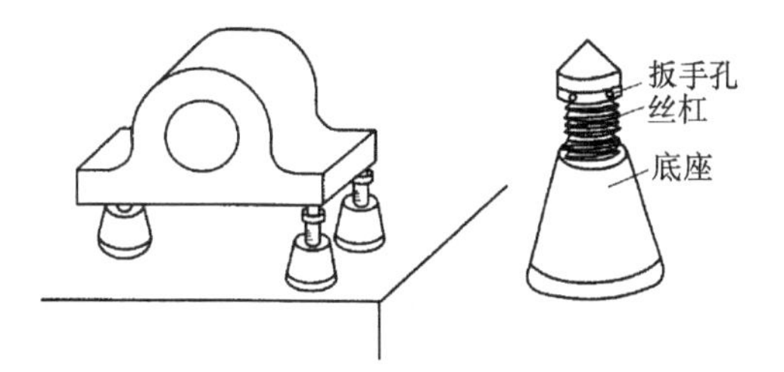

图4-11 用千斤顶支撑工件

(3)划线工具

① 划针及划线盘：划针是直接在工件表面上划线的工具，图4-12所示为划针及其用法。划线时用力大小要均匀适宜，一根线条应一次划成。

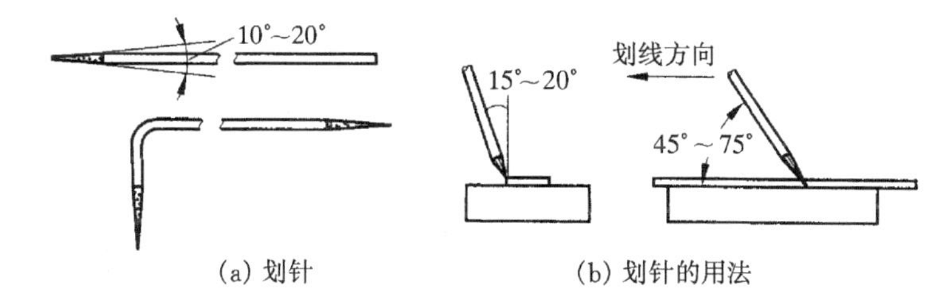

图4-12 划针及其使用

划线盘是用于立体划线和找正工件位置的主要工具，如图4-13所示。

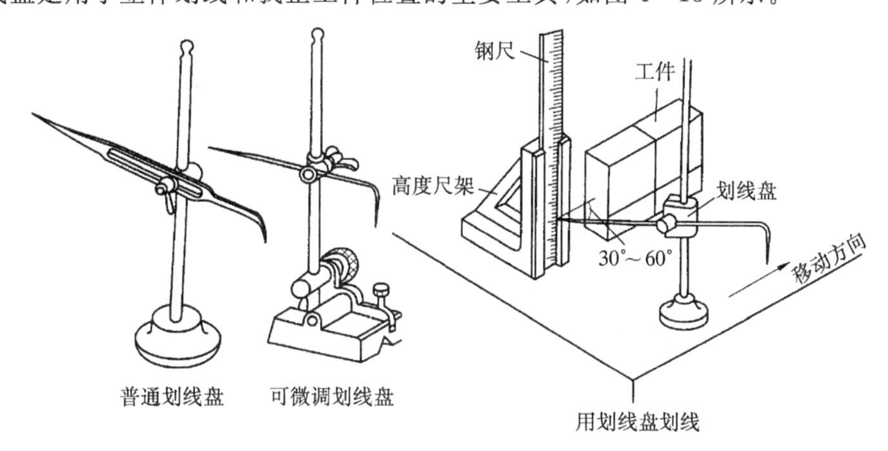

图4-13 划线盘及其使用

② 划规和划卡：划规是用来划圆或圆弧、等分线段及量取尺寸的工具，如图4-14所示。划卡用于确定轴和孔的中心位置，也可用来划平行线，如图4-15所示。

③ 高度游标卡尺：高度游标卡尺是精密工具，用于半成品划线，不允许在毛坯上划线。

④ 样冲：样冲是在工件已划好的线上打出样冲眼的工具，以便在划线模糊后能找到原线的位置。在钻孔前，也应在孔的中心位置打样冲眼。样冲的使用，如图4-16所示。

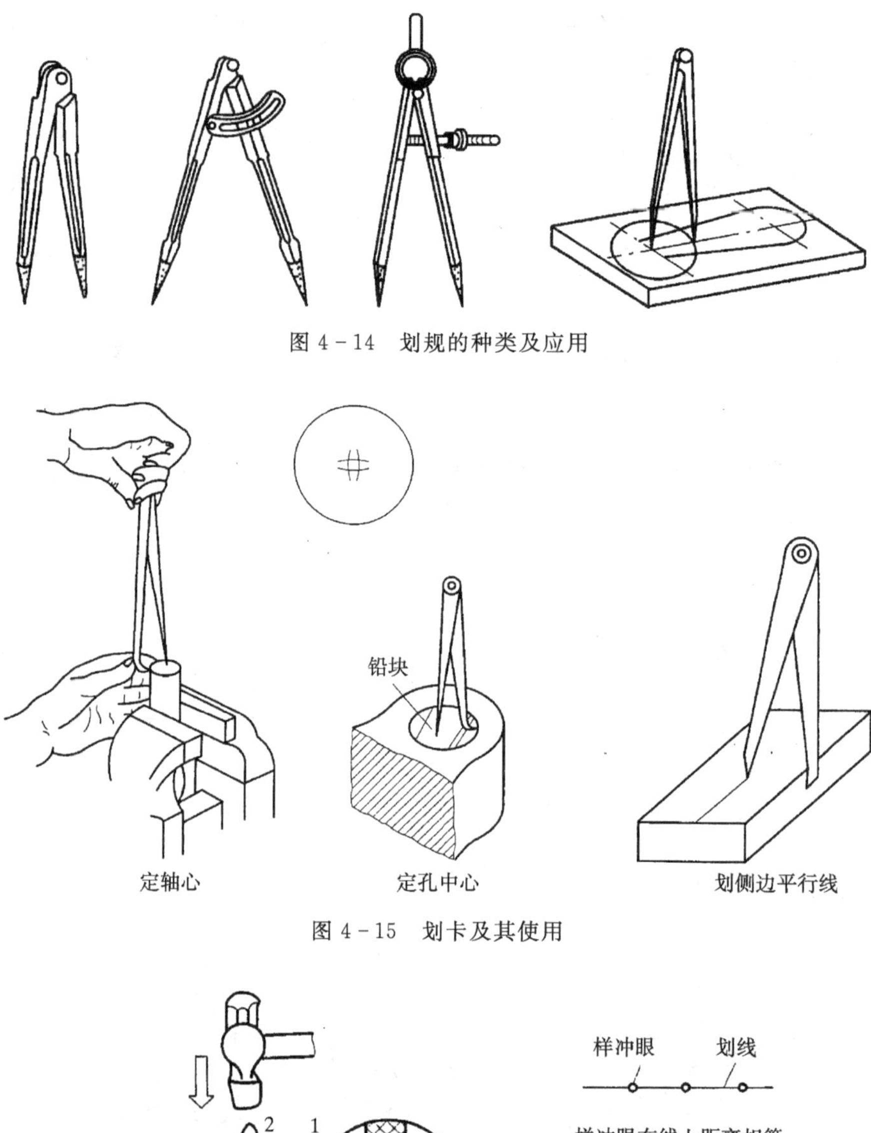

图 4-14　划规的种类及应用

图 4-15　划卡及其使用

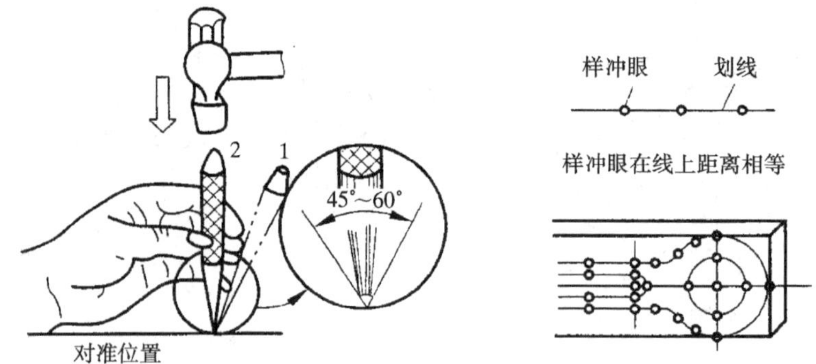

图 4-16　样冲及其使用方法

(4)测量工具

钢直尺、直角尺及高度游标卡尺等是划线常用的测量工具。

3. 划线基准选择

(1)划线基准

划线时,首先选择和确定工件上某个或某些线、面作为划线的依据(即出发点),然后划出其余线,这些线、面就是划线基准。

(2)基准选择

在选择划线的基准时,应先分析图样,找出设计基准,使划线基准与设计基准一致,从而能够直接量取划线尺寸,简化换算手续。划线基准选择原则如表 4-1 所示。

表 4-1　划线基准的选择原则

选择根据	说　明
图样尺寸	划线基准与设计基准一致
加工情况	1. 毛坯上只有一个表面是已加工面,以该面为基准; 2. 工件不是全部加工,以不加工面为基准; 3. 工件全是毛坯面,以较平整的大平面为基准
毛坯形状	1. 圆柱形工件,以轴线为基准; 2. 有孔、凸起部或毂面时,以孔、凸起部或毂面为基准

常用划线基准的形式如表 4-2 所示。

表 4-2　常见划线基准的形式

基 准 形 式	简 图	基 准 形 式	简 图
以中心点为基准	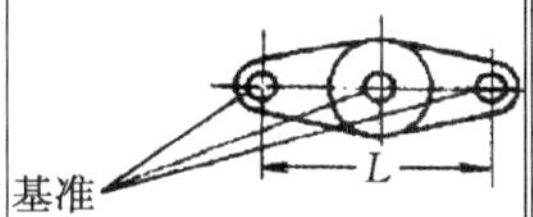	以一个外平面和一条中心线为基准	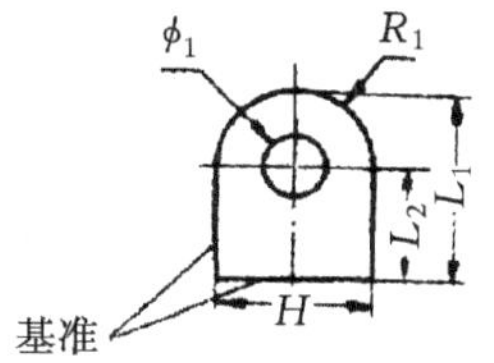
以两条中心线为基准	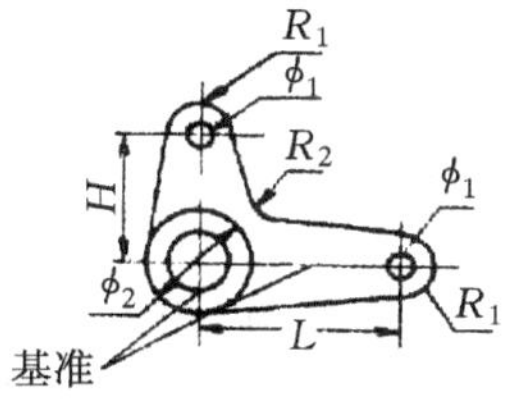	以两个互成直角的外平面(或线)为基准	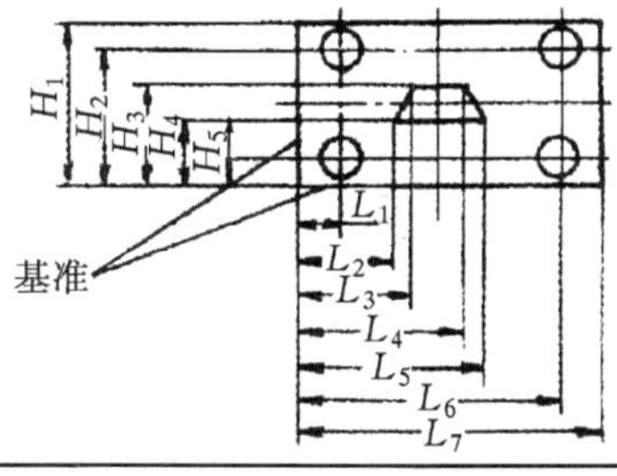

4. 划线基本操作

(1)划线前的准备工作

① 分析图纸,检查毛坯,选定划线基准。

② 清理工件表面上的疤痕和毛刺等。

③ 在工件的划线部位涂上涂料。

④ 在孔中装入中心塞块,以便确定孔的中心位置。

⑤ 支撑及找正工件,如图 4-17(b)所示。

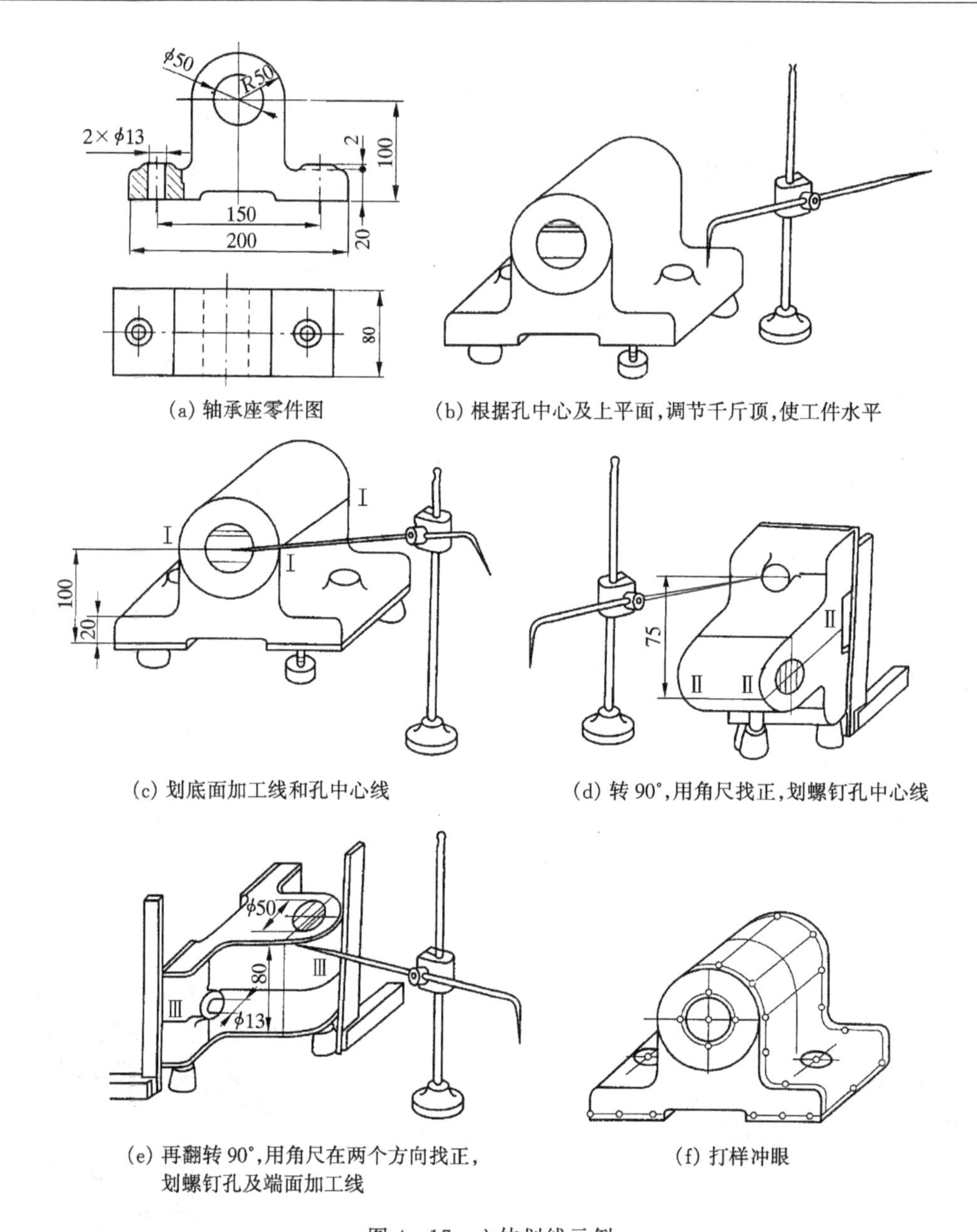

(a) 轴承座零件图　(b) 根据孔中心及上平面，调节千斤顶，使工件水平

(c) 划底面加工线和孔中心线　(d) 转 90°，用角尺找正，划螺钉孔中心线

(e) 再翻转 90°，用角尺在两个方向找正，划螺钉孔及端面加工线　(f) 打样冲眼

图 4-17　立体划线示例

(2)划线操作

① 划出基准线，再划出与之平行的线，如图 4-17(c)所示。

② 翻转工件，找正，划出互相垂直的线，如图 4-17(d)、(e)所示。

③ 检查划出的线无误后打样冲眼，如图 4-17(f)所示。

4.3.2　錾削

錾削是用手锤锤击錾子，对金属进行切削加工的操作。錾削用于切除铸、锻件上的飞边，切断材料，加工沟槽和平面等。

1. 錾削工具

(1)錾子

錾子一般是用碳素工具钢 T7、T8 经锻造和热处理而成，是錾削操作中的刀具，刃部经淬火和回火处理后具有较高的硬度和足够的韧性。常用的錾子有扁錾、窄錾及油槽錾三种，如图 4－18 所示。扁錾刃宽为 10～15 mm，用于錾切平面和切断材料。窄錾刃宽 5～8 mm，用于錾沟槽。油槽錾用于錾油槽，它的錾刃磨成与油槽形状相符的圆弧形。錾子全长为 125～175 mm，錾子的横截面以扁圆形为好。

(2)手锤

手锤是錾削操作中的锤击工具。锤头面用碳素工具钢锻成，两端经淬火硬化、磨光等处理，顶面稍稍凸起。锤柄用硬质木料制成。手锤大小用锤头的质量表示，常用的约为 0.5 kg。手锤全长约 300 mm。

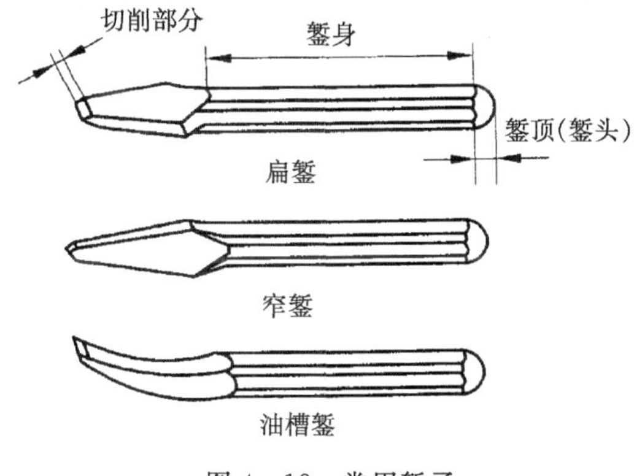

图 4－18　常用錾子

2. 錾削角度

錾子的切削刃是由两个刀面组成，构成楔形，如图 4－19 所示。錾削时影响质量和生产率的主要因素是楔角 β 和后角 α 的大小。楔角 β 越小，錾刃越锋利，切削省力；但 β 过小，刀头强度低，刃口容易崩裂。一般根据錾削工件材料来选择 β，錾削硬脆的材料如工具钢等，楔角要选大一些，$\beta=60°\sim70°$；錾削较软的低碳钢、铜、铝等有色金属，楔角要小一些，$\beta=30°\sim50°$。

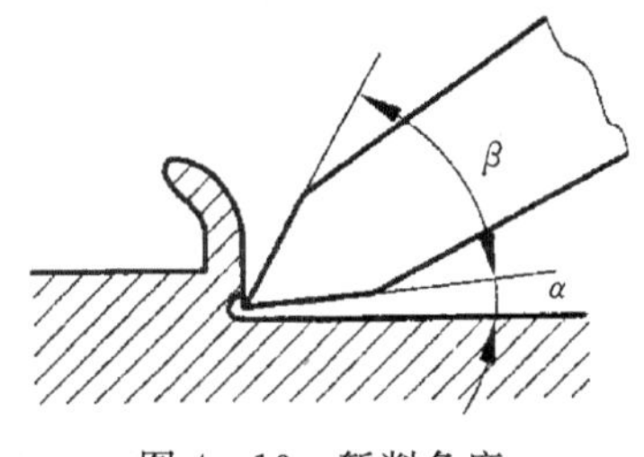

图 4－19　錾削角度

后角 α 的改变将影响錾削过程和工件加工质量，其值大小应适宜，一般在 5°～8°范围内选取。角度过大，錾子易轧入工件；角度过小，錾子易从工件表面滑出。

3. 錾削基本操作

(1)錾子和手锤的握法

錾子用左手中指、无名指和小指松动自如地握持，大拇指和食指自然地接触，錾子头部露出 20～25 mm，如图 4－20(a)所示。

手锤用右手拇指和食指握持，其余各指当锤击时才握紧。锤柄端头伸出 15～30 mm，如图 4－20(b)所示。

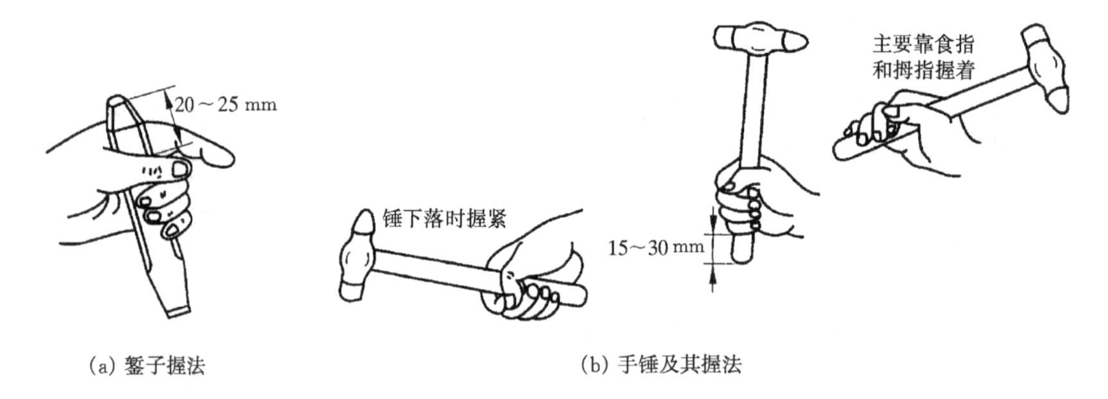

(a) 錾子握法

(b) 手锤及其握法

图 4－20 錾子和手锤的握法

(2)錾削时的姿势

錾削时的姿势应便于用力，不易疲倦，如图 4－21 所示。同时，挥锤要自然，眼睛应注视錾刃，而不是錾头。

图 4－21 錾削时的姿势

(3)錾削过程

① 起錾时，錾子要握平或将錾子略向下倾斜，以便切入工作，如图 4－22(a)所示。

② 錾削时，錾子要保持正确的位置和前进方向，如图 4－22(b)所示。锤击用力要均匀。

③ 錾出时，应调头錾切余下部分，以免工件边缘部分崩裂，如图 4－22(c)所示。

4. 錾削应用

(1)錾削平面

① 工件安装：錾削前，应将工件牢固地夹持在台虎钳中间部位。

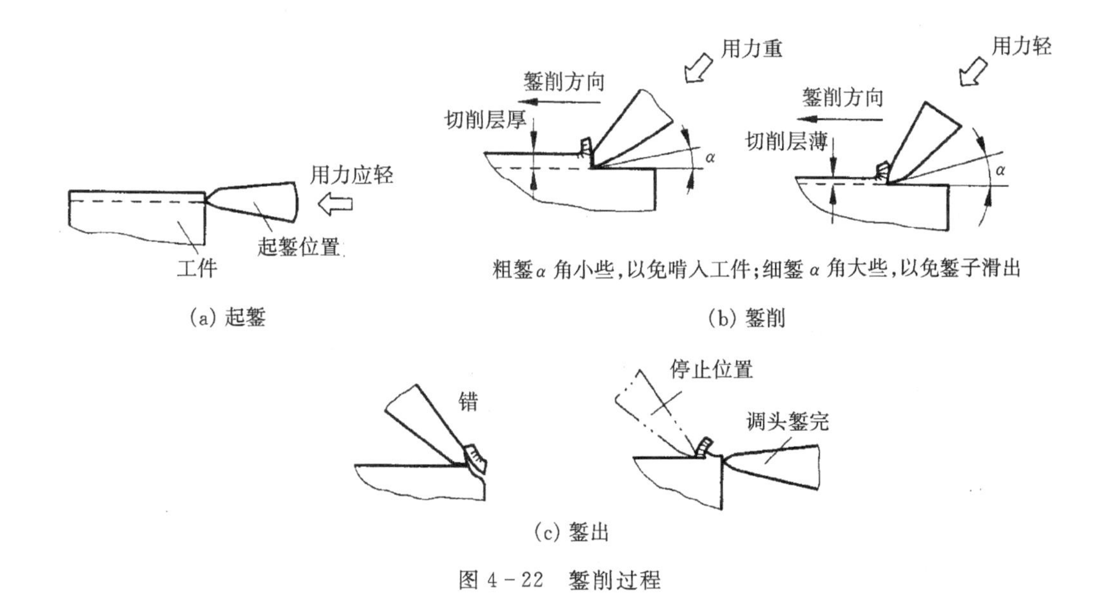

图 4-22　錾削过程

② 正确起錾:根据加工余量大小分层錾削。在錾削较大平面时,应先用槽錾开槽,然后再用扁錾錾平,如图 4-23 所示。

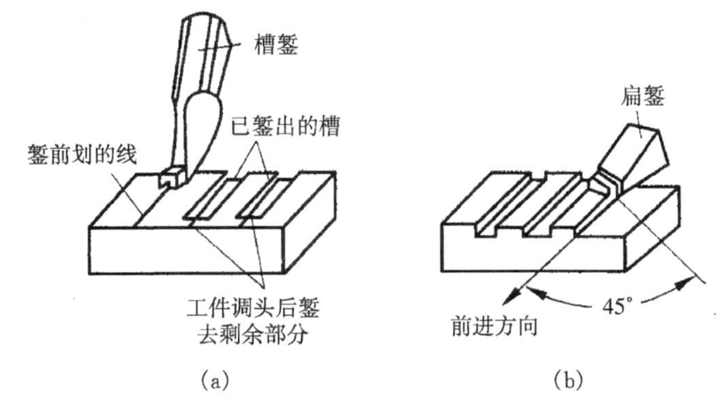

图 4-23　平面錾法

(2)錾断板料

一般 3 mm 以下的板料可夹持在台虎钳上錾断,3 mm 以上的板料或錾切曲线时,应在砧铁上进行。在虎钳上錾断小而薄的板料,其操作方法如图 4-24 所示。

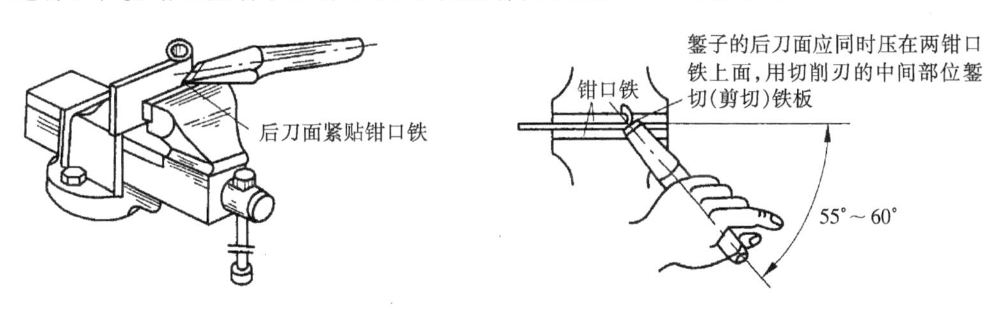

图 4-24　台虎钳上錾切板料

4.3.3　锯削

锯削是用手锯对材料(或工件)进行切断或切槽的操作。

1. 锯削工具

手锯是钳工锯削时使用的工具。手锯由锯弓和锯条两部分组成,如图 4-25 所示。

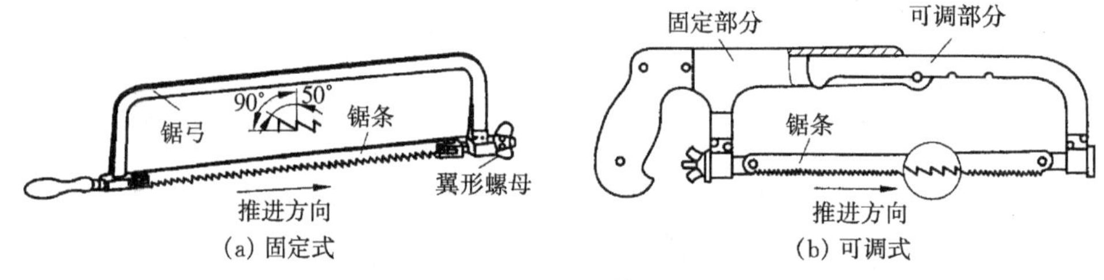

(a) 固定式　　(b) 可调式

图 4-25　手锯

(1)锯弓

锯弓是用来安装和拉紧锯条的工具,有固定式和可调式(常用)两种,如图 4-25 所示。

(2)锯条

锯条是用来直接锯削材料或工件的刃具。一般是用碳素工具钢或合金钢制成,并经淬火与低温回火处理。常用的锯条规格是长 300 mm,宽度 10～25 mm,厚度 0.6～1.25 mm。

锯条的切削部分由许多均布的锯齿组成,锯齿齿形如图 4-26 所示。全部的锯齿按一定形状左右错开排列(如图 4-27 所示),使手锯在锯削时能减少锯条与锯缝间的摩擦,便于排屑,防止夹锯。

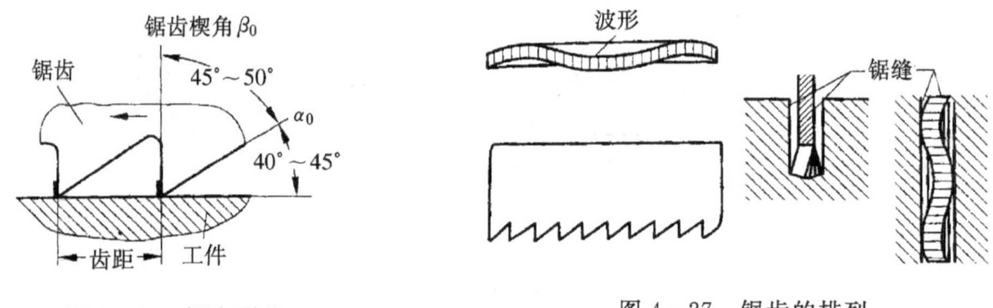

图 4-26　锯齿形状　　图 4-27　锯齿的排列

2. 锯条的选择

锯条以锯齿齿距的大小分为粗齿、中齿和细齿。粗齿齿距 t=1.4～1.8 mm,中齿齿距 t=1～1.2 mm,细齿齿距 t=0.8 mm。选择锯齿时主要根据工件的硬度和厚度或锯削面的形状等条件来确定,如表 4-3 所示。

表 4-3　锯条的齿距及用途

锯齿粗细	齿距/mm	用　　途
粗齿	1.4～1.8	材料软(如铜、铝等)、切割面积大的厚工件
中齿	1～1.2	中等硬度的钢、铸铁及中等厚度的工件
细齿	0.8	材料硬(如工具钢等)、切割面积小(如薄臂管子、板材等)的工件

3. 锯削基本操作

(1)锯条安装

根据工件材料及锯削厚度选择合适的锯条。安装锯条时，锯齿尖必须朝前，锯条在锯弓上的松紧程度要适当，过紧或过松易折断锯条，如图 4-25 所示。

(2)工件安装

工件一般夹持在台虎钳的左侧，锯割线与钳口端面平行，工件伸出部分尽量贴近钳口。以增加工件刚度，避免锯削时的颤动。

(3)手锯的握法

常见的握法是：右手(后手)握锯柄，左手(前手)轻扶锯弓前端，如图 4-28 所示。

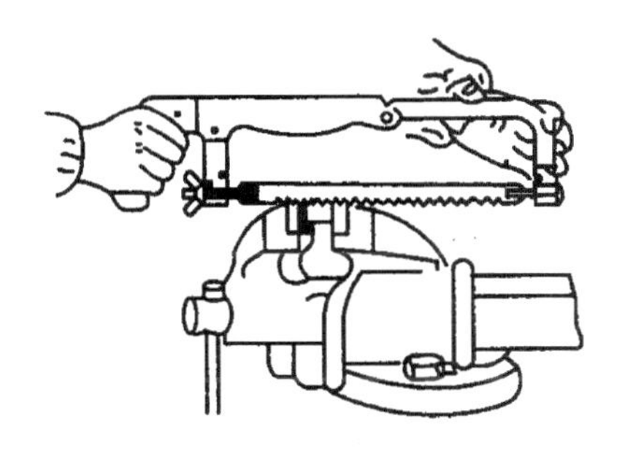

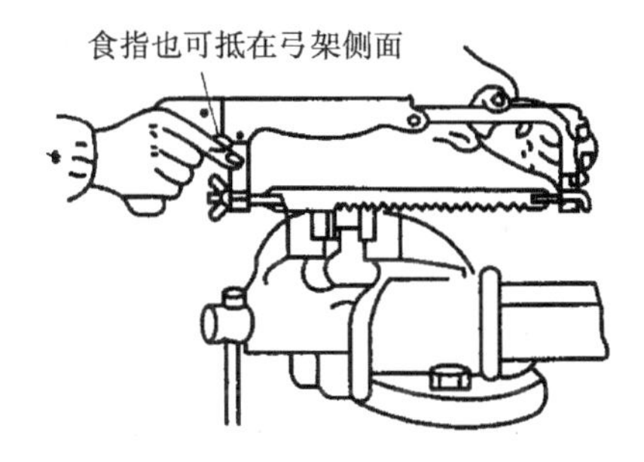

图 4-28　手锯的握法

(4)起锯方法

起锯时，锯条垂直于工件加工表面，并用左手拇指靠稳锯条，右手稳握锯柄，起锯角略小于 15°，如图 4-29 所示。若起锯角度过大，锯齿易崩碎；起锯角度太小，锯齿不易切入。

起锯操作时，行程要短，压力要小，速度要慢，起锯角度要正确。

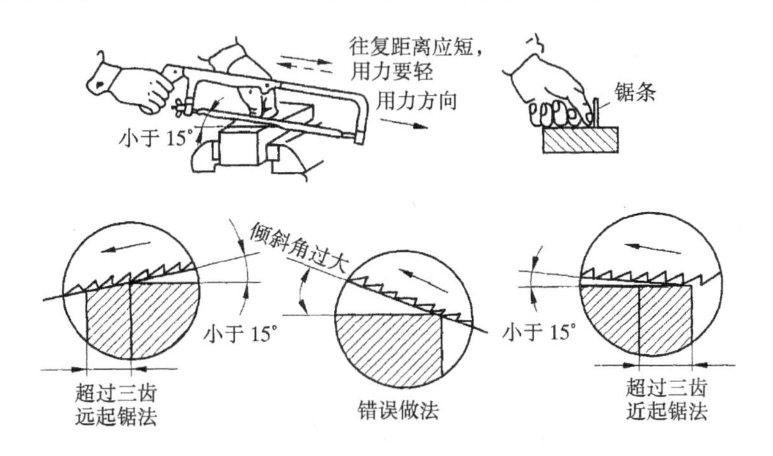

图 4-29　起锯的方法

(5)锯削方法

锯削时，推力和压力主要由右手控制，左手主要是配合右手扶正锯弓，压力不要过大。推锯时为切削行程，应施加压力；向后回拉时不切削，不加压力。锯削速度一般控制为 40～50 次/min 为宜。在整个锯削过程中，应充分利用锯条有效长度。

工件将要锯断时，用力要轻，速度要慢，避免锯断时碰伤手臂或折断锯条。

4. 锯削实例

锯削不同的工件，需采用不同的锯削方法，如图 4-30 所示。

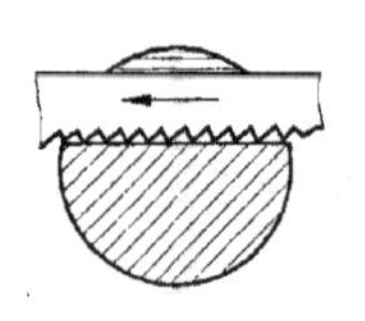

(a) 锯切圆钢应从起锯开始以一个方向锯到结束

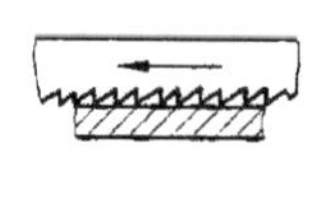

(b) 锯切扁钢应在较宽的面下锯

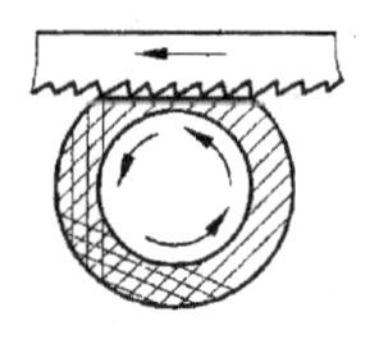

(c) 锯切圆管应只锯到管子的内壁处，然后向推锯方向转一定角度，再继续锯切

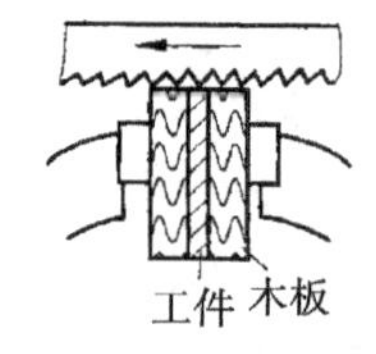

(d) 锯切薄板可用木板夹住薄板两侧进行锯切

图 4-30　锯切圆钢、扁钢、圆管、薄板的方法

4.3.4　锉削

锉削是用锉刀对工件进行切削加工的方法。它常用于加工平面、曲面、孔、内外角和沟槽等各种复杂的形体表面，还可以配键，制作样板，整修特殊要求的几何形体或不便于机械加工的场合。锉削可以达到较高的尺寸精度(0.01 mm)、形位精度和表面粗糙度(Ra0.8 μm)。

1. 锉削刀具

(1)锉刀

锉刀是用碳素工具钢并经淬火与低温回火处理后制成的，硬度可达 62～67HRC，锉刀的结构如图 4-31 所示。

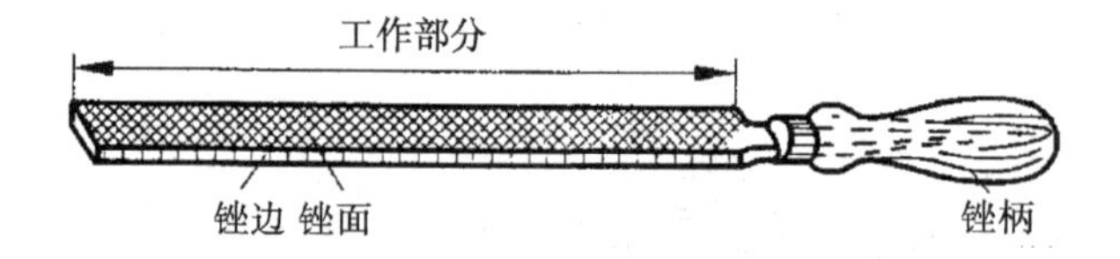

图 4-31　锉刀的结构

锉刀齿纹多是用剁齿机加工出来的，分为单纹和双纹，双纹锉刀锉削省力，易断屑和排屑，应用最为普遍。

(2)锉刀的种类和应用

锉刀的分类方法很多，按用途可分为普通锉、整形锉(什锦锉)和特种锉三种，如图 4-32 所示。

普通锉刀适用于锉削一般工件表面，按其截面形状的不同可分为平锉、方锉、圆锉、半圆锉、三角锉等如图 4-32(a)所示。

按锉齿的粗细(齿距大小)可分为 5 个号。其中 1 号锉纹最粗，齿距最大，一般称为粗齿锉刀(每 10 mm 轴向长度内有 5.5～14 条锉纹)；2 号锉纹为中粗锉刀(每 10 mm 轴向长度内有 8～20条锉纹)；3 号锉纹为细齿锉刀(每 10 mm 轴向长度内有 11～28 条锉纹)；4 号锉纹为双细锉刀(每 10 mm 轴向长度内有 20～40 条锉纹)；5 号锉纹为油光锉刀(每 10 mm 轴向长度内有 32～56 条锉纹)。

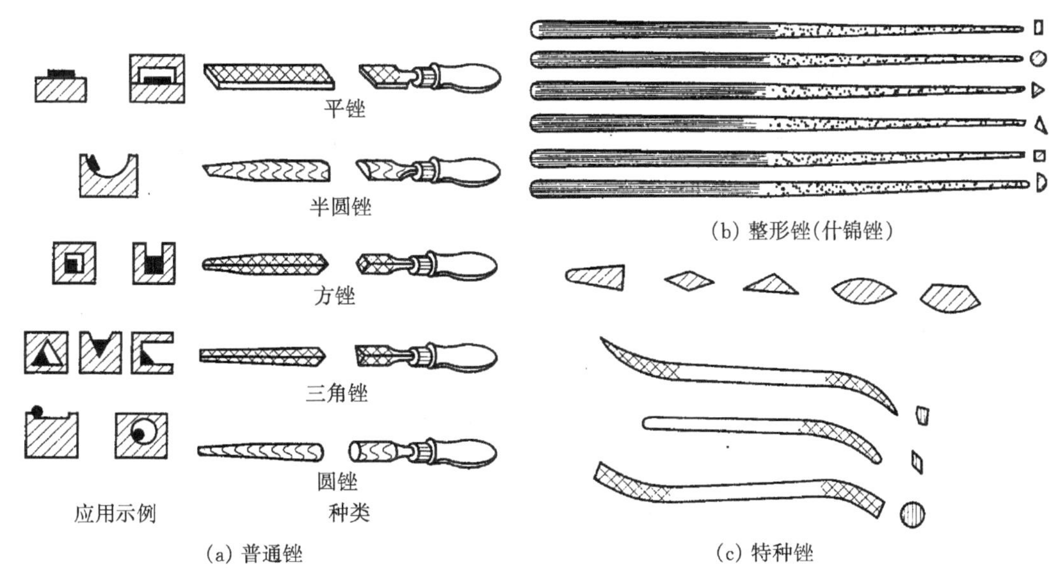

图 4-32　锉刀的种类

其特点及应用如表 4-4 所示。

表 4-4　锉齿粗细的划分、特点和用途

锉齿粗细	锉纹(10 mm 长度内)	特点和应用
粗 齿	5.5～14	齿间大,不易堵塞,适宜粗加工或锉铜、铝等软金属
中 齿	8～20	齿距适中,适于粗锉后加工
细 齿	11～28	锉光表面或锉硬金属
油光齿	32～56	粗加工后修光表面

(3)锉刀的选择

合理选用锉刀对保证加工质量、提高工作效率和延长锉刀的使用寿命有很大的影响。锉刀的一般选择原则是:根据工件表面形状和加工面的大小选择锉刀的断面形状和规格,根据材料软硬、加工余量、精度和粗糙度的要求选择锉刀齿纹的粗细。

2. 锉削基本操作

(1)工件安装

工件必须牢固地装夹在台虎钳钳口的中间,并略高于钳口。夹持已加工表面时,应在钳口与工件间垫以铜片或铝片。

(2)锉刀握法

锉削时,一般右手握锉柄,左手握住(或压住)锉刀,如图 4-33 所示。

(3)锉削姿势及施力

锉削站立姿势如图 4-34 所示,两手握住锉刀放在工件上,右小臂同锉刀呈一直线,并与锉削面平行;左小臂弯曲与锉面基本保持平行。

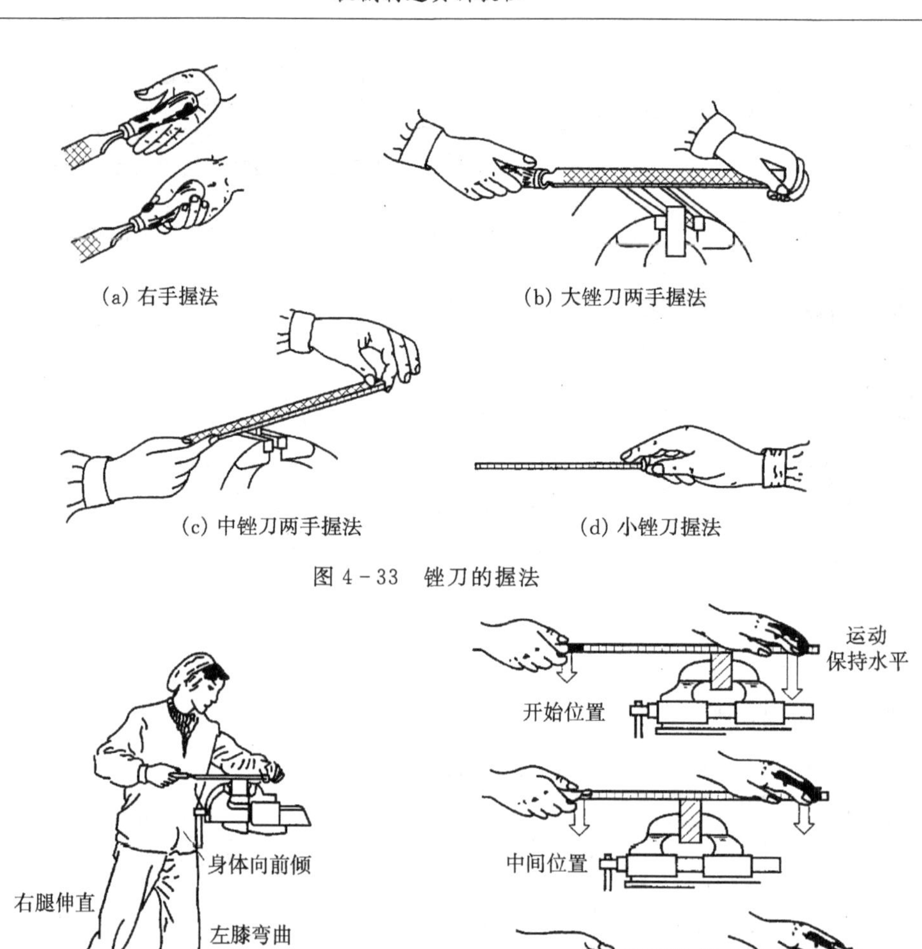

图 4 - 33　锉刀的握法

图 4 - 34　锉削姿势

图 4 - 35　锉平面时的施力图

锉削时，两手施力变化如图 4 - 35 所示。锉刀前推时加压并保持水平，返回时不加压力，以减少齿面磨损。

(4)锉削方法

① 平面锉削。常用方法有顺锉、交叉锉和推锉三种，如图 4 - 36 所示。

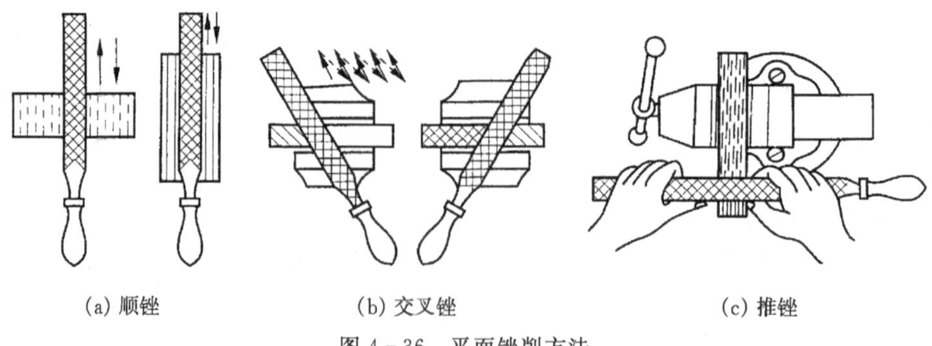

图 4 - 36　平面锉削方法

顺锉一般用于粗锉后的锉平或锉光；交叉锉去屑快，且可以利用锉痕判断加工表面是否平整，常用于粗加工(粗锉)；推锉仅用于修光。

② 圆弧面锉削。锉削弧面时，常采用滚锉法。锉削外圆弧面时，锉刀除向前运动外，同时还要沿被加工圆弧面摆动，如图 4-37 所示。

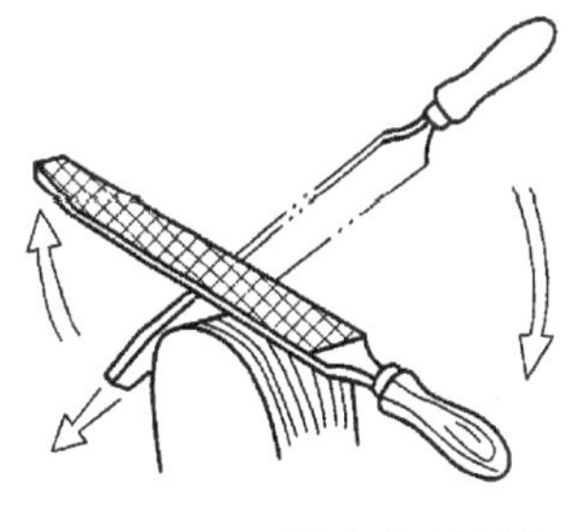

图 4-37　外圆弧面锉削

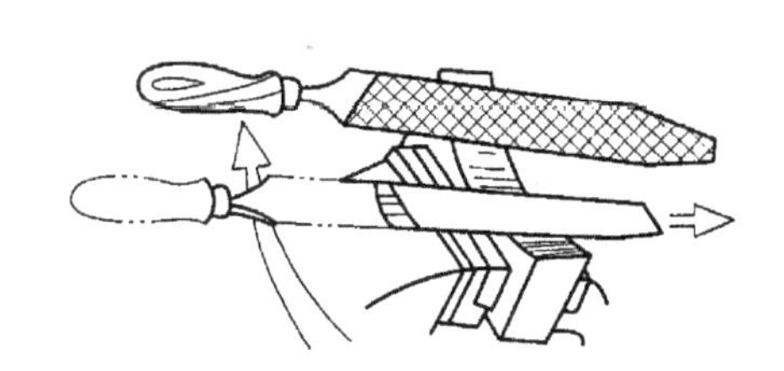

图 4-38　内圆弧面锉削

锉削内圆弧面时，锉刀除向前运动外，锉刀本身还要作一定的旋转和向左或向右移动，如图 4-38 所示。

3. 检测

(1)平面检测

平面锉削加工后，工件的尺寸可用钢直尺和卡尺检验。工件的平直度及垂直度可用光隙法检验，即用 90°角尺根据是否能透过光线来检查，如图 4-39 所示。

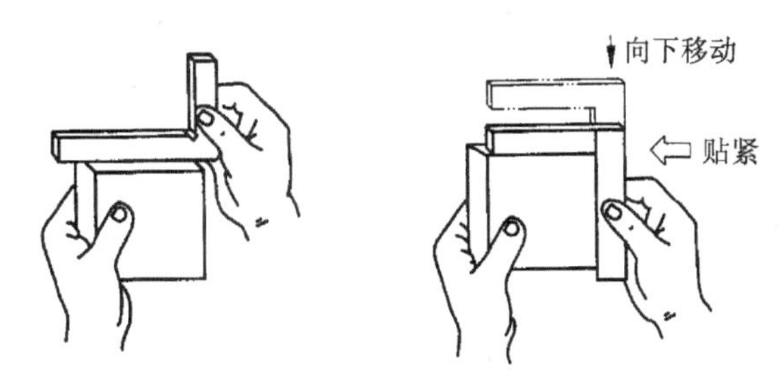

图 4-39　检查平直度和垂直度

(2)曲面检测

通常使用圆弧样板检测锉削曲面是否合格，如图 4-40 所示。

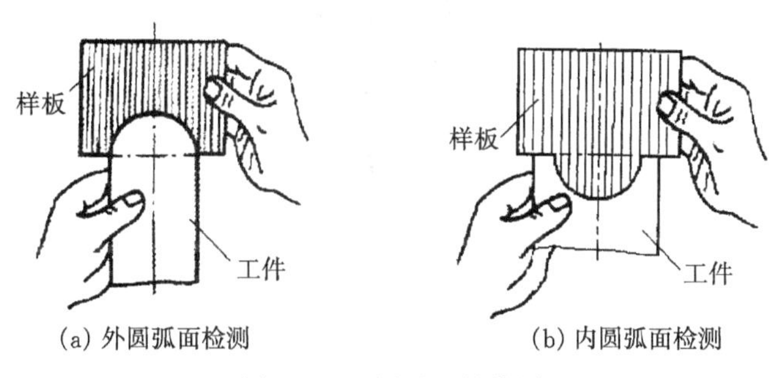

(a) 外圆弧面检测　　(b) 内圆弧面检测

图 4-40　圆弧面的检测

4.3.5　孔加工

各种零件上的孔加工，除去一部分由车、镗、铣等机床完成外，很大一部分是由钳工利用钻床和钻孔工具完成的。钳工加工孔的方法一般是指钻孔、扩孔和铰孔。

1. 孔加工设备

(1)普通钻床

机器零件上分布着很多大小不同的孔，其中那些数量多、直径小、精度不很高的孔，都是在钻床上加工出来的。钻床上可以完成的工作很多，如钻孔、扩孔、铰孔、攻螺纹、锪孔和锪凸台等，如图 4－41 所示。

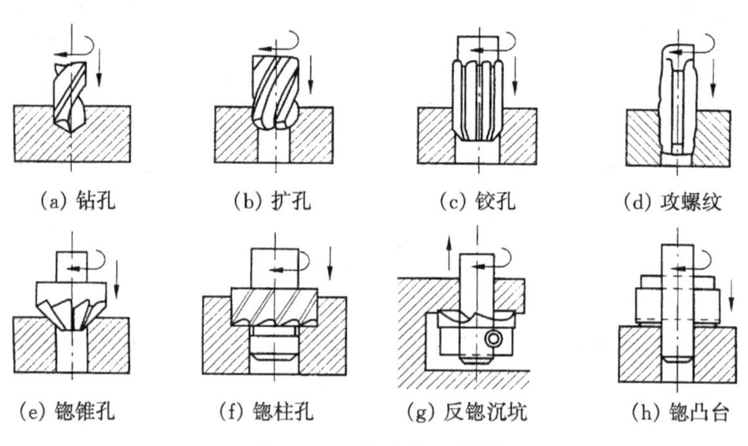

(a) 钻孔　(b) 扩孔　(c) 铰孔　(d) 攻螺纹

(e) 锪锥孔　(f) 锪柱孔　(g) 反锪沉坑　(h) 锪凸台

图 4－41　钻床加工范围

钻床的种类很多，常用的有台式钻床、立式钻床和摇臂钻床等。

① 台式钻床简称台钻，如图 4－42 所示。通常安装在台桌上，主要用来加工小型工件的孔，孔的直径最大为 ϕ12 mm。钻孔时，工件固定在工作台上，钻头由主轴带动旋转(主运动)，其转速可通过改变三角带在带轮上的位置来调节，台钻的主轴向下进给运动由手动完成。

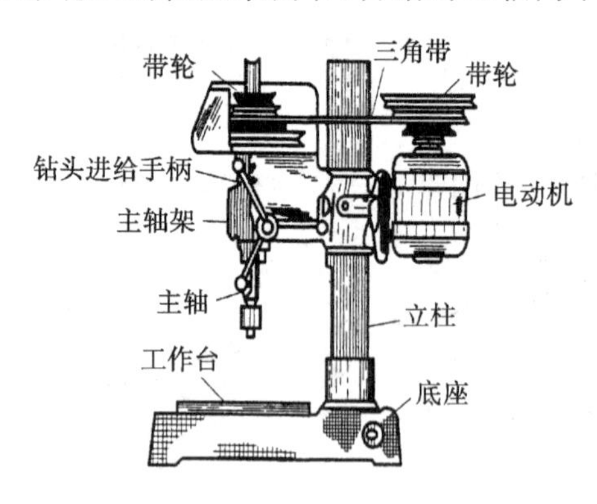

图 4－42　台式钻床

② 立式钻床简称立钻，如图 4－43 所示。其规格以最大钻孔直径表示，有 25 mm、35 mm、40 mm、50 mm 等几种。

立式钻床由机座、工作台、立柱、主轴、主轴变速箱和进给箱组成。主轴变速箱和进给箱分别用以改变主轴的转速和进给速度。钻孔时，工件安装在工作台上，通过移动工件位置使钻头对准孔的中心。加工一个孔后，再钻另一个孔时，必须移动工件。因此，立式钻床主要用于加工中、小型工件上的孔。

③ 摇臂钻床。摇臂钻床的构造如图 4-44 所示。主轴箱安装在能绕立柱旋转的摇臂上，由摇臂带动可沿立柱垂直移动。同时主轴箱可在摇臂上作横向移动。由于上述的运动，可以很方便地调整钻头的位置，以对准被加工孔的中心，而不需要移动工件。因此，适用于单件或成批生产中大型工件及多孔工件上的孔加工。

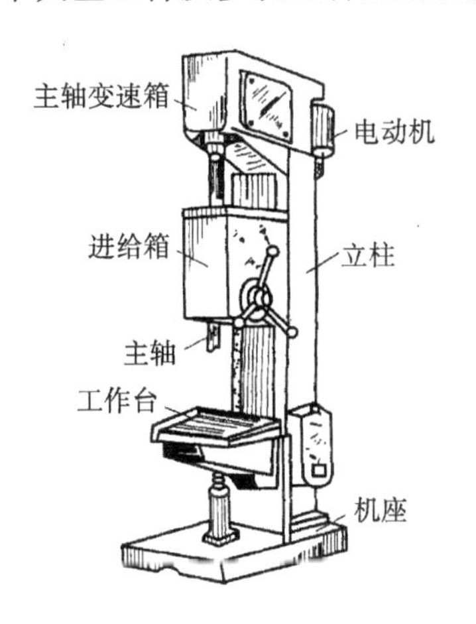

图 4-43　立式钻床

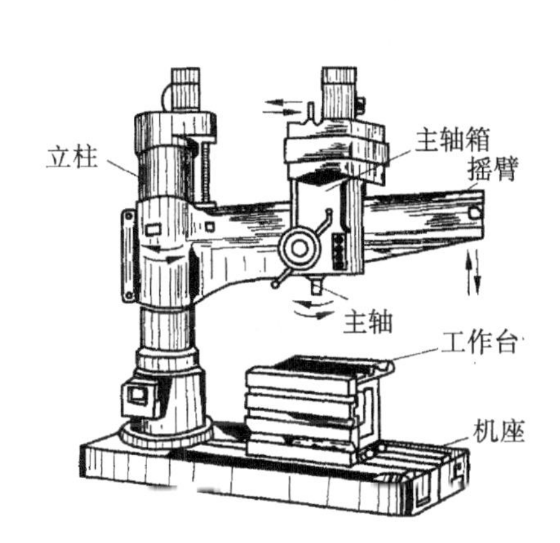

图 4-44　摇臂钻床

④ 手电钻(如图 4-45 所示)常用在不便于使用钻床钻孔的地方。其优点是携带方便，使用灵活，操作简单。

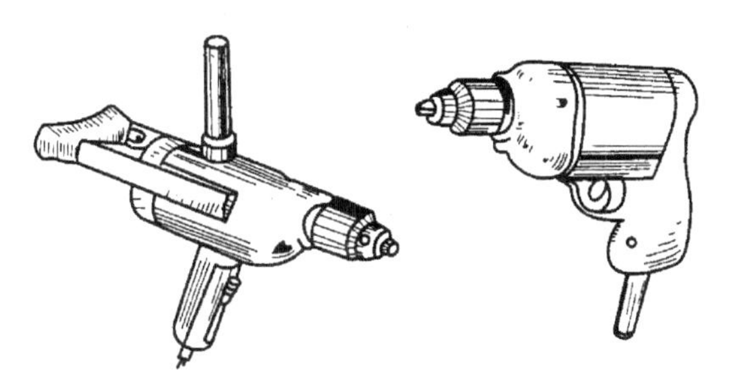

图 4-45　手电钻

2. 钻孔

钻孔是用钻头在实心工件上加工出孔的方法。钻出的孔精度较低，尺寸公差等级一般为 IT14～IT11，表面粗糙度 Ra 值为 50～12.5 μm。因此，钻孔属于孔的粗加工。

在钻床上钻孔时，工件一般是固定的，钻头旋转作主运动，同时沿轴线向下作进给运动，如图 4-46 所示。

(1)钻孔刀具

麻花钻是钻孔的主要刀具，用高速钢制成，工作部分经热处理淬硬至 HRC62～HRC65。其结构由柄部、颈部及工作部分组成，如图 4-47 所示。

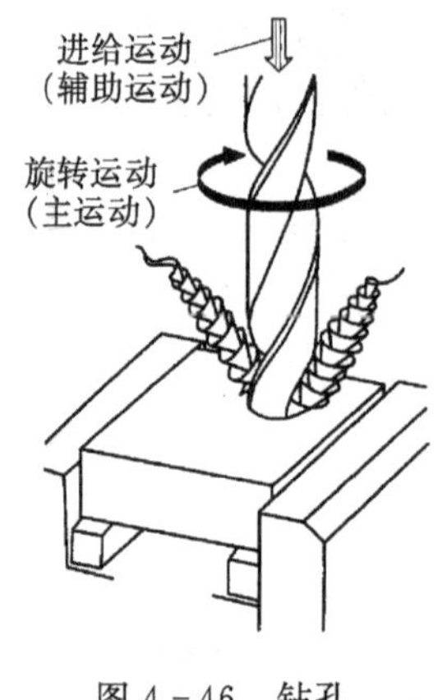

图 4－46　钻孔

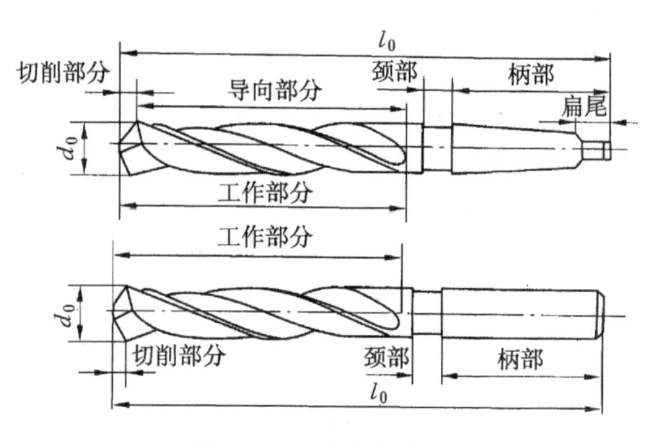

图 4－47　麻花钻的组成

• 柄部是钻头的夹持部分，用于传递扭矩和轴向力。

• 工作部分包括切削和导向两部分。切削部分由前刀面、后刀面、副后刀面、主切削刃、副切削刃和横刃等组成，如图 4－48 所示，其作用是担负主要切削工作。

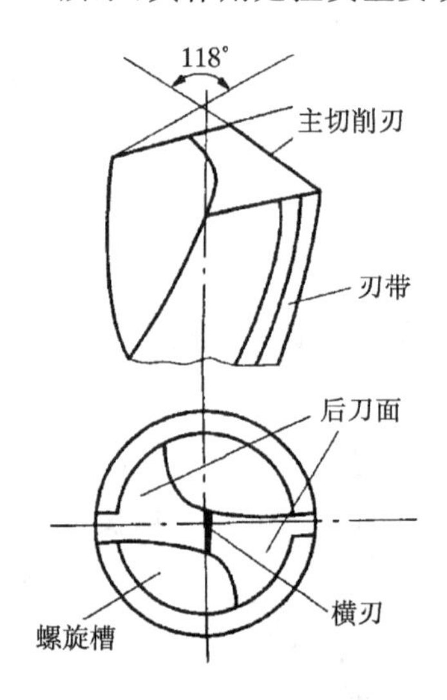

图 4－48　麻花钻切削部分

• 导向部分有两条对称的刃带（棱边亦即副切削刃）和螺旋槽组成。刃带的作用是减少钻头和孔壁间的摩擦，修光孔壁并对钻头起导向作用。螺旋槽的作用在于排屑和输送切削液。

(2)钻孔用的夹具

钻孔用的夹具主要包括装夹钻头夹具和装夹工件的夹具。

① 装夹钻头夹具常用的是钻夹头和钻套。

• 钻夹头是用来夹持直柄钻头的夹具，其结构和使用方法如图 4－49 所示。

• 钻套（过渡套筒）是在钻头锥柄小于机床主轴锥孔时，借助它进行安装钻头，如图 4－50 所示。

② 常用的装夹工件夹具有手虎钳、平口钳、压板等，如图 4－51 所示。按钻孔直径、工件形状和大小等合理选择。选用的夹具必须使工件装夹牢固可靠，保证钻孔质量。

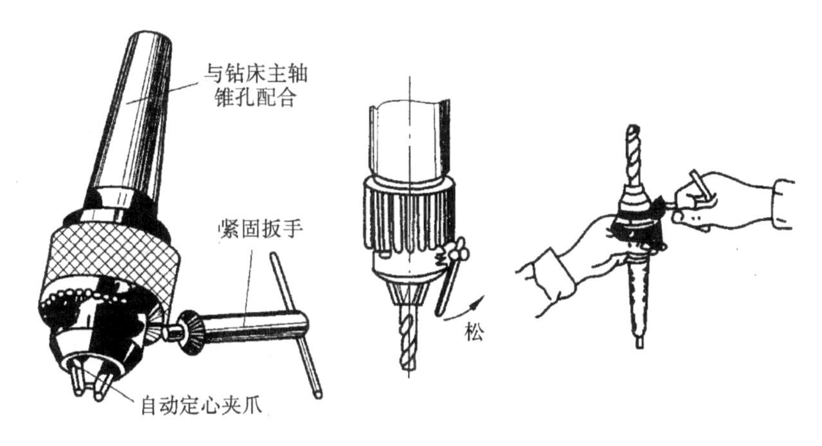

图 4-49　钻夹头及其使用

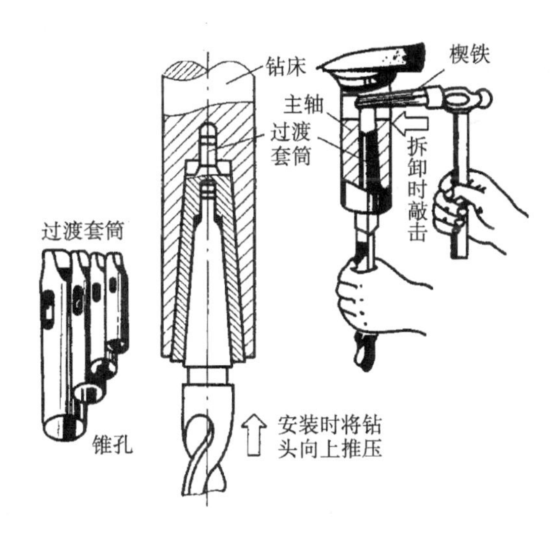

图 4-50　钻套及其应用

薄壁小件可用手虎钳装夹；中小型工件可用平口钳装夹；较大工件用压板和螺栓直接装夹在钻床工作台上。成批或大量生产时，可使用专用夹具安装工件。

(3)钻孔基本操作

钳工钻孔方法一般有划线钻孔、配钻钻孔等，下面介绍划线钻孔操作方法。

① 工件划线：按图纸尺寸要求，划线确定孔的中心，并在孔的中心处打出样冲眼，使钻头易对准孔的中心，不易偏离，然后再划出检查圆。

② 工件装夹：根据工件的大小、形状及加工要求，选择适用钻床，确定工件的装夹方法。装夹工件时，要使孔的中心与钻床的工作台垂直，安装要稳固。

③ 钻头装夹：根据孔径选择钻头，按钻头柄部正确安装钻头。

④ 选择切削用量：根据工件材料、孔径大小及精度要求确定钻速和进给量。钻大孔时转速要低些，以免钻头过快变钝；钻小孔时转速可高些，但进给应慢些，以免钻头折断。钻硬材料转速要低，反之要高。

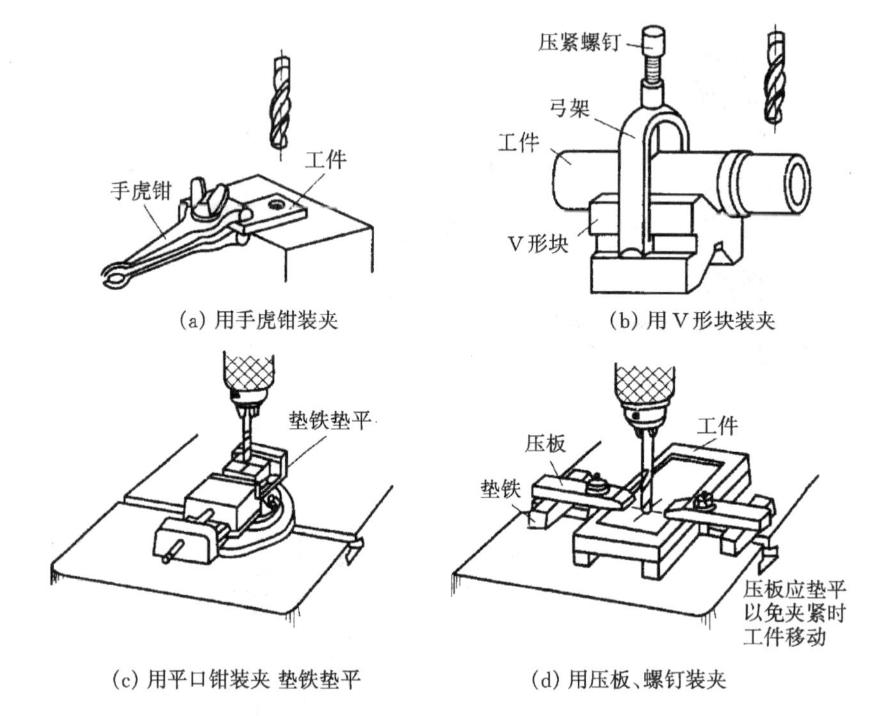

(a) 用手虎钳装夹　(b) 用V形块装夹

(c) 用平口钳装夹 垫铁垫平　(d) 用压板、螺钉装夹

图 4-51　钻孔时工件的安装

⑤ 钻孔：钻孔前先用样冲在孔中心线上打出样冲眼，用钻尖对准样冲眼锪一个小坑，检查小坑与所划孔的圆周线是否同心（称试钻）。如稍有偏离，可移动零件找正；若偏离较多，可用凿或样冲在偏离的相反方向凿几条槽，如图 4-52 所示。对较小直径的孔也可在偏离的方向用垫铁垫高些再钻。直到钻出的小坑完整，与所划孔的圆周线同心或重合时才可正式钻孔。

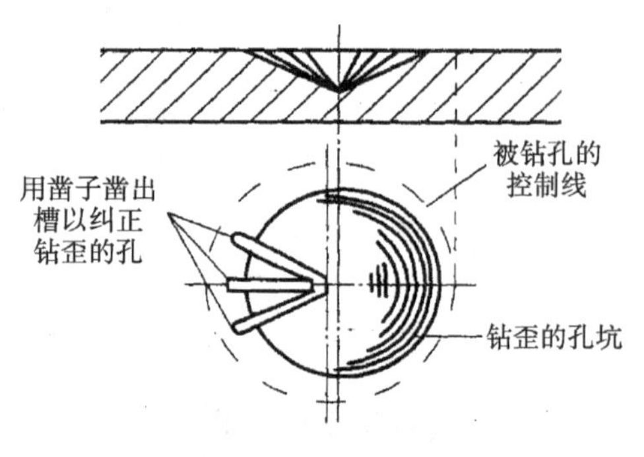

图 4-52　钻孔方法

钻削过程中，可加切削液，以降低切削温度，提高钻头寿命。

3. 扩孔与铰孔

用扩孔钻对已有的孔进行扩大孔径的加工方法称为扩孔，用铰刀对已粗加工的孔进行精加工的方法称为铰孔。

(1)扩孔

一般用麻花钻作扩孔钻扩孔。在扩孔精度要求较高或生产批量较大时，还可采用专用扩孔钻扩孔，如图 4-53 所示。专用扩孔钻一般有 3～4 条切削刃，故导向性好，不易偏斜，没有横刃，轴向切削力小，扩孔能得到较高的尺寸精度（可达 IT10～IT9）和较

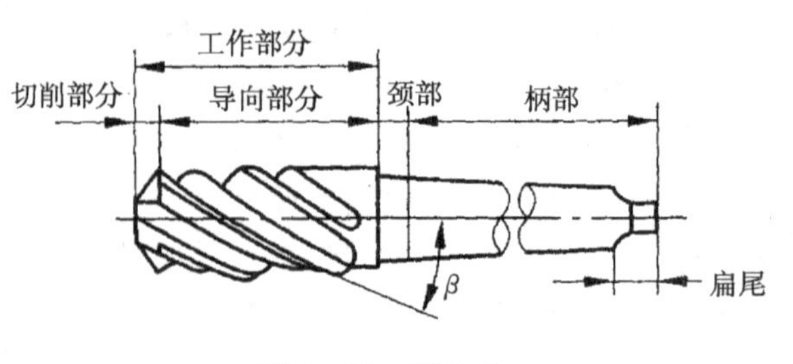

图 4-53　扩孔钻

小的表面粗糙度(R_a 值为 6.3～3.2 μm)。

由于扩孔的工作条件比钻孔时好得多，故在相同直径情况下扩孔的进给量可比钻孔大 1.5～2.0倍，扩孔的加工余量一般为 0.5～4 mm。

(2)铰孔

钳工常用手用铰刀进行铰孔，铰孔精度高(高达 IT8～IT6)，表面粗糙度小(Ra 值为 1.6～0.4 μm)。铰孔的加工余量较小，粗绞 0.15～0.5 mm，精铰 0.05～0.25 mm。

① 铰刀和铰杠：铰孔所用刀具是铰刀，如图 4-54 所示。铰刀的工作部分由切削部分和修光部分组成。切削部分成锥形，担负着切削工作。修光部分起着导向和修光作用。铰刀有 6～12 个切削刃，每个切削刃的负荷较轻，刚性和导向性好。

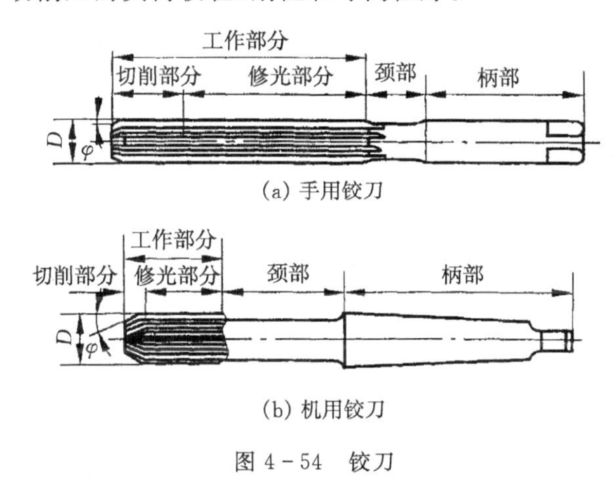

图 4-54　铰刀

铰刀有手用铰刀和机用铰刀两种。手用铰刀为直柄，如图 4-54(a)所示，其工作部分较长，导向作用好，易于铰刀导向和切入。机用铰刀多为锥柄，如图 4-54(b)所示，可装在钻床、车床上铰孔，铰孔时选较低的切削速度，并选用合适的切削液。

铰杠是用来夹持手用铰刀的工具，常用有固定式和活动式两种，如图 4-55 所示。活动式铰杠可以转动右边手柄或螺钉，调节方孔大小。

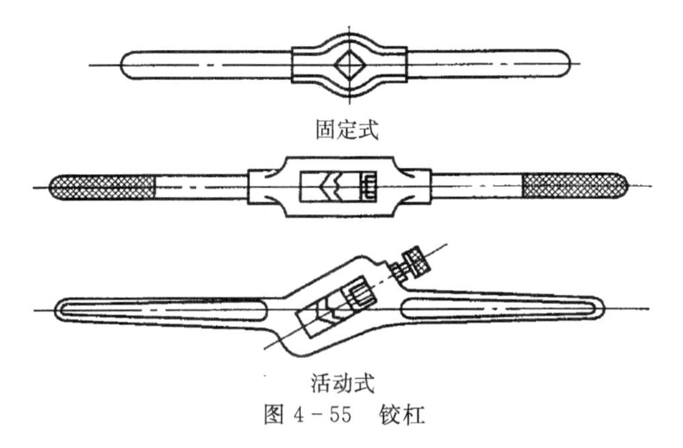

图 4-55　铰杠

② 铰孔基本操作：手铰圆柱孔的步骤如图 4-56 所示。

铰孔前，要合理选择加工余量，一般粗铰时余量为 0.15～0.5 mm，精铰时为 0.05～0.25 mm。要用千分尺检查铰刀直径是否合适。

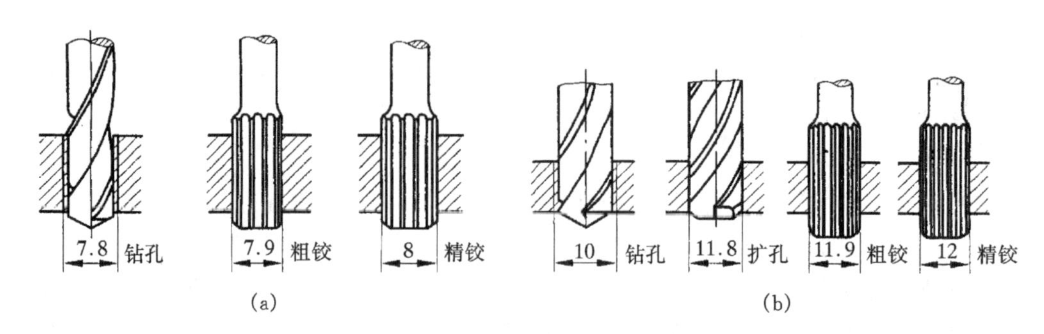

图 4-56 手铰圆柱孔的步骤

铰孔时，铰刀应垂直放入孔中，然后用手顺时针转动铰杠并轻压，转动铰刀的速度要均匀。铰削时，铰刀不能反转，以免崩刃和损坏已加工表面；应使用切削液，以提高孔的加工质量。

4.3.6 攻螺纹与套螺纹

1. 攻螺纹

用丝锥加工内螺纹的方法称为攻螺纹(即攻丝)，如图 4-57 所示。

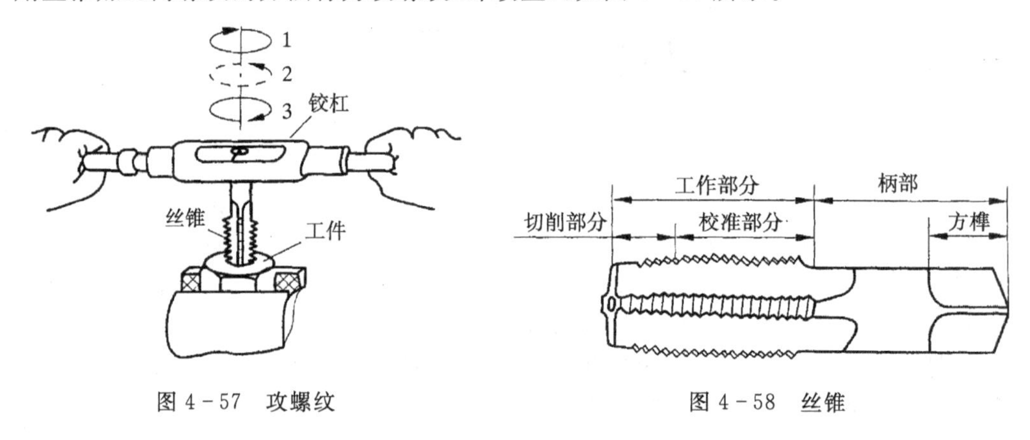

图 4-57 攻螺纹　　图 4-58 丝锥

(1)丝锥和铰杠

① 丝锥：丝锥是用来切削内螺纹的刀具，分为手用或机用两种，一般是用合金工具钢或高速钢制成，其结构如图 4-58 所示。

丝锥由工作部分和柄部组成。工作部分包括切削部分和校准部分，其上开有几条容屑槽，起容屑和排屑作用。切削部分呈锥形，起主要切削作用。校准部分用于校准和修光切出的螺纹并起导向作用。柄部的方榫用来与铰杠配合传递扭矩。

手用丝锥一般由两支组成一套，分为头锥和二锥。两支丝锥的外径、中径和内径是相等的，只是切削部分的长度和锥角不同。头锥的切削部分长些，锥角小些；二锥的切削部分短些，锥角较大。攻不通螺孔时，两支丝锥顺次使用；攻通孔螺纹，头锥能一次完成。螺距大于 2.5 mm的丝锥常制成三支一套。

② 铰杠：铰杠是用来夹持丝锥并转动丝锥的工具，如图 4-55 所示。

(2)螺纹底孔直径和深度的确定

攻螺纹时，丝锥除了切削金属以外，还产生挤压，使材料向螺纹牙尖流动。如果工件上螺纹底孔直径与螺纹内径相同，那么被挤出的材料将会卡住丝锥甚至使丝锥损坏。加工塑性高的材料时，这种现象很明显。因此，螺纹底孔直径要比螺纹小径稍大些，确定底孔直径可查手册或用经验公式计算：

钢材及塑性材料：$d \approx D-P$

铸铁及脆性材料：$d \approx D-(1.05 \sim 1.1)P$

式中：d—底孔直径，单位为 mm；

D—内螺纹大径，单位为 mm；

P—螺距，单位为 mm。

部分常用普通粗牙螺纹底孔直径见表 4－5。

表 4－5　部分普通粗牙内螺纹底孔直径表

螺纹公称直径/mm	螺距/mm	螺纹底孔直径 d/mm			备　注
		钢、纯铜	铸铁、青铜、黄铜	尼龙	
3	0.5	2.5	2.45	2.5	底孔直径计算公式： 加工塑性材料 $d=D-P$ 加工脆性材料 $d=D-(1.05\sim1.1)P$ D—螺纹大径 P—螺距
4	0.7	3.3	3.23	3.3	
5	0.8	4.2	4.12	4.2	
6	1.0	5.0	4.9	5.0	
8	1.25	6.7	6.6	6.7	
10	1.5	8.5	8.4	8.5	
12	1.75	10.2	10.1	10.2	
14	2.0	12.0	11.8	12.0	
16	2.0	14.0	13.8	14.0	

攻不通孔（盲孔）螺纹时，由于丝锥不能攻到底，所以钻孔深度要大于所需螺纹深度，增加的长度约为 0.7 倍的螺纹外径。一般取钻孔深度 ＝ 所需螺纹深度＋$0.7D$。

(3)攻螺纹基本操作

攻螺纹的步骤如图 4－59 所示。

① 确定螺纹底孔直径，划线，确定螺纹孔的中心，并在孔的中心打出样冲眼，选用合适钻头钻螺纹底孔，如图 4－59(a)所示。

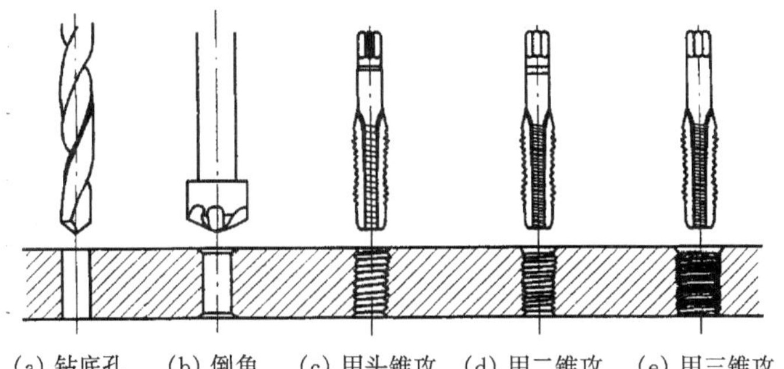

(a) 钻底孔　(b) 倒角　(c) 用头锥攻　(d) 用二锥攻　(e) 用三锥攻

图 4－59　攻螺纹步骤

② 在底孔两端倒角，以便丝锥切入，防止孔口产生毛边或螺纹牙齿崩裂，如图 4 - 59(b)所示。

③ 根据丝锥大小选择合适的铰杠。工件装夹在台虎钳上，应保证螺纹孔轴线与台虎钳钳口垂直。

④ 用头锥攻螺纹时，将丝锥头部垂直放入孔内。然后用铰杠轻压旋入，如图 4 - 60(a)所示。待切入工件 1～2 圈后，再用目测或直尺检查丝锥是否垂直，如图 4 - 60(b)所示。继续转动，直至切削部分全部切入后，就用两手平衡地转动铰杠，这时可不加压力而旋到底。为了避免切屑过长而缠住丝锥，每转 1～2 转后要轻轻倒转 1/4 转，以便断屑和排屑，如图 4 - 57 所示。

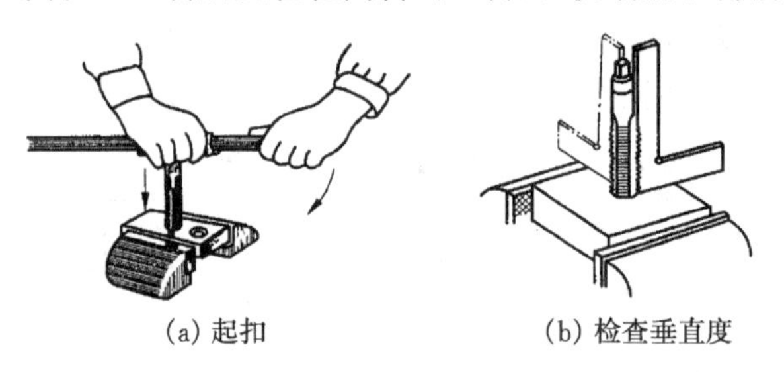
(a) 起扣　　(b) 检查垂直度

图 4 - 60　起扣方法

⑤ 用二锥攻螺纹时，先用手指将丝锥旋进螺纹孔，然后再用铰杠转动，旋转铰杠时不需加压。

⑥ 攻螺纹时，可根据情况加切削液，以减少摩擦，提高螺纹加工质量。在钢料上攻螺纹时，要加浓乳化液或机油。在铸铁件上攻螺纹时，可加些煤油。

2. 套螺纹

用板牙在外圆柱上加工外螺纹的操作称为套螺纹(即套扣)。

(1)板牙和板牙架

① 板牙是加工外螺纹的一种刀具，由高速钢或碳素工具钢制成，其结构形状似螺母，如图 4 - 61 所示。

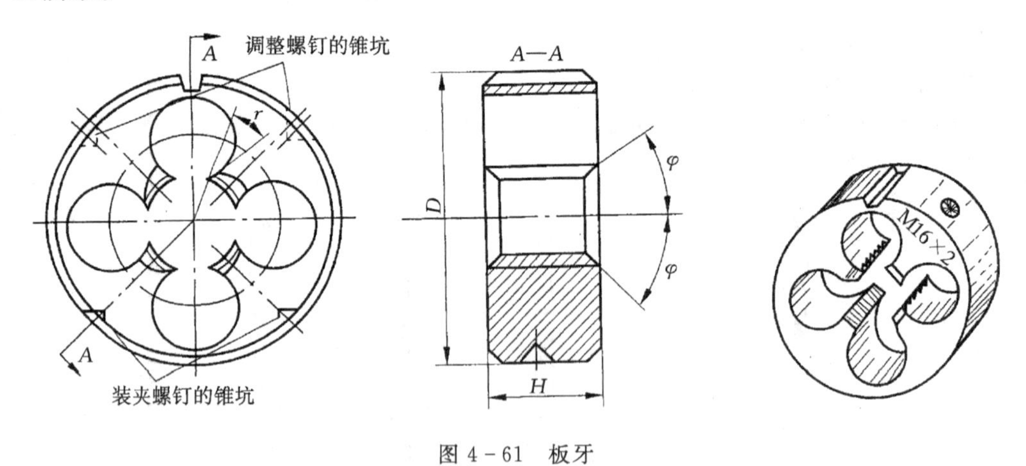

图 4 - 61　板牙

板牙在靠近螺纹外径处钻了 3～8 个排屑孔，并形成了切削刃。板牙由切削部分、校正部分和排屑孔组成。板牙两端面带有 2φ 锥角的部分是切削部分，起切削作用。中间一段是校准部分，也是套螺纹的导向部分。板牙的外圆有 4 个锥坑，两个用于将板牙夹持在板牙架内并传递扭矩;另外两个相对板牙中心有些偏斜,当板牙磨损后,可沿板牙 V 形槽锯开,拧紧板牙架上的调节螺钉,可使板牙螺纹孔作微量缩小,以补偿磨损的尺寸。

② 板牙架是夹持板牙并带动板牙转动的工具,如图 4-62 所示。

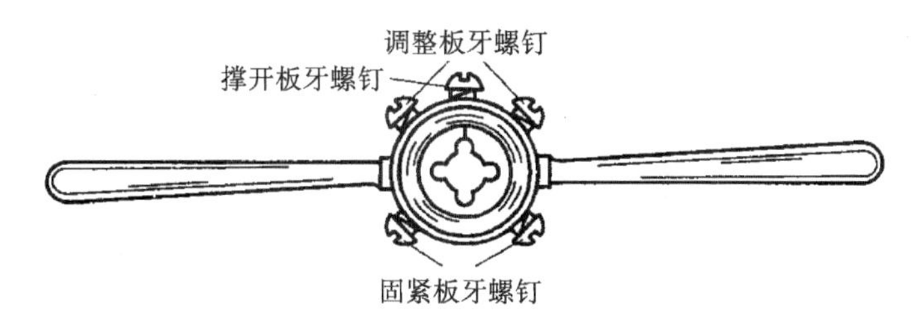

图 4-62　板牙架

(2)套螺纹前圆杆直径的确定

套螺纹和攻螺纹的切削过程类似,工件材料也将受到挤压而凸出,因此圆杆的直径应比螺纹外径小些。但也不易过小,太小套出的螺纹牙型不完整。

确定圆杆直径可用经验公式计算:

$$D_0 = D - 0.13P$$

式中:D_0—圆杆直径,单位为 mm;

D—螺纹大径,单位为 mm;

P—螺距,单位为 mm。

部分普通粗牙外螺纹圆杆直径见表 4-6。

表 4-6　部分普通粗牙外螺纹圆杆直径表

螺纹公称直径/mm	螺距/mm	圆杆直径 d/mm		备注
		最小直径	最大直径	
3	0.5	2.9	2.94	圆杆直径计算公式: $D_0 = D - 0.13P$ D—螺纹大径 P—螺距
4	0.7	3.86	3.9	
5	0.8	4.84	4.89	
6	1.0	5.8	5.9	
8	1.25	7.8	7.9	
10	1.5	9.75	9.85	
12	1.75	11.75	11.9	
14	2.0	13.7	13.85	
16	2.0	15.7	15.85	

(3)套螺纹基本操作

① 确定圆杆直径,并在圆杆端部倒角,使板牙易对准工件的中心并易切入,如图 4-63 所示。

② 工件装夹。用 V 形块衬垫或厚软金属衬垫将圆杆牢固装夹在台虎钳上。圆杆轴线应与钳口垂直,同时,圆杆套螺纹部分不要离钳口过长。

③ 将装有板牙架的板牙套在圆杆上,始终保证板牙端面与圆杆轴线垂直。

④ 套螺纹。开始转动板牙架要稍加压力，当板牙已切入圆杆后，不再加压，只需均匀旋转。为了断屑，要常反转，如图 4－64 所示。

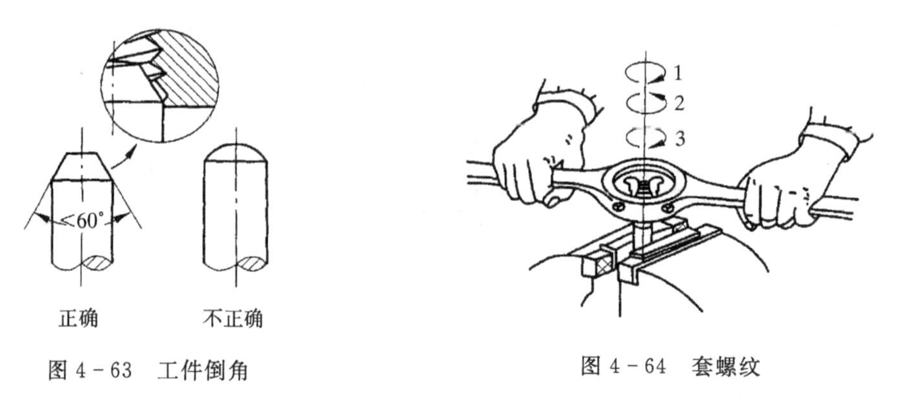

图 4－63 工件倒角

图 4－64 套螺纹

⑤ 套螺纹时，也应根据工件材料选用切削液冷却和润滑。

4.3.7 刮削和研磨

1. 刮削

用刮刀从已加工表面上刮去一层薄金属，以提高工件的加工精度、降低工件表面粗糙度的操作称为刮削。刮削属于精加工，常用于零件相互配合的重要滑动表面（如机床导轨、滑动轴承等），以便彼此均匀接触。

刮削生产率低，劳动强度大，因此，常用磨削等机械加工方法替代。

(1)刮削工具

① 刮刀：刮刀是刮削的主要工具，是用碳素工具钢或轴承钢，经热处理后制成，其端部要在砂轮上刃磨出刃口，并用油石磨光。常用的有平面刮刀和曲面刮刀两大类，如图 4－65 所示。

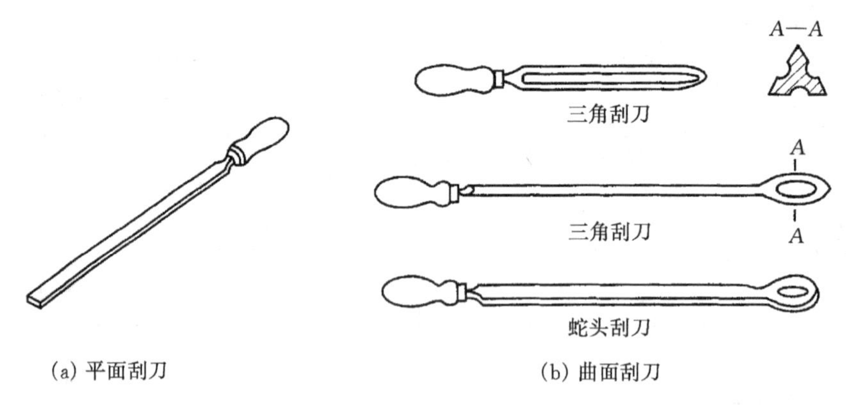

(a) 平面刮刀　(b) 曲面刮刀

图 4－65 刮刀

② 校准工具：校准工具也称为研具，它是用来推磨研点及检验刮削面准确性的工具。根据被检工件表面的形状特点，可分为检验平板和检验平尺，如图 4－66 所示。检验平板由铸铁制成，其工作面必须非常平直和光洁，而且保证刚度好，不变形。

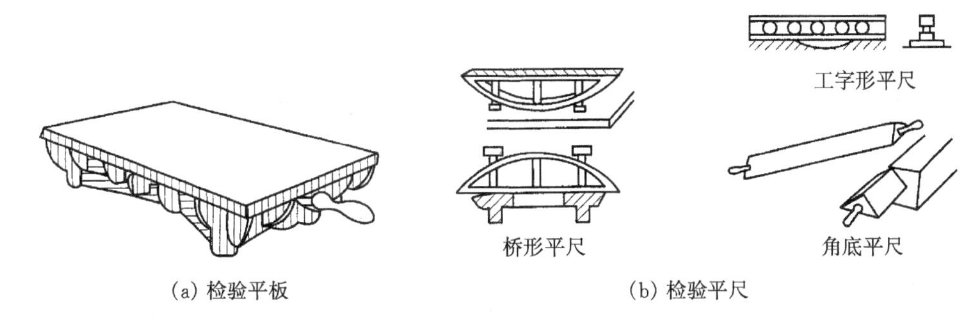

图 4-66 校准工具

(2)刮削方法

① 平面刮削:平面刮削是用平面刮刀刮削平面的操作,如图 4-67 所示。右手握刀柄,推动刮刀;左手放在靠近端部的刀体上,引导刮刀刮削方向及加压。刮刀应与工件保持 25°～30°角度。刮削时,用力要均匀,刮刀要拿稳,以免刮刀刃口两端的棱角将工件划伤。

平面刮削分为粗刮、细刮和精刮。

• 粗刮:工件表面粗糙、有锈斑或余量较大时(0.1～0.05 mm),应先用刮刀将其全部粗刮一次,使表面较为平滑。粗刮用长刮刀,施较大的压力,刮削行程较长,刮去的金属多。粗刮刮刀的运动方向与工件表面加工的刀痕方向约成 45°角,各次交叉进行,直至刀痕全部刮除为止,如图 4-68 所示。

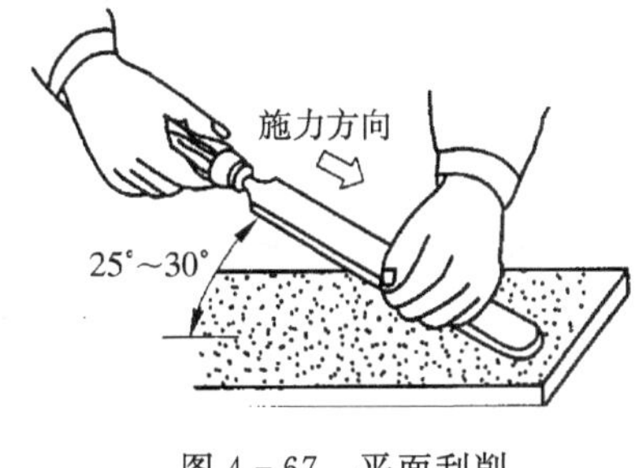

图 4-67 平面刮削

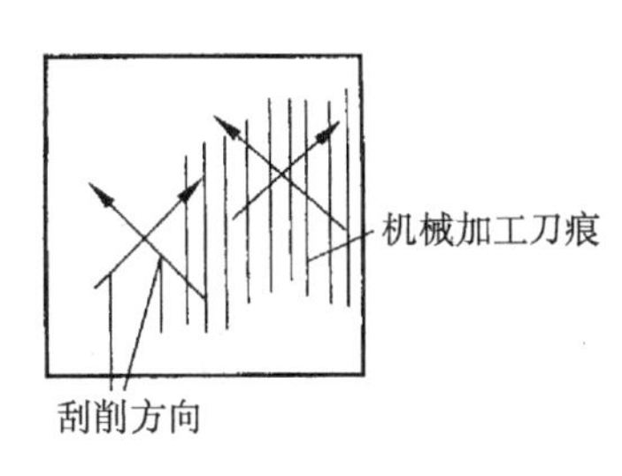

图 4-68 粗刮方向

• 细刮和精刮:细刮和精刮是用刮刀进行短行程和施小压力的刮削。它是将粗刮后的贴合点逐个刮去,并经过反复多次刮削,使贴合点的数目逐步增多,直到达到要求为止。

② 曲面刮削:曲面刮削常用于刮削内曲面,如某些要求较高的滑动轴承的轴瓦、衬套等为了得到良好的配合,也要进行刮削。用三角形刮刀刮削轴瓦的示例如图 4-69 所示。曲面刮削后也需进行研点检查。

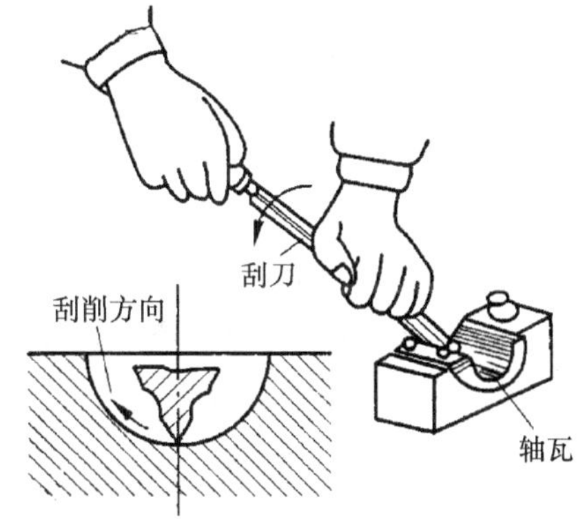

图 4-69 曲面刮削

(3)刮削质量的检验

刮削表面的精度通常是以研点法来检验,如图 4-70所示。先将工件刮削表面擦净,并均匀地涂上一层很薄的红丹油,然后与校准工具(如检验平板等)相配研,如图 4-70(a)所示。工件表面上的高点经配研后,会磨去红丹油而显出亮点(即贴合点),如图 4-70(b)所示。

刮削表面的精度是以在 25 mm×25 mm 的面积内,贴合点的数量与分布稀疏程度来表示的,如图 4-70(c)所示。普通机床导轨面为 8～10 点,精密机床导轨面为 16～20 点。

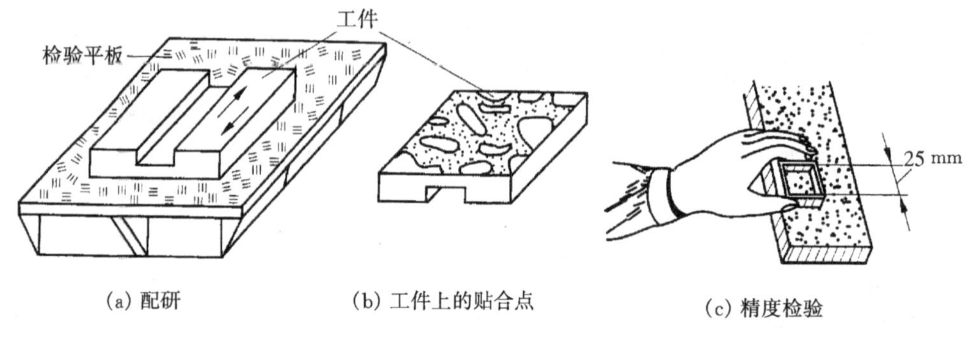

(a) 配研　　(b) 工件上的贴合点　　(c) 精度检验

图 4-70　研点与检验

2. 研 磨

研磨是利用研磨工具和研磨剂,从工件上研去一层极薄表面层的精密加工方法。研磨可达到其他切削加工方法难以达到的加工精度,尺寸公差等级可达 IT5～IT3,表面精糙度 R_a 值可达 0.1～0.008 μm。

(1)研磨工具与研磨剂

研磨工具简称研具,是决定工件表面几何形状的标准工具。常用的研磨工具有:研磨平板如图 4-71 所示,研磨环如图 4-72,研磨棒如图 4-73 所示。

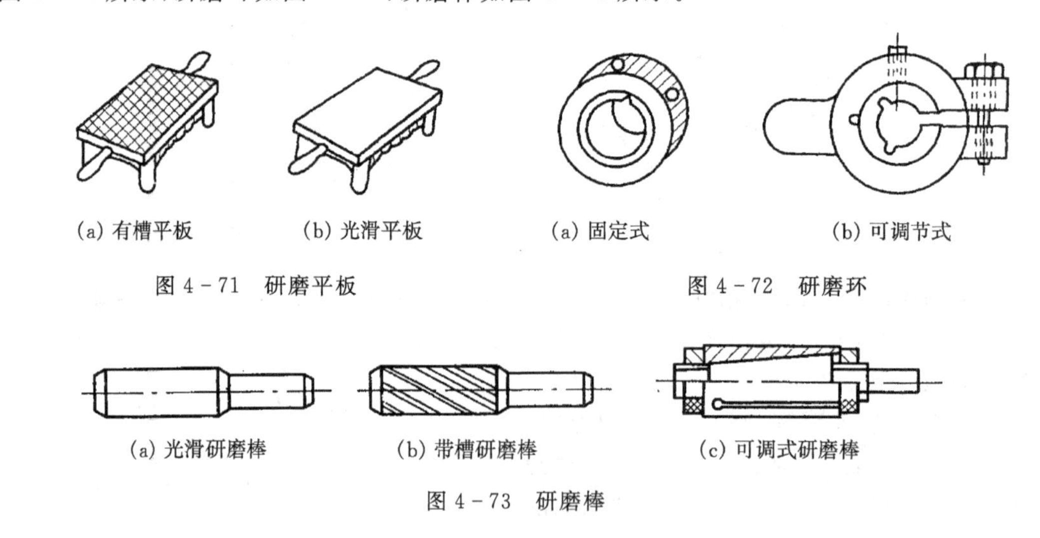

(a) 有槽平板　　(b) 光滑平板

图 4-71　研磨平板

(a) 固定式　　(b) 可调节式

图 4-72　研磨环

(a) 光滑研磨棒　　(b) 带槽研磨棒　　(c) 可调式研磨棒

图 4-73　研磨棒

(2)研磨方法

① 研磨平面:开始研磨前,先将煤油涂在研磨平板的工作表面上,把平板擦洗干净,再涂上研磨剂。研磨时,用手将工件轻压在平板上,按“8”字形或螺旋形运动轨迹进行研磨,如图 4-74(a)所示。平板每一个地方都要磨到,使平板磨耗均匀,保持平板精度。研磨一定时间后,将工件调转 90°或 180°,以防研磨平面倾斜。

② 研磨圆柱面:外圆柱面研磨多在车床上进行。将工件装在车床的顶尖之间,涂上研磨

剂，然后套上研磨环，如图 4－74(b)所示。研磨时工件转动，同时用手握住研磨环作轴向往复运动，两种速度要配合适当，使工件表面研磨出交叉网纹。研磨一定时间后，应将工件调转 180°再进行研磨，这样可以提高研磨精度，使研磨环磨耗均匀。

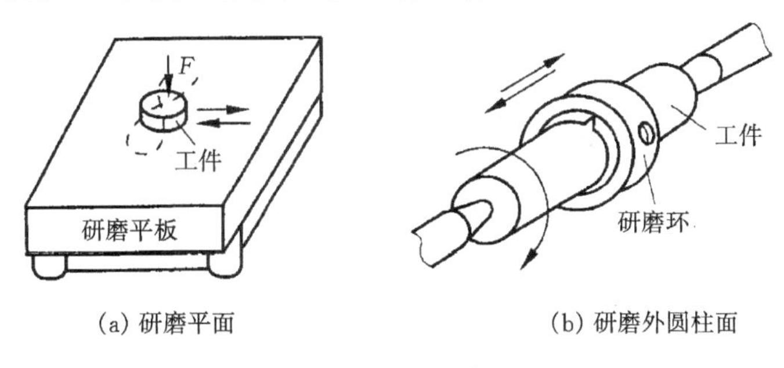

(a) 研磨平面　(b) 研磨外圆柱面

图 4－74　研磨

内圆柱面研磨与外圆柱面研磨相反。研磨时将研磨棒顶在车床两顶尖之间或夹紧在钻床的钻夹头内，工件套在研磨棒上，并用手握住，使研磨棒作旋转运动，工件作往复直线运动。

4.3.8　矫正与弯曲

制造机器所用的原材料(如板料、型材等)常常有不直、不平、翘曲等缺陷。有的机械零件和板料在加工、热处理、使用、剪切之后产生了变形。消除这些原材料和零件的弯曲、翘曲和变形等缺陷的操作方法称为矫正。

1. 矫正方法

矫正就是恢复。矫正方法按变形类型可分为扭转法、弯曲法、延展法和伸张法等；按其产生矫正力的方法又可分为手工矫正、机械矫正、火焰矫正和高频热点矫正等。

(1)扭转法

这种方法是用来矫正条料扭曲变形的方法。小型条料常夹持在台虎钳上，用扳手将其向变形的反方向扭转而恢复。如图 4－75 所示，图中 F 为施力方向(后同)。

(2)弯曲法

这种方法是用来矫正各种棒料和条料弯曲变形的方法。直径小的棒料和厚度薄的条料，直线度要求不高时，可夹在台虎钳上用扳手将其向变形的反方向矫正，如图 4－76 所示。直径大的棒料和厚的条料则常在压力机上矫正。

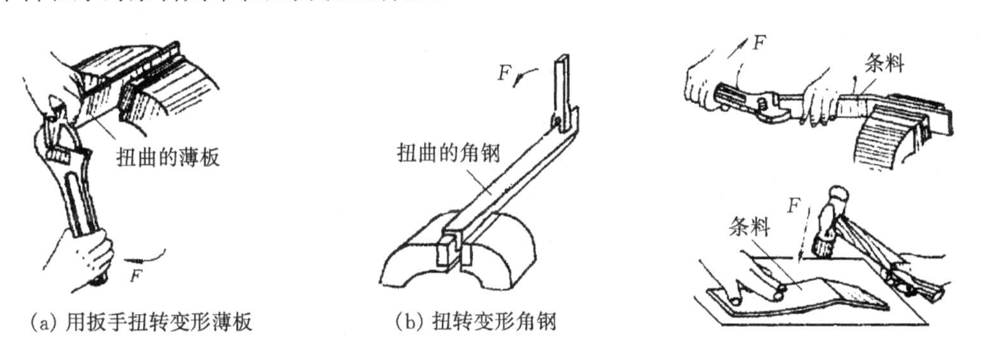

(a) 用扳手扭转变形薄板　(b) 扭转变形角钢

图 4－75　扭转法矫正

图 4－76　弯曲法矫正

(3)伸张法

这种方法是用来矫正各种细长线材的方法。矫正时将线材一头固定，然后从固定处将线材绕圆木棒一圈，捏紧圆木棒向后拉就可以校直，如图 4－77 所示。

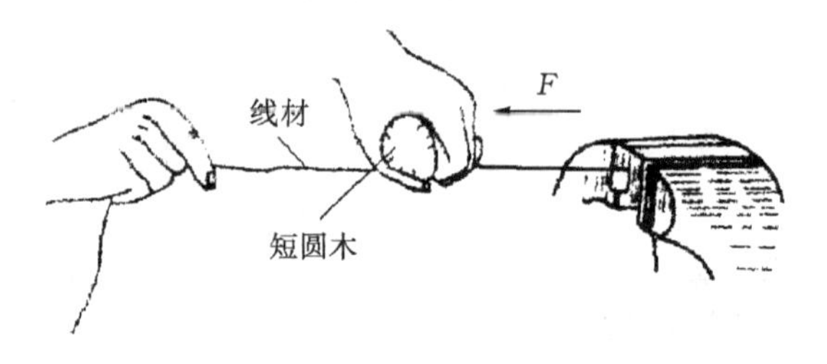

图 4－77　线材的伸张法矫正

2. 弯曲方法

(1)弯曲前毛坯尺寸计算

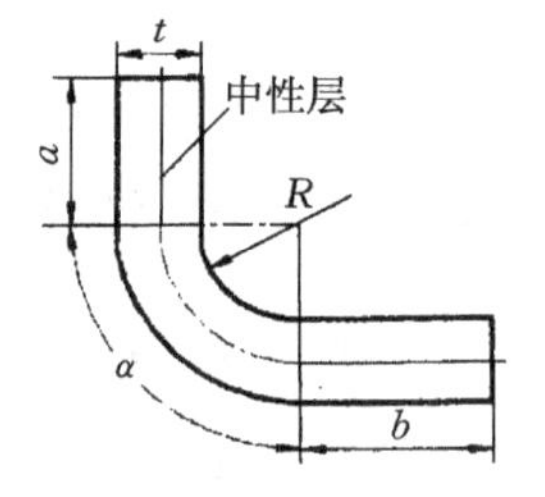

图 4－78　中性层长度计算

毛坯弯曲后外层材料受拉力而伸长，内层材料受挤压而缩短，中间有一层材料既不伸长也不缩短，材料的这一层称为中性层，如图 4－78 所示。毛坯弯曲前的长度就是工件各段中性层的长度之和。计算公式如下：

$$L=a+b+2\pi(R+\lambda t)\alpha/360(\mathrm{mm})$$

式中：L—制件展开长度，单位为 mm；

a、b—制件直边长度，单位为 mm；

R—制件弯曲半径，单位为 mm；

α—工件弯曲角度，单位为度；

t—材料厚度，单位为 mm；

λ—层位移系数，如表 4－7 所列。

表 4－7　层位移系数

V 形弯曲	R/t	0.5 以下	0.5～1.5	1.5～3.0	3.0～5.0	5.0 以上
	λ	0.2	0.3	0.33	0.4	0.5
U 形弯曲	R/t	0.5 以下	0.5～1.5	1.5～3.0	3.0～5.0	5.0 以上
	λ	0.25～0.3	0.33	0.4	0.4	0.5

(2)弯曲方法

弯曲分为热弯和冷弯两种。热弯是将材料预热后再弯曲，冷弯是在室温下弯曲。按加工手段不同，弯曲分机械弯曲和手工弯曲两种。钳工主要进行手工弯曲。

① 板材弯曲。钳工手工弯曲所使用的板材厚度一般都低于 5 mm。板料弯曲分成厚度方向的弯曲和宽度方向的弯曲。厚度方向的弯曲采用折弯的方法，宽度方向的弯曲则仍采用延展外侧的方法，分别如图 4－79 和图 4－80 所示。

② 管材弯曲。直径大于 12 mm 的管子一般采用热弯，直径小于 12 mm 的管子则采用冷弯。弯曲前必须向管内灌满干黄沙，并用轴向带小孔的木塞堵住管口，以防止弯曲部位发生凹瘪缺陷。焊管弯曲时，应注意将焊缝放在中性层位置，防止弯曲时开裂。手工弯管通常在专用工具上进行，如图 4－81 所示。

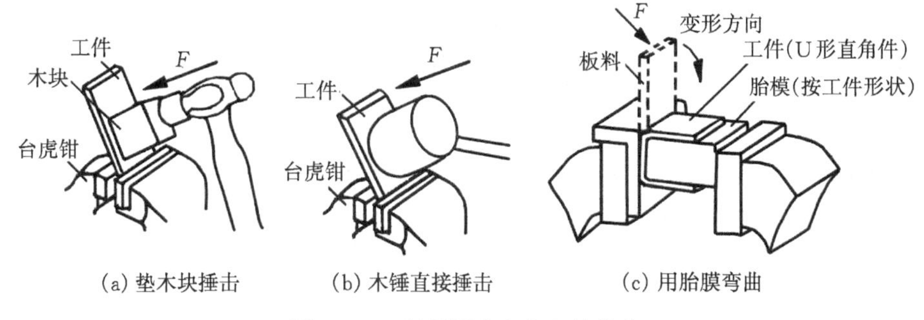

(a) 垫木块捶击　(b) 木锤直接捶击　(c) 用胎膜弯曲

图 4－79　板料厚度方向上的弯曲

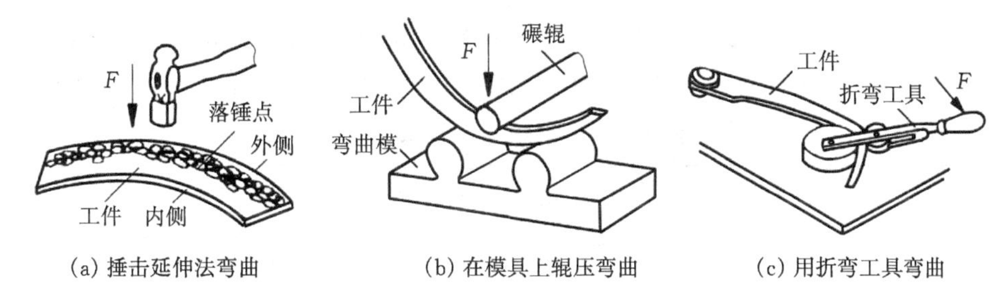

(a) 捶击延伸法弯曲　(b) 在模具上辊压弯曲　(c) 用折弯工具弯曲

图 4－80　板料宽度方向上的弯曲

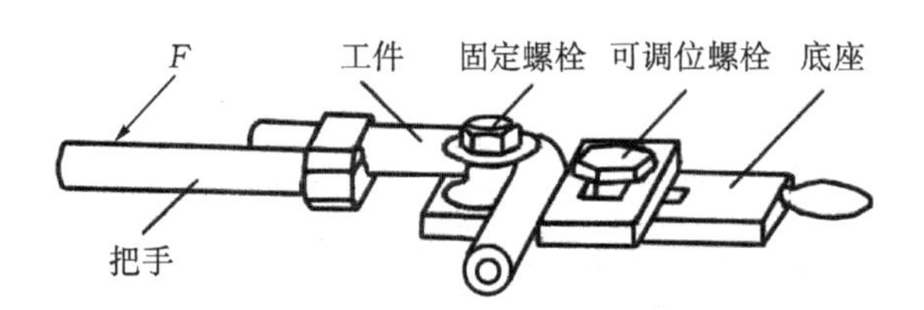

图 4－81　在专用工具上弯曲管件

4.4　钳工装配工艺

4.4.1　装配概述

任何机器都是由许多零件组成的。将合格的零件按照规定的技术要求和装配工艺组装起来，并经调试使之成为合格产品的过程称为装配。

装配是机器制造的最后阶段，也是重要的阶段。装配质量的优劣对机器的性能和使用寿命有很大影响。组成机器的零件加工质量很好，若装配工艺不合理或装配操作不正确，也不能获得合格的产品。因此，装配在机器制造业中占有很重要的地位。

1. 装配类型与装配工艺过程

(1)装配类型

装配类型一般可分为组件装配、部件装配和总装配。

① 组件装配是将两个以上的零件连接组合成为组件的过程，如曲轴、齿轮等零件组成的一根传动轴系的装配。

② 部件装配是将组件、零件连接组合成独立机构(部件)的过程,如车床主轴箱、进给箱等的装配。

③ 总装配是将部件、组件和零件连接组合成为整台机器的过程。

(2)装配工艺过程

机器的装配过程一般由三个阶段组成:一是装配前的准备阶段,二是装配阶段(部件装配和总装配),三是调整、检验和试车阶段。

装配过程一般是先下后上,先内后外,先难后易,先装配保证机器精度的部分,后装配一般部分。

2. 零部件连接类型

组成机器的零部件的连接形式很多,基本上可归纳为两类:固定连接和活动连接。每一类的连接中,按照零件结合后能否拆卸又分为可拆连接和不可拆连接,详见表 4-8 所列。

表 4-8 机器零、部件连接形式

固定连接		活动连接	
可拆	不可拆	可拆	不可拆
螺纹、键、销等	铆接、焊接、压合、胶合等	轴与轴承、丝杠与螺母、柱塞与套筒等	活动连接的铆合头

4.4.2 装配方法

1. 完全互换法

装配时,在各类零件中任意取出要装配的零件,不需任何修配就可以装配,并能完全符合质量要求。装配精度由零件的制造精度保证。

2. 选配法(不完全互换法)

按选配法装配的零件,在设计时其制造公差可适当放大。装配前,按照严格的尺寸范围将零件分成若干组,然后将对应的各组配合件装配在一起,以达到所要求的装配精度。

3. 修配法

当装配精度要求较高,采用完全互换不够经济时,常用修正某个配合零件的方法来达到规定的装配精度。如车床两顶尖不等高,装配时可刮尾架底座来达到精度要求等。

4. 调整法

调整法比修配法方便,也能达到很高的装配精度,在大批生产或单件生产中都可采用此法。

4.4.3 典型连接件装配工艺

装配的形式很多,下面着重介绍螺纹连接、滚动轴承、齿轮等几种典型连接件的装配方法。

1. 螺纹连接件的装配

如图 4-82 所示,螺纹连接常用零件有螺钉、螺母、双头螺栓及各种专用螺纹等。螺纹连接是机器中最常用的可拆连接,它具有装配简单、连接可靠、装拆方便等优点。

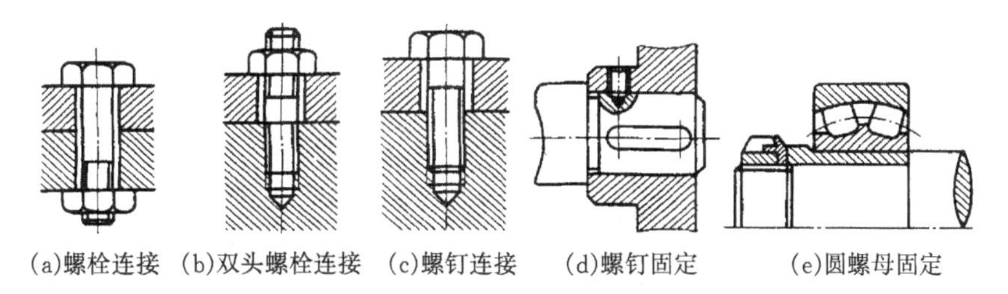

(a)螺栓连接　(b)双头螺栓连接　(c)螺钉连接　(d)螺钉固定　(e)圆螺母固定

图 4－82　常见的螺纹连接类型

螺纹连接装配要点如下：

① 用螺钉、螺母连接零件时，应做到用手能自动旋入，然后再用扳手拧紧。

② 用于连接螺钉、螺母的贴合表面要求平整光洁，端面应与连接件轴线垂直，使受力均匀。为提高贴合面质量，可加垫圈。

③ 装配成组螺钉、螺母时，为保证零件贴合面受力均匀，应按一定顺序拧紧，如图 4－83 所示，每个螺母拧紧到 1/3 的松紧程度以后，再按 1/3 的程度拧紧一遍，最后依次全部拧紧，这样每个螺栓受力比较均匀，不致使个别螺栓过载。

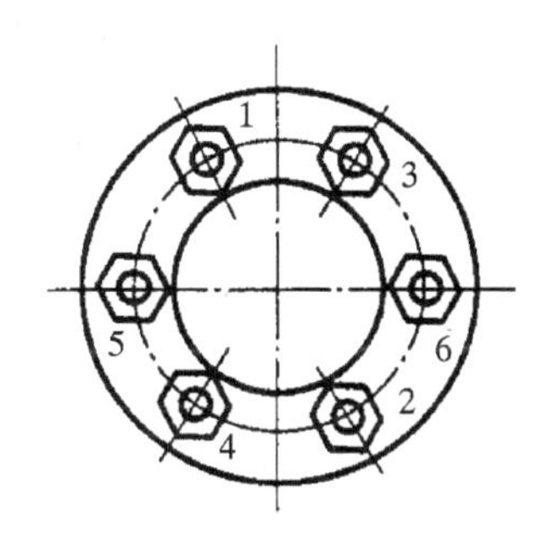

图 4－83　拧紧成组螺母顺序

2. 滚动轴承的装配

滚动轴承的配合多数为较小的过盈配合，常用手锤或压力机采用压入法装配，为了使轴承圈受力均匀，采用垫套加压。轴承压到轴颈上时应施力于内圈端面，如图 4－84(a)所示；轴承压到座孔中时，要施力于外圈端面上，如图 4－84(b)所示；若同时压到轴颈和座孔中时，垫套应能同时对轴承内外圈端面施力，如图 4－84(c)所示。

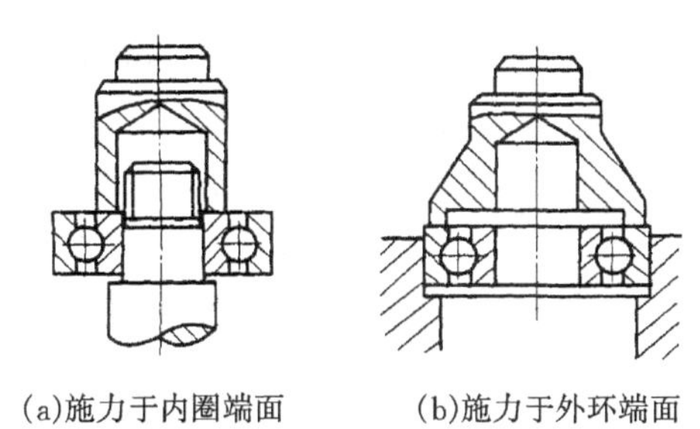

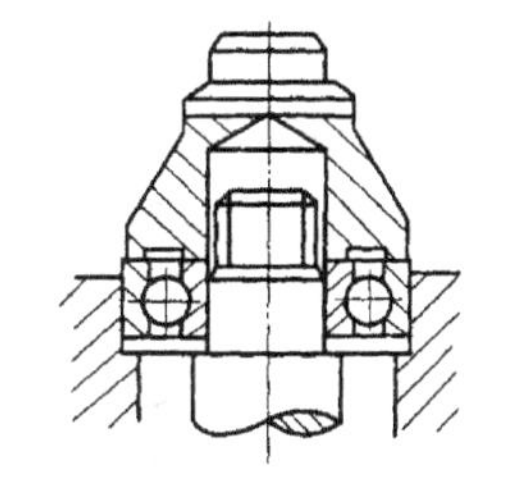

(a)施力于内圈端面　(b)施力于外环端面　(c)施力于内外环端面

图 4－84　滚动轴承的装配

如果轴承与轴有较大的过盈配合时，最好将轴承吊在温度为 80～90℃ 的机油中加热，然后趁热装入。

轴承安装后要检查滚珠是否被咬住，是否有合理的间隙。

3. 齿轮的装配

齿轮装配的主要技术要求是保证齿轮传递运动的准确性、平衡性、轮齿表面接触斑点和齿侧间隙合乎要求等。

轮齿表面接触斑点可用涂色法检验。先在主动轮的工作齿面上涂上红丹，使相啮合的齿轮在轻微制动下运转，然后看从动轮啮合齿面上接触斑点的位置和大小，如图 4－85 所示。

齿侧间隙一般可用塞尺插入齿侧间隙中检查。

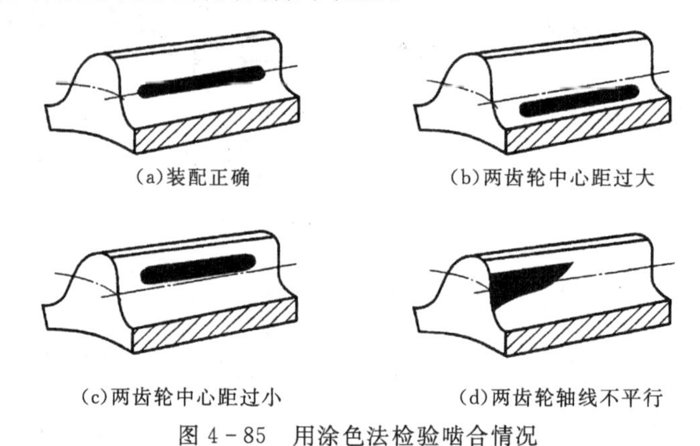

图 4－85　用涂色法检验啮合情况

4.4.4　整机装配工艺

完成整台机器装配，必须经过部件装配和总装配过程。

1. 部件的装配

部件的装配通常是在装配车间的各个工段（或小组）进行的。部件装配是总装配的基础，这一工序进行得好与坏，会直接影响到总装配和产品的质量。

部件装配的过程包括以下四个阶段：

① 装配前按图样检查零件的加工情况，根据需要进行补充加工。

② 组合件的装配和零件相互试配。在这一阶段内可用选配法或修配法来消除各种配合缺陷。组合件装好后不再分开，以便一起装入部件内。互相试配的零件，当缺陷消除后，仍要加以分开（因为它们不是属于同一个组合件），但分开后必须做好标记，以便重新装配时不会调错。

③ 部件的装配及调整，即按一定的次序将所有的组合件及零件互相连接起来，同时对某些零件通过调整正确地加以定位。通过这一阶段，对部件所提出的技术要求都应达到。

④ 部件的检验，即根据部件的专门用途作工作检验。如水泵要检验每分钟出水量及水头高度；齿轮箱要进行空载检验及负荷检验；有密封性要求的部件要进行水压（或气压）检验；高速转动部件还要进行动平衡检验等。只有通过检验确定合格的部件，才可以进入总装配。

2. 总装配

总装配就是把预先装好的部件、组合件、其他零件，以及从市场采购来的配套装置或功能部件装配成机器。总装配过程及注意事项如下：

① 总装前，必须了解所装机器的用途、构造、工作原理以及与此有关的技术要求。接着确定它的装配工艺和必须检查的项目，最后对总装好的机器进行检查、调整、试验，直至机器合格。

② 总装配执行装配工艺规程所规定的操作步骤，采用工艺规程所规定的装配工具。应按从里到外，从下到上，以不影响下道装配为原则的次序进行。操作中不能损伤零件的精度和表面粗糙度，对重要的复杂的部分要反复检查，以免搞错或多装、漏装零件。在任何情况下应保

证污物不进入机器的部件、组合件或零件内。机器总装后，要在滑动和旋转部分加润滑油，以防运转时出现拉毛、咬住或烧损现象。最后要严格按照技术要求，逐项进行检查。

③ 装配好的机器必须加以调整和检验。调整的目的在于查明机器各部分的相互作用及各个机构工作的协调性。检验的目的是确定机器工作的正确性和可靠性，发现由于零件制造的质量、装配或调整的质量问题所造成的缺陷。小的缺陷可以在检验台上加以消除；大的缺陷应将机器送到原装配处返修。修理后再进行第二次检验，直至检验合格为止。

4.4.5 拆卸的基本方法

1. 拆卸前的准备

在设备修理过程中，拆卸工作是一个重要的环节。为了使拆卸工作能顺利进行，必须在设备拆卸前仔细熟悉待修设备的图样资料，分析了解设备的结构特点及传动系统，零部件的结构特点和相互间的配合关系。明确它们的用途和相互间的作用，在此基础上确定合适的拆卸方法，选用合适的拆卸工具，然后进行解体。

2. 拆卸原则

机械设备拆卸时，应该按照与装配相反的顺序进行，一般是从外部拆至内部，从上部拆到下部，先拆成部件或组件，再拆成零件的原则进行。另外在拆卸中还必须注意下列原则：

① 对不易拆卸或拆卸后连接质量降低的连接，尽量避免拆卸。

② 用击卸法冲击零件时，必须垫好软衬垫，或者用软材料做的锤子或冲棒以防损坏零件表面。

③ 长径比较大的零件，如较精密的细长轴，拆下后，随即清洗、涂油、垂直悬挂。

④ 拆卸时，用力应适当，特别注意保护重要结构件，不使其发生损坏。

⑤ 拆下的零件应尽快清洗，并涂上防锈油。

⑥ 拆下的较细小、易丢失的零件，如紧定螺钉、螺母、垫圈及销子等，清理后尽可能再装到主要零件上，防止遗失。轴上的零件拆下后，最好按原次序方向临时装回轴上或用钢丝串起来放置，这样将给以后的装配工作带来很大方便。

⑦ 拆下后的导管、油杯之类的润滑或冷却用的油、水、气的通路，各种液压件，在清洗后均应将进出口封好，以免灰尘杂质侵入。

⑧ 在拆卸旋转部件时，应注意尽量不破坏原来的平衡状态。

⑨ 容易产生位移而又无定位装置或有方向性的相关配件，在拆卸后应先做好标记，以便在装配时容易辩认。

3. 常用的拆卸方法

(1)击卸法

击卸是拆卸工作中最常用的方法，它是用锤子或其他重物的冲击能量把零件拆卸下来的一种方法。

① 用锤子击卸。用锤子敲击拆卸时应注意下列事项：

• 要根据拆卸件尺寸及质量、配合牢固程度，选用质量适当的锤子，用力也要适当。

• 必须对受击部位采取保护措施，不要用锤直接敲击零件。一般使用铜棒、胶木棒、木板等保护受击的轴端、套端和轮辐。拆卸精密重要的零、部件时，还必须制作专用工具加以保护。

图 4-86(a)所示为保护主轴的垫铁,图 4-86(b)为保护轴端中心孔的垫铁,图 4-86(c)为保护轴端螺纹的垫铁,图 4-86(d)为保护轴套的垫套。

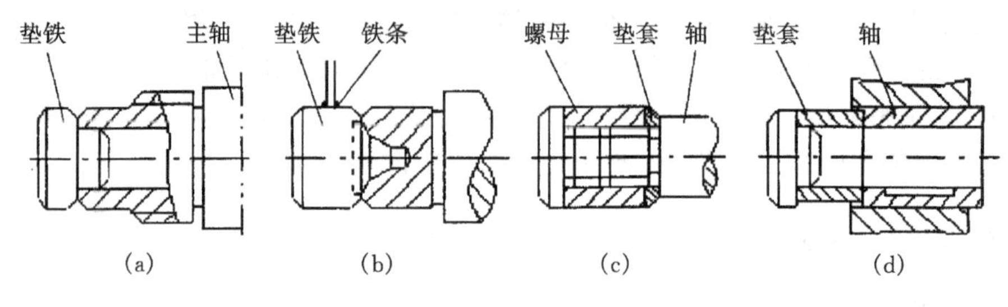

图 4-86　击卸时的保护

• 应选择合适的锤击点,以防止零件变形或破坏。如对于带有轮辐的带轮、齿轮等,应锤轮与轴配合处的端面,锤击点要均匀分布,不要锤击外缘或轮辐。

• 对严重锈蚀而难于拆卸的连接件,不要强行锤击,应加煤油浸润锈蚀部位。当略有松动时,再进行击卸。

② 利用零件自重冲击拆卸。图 4-87 所示为利用自重冲击拆卸蒸汽锤锤头的示意图。锤杆与锤头是由锤杆锥杆锥体胀开弹性套产生过盈连接的,为了保护锥体和便于拆卸,在锥孔中衬有紫铜片。拆卸前,先将锤头抵铁拆去,用两端平整、直径小于锥孔小端 5 mm 左右的铜棒作冲铁,置于下抵铁上,并使冲铁对准锥孔中心。在下抵铁上垫好木板,然后开动蒸汽锤下击,即可将锤头拆下。

③ 用其他重物冲击拆卸。图 4-88 所示为利用吊棒冲击拆卸锻锤中节楔条的示意图。一般是在圆钢近两端处焊上两个吊环,系上吊绳并悬挂起来,将楔条小端倒角,以防止冲击出毛刺而影响装配,然后用吊棒冲击楔条小端,即可将楔条拆下。在拆卸大、中型轴类零件时,也可采用这种方法。

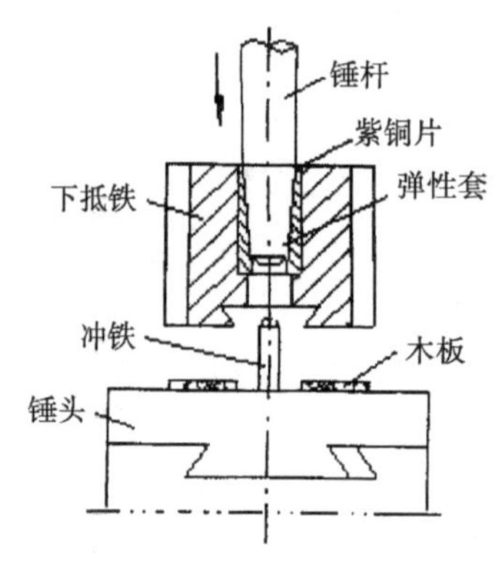

图 4-87　利用自重拆卸

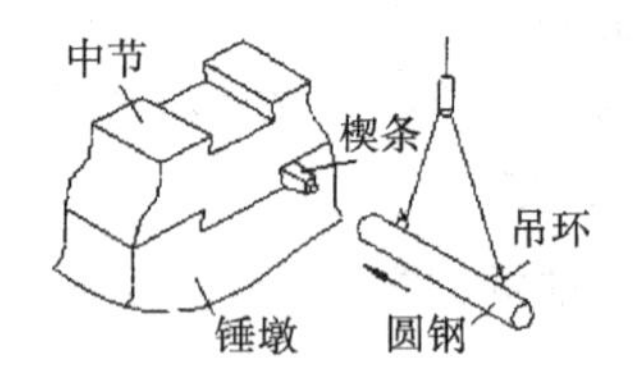

图 4-88　用吊棒冲击拆卸示意

(2)拉拔法

拉拔法是用静力或较小的冲击力进行拆卸的方法。这种方法不容易损坏零件,适用于拆卸精度较高的零件。

① 锥销的拉拔。图 4-89 所示为用拔销器拉出配合较紧、尺寸较大的锥销(尺寸小的锥销可用击卸法打出)。图 4-89(a)所示为大端带有内螺纹锥销的拉拔;图 4-89(b)所示为带

螺尾锥销的拉拔。

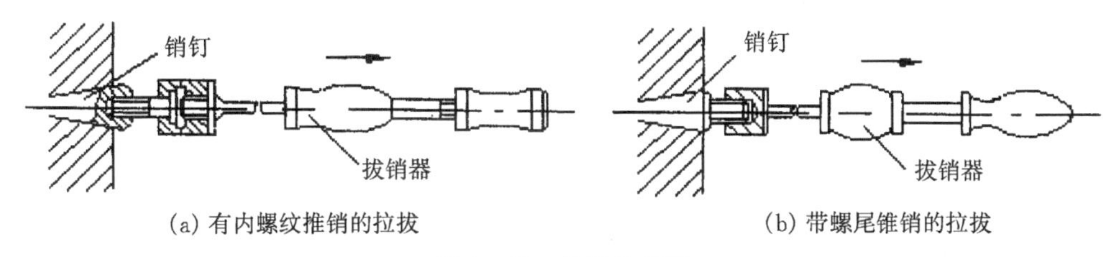

(a) 有内螺纹推销的拉拔　　(b) 带螺尾锥销的拉拔

图 4-89　锥销的拉拔

② 轴端零件的拉拔拆卸。位于轴端的带轮、链轮、齿轮和滚动轴承等零件的拆卸可用各种螺旋拉拔器拉出。图 4-90(a)所示为用拉拔器拉出滚动轴承；图 4-90(b)所示为用拉拔器拉卸滚动轴承外圈。图 4-90(c)、(d)所示为用拉拔器拉卸带轮、齿轮和滚动轴承。

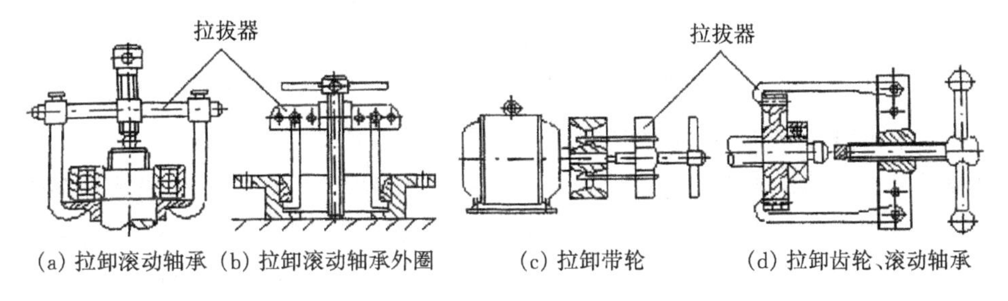

(a) 拉卸滚动轴承　(b) 拉卸滚动轴承外圈　(c) 拉卸带轮　(d) 拉卸齿轮、滚动轴承

图 4-90　轴端零件的拉卸

③ 轴套的拉卸。由于轴套一般使用硬度较低的铜、铸铁或其他轴承合金制成，如果拆卸不当，则很容易变形或划坏轴套的配合表面。因此，不必拆卸的尽可能不拆卸，只清洗和修整即可。对于精度较高，又必须拆卸的轴套，可用专用拉具拆卸。图 4-91 所示为两种拉卸轴套的方法。

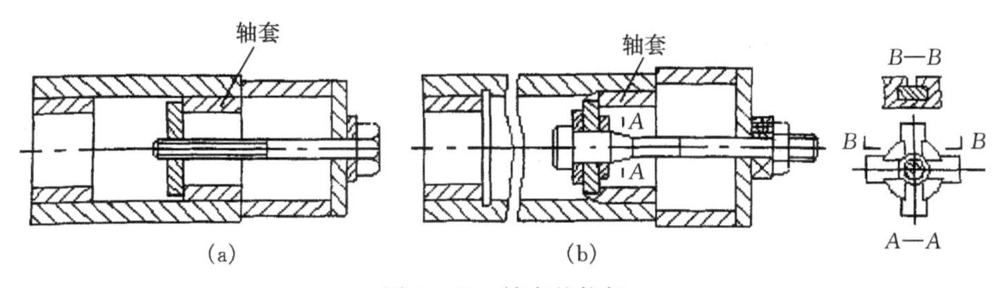

(a)　(b)

图 4-91　轴套的拉卸

④ 钩头键的拉卸。图 4-92 所示为两种拉卸钩头键的方法。这两种拉具结构简单，使用方便，又不会损坏钩头键和其他零件。

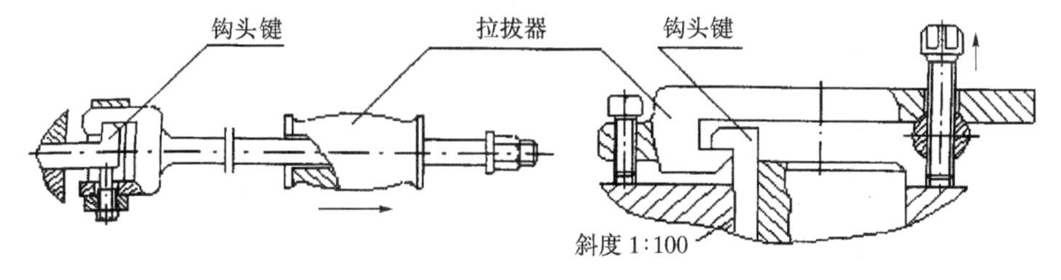

图 4-92　钩头键的两种拉卸方法

⑤ 轴的拉卸。对于端面有工艺螺孔、直径较小的传动轴，可用拔销器拉卸，如图 4－93 所示。拉拔时应注意将螺纹拧紧，避免拉拔时因拔销器螺栓松脱而损坏轴端螺孔。

对于金属切削机床的主轴，为了防止在拉拔拆卸时损坏主轴端部的配合表面和精密螺纹等，要制作与主轴端部相配的专用拉拔工具进行拆卸。

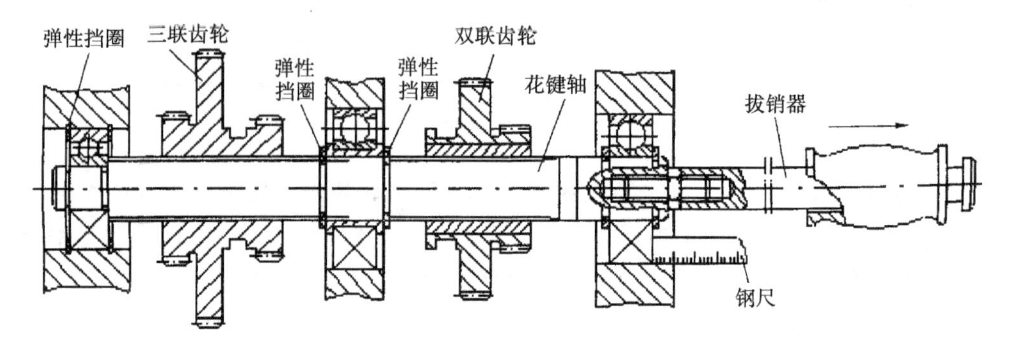

图 4－93　用拔销器拉卸传动轴

拉卸轴类零件时，必须注意以下事项：

• 拆卸前，应熟悉拆卸部位的装配图和有关技术资料，了解拆卸部位的结构和零件之间的配合情况。

• 拉卸前，应仔细检查轴和轴上的定位件、紧固件等是否已经完全拆除，如弹性挡圈、紧定螺钉、圆螺母等。

• 根据装配图确定轴的正确拆出方向。拆出方向一般是轴的小端、箱体孔的大端、花键轴的不通端。拆卸时，应先进行试拔，可以通过声音、拉拔用力情况与轴是否被拉动来判断拉出方向是否正确。等确定无误时，再正式拉卸。

• 在拉拔过程中，还要经常检查轴上零件是否被卡住而影响拆卸。如轴上的键容易被齿轮、轴承、垫套等卡住；弹性挡圈、垫圈等也会落入轴槽内被其他零件卡住。

• 在拉卸轴的过程中，从轴上脱落下来的零件（如齿轮等）要设法接住，避免落下时零件损坏或砸坏其他零件。

(3)顶压法

顶压法是一种用静力拆卸的方法，一般适用于形状简单的静止配合件。顶压法常利用螺旋压力机、C 形夹头和齿条压力机等工具和设备进行拆卸。

(4)温差法

温差法拆卸是用加热包容件或者冷却被包容件的方法拆卸。用于配合过盈量较大或无法用击、压方法拆卸的连接件。如用加热法拆卸滚动轴承时，可用拉卸器钩住轴承内圈，放入加热到 100 ℃左右的油液中，使内圈受热膨胀后，快速用拉卸器拉出轴承。也可以用冰冷却滚动轴承外圈，同时用拉卸器拉出轴承外圈。

(5)破坏拆卸

当必须拆卸焊接、铆接、大过盈量连接等固定连接件，或发生事故而使花键轴扭曲变形，轴与轴套咬死及严重锈蚀而无法拆卸的连接件时，不得已而需采取破坏性拆卸来保证主要零件或未损坏件完好的方法。破坏拆卸一般采用车、锯、錾、钻、气割等方法进行，将次要零件或已损坏零件拆卸下来。

4.5　综合实例与操作练习

1. 实例

如图 4－94 所示零件，材料 45 钢，用钳工操作技能完成，工艺如表 4－9 所列。

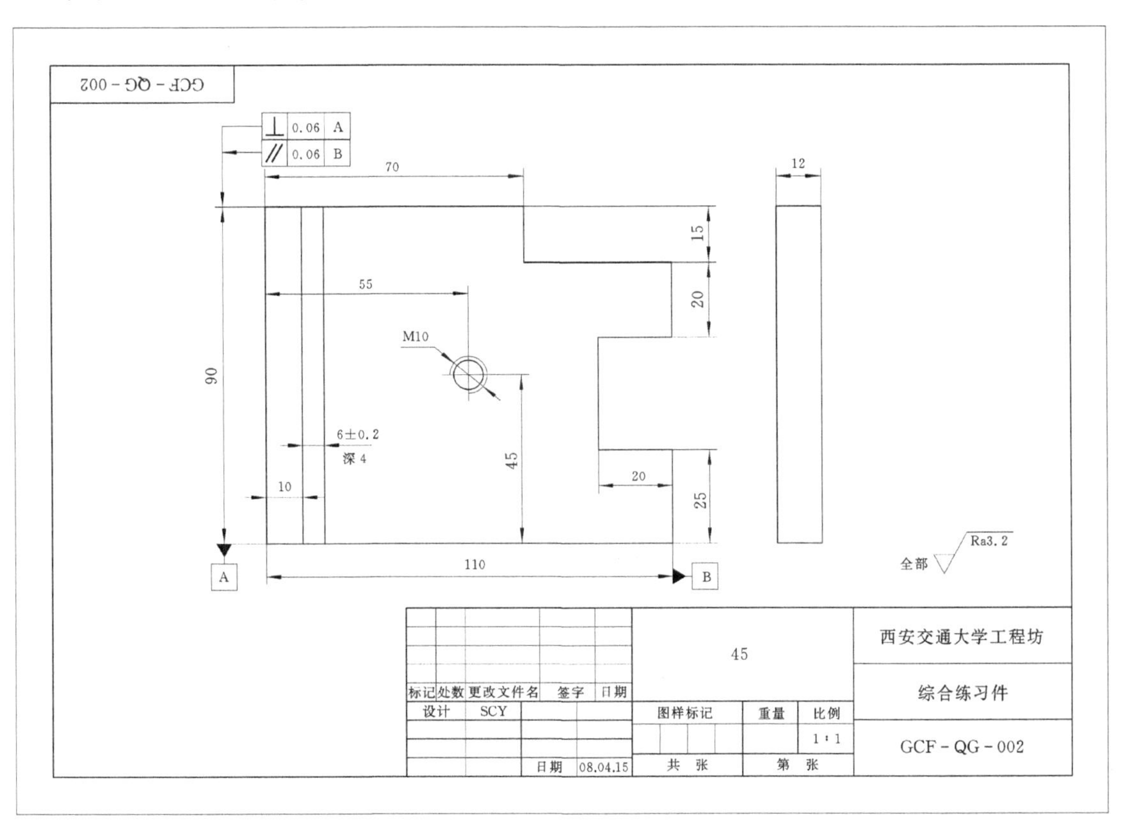

图 4－94　综合实例

表 4－9　工艺列表

序号	工序名	工序内容
1	修整两大平面	修整互相垂直的两个相邻侧面，作为划线基准
2	划线	根据图形尺寸划线(预留下料尺寸)
3	下料	锯割下料
4	锉削	锉削外形，保证尺寸 90，110，70，15，20，25，及形位公差 ⊥ 0.06 A // 0.06 B
5	錾削	錾削 6±0.2 槽，深 4
6	钻孔	钻 ϕ8.5 孔
7	攻螺纹	攻 M10 螺纹孔
8	检验	

2. 操作练习

用钳工操作技能完成如图 4-95 所示小锤头。

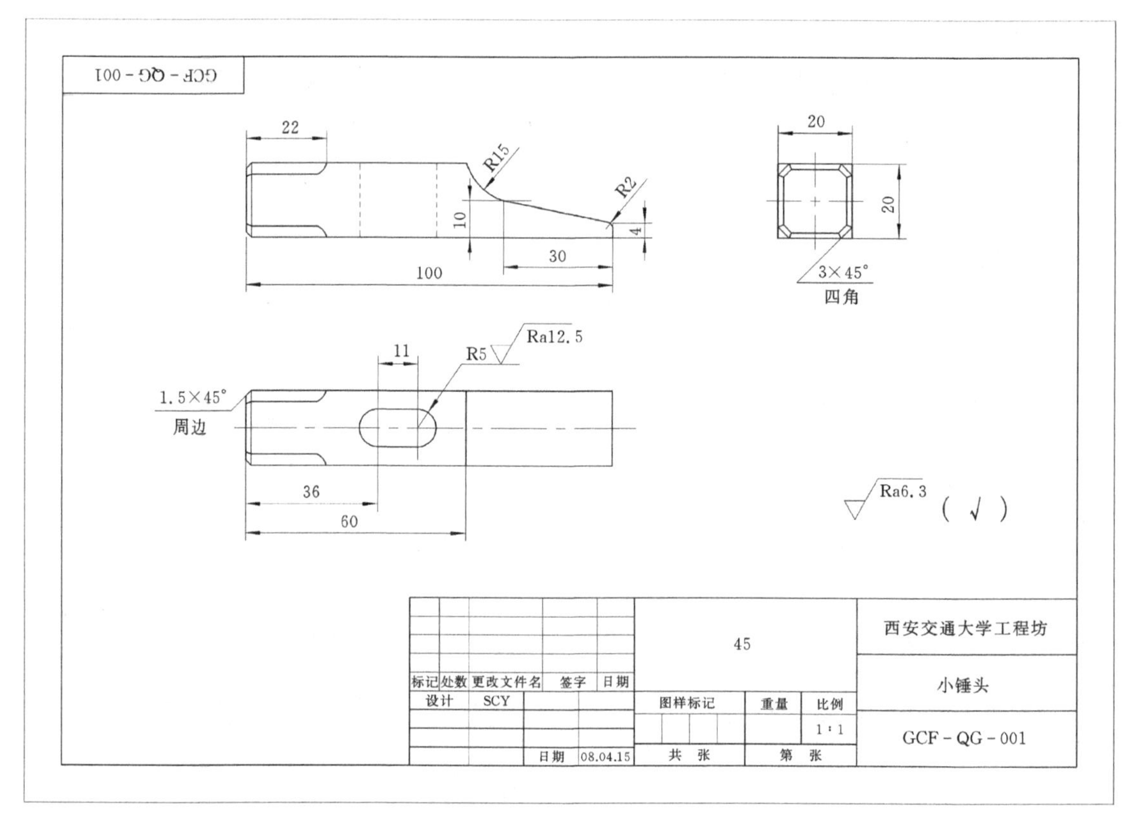

图 4-95　小锤头

*** 创意园地**

下面是一些学生作品的展示，请根据所学知识，动动脑筋，设计制作一些有创意的小物品。

图 4-96　学生作品《标志》1

图 4-97　学生作品《奥运"京"》

图 4-98　学生作品《标志》2

复习思考题

1. 划线的作用是什么？
2. 什么叫做划线基准？如何选择划线基准？
3. 方箱和千斤顶的用途有何不同？
4. 钻、扩、铰各有什么作用？手工铰孔的尺寸精度和表面粗糙度范围是多少？
5. 钳工钻孔时，为什么不许戴手套？
6. 怎样选用锯条？起锯时和锯削时的操作要领是什么？
7. 有几种锉削方法？锉平面时用交叉锉法有何优点？
8. 推锉法有何用途？
9. 如何确定攻螺纹前底孔的直径和深度？
10. 简述螺孔的加工步骤。
11. 为什么套螺纹前要检查圆杆直径？其大小怎样决定？为什么要倒角？
12. 刮削有什么特点和用途？
13. 表面刮削的精度如何表示和检查？
14. 什么是装配？装配的方法一般有哪几种？各有何特点？
15. 装配成组螺母时应注意什么？

第5章　钣金

5.1　学习要点与操作安全

1. 学习要点

（1）了解钣金生产工艺过程、特点和应用。

（2）能正确选用钣金工具、量具。

（3）掌握材料的剪切、焊接、铆接、弯曲、成型的工艺特点及方法。

（4）能按零件图独立加工简单的工件。

2. 操作安全

（1）操作人员工作前要穿好工作服，扣紧袖口，留长发者必须戴工作帽，并将发辫放入帽内。不许穿着裙子、高跟鞋、拖鞋从事钣金加工作业。

（2）设备运转时，禁止将手伸入上下刀口、模具之间或压料板下。拆装模具或调整机床时必须停机后进行。

（3）钣金加工作业时，应注意周围人员动态，防止设备或工件碰伤他人。多人操作时，应由一人指挥，其他人员协调配合。

（4）使用剪切、折弯和冲压设备时不得超过机床额定值，并且材料上不得存在硬痕、焊渣、夹渣及焊缝。

（5）焊接作业时必须合理使用防护用具，严禁用手触摸焊机电极，以防触电。焊接作业区附近不准堆放易燃、易爆物品，防止发生火灾。

5.2　钣金加工基础知识

5.2.1　钣金加工范围与特点

钣金加工是指主要以金属板材为原料，按预定的设计，采用钣金加工工艺，制造成生产、生活所需用品的过程。钣金制品应用十分广泛，主要可分为金属外壳、金属容器、金属管路、金属结构、日用五金、家具构件和金属工艺品等。钣金加工工艺主要包括放样、剪裁、冲压、折弯、焊接、铆接、矫正等。

钣金加工的一般工艺过程为：放样→下料→成形→装配→连接→表面处理。

钣金加工的特点：

① 钣金加工所用材料主要是金属板材和型材，其材质通常为钢材、铝材、铜材。

② 对加工者综合技能有较高的要求，包括理论知识、操作技能、工作经验等方面。

③ 涉及加工设备种类较多，其中一些设备具有较高的危险性。

④ 生产作业环境较差，噪音较大，劳动强度大。

5.2.2　钣金常用设备与工具

1. 常用设备

钣金制作中常用的机械设备主要有压力机、剪板机及折弯机等，下面分别加以介绍。

(1)冲压设备

冲压设备用于板料的压延、冲裁、落料、切边等工作。常用冲压设备有机械压力机、液压压力机等。

① 机械压力机中最常用的是曲柄压力机，按其机架形式可分为开式和闭式两种。开式压力机的工作台结构有固定式、可倾式和升降台三种，如图5-1所示。

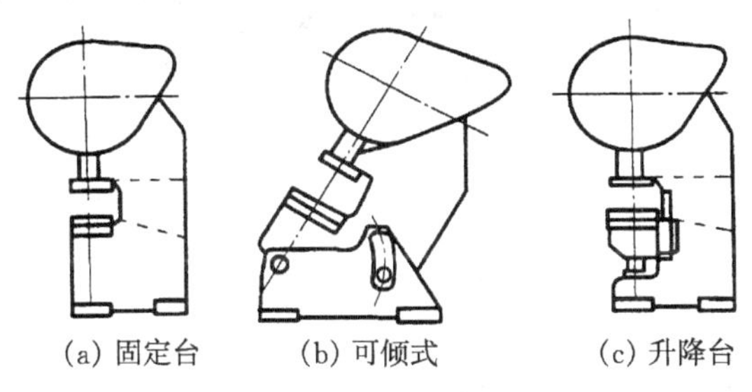

(a) 固定台　(b) 可倾式　(c) 升降台

图5-1　开式曲柄压力机

② 液压压力机具有压力大、行程长、冲压速度可控等特点，如图5-2所示，主要用于中(厚)钢板的冷(热)弯曲、成型、压制封头、拉延和板材与结构件矫正等工作。液压压力机分油压机和水压机两大类。

③ 数控转塔冲床是一种由计算机控制的高效、高精度、高自动化的板材加工设备，如图5-3所示。板材自动送进，只要输入简单的加工程序，即可在计算机的控制下自动加工，也可采用步冲的方式，用小冲模冲出大的圆孔、方孔及任意形状的曲线孔。广泛用于电工电器、电子仪表、家用电器及计算机等行业，特别适用于多品种、中小批量复杂多孔板件的冲裁加工。

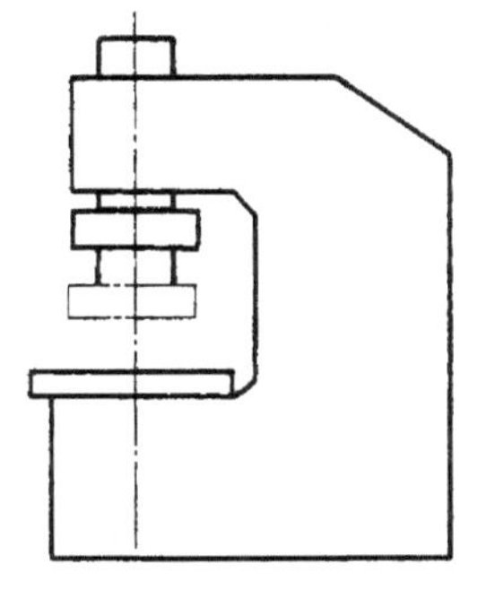

图5-2　单臂液压机

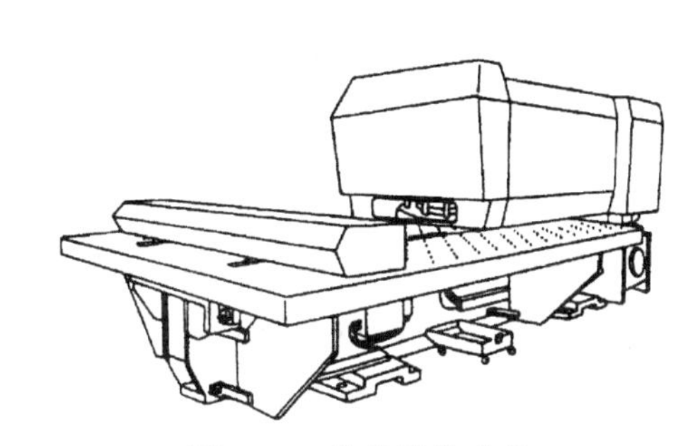

图5-3　数控转塔冲床

(2)板料裁剪设备

剪板机用于对板料进行裁剪加工。剪板机的结构形式很多，按传动方式分为机械和液压两种；按其工作性质又可分为剪直线和剪曲线两大类。剪板机的生产效率高，切口光洁，是应用广泛的一种裁剪设备。

① 机械式剪板机是应用较为广泛的一种剪切设备，如图 5-4 所示。它主要用于板料的直线剪切，主要技术参数是最大剪板厚度和最大剪板宽度。剪切板厚度受剪切设备功率的限制，剪切板宽受剪刀刃长度的限制。典型的 Q11-3×1500 型剪板机剪裁钢板的最大厚度为 3 mm，最大剪切宽度为 1500 mm。

图 5-4　机械式剪板机

② 数控液压剪板机是传统的机械式剪板机的更新换代产品，如图 5-5 所示。其机架、刀架采用整体焊接结构，经振动消除应力，确保机架的刚性和加工精度，同时采用先进的数控和集成式液压控制系统，提高了整体的稳定性与可靠性，剪切角和刀片间隙无级调节，使工件的切口平整、均匀且无毛刺，能取得较高的剪切精度。

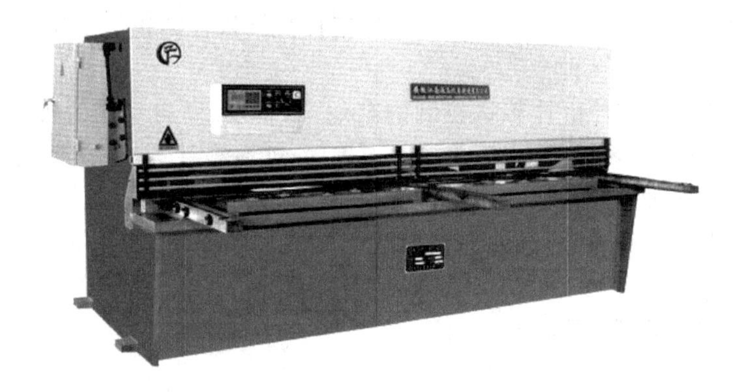

图 5-5　数控液压剪板机

(3)弯曲、校形设备

① 卷板机用于将板料弯卷成圆柱面、圆锥面或任意形状的柱面，如图 5-6 所示。卷板机按辊轴的数目及布置形式可分为三辊卷板机和四辊卷板机两类。三辊卷板机又分为对称式与不对称式两种。

② 板料校平机是金属板材、带材的冷态校平设备，如图 5-7 所示。当板料经多对呈交叉布置的轴辊时，板料会发生多次反复弯曲，使短的纤维在弯曲过程中伸长，从而达到校平的目的。一般轴辊数目越多，校平质量越好。通常 5～11 辊用于校平中、厚板；11～29 辊用于校平薄板。

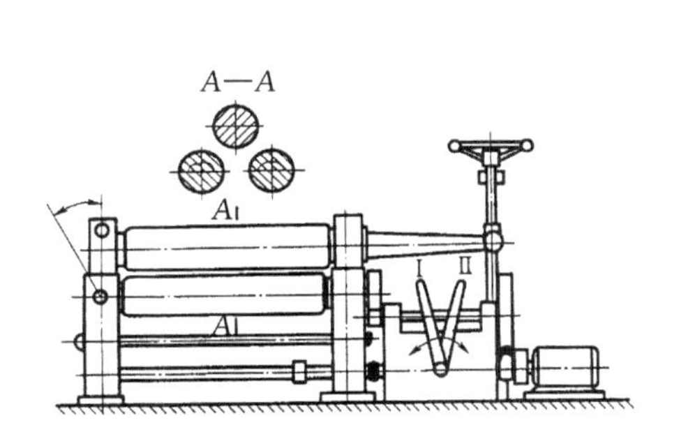

图 5-6　机械调节的对称三辊卷板机

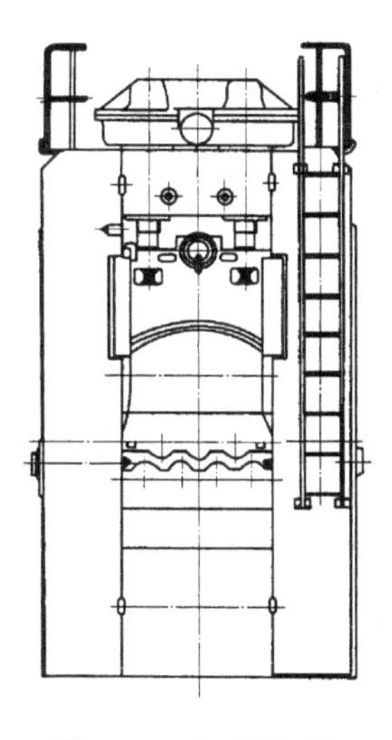

图 5-7　板料校平机

③ 型材弯曲机是一种专用于卷弯角钢、槽钢、工字钢、扁钢、方钢和圆钢等各种异型钢材的高效加工设备，可一次上料完成卷圆、校圆工序加工，广泛用于石化、水电、造船及机械制造等行业，如图 5-8 所示。

④ 弯管机是在常温下对金属管材进行有芯或无芯弯曲的设备。广泛用于现代航空、航天、汽车、造船、锅炉、石化、水电、金属结构及机械制造等行业，如图 5-9 所示。

⑤ 板料折弯机用于对板料弯曲成各种形状，还可用于剪切、压平和冲孔工序加工，如图 5-10所示。

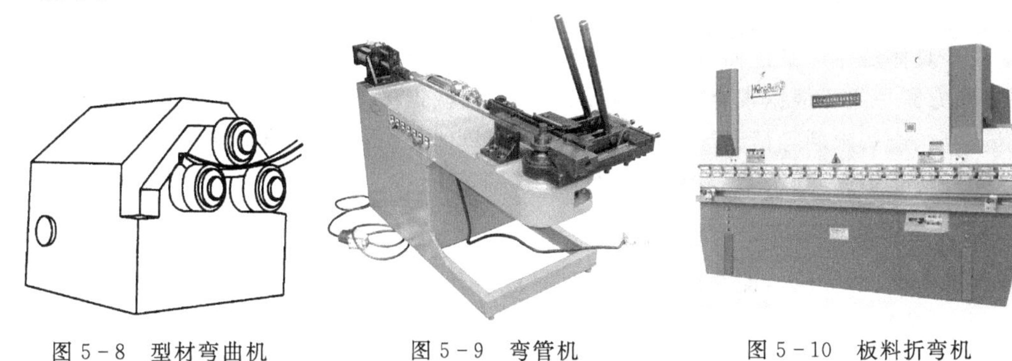

图 5-8　型材弯曲机　　图 5-9　弯管机　　图 5-10　板料折弯机

2. 钣金制作常用工具、量具

钣金加工使用的工具、量具较多，许多与钳工的工具相同。钣金常用工具、量具主要有以下几类：

① 量具：游标卡尺、高度尺、钢板尺、卷尺、万能角度尺、圆规。

② 整形工具：手锤、木锤、橡胶锤、拍尺。

③ 剪、切类工具：铁皮剪、錾子、手锯、各种锉刀。

④ 电动工具：手电钻、电动剪、电动曲线锯、角磨机、电动螺丝刀。

5.3 钣金加工工艺

5.3.1 展开放样

所谓展开，实际是把一个封闭的空间曲面沿一条特定的线切开后铺平成一个同样封闭的平面图形。它的逆过程，即把平面图形制作成空间曲面，通常叫成形过程。实际生产中，往往是先设计空间曲面后再制作该曲面，而这个曲面的制造材料大都是平面板料。因此，用平板做曲面，先要求得相应的平面图形，即根据曲面的设计参数把平面坯料的图样画出来。这一工艺过程就叫展开放样。

1. 展开放样的基本要求

展开放样必须遵守精准原则、工艺可行原则、经济实用原则，这三项原则是展开放样的基本要求。

(1)精准原则

该原则指的是展开方法正确，展开计算准确，求实长精确，展开图作图精确，样板制作精确。考虑到以后的排料套料、切割下料还可能存在误差，放样工序的精确度要求更高，一般误差应不大于 0.25 mm。

(2)工艺可行原则

放样必须熟悉加工工艺，工艺必须通得过才行。也就是说，大样画得出来还要做得出来，而且要容易做，做起来方便，不能给后续制造增添麻烦。中心线、弯曲线、组装线、预留线等以后工序所需的都要在样板上标明。

(3)经济实用原则

对一个具体的生产单位而言，理论上正确的并不一定是可操作的，先进的并不一定是可行的，最终的方案一定要根据现有的技术要求、工艺因素、设备条件、外协能力、生产成本、工时工期、人员素质、经费限制等情况综合考虑，具体问题具体分析，努力找到经济可行、简便快捷、切合实际的经济实用方案，绝不能超现实，脱离现有工艺系统的制造能力。

2. 展开放样的方法

展开通常有三种方法，即几何法展开、计算法展开、计算机辅助展开。

(1)几何法展开

几何法展开，准确一点应叫几何作图法展开。展开过程中，求实长和画展开图都是用几何作图的方式来完成的。几何法展开又可细分为许多实用的方法，常用的有放射线法、平行线法和三角形法三种。

① 放射线法：这种方法在换面逼近时使用的面元是三角形，但这些三角形共一顶点，常用在锥面的展开中。

② 平行线法：这种方法在换面逼近时使用的面元是梯形，常用在柱面的展开中。

③ 三角形法：这种方法在换面逼近时使用的面元是三角形，可用于柱面、锥面等各种曲面的展开，其应用广，准确度高。放射线法、平行线法适用的展开均可采用三角形法，只是其作图手续多一些，工作量相对大一些。

(2)计算法展开

计算法展开,顾名思义,要通过计算来实现。其实在展开过程中,它只是用计算的方法求实长,画展开图还是用几何作图。如何进行计算?如何弄清楚展开曲线两坐标变量之间的函数关系?这些都是要解决的问题。一般钣金制品的曲面是由基本曲面组成的,而基本曲面在立体解析几何中都确切地给出了解析式。由这些联立方程组可以求出空间相贯线的联立方程组,进而求得选定面上的相贯线方程和实长方程,于是展开曲线上预设各点的坐标就能一一计算出来。这种通过解析方程来进行展开计算的方法也叫解析法展开。

(3)计算机辅助展开

计算机在钣金设计制造中的应用之一,即是计算机辅助展开和计算机辅助切割,在数控切割机上,二者甚至可以同时完成。计算机辅助展开的应用软件不少,多以薄板件设计为主,兼有展开功能。方法上则分参数建模和特征造型两大类,应用中各有特色,尤其是电子电气的薄壳箱体制作,可达到美仑美奂的地步。

5.3.2　剪裁

剪裁通常用于钣金加工下料,是钣金加工的重要环节。板料剪裁可分为剪切和冲裁两类。

剪切:以两个相互平行或交叉的刀片对金属材料进行切断的方法。

冲裁:利用冲模分离板料的方法。冲裁可加工出外形与内形,冲裁出外形称为落料,冲裁出内形称为冲孔。

1. 剪裁概述

(1)常用剪裁设备

剪裁设备较多,主要有剪板机、滚剪机、振动剪床、型材剪切机、机械压力机、液压压力机、数控冲床等。

(2)剪裁间隙

① 剪切间隙:剪切机上剪刃之间的间隙称为剪切间隙,间隙大小直接影响断面质量,在斜口剪板机上剪切板料,剪切间隙应控制在板材厚度的 2%~5%。

② 冲裁间隙:当冲床上滑块的行程到达下止点时,上下模应完全吻合。此时凸凹模工作表面刃口之间的距离称为冲裁模刃口的单边间隙,用 $Z/2$ 表示。对于封闭的冲裁件,两对侧间隙之和称为双边间隙,用 Z 表示。

如模具为圆形,则双边间隙为凹模与凸模刃口直径之差,即 $Z=D-d$,D 与 d 分别为凹模与凸模刃口的实际直径。间隙大小对断面质量的影响见图 5-11。间隙合适时,断口较光洁,毛刺少且小;间隙过大时,冲裁件斜度大、圆角大、毛刺大;间隙过小时,会出现一些局部的第二光亮带;间隙极小时,则出现连成一片的第二光亮带,圆角变小。

所以,选择合适的间隙直接关系到断面质量。但由于各种冲裁件的要求不同,冲裁条件各异,可用下面的经验公式计算间隙

$$Z = kt$$

式中:t—板厚,单位为 mm;

　　k—最小相对间隙,单位为 mm。

k 值可查机械设计手册,通常在模具设计图样上只标注 Z_{min}。

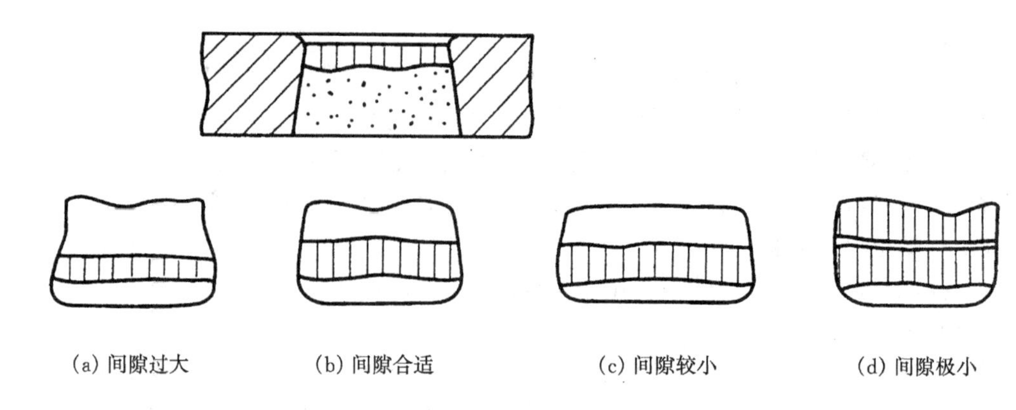

(a) 间隙过大　(b) 间隙合适　(c) 间隙较小　(d) 间隙极小

图 5－11　由断面质量判断冲裁模间隙

(3)冲裁模

冲裁模由凸模,凹模和模架组成,模架包括上模座、下模座、导向装置、承料导料装置与卸料装置。冲裁模有简单冲裁模与单工序导向冲裁模两种。

简单冲裁模结构简单,成本低,用作批量较小的单工序模。单工序导向冲裁模由于具有导向装置,冲裁精度较高。

2. 剪裁方法

剪裁方法分为剪切和冲裁两大类。剪切方法通常有手工剪切、剪板机剪切、滚剪机剪切、振动剪剪切等。冲裁方法通常有压力机冲裁和数控冲床冲裁,下面主要介绍剪板机剪切和压力机冲裁。

(1)剪板机剪切

下面以 Q11－3×1500 型剪板机为例,介绍用剪板机剪切金属板料的方法。Q11－3×1500 型剪板机外形见图 5－4,它是一种小型普通剪床,结构简单,操纵灵活可靠,适用于钣金加工厂、电器、汽车制造及其他薄板加工车间。由于机床上装有定长落料装置,故对于等长材料之大量剪切更为适宜。Q11－3×1500 剪板机主要技术参数见表 5－1。

表 5－1　Q11－3×1500 剪板机主要技术参数

序号	名称		数值	单位
1	最大剪切厚度		3	mm
2	最大剪切宽度		1500	mm
3	被剪切材料抗拉强度极限		40	kg/mm^2
4	压料力		400	kg
5	上刀架行程次数		56	次/min
6	上刀架行程距离		65	mm
7	上刀片剪切角度		2°25′	°
8	后挡料最大定位距离		350	mm
9	电动机	功率	4	kW
		转速	1400	r/min

① 机床的组成。Q11－3×1500 型剪板机主要由机体部分、传动部分、控制部分、压料装置、后挡料装置和制动装置组成。

• 传动部分：电动机(01)将动力用三角带传给传动轴(02)，传动轴另一端装有齿轮(03)，齿轮(03)与装在主轴上的齿轮(04)啮合，齿轮(04)通过离合器方键(05)驱动主轴(06)，在主轴(06)上装有二偏心轮(07)，偏心轮带动二连杆，使上刀架(08)作上下运动来进行剪切加工。如图 5－12 所示。

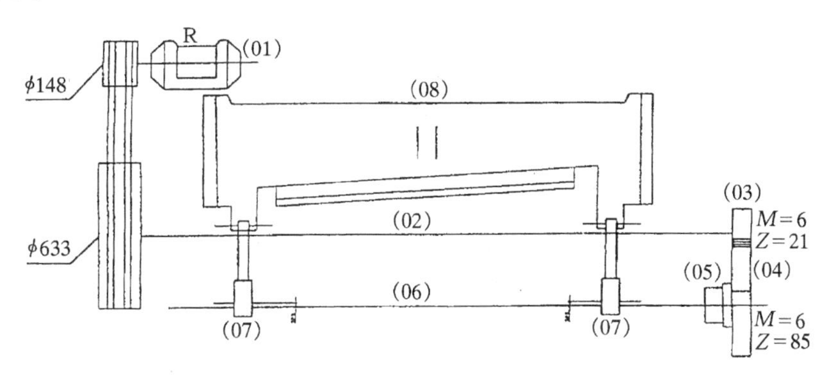

图 5－12　传动系统图

• 控制部分：该剪板机控制部分比较简单，电气控制为电源开关，机床剪切动作由脚踏杆控制。在机床准备剪切时，踏下脚踏杆，离合器中的方键滑移使齿轮与主轴啮合，带动主轴旋转，从而使上刀架向下运动完成剪切。

• 后挡料部分：后挡料装置由挡料架和挡料板组成，如图 5－13 所示。松开锁紧手柄(02)，即可前后移动挡料架(01)，挡料板装于挡料架上随之一同移动，从而可调节挡料板与下刀口间的距离 X。剪切时板料从前面送入后抵紧挡料板，剪切下的材料长度即等于距离 X。使用后挡料装置，便于等长度材料的批量剪切。

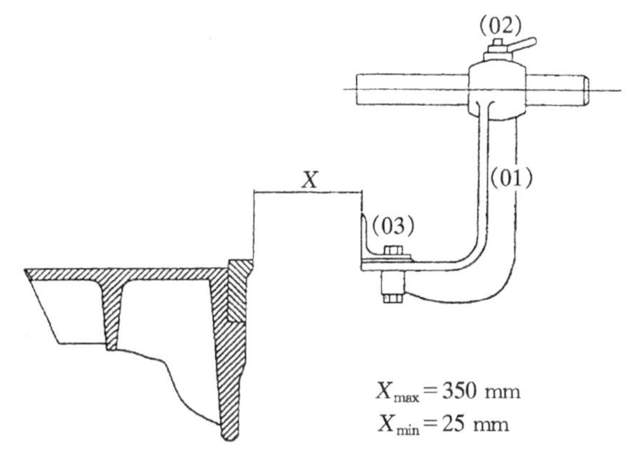

图 5－13　后挡料装置示意图

• 压料部分：压料装置是把被剪切板料牢固地压紧在工作台上，以免材料在剪切时产生移动和跳动。压料功能是由与上刀架联动的压板实现的。上刀架向下运动时，压板在剪切前首先压住板料，以利剪切；当上刀架向上运动时，带动压板也向上运动，从而可继续送料再次剪切。

· 制动部分:本机床采用凸轮带式制动器,制动器装在主轴的左端,其作用是当剪切行程终了时凸轮产生最大摩擦力,使上刀架停在最高位置。制动器力矩的大小可以通过制动弹簧顶部螺母进行调整。

② 剪板机调整

· 刀口间隙调整:为了适应不同厚度材料的剪切,在裁剪前必须进行刀口间隙调整。通过调节床身前面的调整螺钉,可使下刀架(即工作台)前后移动,从而调整刀口间隙。在进行间隙调整时,应使整个刀口宽度上间隙一致。测定刀口间隙可以使用塞尺进行,刀口间隙的数值可参考图 5 - 14 所示曲线。

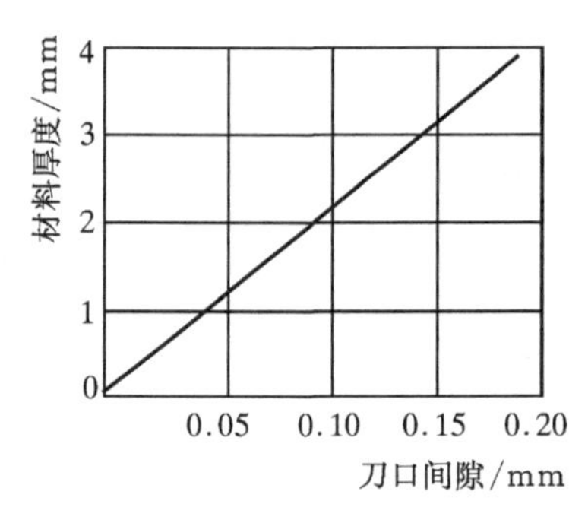

图 5 - 14　刀口间隙

· 后挡料装置的调整:挡料装置用于控制剪切长度(参看图 5 - 13),调节时先松开锁紧手柄(02),即可移动挡料架(01)(两只挡料架同时移动)使挡料板(03)移动到需要剪切的宽度位置 X,旋紧锁紧手柄(02)即可得到需要的剪切长度。

· 压料装置的调整:压板(01)与工作台(05)之间的间隙可旋转螺钉(08)来调整。当剪切薄板时,可调至较小的间隙。当剪切厚板时(但不超过 3 mm),可旋紧螺母(03)使其更紧地压缩弹簧(04),以增加压板的压力,这样在剪切时板料不至于跳动。但弹簧(04)不能调整得太紧,必须保持当刀架运动时,弹簧有压缩的余地。如图 5 - 15 所示。

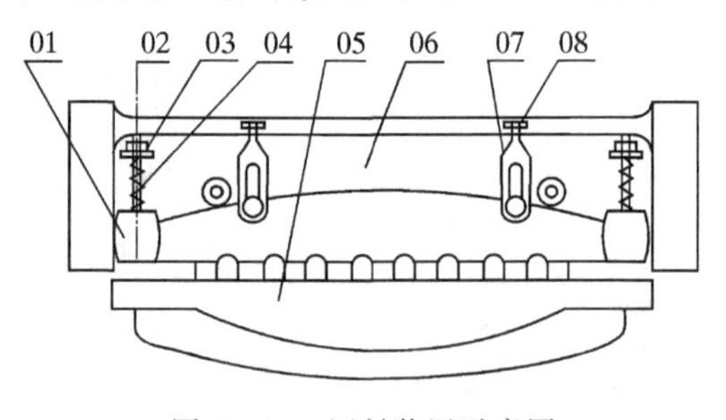

图 5 - 15　压料装置示意图

③ 剪板机操作安全事项:

· 开机前,首先应检查各运动部分是否夹有异物,以免妨碍机床正常运动,并按润滑系统图表对各部位进行润滑。

· 机床工作台上及附近场地上一切不需要之物件必须清理干净。

· 接通机床电源,待电机转速稳定后,用脚踏下脚踏杆,使上刀架上下往复运动两三次,仔细观察所有工作部分运转是否正常。设备运转一切正常后方可进行正式剪切作业。

• 当使用后挡料装置定位剪切时，可一人完成送料和操作；当使用前挡料板定位，从后面向前送料时，必须两人操作，一人在机床后部负责送料，一人在前面负责剪切操作；当进行两人以上同时作业时，必须由一人指挥，其他人协同。

• 剪切小块材料时，可以采用画线后从前面送料，目测调整使所画线痕与下刀刃口重合后进行剪切的方法。

• 在任何情况下，操作者都不能将手指伸入压料板下和上下刀口之间，以防压伤手指。

(2) 压力机冲裁

使用压力机进行金属板料剪裁，通常使用冲裁模具进行。根据模具不同，可分为冲孔和落料。冲裁模具分为有导向装置的精密冲裁模和无导向装置的简易冲裁模。

① J23 系列开式可倾压力机：J23 系列开式可倾压力机是以曲柄连杆机构为工作机构的压力机，如图 5-16 所示。曲柄连杆机构的工作环节是刚性的结构，滑块具有强制的运动性质。因此对已定的压力机机构尺寸，滑块每分钟行程次数及运动曲线都是固定不变的。

本系列压力机是属于板料冲压的通用性压力机。可以用于冲孔、落料、切料、弯曲、成形、浅拉深和其他冲压工序。

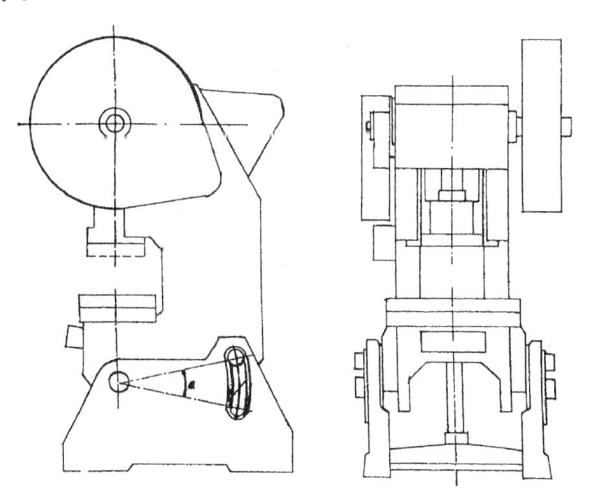

图 5-16　开式可倾压力机

② 压力机组成：压力机主要由机身、传动装置、离合器、滑块、制动器、操纵器、电气系统等部件组成。

• 机身：机身是压力机的主要部件之一。机身把压力机的全部机件联结成一个整体。

• 传动装置：由电机通过三角形传动带将动力传至飞轮及传动轴，传动轴的一端安装有小齿轮，与曲轴上的大齿轮啮合。在离合器接合时，曲轴回转，驱动滑块运动。

• 离合器：离合器安装在曲轴右端大齿轮内。齿轮所传递的扭矩，经过离合器的接合或分离，使曲轴回转或停止运动。

• 滑块：在曲柄连杆机构的带动下，滑块体在机身导轨上作往复移动。滑块部件包括连杆、螺杆、滑块体、装模高度锁紧机构和保险装置等。滑块上的模具夹板用于固定上模柄。保险装置在压力机发生意外超载时，能首先破坏，从而起到压力机过载保护的作用。

• 制动器：为了克服滑块往复运动及曲轴回转的惯性，当离合器分离以后，使滑块可靠地停止在上死点位置，在曲轴的左端装有一个带式偏心制动器。所需制动力的大小可通过螺母调节弹簧压缩量而得到。不能调节太松，否则会引起转动过量，冲击损坏零件，产生不安全的后果；太紧会损耗过多能量。

• 操纵器：操纵器是控制离合器的接合或分离的机构，由牵引电磁铁控制。操作人员通过手动或脚踏开关控制电磁铁，从而控制压力机的工作过程。

• 电气系统：压力机由三相异步电动机驱动，电器系统控制电动机的供电与控制，并具有电气过载自动保护功能。

压力机的操作方式有双手操作和脚踏操作两种，由操作预选开关控制。工作方式有调整、单次、连续三种，由功能预选开并控制。

• 调整方式：将功能预选开关旋至“调整”时，电机不能工作，电磁铁吸合，离合器接合，通过手动盘动飞轮，即可进行调整、校正模具。

• 单次方式：将功能预选开关旋至“单次”时，双手同时按住“运行”按钮，滑块只进行一次冲压行程。

• 连续方式：将功能预选开关旋至“连续”，先按一下“连续预置”按钮，5 秒之内双手同时按“运行”按钮，滑块将进行连续冲压行程。机床在连续行程状态时，当按“行程停止”按钮，连续行程停止，滑块将停在上死点。

③ J23－25 型压力机主要技术参数见表 5－2。

表 5－2　J23－25 型压力机的技术规格

序号	技术参数	单位	参数值
1	公称力	kN	250
2	滑块行程	mm	65
3	行程次数	次/min	55
4	最大装模高度	mm	200
5	装模高度调节量	mm	55
6	工作台尺寸	mm	366×560
7	模柄孔尺寸	mm	ϕ40×70
8	机身可倾角度	°	30
9	电动机功率	kW	2.2
10	外形尺寸	mm	1345×1150×2130
11	重量	kg	1780

④ 冲裁模的安装：在调整压力机前，须仔细阅读机床说明书，了解压力机的构造及调整方法。调整时严禁双手进入模腔之间，应用盘杆手动盘动飞轮，严禁开车调整。

有导向装置模具的安装：

• 先将压力机工作台面和模具底面擦拭干净，然后将模具合模后放置在压力机工作台中央。

• 将压力机置于“调整”工作方式，盘动飞轮使滑块下移，并配合调节滑块调整螺杆，使模柄完全进入滑块的模柄孔内（预先松开夹紧螺栓），使上模的平面与滑块的底平面良好接触，旋紧模柄夹紧螺栓，用压板或T形螺栓将下模紧固于工作台上。

• 盘动飞轮使滑块移动至下止点位置，调节滑块行程调整螺杆，使模具行程符合要求后，锁紧滑块调整螺杆的锁紧螺套即可。

简易冲裁模的安装：

• 对于小型模具，可先将上模与下模分离，然后将上模柄装入滑块的模柄孔内，使上模的平面与滑块的底平面良好接触，旋紧模柄夹紧螺栓。对于较大的模具，可仿照有导向装置模具的安装方法，将上模柄装入滑块模柄孔。

• 将压力机置于“调整”工作方式，盘动飞轮使滑块连同上模下移，使上下模合模。然后用压板或T形螺栓将下模稍加压紧，再通过用榔头敲击下模的方法，调整凹凸模刃口各向间隙符合要求，必要时可用塞尺检查。调整好刃口间隙后，将下模压紧螺栓旋紧。

• 盘动飞轮使滑块移动至下止点位置，调节滑块行程调整螺杆，使模具行程符合要求后，锁紧滑块调整螺杆的锁紧螺套即可。

⑤ 压力机操作安全事项：

• 启动机床前，首先应检查模具是否安装牢固，机床工作台和上下模之间是否有杂物，并按润滑要求对各部位进行润滑。

• 开启机床电源，待电机转速稳定后，用脚踏和手动方式分别控制机床动作，检查各种工作方式是否运转正常，并注意检查离合器、制动器工作是否正常，如存在异常，则必须进行相应调整。

• 机床运转时，操作者手臂或手指严禁进入上下模之间；在进行冲裁作业送料时，操作者的手不得进入上下模之间；取工件时，不得用手直接进入模具间拿取，必须使用镊子、钳子等辅助工具夹取。

• 冲裁作业时，操作者必须集中注意力。应优先采用双手控制方式操控机床，如采用脚踏开关控制，每冲裁完一次后，脚应离开开关。

• 拆装模具或调整机床时必须停机后进行。工作完毕，应关闭设备电源，做好机床保养和环境打扫工作。

5.3.3　折弯

折弯是成形的内容之一，分手工折弯和机械折弯两种。

手工折弯：利用简单的工具手工作业将薄板或其他型材弯曲成一定角度或形状零件的工艺方法。

机械折弯：用折弯机与模具将坯料弯曲成一定的角度或形状零件的工艺方法称为机械折弯。

1. 弯曲变形过程及特点

金属板料在弯曲时，内层的材料因受压而缩短，外层的材料因受拉而伸长。那么，在拉伸与压缩之间，必有一层材料长度不发生变化，这层叫中性层。这一层很重要，因为弯曲前后材料长度不变，所以在展开下料时，按此层的长度来确定。中性层的位置与弯曲半径有关，通常近似值在材料厚度的1/2处，如图5－17所示。

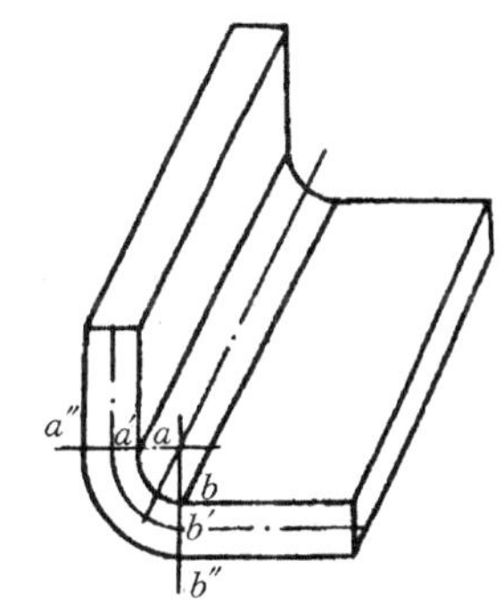

图5－17　经弯曲成形的零件

宽度较窄的板料(宽度小于 3 倍板厚)弯曲时,在弯曲区的外层,因受拉伸宽度会缩小,内层因压缩会增加;对宽的板料来说(宽度大于 3 倍板厚),由于横向变形受到宽度方向大量材料的阻碍,所以宽度基本不变。

板料在弯曲变形时,具有以下特点:

① 材料外层受拉应力伸长,内层受压应力缩短,中性层长度不发生变化。

② 材料外层在厚度方向产生压缩变薄,因此材料有向曲率中心移动趋势,结果使材料纤维之间相互挤压。

③ 板料塑性弯曲时,由于中性层的内移,使外层拉伸区大于内层压缩区,板料外层的变薄量大于内层的增厚量,因而引起了板料厚度的变薄。弯曲半径与板厚之比越小,中性层内移越大,板料变薄也越严重。

2. 最小弯曲半径

在保证板料外表面纤维不发生破坏的前提下,能够弯成的内表面的最小圆角半径,称为最小弯曲半径,用 $r_{\min}$ 表示。相应的 $r_{\min}/t$ 称为最小相对弯曲半径,其中 t 为材料厚度。

弯曲时,最小弯曲半径受到板料外层最大许可拉伸变形程度的限制,超过这个变形程度,板料将产生裂纹。

影响最小弯曲半径的因素:

① 材料的力学性能:材料的塑性越好,相应的最小弯曲半径也越小。

② 材料的纤维方向与弯曲线方向的关系:顺着材料纤维方向的塑性指标高于垂直纤维方向的塑性指标,因此弯曲件的折弯线如果垂直于材料纤维方向,则弯曲半径可以小些;如果弯曲件折弯线与纤维方向平行,则弯曲半径就应大些,如图 5－18 所示。因此当加工弯曲半径较小的工件时,应尽量使折弯线垂直于板料的纤维方向,避免外层纤维拉裂。多向弯曲的工件,可使折弯线与板料纤维方向成一定的角度。

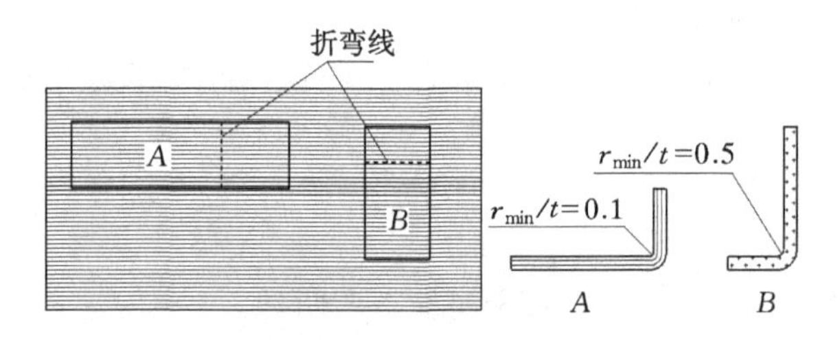

图 5－18 板料纤维与弯曲的关系

③ 弯曲角的大小:板料弯曲变形,理论上仅局限于圆角部分。直边部分不参与变形,变形程度只与弯曲半径有关,与弯曲中心角的大小无关。但在实际弯曲过程中,由于金属纤维之间互相有牵制,靠近圆角的直边部分也参与了变形,从而扩大了变形区的范围。弯曲角与最小弯曲半径的关系是:在相对弯曲半径相同的条件下,弯曲角越小,材料外层受拉伸程度越小,越不易开裂,最小弯曲半径越小。

④ 材料的热处理状态:材料通过退火处理可降低硬度,提高塑性,弯曲半径可明显减少。

3. 压弯力

为使材料能在足够的压力下成形,必须计算其压弯力。它是选择压力机工作压力的重要依据。在生产中常用经验公式计算压弯力,见表 5－3。

表 5-3　计算压弯力的经验公式

弯曲方式	经验公式
“V”形自由弯曲	$P = P_1 = \frac{bt^2\sigma_b}{r+t}$
“U”形接触弯曲	$P = P_1 + Q = \frac{bt^2\sigma_b}{r+t} + 0.8P_1$
“L”形弯曲	$P = \frac{P_1 + Q}{2} = \frac{bt^2\sigma_b}{2(r+t)} + 0.4P_1$

表中：P— 弯曲时总弯曲力，单位为 N；
P_1 — 弯曲力，单位为 N；
Q— 最大顶件力，单位为 N；
($Q = 0.8P_1$)
b— 弯曲件宽度，单位为 mm；
t— 材料厚度，单位为 mm；
r— 内弯半径，单位为 mm；
σ_b — 材料抗拉强度

4. 弯曲件的回弹

板料的弯曲和其他变形方式一样，在塑性变形的同时，还有部分弹性变形存在。由于弯曲时板料外层受拉内层受压，所以当外力去除后，弯曲件要产生角度和半径的回弹(又叫回跳)。回弹的角度叫回弹角(或称回跳角)。

由于弯曲时内、外层切向应力与应变的性质不同，因此弹性回复方向也相反，即外层缩短，内层伸长。这种反向的弹性恢复，会引起弯曲件角度和半径的改变。

(1)影响回弹的主要因素

① 材料的力学性能。材料的屈服点越高，弹性模量越小，加工硬化越激烈，回弹越大。

② 变形程度。弯曲时，相对弯曲半径越大，回弹越小。

③ 弯曲角度。弯曲角度越大，说明变形区域越大，所以回弹也随之增大。

此外，回弹大小还与弯曲方式、零件形状和模具构造等因素有关。

(2)减少回弹的措施

① 在零件结构设计上采取措施，减小回弹。如在弯曲变形区域压制加强筋，增加弯曲区材料的刚度和塑性变形程度。

② 在加工工艺方面采取措施。如采用校正弯曲代替自由弯曲，对材料进行退火处理降低屈服点，对回弹进行矫正等。

③ 在模具结构上采取措施。根据弯曲件回弹趋势和回弹量大小，修正凸模或凹模工作部位的形状和尺寸，使工件的回弹量得到补偿。

5. 弯曲件毛坯尺寸的计算

根据中性层的定义，毛坯的长度等于中性层的长度。

中性层位置用曲率半径 P 表示：

$$P = r + X_0 t$$

由此可知，中性层位置与弯曲半径 r、料厚 t 和系数 X_0 有关(参见表 5-4)，此外，它还与弯曲方式、模具结构、弯曲件形状及尺寸标注等多种因素有关。对于形状复杂或精度要求高的弯曲件，必须经过反复试弯、不断修正，才能最后确定毛坯的形状及尺寸；而对于形状简单、尺寸精度要求不高的弯曲件，一般可根据不同的弯曲形状，按相应的经验公式计算毛坯长度。具体计算公式可查询有关工艺手册，在此不再赘述。

表 5 - 4　系数 X_0 值

r/t	0.10	0.25	0.50	1.00	2.00	3.00	4.00	>4
X_0	0.320	0.350	0.380	0.420	0.445	0.470	0.475	0.500

6. 板料折弯方法

(1)手工折弯

单件、小批生产中的较小板料或用机床难以弯曲成形的板料，需采用手工折弯，如图5 - 19所示。将划好线的板坯放在规铁 2(如折 90°弯角，可用方铁)上，使折弯线对好规铁角棱，上面压一直角垫铁 1，再用木锤或木方尺敲击。如果板坯宽度不大，可直接夹在台虎钳上加工。钳口先垫好规铁，使板坯上的弯曲线对好规铁棱角，再用木锤敲击到所需折弯角。若板坯高出钳口较短，可用木块垫着锤击。

(2)折弯机折弯

对于尺寸或板料厚度较大的工件，以及进行批量折弯加工，通常采用专用设备进行弯曲加工。常用的板料折弯的设备有折弯机、压力机等，它们配合不同的模具，可以加工出各种较复杂形状的工件。以下主要介绍使用折弯机进行板料弯曲加工的工艺。

① WC67Y 型折弯机简介。WC67Y 型折弯机采用钢板焊接结构，具有较好的强度和刚度。液压传动保证工作时不致因使用不当造成严重超载事故。该机工作平稳、安全可靠、操作方便。上模装有补偿机构，可保证获得较高的折弯工作精度。用户只需配备各种不同的模具，就可将板料折弯成各种不同形状的工件，还可以进行冲载、剪切加工。整机外形如图 5 - 20 所示。

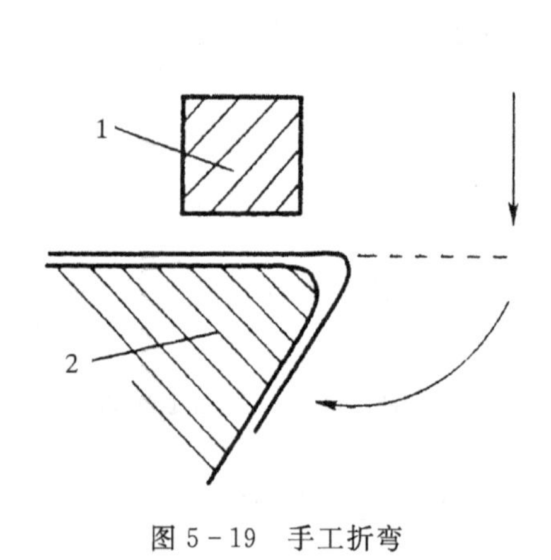

图 5 - 19　手工折弯

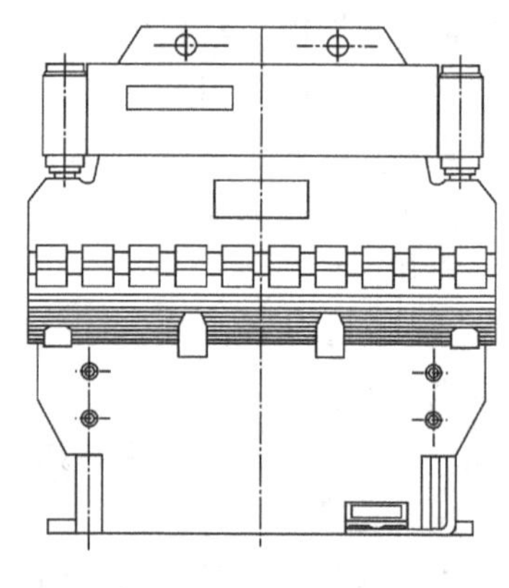

图 5 - 20　液压折弯机

WC67Y 型折弯机主要技术参数见表 5 - 5。

② 折弯机调整。

• 滑块下限的调整：由于折板厚度及折弯角度的不同，滑块行程下死点必须根据具体要求进行调整。当滑块停于上死点上，旋转机架前右上侧的手轮即可改变挡块位置，从而控制行程距离。机动调节的调整方法：滑块停于上死点，点动上微调电机按钮。

• 滑块上限的调整：为了减少滑块的空行程距离，提高机器利用率，根据具体情况，滑块无需每次行程到达油缸死点位置，可调节行程挡块控制行程开关，使滑块上限停至适当位置。

• 滑块慢速行程的调整：调节行程挡块控制开关，使上模靠近工件时切换为慢速行程。

• 折弯压力的调整：先根据折弯工件板厚、长度、材质、查表或计算出所需折弯吨位压力，再通过调节溢流阀的开度控制折弯机压力。

• 模具及挡料位置调整：折弯机下模的四个垂直面上，加工有不同形状和尺寸的凹槽，选择不同的凹槽与上模配合，可弯制不同的角度。选择好下模凹槽后，必须调整下模的位置，使上下模吻合对正。另外，在加工前还需根据工件折弯位置，调节好前(后)挡料板的位置。

表 5－5　WC67Y 型折弯机主要技术参数

序号	参数名称		单位	参数值
1	公称压力		kN	400
2	工作台尺寸		mm	2200
3	立柱间距离		mm	1870
4	工作台与滑块间最大开启度		mm	300
5	滑块行程调节量		mm	50
6	滑块行程速度	空载	mm/s	40
		满载	mm/s	8
		回程	mm/s	40
7	主电机功率		kW	4
8	油泵工作压力		MPa	31.5
9	外形尺寸		mm	2200×1150×1890

③ 折弯机操作安全事项。

• 操作人员工作前要穿好工作服，扣紧袖口，留长发者必须戴工作帽，并将发辫放入帽内。不许穿着裙子、高跟鞋、拖鞋操作机床。

• 开机前须认真检查液压油位是否正常，上、下模安装是否正确、牢固，并对规定部位进行润滑。机床启动后应先空运转几分钟，检查液压系统和各操控功能是否正常。

• 折弯作业时，应注意周围人员动态，防止设备或工件碰伤他人。多人操作时，应由一人指挥，其他人员协调配合。

• 机床运转时，禁止将手臂伸入上下模之间。拆装模具时必须停机后进行。

• 工件的折弯部位不得有焊疤和较大毛刺，以防损坏模具。不得加工超过机床允许厚度的材料或板料以外的其他异形材料。

• 工作完毕，切断电源，做好机床保养和环境打扫工作。

5.3.4　铆接

用铆钉把两个或更多零件连成整体的方法叫铆接。

1. 铆钉的种类、形状与用途

(1) 铆钉的种类

为适应不同的铆接方法和用途，铆钉有不同的种类。从材质来分，主要有铝制铆钉、钢制铆钉和铜质铆钉。从铆钉结构分，有实心铆钉、空心铆钉和抽芯铆钉。

(2)铆钉的形状与用途

根据铆接件的实际要求，可选用不同形状和规格的铆钉，以获得满意的铆接质量。常用铆钉的形状及用途见表 5－6。

表 5－6　几种铆钉的形状与用途

名称	简图	标准	钉杆		一般用途
			d/mm	L/mm	
半圆头铆钉	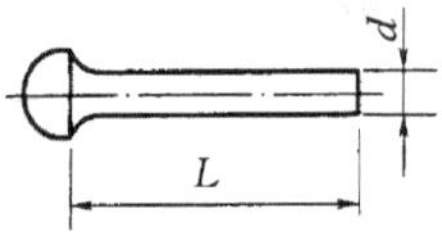	GB 863.1－86（粗制）	12～36	20～200	锅炉、房架、桥梁、车辆等承受较大横向载荷的铆缝
		GB 867－86	0.6～16	1～100	
平锥头铆钉	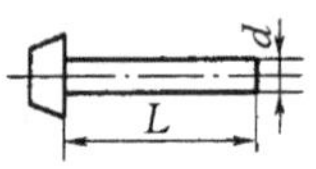	GB 864－86（粗制）	12～36	20～200	钉头肥大、耐蚀，用于船舶、锅炉
		GB 864－86	2～16	3～110	
沉头铆钉	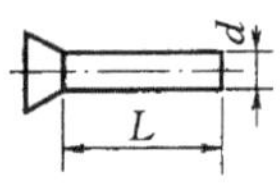	GB 865－86（粗制）	12～36	20～200	承受较大作用力的结构，并要求铆钉不凸出或不全部凸出工件表面的铆缝
		GB 8690－86	1～16	2～100	
半沉头铆钉	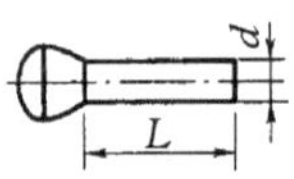	GB 866－86（粗制）	12～36	20～200	
		GB 870－86	1～16	2～100	
平头铆钉	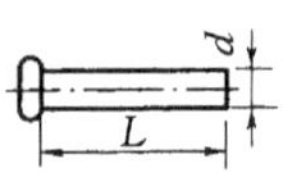		2～10		薄板和有色金属的连接，并适于冷铆
扁圆头铆钉	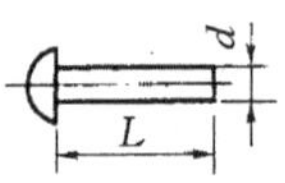		1.2～10		

选用铆钉时，铆钉材质应与铆件材质相同，且应具有较好塑性。

2. 铆钉直径及钉孔直径计算

(1)铆钉直径 d 和长度 L

铆钉直径的大小是由板材的厚度来确定的。材料的计算厚度，按下列三个原则确定：

① 板料搭接时，按厚板计算。

② 厚度相差大时，按薄的计算。

③ 板料与型材铆接时，按两者平均厚度算。

铆钉直径 d 可按下式计算：

$$d = (50\sum t)^{\frac{1}{2}} - 4\ (\text{mm})$$

式中 $\sum t$ 为按上述原则确定的被铆钉板总厚度。通常，被铆件总厚度不应超过钉径的 5 倍。铆钉直径也可按表 5－7 选取。

表5-7 铆钉直径 d 的选择

板料厚	d/mm	板料厚	d/mm	板料厚	d/mm
5～6	10～12	9.5～12.5	20～22	19～24	27～30
7～9	14～18	13～18	24～27	≥25	30～36

铆钉长度直接影响铆接质量的好坏。选得过长，钉杆容易弯曲，选得过短，铆接强度不够，所以应正确选定铆钉长度，不同形式铆钉可按下列公式计算：

沉头铆钉： $L=1.1\sum t+0.8d$

半沉头铆钉： $L=1.1\sum t+1.1d$

半圆头铆钉： $L=1.1\sum t+1.4d$

式中：L—铆钉钉杆长度，单位为mm；

$\sum t$—铆接材料的总厚度，单位为mm；

d—铆钉直径，单位为mm。

(2)钉孔直径 d_0

钉孔直径 d_0 在精装配时，选 $d+0.1$ mm；粗装配时，选 $d+0.2$ mm。钉孔直径也可参考表5-8选择。

表5-8 钉孔直径 d_0 的选择

铆钉直径 d/mm		2	2.5	3	3.5	4	5	6	8	10	12
d_0/mm	精装	2.1	2.6	3.1	3.6	4.1	5.2	6.2	8.2	10.3	12.4
	粗装	2.2	2.7	3.4	3.9	4.5	5.6	6.5	8.6	11	13
铆钉直径 d		14	16	18	20	22	24	27	30	36	
d_0/mm	精装	14.5	16.5								
	粗装	15	17	19	21.5	23.5	25.5	28.5	32		

3. 铆接种类及形式

(1) 铆接的种类

铆接的种类有密固铆接、强固铆接和紧密铆接。

① 密固铆接。既要求铆钉能承受大的作用力，又要求接缝紧密的场合，如压力容器。

② 强固铆接。用于要求连接强度高、铆钉受力大的场合，如飞机蒙皮与框架、建筑的桁架等。

③ 紧密铆接。用于接合缝要求紧密、防漏的场合，如水箱、油灌、低压容器，此时铆钉受力较小。

(2)铆接形式

铆接的形式有三种：搭接、对接和角接。

① 搭接。搭接是板材边缘搭叠在一起而进行的铆接形式如图5-21(a)所示。

② 对接。对接是将两件要连接的板置于同一平面上，利用覆板进行的铆接形式。覆板有

单覆板与双覆板两种，如图 5－21(b)所示。

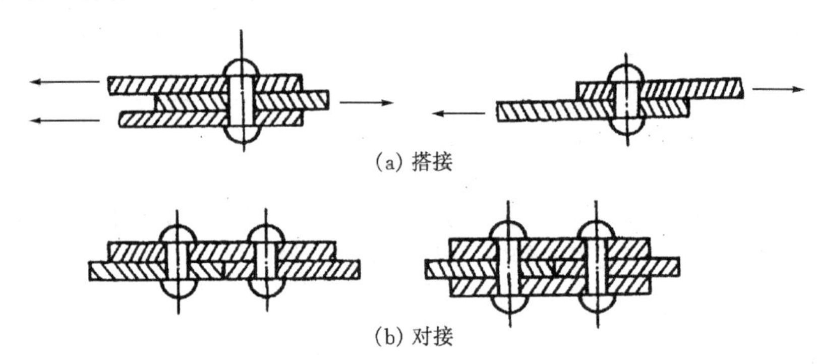
(a) 搭接

(b) 对接

图 5－21 搭接与对接的形式

(3)角接。角接是将两板件或构件互相垂直，或按一定角度用铆钉连接的方式。超过两件以上的角接，称为多角接或特殊连接，如图 5－22 所示。

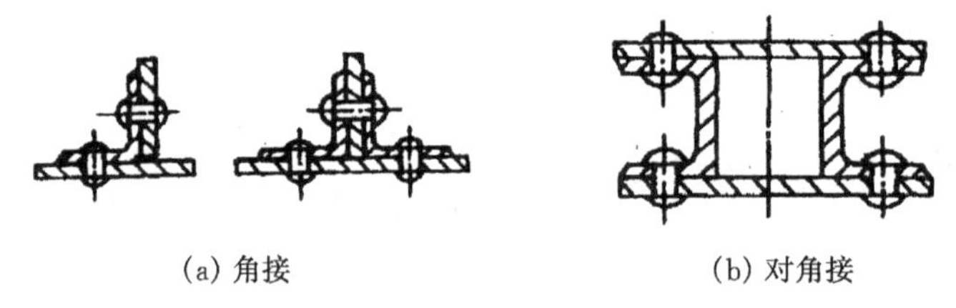
(a) 角接 (b) 对角接

图 5－22 角接

4. 铆接方法

铆接方法有冷铆、热铆两种。

(1) 冷铆

在常温状态下进行的铆接称为冷铆，冷铆有如下特点：

① 冷铆时，钉杆不易镦粗。为保证连接强度，钉孔应尽量与铆钉直径相近。

② 冷铆适用于小直径铆钉的铆接，要求铆钉具有良好的塑性。

③ 用铆钉冷铆时，铆钉直径一般不要超过 13 mm；用铆接机冷铆时，铆钉的直径一般不超过 25 mm。

④ 手工冷铆时，捶击次数不能过多；否则容易出现冷作硬化现象，钉头也易产生裂纹。

(2)热铆

将铆钉加热后的铆接称为热铆，一般用于较大工件的铆接。热铆通常采用专用铆接机或气动铆接枪进行铆接。

5. 铆接质量检验

① 检验铆接紧密程度，常用 0.3 kg 的小锤轻轻敲打铆钉来辨别铆钉是否松动。

② 铆接缺陷可以用样板来进行检查。

③ 铆钉头与板料间的紧密程度，可以用塞尺进行检验。

5.3.5 焊接

焊接作为一种加工方法，应用范围很广。焊接是通过加热和加压，或两者并用，使用或不使用填充材料，使焊接件达到原子结合的一种加工方法。

根据焊接过程中金属所处的状态不同，焊接可分为三大类，即熔焊、压焊和钎焊。当今制造和维修行业，钣金零部件的焊接工作量比以往提高了许多，原来的铆接工艺在许多方面已被焊接工艺所替代。它既能节约金属材料，减轻结构重量，还具有加工方便、致密性好、强度高、经济效益好等优点。

在钣金加工中，常用的焊接方法有气焊、电弧焊、点焊、氩弧焊和钎焊等。本节仅介绍点焊和手工钨极氩弧焊，其他焊接工艺可参考本教材下册中的焊接部分。

1. 点焊

在焊接过程中，焊件不需加热、熔化，不需外加填充金属，只需对焊件施加压力后，利用电阻热熔化点状母材的焊接方法称为点焊。

点焊适用于薄板件之间的连接，在汽车制造、航空、航天等领域应用得较为广泛。

(1)点焊设备简介

点焊加工一般使用点焊机进行，DN 系列点焊机为杠杆踏板式结构，主要由主变压器、定时控制电路、水冷回路和焊接加压机构组成。具有空载电流小、电流调节方便、定时精度高、操作方便、焊接质量好和维修方便等特点，如图 5－23 所示。

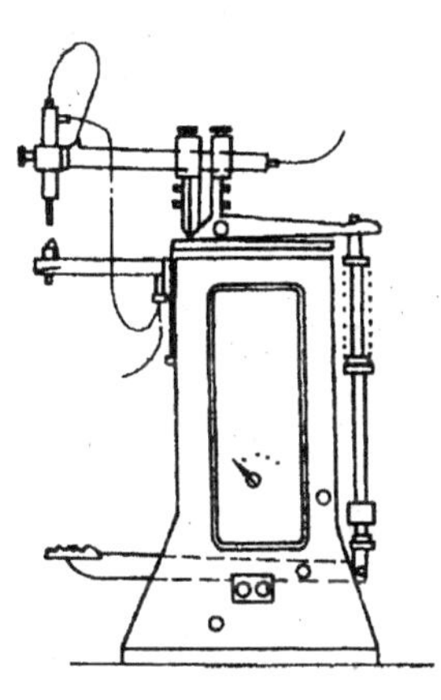

图 5－23　DN 系列点焊机

DN 型系列点焊机，广泛用于工业生产中，可对低碳钢板、不锈钢板、线材、银触头及大部分有色金属进行焊接，完全可以代替繁琐的铆钉连接。

DN 系列点焊机主要技术参数见表 5－9。

表 5－9　DN 系列点焊机技术参数

机型	电源电压 /V	额定容量 /kVA	额定输入电流/A	额定负载持续率 /%	空电载压 /V	电极臂长度 /mm	调节级数	焊接时间 /S	焊接厚度 /mm
DN－10 型	220/380	10	36.3	20	1.6－3.2	240	7	0.01－9.99	2＋2
DN－16 型	220/380	16	39.5	20	1.7－3.4	270	7	0.01－9.99	2.5＋2.5
DN－25 型	220/380	25	65.8	20	1.76－3.52	300	7	0.01－9.99	3＋3
DN－40 型	380	40	69	20	1.8－3.6	300	7	0.01－9.99	4＋4

(2)点焊工艺

① 焊接前的准备。

- 检查点焊机电极头，应安装牢固；踏动加压踏板，上下电极应对齐。
- 按焊件厚度要求调节焊接电流和焊接延时时间。
- 调整点焊机压力弹簧至合适位置。
- 开启冷却水并调节到合适流量。

② 焊接操作。

- 接通点焊机电源，电源指示灯亮即可工作。

• 正式焊接前，应用相同厚度的边角料进行试焊，再根据试焊结果调节焊接电流和时间。试焊时焊接电流调节应由低至高调节，焊接时间的调节应由短至长。

• 正式焊接时，应使上下电极头的端部保持光洁，不洁时应及时用锉刀或砂纸清理。

• 工作完毕，应切断点焊机电源。

(3)点焊操作安全事项

① 点焊机必须可靠接地，并定期检查，确保安全。

② 操作区域须铺垫绝缘橡皮，操作人员应站在绝缘橡皮上进行焊接操作。

③ 经常检查冷却水是否泄漏，以防流入机器内部造成绝缘不良。

④ 操作人员须穿长袖工作服，佩戴防护眼镜，以防飞溅火花伤及皮肤和眼睛。

⑤ 焊机的周围应保护干燥、清洁，严禁堆放易燃物。

2. 手工钨极氩弧焊

手工钨极氩弧焊是使用钨极作为电极，利用从喷嘴流出的氩气在电弧及焊接熔池周围形成连续封闭的气流，保护电极、焊丝和焊接熔池不受空气侵入的一种手工操作的气体保护电弧焊，是目前氩弧焊方法中应用最多的一种。钨极氩弧焊具有设备简单、操作方便、能进行任何空间位置的焊接，同时还具有几乎能焊接所有金属材料的优点。缺点是生产效率低，钨极承载电流能力有限，只适于焊接厚度小于 6 mm 的焊件。

(1) 手工钨极氩弧焊机

① 手工钨极氩弧焊机的分类。常用的手工钨极氩弧焊机有交流手工钨极氩弧焊机、直流手工钨极氩弧焊机、交流方波/直流两用手工钨极氩弧焊机等。下面着重介绍直流手工钨极氩弧焊机。

② 直流手工钨极氩弧焊机的组成。直流手工钨极氩弧焊机的基本组成包括：焊接电源、控制系统、引弧装置、稳弧装置、焊枪和气路系统等。

• 焊接电源：直流手工钨极氩弧焊机，主要采用直流正接法(焊件接焊机正极)，用于不锈钢、耐热钢、钛及钛合金、铜及铜合金等金属的焊接。

• 控制系统：主要由电源开关、电磁气阀、继电保护、引弧和稳弧装置、指示仪表等组成，其动作的控制指令，由焊工按动装在焊枪上的低压开关按钮执行，然后，通过内部中间继电器、时间继电器、延时线路等，对各系统的工作顺序实现程序控制。

• 手工焊枪：手工钨极氩弧焊焊枪是用来夹持钨极、传导焊接电源和输送保护气体的。焊枪分气冷式和水冷式两种。气冷式用于焊接电流小于 100 A 的场合，水冷式用于焊接电流大于 100 A 的场合。PQ1 - 150 水冷式焊枪如图 5 - 24 所示。

• 供气系统：供气系统由高压气瓶、减压阀、浮子流量计和电磁阀组成，如图 5 - 25 所示。

(2)手工钨极氩弧焊的焊接参数

钨极氩弧焊参数主要是焊接电流、氩气流量、钨极直径、焊接速度、板的厚度、接头型式等。

① 焊接电源的种类和极性。

手工钨极氩弧焊所用的电源有交流电源、直流电源两类。交流手工钨极氩弧焊接过程中，电流的极性呈周期性的变化，在交流正极性半周时(焊件为正)，因为钨极承载电流能力较大，使焊缝能够得到足够的熔深。在交流反极性半周时(焊件为负)，因为氩的正离子流向焊件，在它撞击焊缝溶池金属表面的瞬间，能够将高熔点且又致密的氧化膜击碎，使焊接顺利进行，这就是“阴极破碎”的作用，通常用来焊接铝、镁及其合金。因为钨极承载电流能力较大，有提高钨电极电流承载能力和清除焊件表面氧化膜的优点，焊缝形状介于直流正接与反接之间。不同电源种类与焊缝形状如图 5－26 所示。

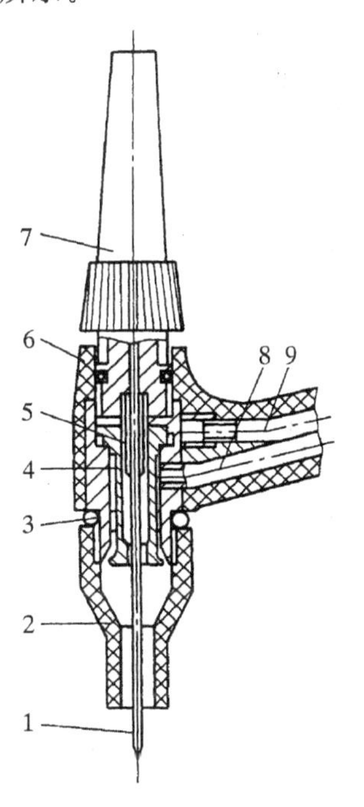

图 5－24　PQ1－150 水冷式焊枪

1—钨极；2—陶瓷喷嘴；3—密封环；4—扎头套管；5—电极扎头；6—枪体；7—绝缘帽；8—进气管；9—冷却水管

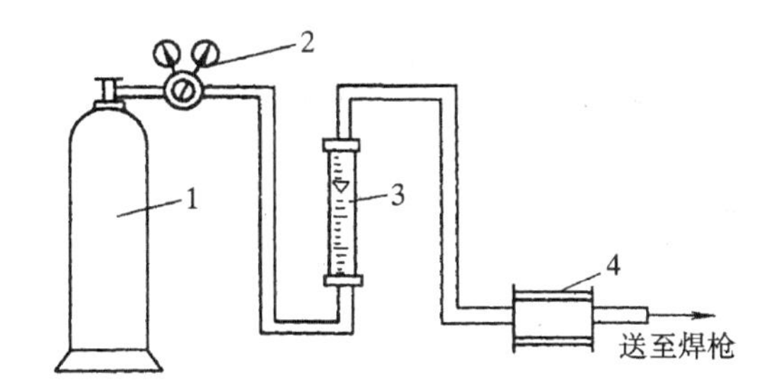

图 5－25　氩弧焊机供气系统

1—高压气瓶；2—减压阀；3—流量计；4—电磁气阀

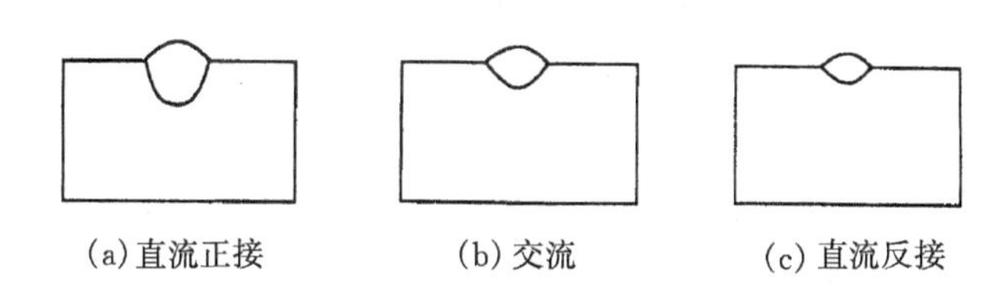

图 5－26　电源种类与焊缝形状

直流电源在焊接过程中，焊接电弧产生的热量集中在阳极，当钨电极为阳极时(直流反接、焊件为阴极)，电极本身被剧烈加热，相同直径的钨电极电流承载能力低，约为直流正接的1/10左右。但是，直流反接时，焊接电弧具有清除溶池表面氧化膜的作用。直流正接时，钨极电流承载能力高，适用于焊接低碳钢、低合金钢、不锈钢、钛及钛合金、铜及铜合金等。

② 焊接电流。

焊接电流的大小，应该根据焊件的厚度和钨电极的承受能力以及焊接空间位置来选择。焊接电流选择过小，电弧的燃烧就不稳定，甚至发生电弧偏吹现象，使焊缝力学性能变差；焊接电流选择过大，不仅容易发生焊缝下塌或烧穿、咬边等缺陷，还会加大钨电极的烧损以及由此而产生的焊缝夹渣，使焊缝力学性能变差。

③ 钨极直径和形状。

钨极直径的大小，与电流的种类、焊件厚度、电流极性、焊接电流的大小有关。钨极的形状与焊接电流大小有关。当焊接电流较小时，采用较小直径的钨极，为了容易起弧并且稳定电弧燃烧，钨极应磨成尖角形。

④ 钨极伸出长度。

钨极伸出长度越小，气体保护效果越好，但是，喷嘴距焊接熔池太近，会影响焊工的视线，不利于焊接操作，同时，还容易使钨极因为操作不当而与熔池接触造成短路，产生焊缝夹钨缺陷。通常钨极伸出长度为 5～10 mm，喷嘴距焊件的距离为 7～12 mm。

⑤ 电弧电压。

钨极氩弧焊电弧电压的大小主要是由弧长决定的，弧长增加，焊缝宽度增加，焊缝深度却减小；焊接电流加大，焊缝熔深增加，焊缝宽度却减小。所以，通过焊接电流和电弧电压的配合，可以控制焊缝形状。但是，当电弧长度太长时，焊缝不仅产生未焊透缺陷，而且电弧还容易摆动，使空气侵入氩气保护区，造成溶池金属氧化。电弧电压不仅取决于焊接电弧的长度，也与钨电极尖端的角度有关。

钨电极端部越尖，电弧电压就越高，电弧电压过高，气体保护效果就不佳，影响焊接质量；电弧电压过低，在焊接过程中影响焊工观察焊缝熔池的变化，同样也影响焊接质量。所以，钨极氩弧焊接过程中，在保证焊工视力的前提下，尽量采用短弧焊接，通常电弧电压为 10～20 V。

⑥ 保护气体流量。

保护气体流量与喷嘴直径、焊接速度大小有关，在一定的条件下，气体流量与喷嘴直径之比有一个最佳的范围，此时，气体保护效果最佳，有效的保护区也最大。当气体流量过低时，保护气流的挺度差，不能有效地排除电弧周围的空气，使焊接质量降低；当保护气体流量过大时，容易造成紊流，把空气卷入保护气流罩中，降低保护效果。

⑦ 喷嘴直径。

在保护气体流量一定的条件下，如果喷嘴直径过小，不仅保护气体的保护范围小，还因为气体流速变大，会产生紊流现象，把空气卷入保护气流中，降低气体的保护作用，此外，喷嘴直径过小，在焊接过程中，还容易烧毁喷嘴；如果喷嘴直径过大，不仅气体流速过低，气流的挺度小，不能排除电弧周围的空气，而且也妨碍焊工观察焊缝熔池的变化，同样也会降低焊缝质量。

⑧ 焊接速度。

为了获得良好的焊缝，应根据焊接电流、焊件厚度、预热温度等条件，综合考虑焊接速度的选择。如果焊接速度过高，不仅使保护气流严重偏后，使钨极端部、电弧弧柱、焊缝溶池的一部分暴露在空气中，还会形成未焊透缺陷，影响焊缝的力学性能。焊接速度对气体的保护效果如图 5－27 所示。

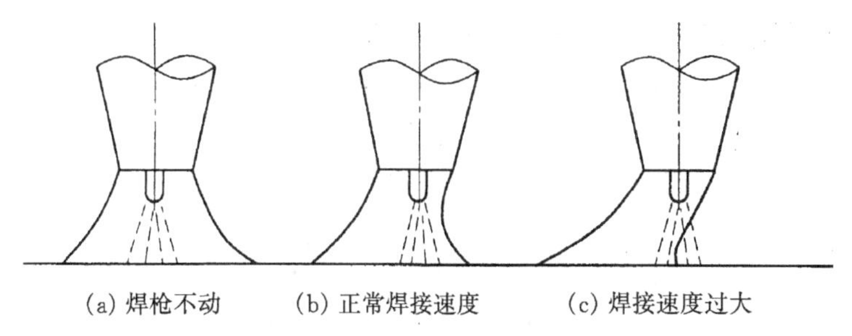

图 5－27　焊接速度对气体的保护效果

(3)手工钨极氩弧焊的操作技术

① 手工钨极氩弧焊的引弧。

钨极氩弧焊引弧方法主要有接触短路引弧、高频高压引弧和高压脉冲引弧等。

• 接触短路引弧。焊前用引弧板、铜板或碳块在钨极和焊件之间，以接触短路直接引弧。这是气冷焊枪常采用的引弧方法，其缺点是：在引弧过程中，钨极损耗大，容易使焊缝产生钨夹渣，同时，钨极端部形状容易被破坏，增加了磨制钨电极的时间，不仅降低了焊接质量，而且还使氩弧焊的效率下降。

• 高频高压引弧。在焊接开始时，利用高频振荡器所产生的高频(150～200 kHz)、高压(2000～3000 V)，来击穿钨电极与焊件之间的间隙(2～5 mm)而引燃电弧。采用高频高压引弧时会同时产生强度为 60～110 V/m 的高频电磁场，这是卫生标准所允许的(20 V/m)的数倍，如果频繁起弧，会对焊工产生不利的影响。

• 高压脉冲引弧。利用在钨电极和焊件之间所加的高压脉冲(脉冲幅值≥800 V)，使两极间的气体介质电离而引燃电弧。这是一种较好的引弧方法。

② 手工钨极氩弧焊的定位焊。

根据焊件的厚度、材料性质以及焊接结构的复杂程度等因素进行定位焊。在保证熔透的情况下，定位焊焊缝应尽量小而薄。定位焊焊缝的间距与焊件的刚度有关，对于薄形的焊件和容易变形、容易开裂以及刚度很弱的焊件，定位焊焊缝的间距应该小一些。

③ 手工钨极氩弧焊的接头。

手工钨极氩弧焊时，在焊缝接头处起弧前，应该把接头处做成斜坡形，不能有影响电弧移动的死角，以免影响接头焊接质量。重新引弧的位置，应在距焊缝熔孔前 10～15 mm 处的焊缝斜坡上，起弧后，与原焊缝重合 10～15 mm，重叠处一般不加焊丝或少加焊丝。为了保证接头处焊透，接头处的熔池要采用单面焊双面成形技术。

④ 手工钨极氩弧焊的收弧。

手工钨极氩弧焊焊缝收弧时，要采用电流自动衰减装置，以免形成弧坑。在没有电流自动衰减装置时，应该利用改变焊枪角度、拉长焊接电弧、加快焊接速度来实现焊缝收弧动作。在圆形焊缝或首、尾相连的焊缝收弧时，多采用稍拉长电弧使焊缝重叠 20～40 mm，重叠的焊缝部分，可以不加焊丝或少加焊丝。焊接电弧收弧后，气路系统应该延时 10 s 左右再停止送气，防止焊缝金属在高温下被氧化，同时防止炽热的钨极外伸部分被氧化。

⑤ 手工钨极氩弧焊的填丝操作技术。

• 连续填丝：连续填丝对保护层的扰动较少，但是，操作技术较难掌握。连续填丝时，用左手的姆指、食指、中指配合动作送丝，一般焊丝比较平直，无名指和小指夹住焊丝，控制送丝的方向，手工钨极氩弧焊的填丝操作如图 5 - 28(a)所示。连续填丝多用于填充量较大的焊接。

• 断续填丝：断续填丝又称点滴送丝。焊接时，送丝末端应该始终处在氩气保护区内，将焊丝端部熔滴送入熔池内，是靠手臂和手腕的上、下反复动作，把焊丝端部的熔滴一滴一滴地送入熔池中。为了防止空气侵入熔池，送丝动作要轻，焊丝端部的动作应该始终处在氩气保护层内，不得扰乱氩气保护层。手工钨极氩弧焊的断续填丝操作如图 5 - 28(b)所示。

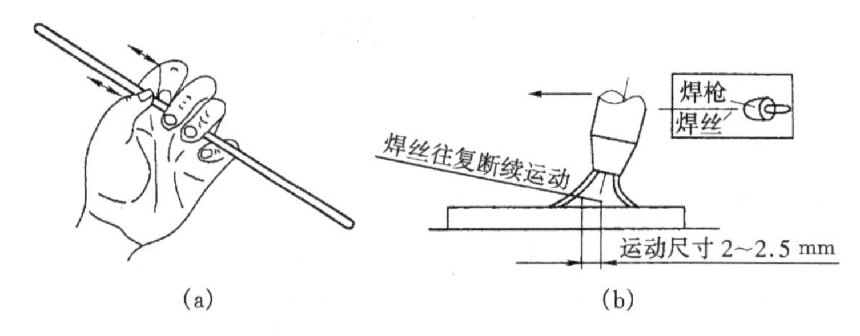

图 5 - 28　手工填丝操作

填丝操作注意事项：

• 填丝时，焊丝与焊件表面成 15°夹角，焊丝准确地从熔池前沿送进，熔滴滴入熔池后，迅速撤出，焊丝端头始终处在氩气保护区内，如此反复进行。

• 填丝时，仔细观察坡口两侧熔化后再行填丝，以免出现熔合不良缺陷。

• 填丝时，速度要均匀，快慢要适当，过快，焊缝堆积高大；过慢，焊缝出现下凹和咬边缺陷。

• 坡口间隙大于焊丝直径时，焊丝应与焊接电弧作同步横向摆动，而且送丝速度与焊接速度要同步。

• 填丝时，不应把焊丝直接放在电弧下面，不要让熔滴向熔池“滴渡”。填丝的正确位置如图 5 - 29 所示。

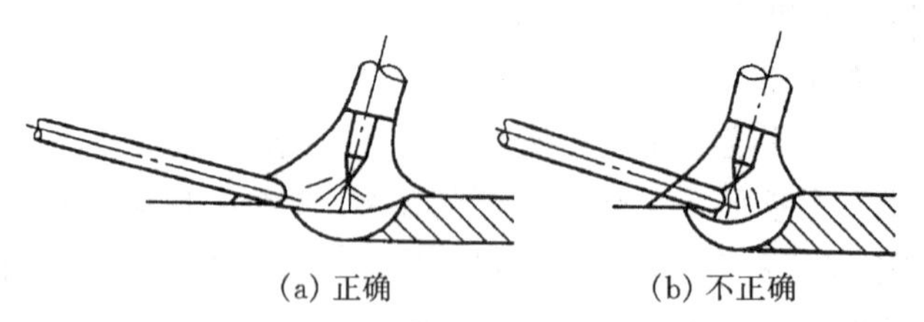

图 5 - 29　填丝的正确位置

• 填丝操作过程中，如发生焊丝与钨极相碰而产生短路，会造成焊缝污染和夹钨，此时应该立即停止焊接，将污染的焊缝打磨见金属光泽，同时还要重新磨钨极端部形状。

⑥ 焊枪的移动。

氩弧焊焊枪的移动，一般都是直线移动，只有个别的情况下焊枪作小幅横向摆动。

• 焊枪的直线移动：焊枪直线移动有直线匀速移动、直线断续移动和直线往复移动三种方式。直线匀速移动适合焊接不锈钢、耐热钢、高温合金薄焊件的焊接；直线断续移动是在焊接过程中，焊枪应停留一段时间，待坡口根部熔透后加入焊丝熔滴，再沿着焊缝纵向作断断续续的直线移动。主要用于中等厚度 3～6 mm 材料的焊接；直线往复移动是焊接电弧在焊件的某一点加热时，焊枪直线移动过来，坡口根部与焊丝都熔化后，焊枪和焊丝再移动过去，在焊缝不断向前伸长的过程中，焊枪和焊丝围绕着熔池不断地作往复移动。主要用于铝及铝合金薄板材料的小电流焊接，可以用往复移动方式来控制热量，防止薄板烧穿，并使焊缝成形良好。

• 焊枪的横向摆动：焊枪的横向摆动有圆弧“之”字形摆动、圆弧“之”字形侧移摆动和“r”形摆动三种形式。

圆弧“之”字形摆动适合于大的“丁”字形角焊缝、厚板搭接角焊缝、“V”形及双 V(X)形坡口的对接焊或特殊要求加宽焊缝的焊接，如图 5－30(a)所示。

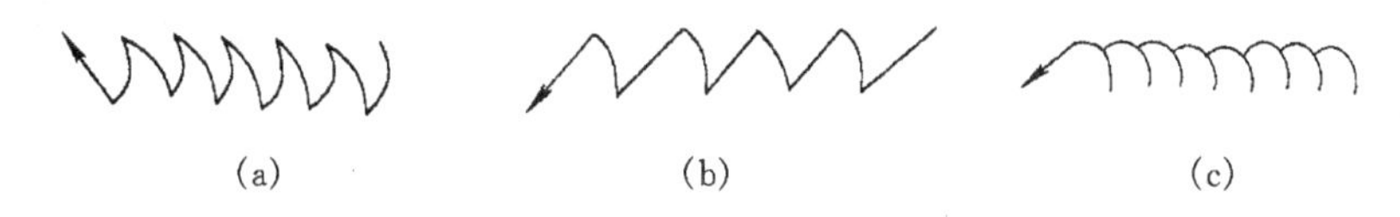

图 5－30　焊枪横向摆动

圆弧“之”字形侧移摆动适合于不齐平的角接焊、端接焊，如图 5－30(b)所示。

“r”形摆动适合厚度相差悬殊的平面对接焊，如图 5－30(c)所示。

⑦ 焊接操作手法。

焊接操作手法有左焊法和右焊法两种，如图 5－31 所示。

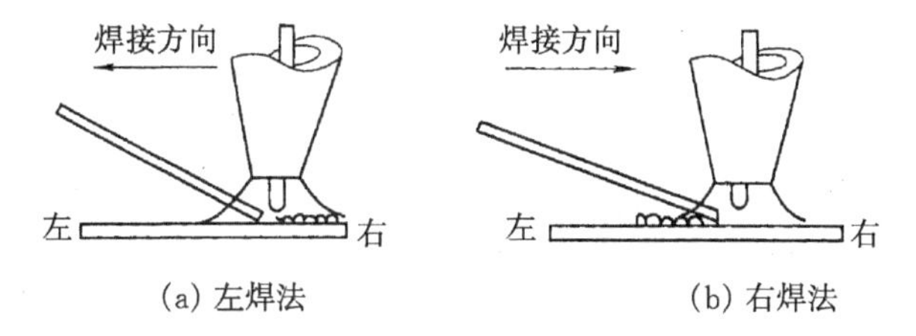

图 5－31　焊接操作手法

• 左焊法：左焊法应用比较普遍，焊接过程中，焊枪和焊丝都是从右端向左端移动，焊接电弧指向未焊接部位，焊丝位于电弧的前面，以点滴法加入熔池。

优点：焊接过程中，视野不受阻碍，便于观察和控制熔池的情况；由于焊接电弧指向未焊部位，起到预热的作用，所以，有利于焊接壁厚较薄的焊件，特别适用于打底焊；焊接操作方便简单，对初学者容易掌握。

缺点：焊多层焊、大焊件时，热量利用率低，影响提高焊接熔池效率。

• 右焊法：焊接过程中，焊枪和焊丝从左端向右端移动，焊接电弧指向已焊完的部分，有利于氩气保护焊缝表面不受高温氧化，特别适宜焊接厚度大、熔点较高的焊件。

优点：熔池冷却缓慢，有利于改善焊缝组织，减少气孔、夹渣缺陷；同时，由于电弧指向已焊的金属，提高了热利用率，在相同的焊接热输入时，右焊法比左焊法熔深大。

缺点：由于焊丝在熔池的后方，焊工观察熔池不如左焊法清楚，控制焊缝熔池温度比较困难。此种焊接方法，无法在管道上焊接，焊接过程较难掌握。

5.3.6　整形

在钣金加工过程中，钣金构件的塌陷、扭曲、断裂等现象是常见的。对这些钣金构件以及加工后引起变形的零部件进行修整、复原的工艺性过程称为整形，也叫矫正。

整形分手工整形、机械整形及加热后整形。以下主要讲述薄钢板的手工整形。

薄钢板的变形情况可归纳为三种：第一种是中部凸起，用双手掰动时会产生“咯嘣、咯嘣”的响声，也就是常说的板料中部有“鼓动”现象；第二种是板料周边扭动，呈荷叶起伏状；第三种是混合变形，即以上两种变形现象并存，是矫正难度较高的一种。

1. 薄钢板中部凸起的矫正方法

此种变形是“中间松，四周紧”造成的，如图 5－32 所示。消除凸起鼓包的方法是，按变形程度的大小，用整形铁锤或胶木槌子按规律捶击，直至鼓包消除，薄板平整。

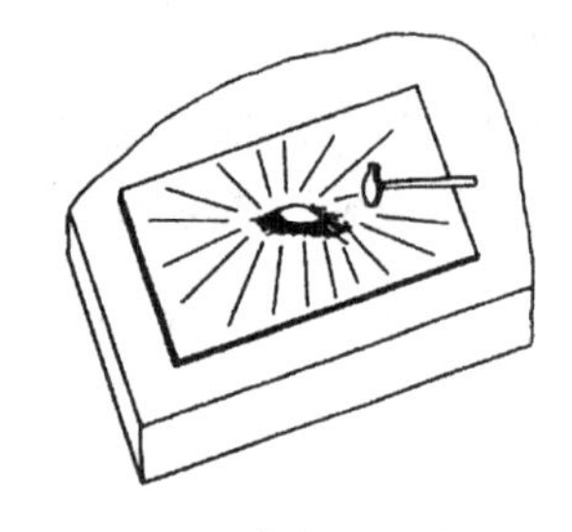

图 5－32　薄钢板中部凸起

整形方法分“由外向里捶击”和“由里向外捶击”两种手法，如图 5－33 所示，两种手法都必须遵循捶击规律并注意两大捶击禁区。

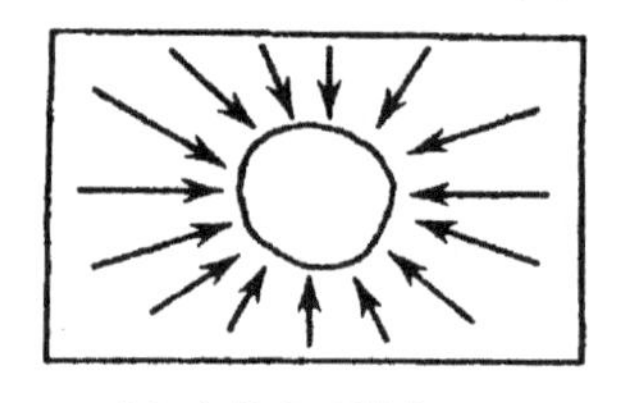

(a) 由外向里捶击

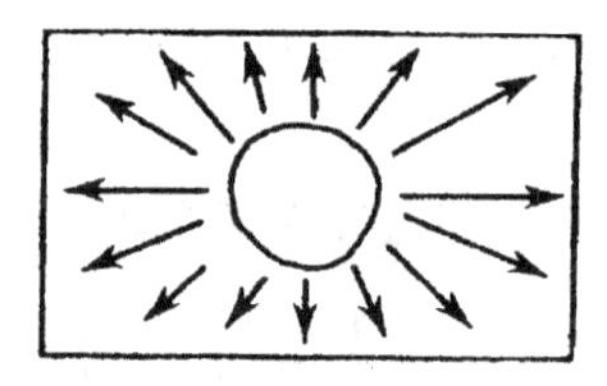

(b) 由里向外捶击

图 5－33　两种捶击手法

(1)捶击规律

捶击规律就是要逐步捶松鼓包外围绷紧了的材料状态，使外围的材料松驰后与鼓包处达到平衡，从而使材料达到平整的目的。接近鼓包处的捶击点要疏而轻，逐步向外扩散时，捶击点要密，且力度也要加大些，如图 5－34 所示。

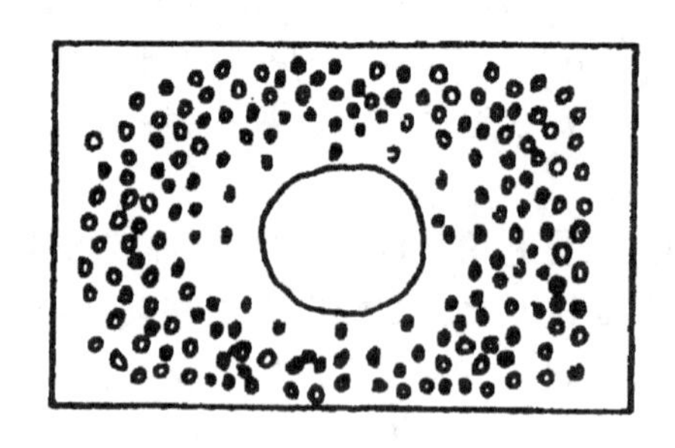

图 5－34　捶击规律

(2)两大捶击禁区

一是凸起的鼓包范围内，这是“重灾区”，一捶下去会加重它的“灾情”。二是周边，捶击前要根据材料的变形程度，初步定一下捶击点将扩至离周边多少距离。即凸起鼓包越小，捶击点离周边越远；凸起鼓包越大，捶击点离周边越近。不论鼓包大到何种程度，周边的禁区定在2～3 mm，如图5-35所示。

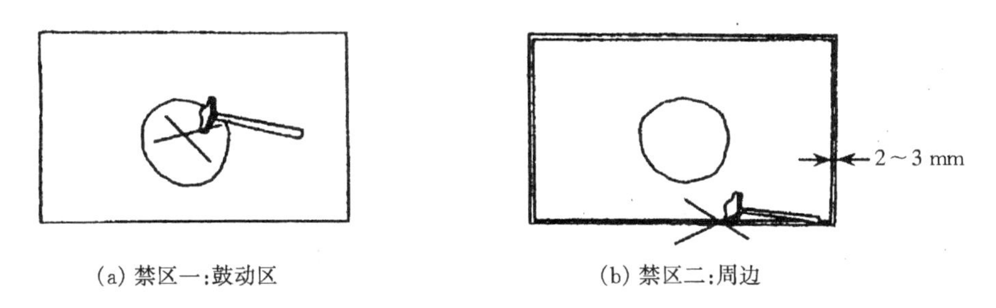

(a) 禁区一：鼓动区　(b) 禁区二：周边

图5-35　捶击点的两大禁区

2. 薄钢板周边扭动的矫正方法

此种变形是“中间紧，四周松”。消除扭动的方法是，按变形程度的大小，用整形铁锤或胶木槌按规律捶击，直至消除扭动，薄板平整为止。

此种变形的矫正方法以及捶击规律与凸起捶击要点正好相反。也分两种手法，如图5-36(b)所示，捶击也要遵守捶击规律。

捶击规律：从扭动起伏的内边缘起，进行疏而轻的捶击；逐步向中间延伸进行密而大力度的捶击，如图5-36(a)所示。捶击点向中部延伸的距离视扭动起伏的荷叶边情况而定，即扭动起伏不大，离中心区域远些；扭动起伏大，捶击点离中心区域近些。

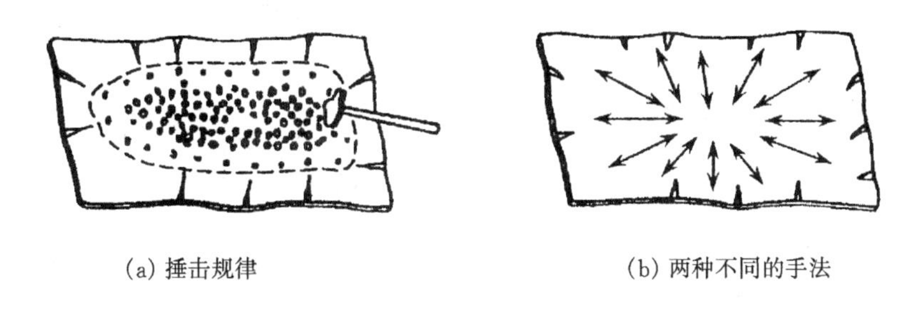

(a) 捶击规律　(b) 两种不同的手法

图5-36　周边扭动的矫正方法

5.4　综合实例与操作练习

1. 实例

用所学钣金知识，制作一个矩形管。材料为冷轧钢板，厚度$S=1.2$ mm，内角折弯半径$r=1.0$ mm，如图5-37所示。

加工工艺如下：

(1)划线

根据图样计算出矩形管的材料展开尺寸为 132.2 mm×60 mm，在划下料线时，同时划出折弯线，如图 5-38 所示。

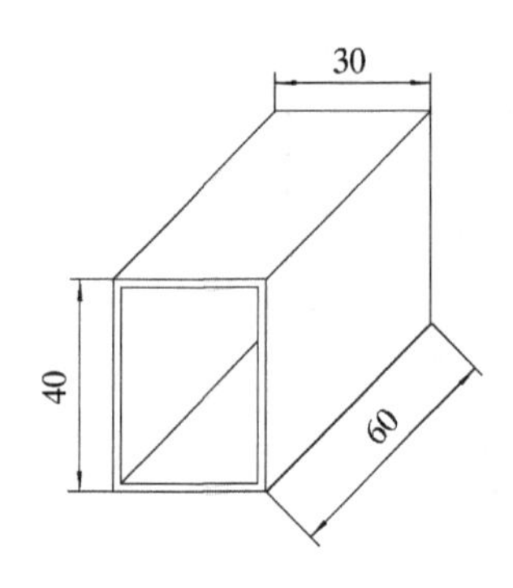

图 5-37　矩形管(单位：mm)

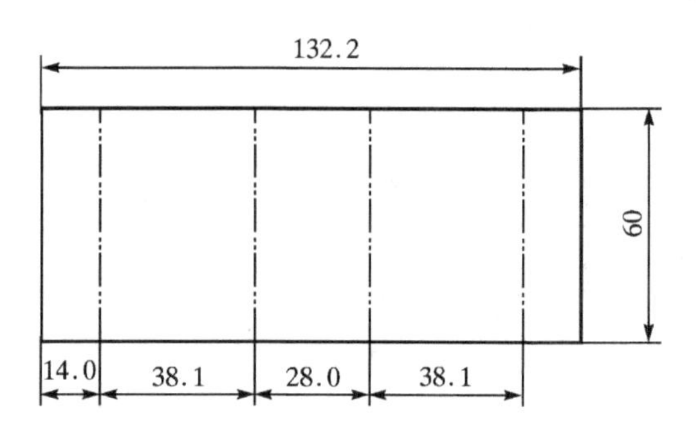

图 5-38　矩形管的展开(单位：mm)

(2)裁剪下料

使用剪板机按照下料线裁剪出 132.2 mm×60 mm 坯料。

(3)手工折弯：

① 首先完成两端 15 mm 棱边 90°弯折。在坯料下衬以垫铁，将折弯线对齐垫铁的棱边，按图 5-39(a)所示锤击顺序，用木榔头锤击伸出部分进行折弯。

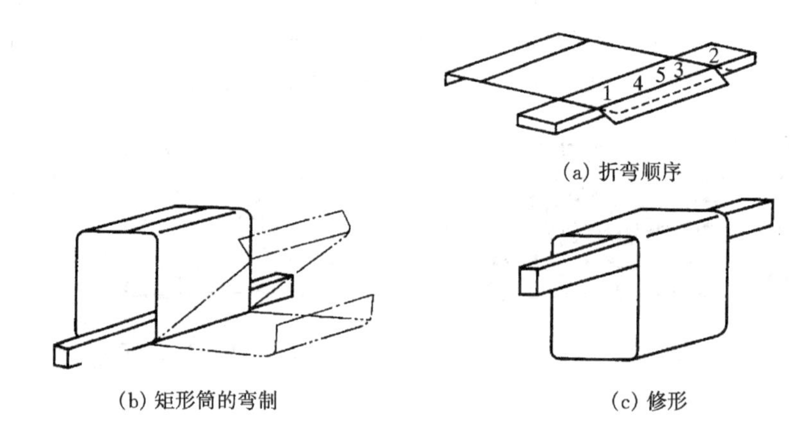

(a) 折弯顺序

(b) 矩形筒的弯制

(c) 修形

图 5-39　手工弯制薄板矩形筒

为防止工件移动，应先从折弯线的两端做少许折弯，起定位作用。锤击时，先折成 45°左右的倾斜，然后再横向锤击成 90°折角。

② 继续按照折弯线进行第三道折弯。在进行最后一道折弯时，用合适的垫铁将工件凹侧朝上加以固定，按先向上再向斜上方横向锤击的顺序折弯，如图 5-39(b)所示。将两边合缝且两端对齐后，采用气焊或氩弧焊沿拼缝进行焊接。

(4)修形

均匀地施以定位焊后,按图样要求进行修形。可将矩形筒工件套在架起的垫铁上,用木槌进行修形,即可达到图纸要求,如图 5-39(c)所示。

注:折弯工序也可使用折弯机进行加工。

2. 操作练习

根据所学知识制作标准书立,材料使用 1.2 mm 厚冷轧钢板,如图 5-40 所示。也可以在书立主立面创意设计制作各种图案。

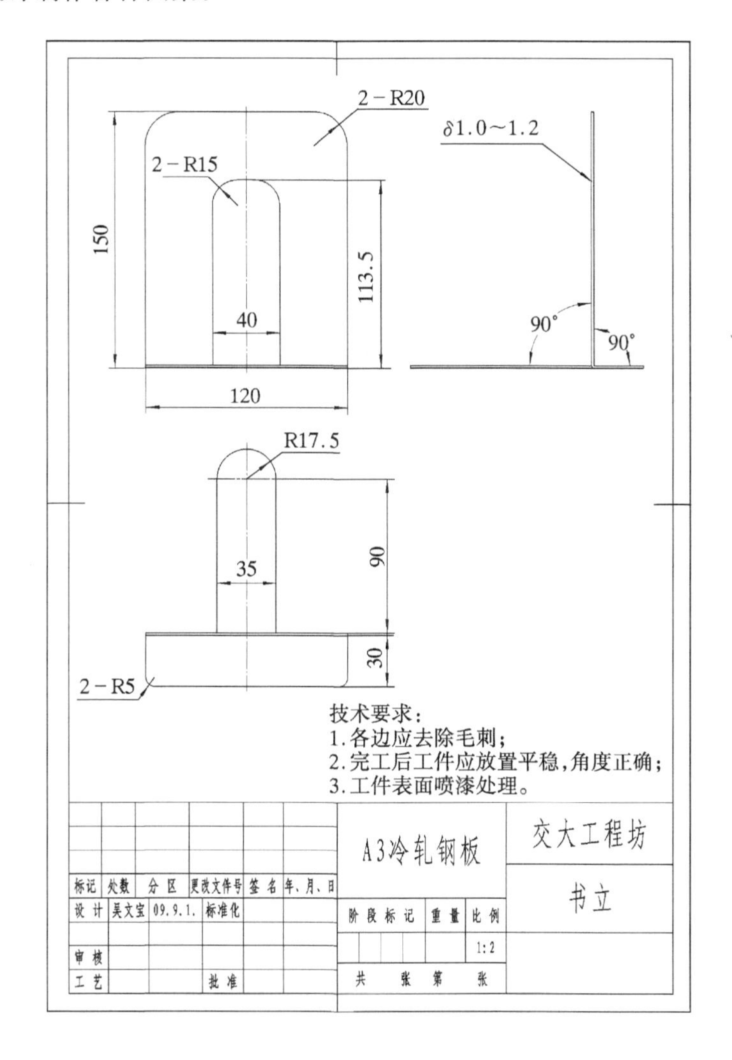

图 5-40　书立

* 创意园地

图 5-41～5-43 是一些学生作品,读者也可以用所学知识自行设计一些有创意的小作品。

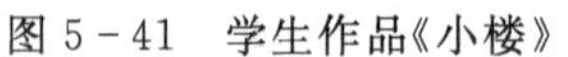

图 5－41 学生作品《小楼》

图 5－42 学生作品《蝴蝶》

图 5－43 学生作品《书立》

复习思考题

1. 钣金加工所用材料有何特点？
2. 钣金加工范围有哪些？
3. 钣金制作中要注意哪些安全问题？
4. 什么是展开放样？展开放样的基本要求是什么？
5. 钣金加工有哪些基本加工工艺方法？
6. 钣金生产常用的机械设备有哪些？
7. 板料裁剪有哪几种方法？如何确定剪板机刀口间隙？
8. 板料折弯有哪些方法？如何计算折弯零件的坯料展开尺寸？
9. 点焊工艺有何特点？点焊机操作应注意哪些问题？
10. 如何确定铆钉的直径和长度？

第 6 章　木工

6.1　学习要点与操作安全

1. 学习要点

(1)了解木工的加工范围、生产特点以及在现代工业中的应用领域。

(2)了解木工常用木材的种类、特点和用途。

(3)熟悉木工加工机床的用途和安全操作规程,初步掌握常用木工量具、手用工具的操作使用方法。

(4)通过实际操作、练习、制作,初步了解和掌握木工加工的基本加工工艺。

2. 操作安全

(1)注意防火安全,在木工生产场所禁止使用明火,严禁吸烟。同时应及时清理木屑,防止木屑堆积与设备高速运动部件摩擦造成高温自燃。

(2)不得擅自开动不熟悉的设备;不能用手触碰正在运转或静止的刀具刃部;清理设备及其周围木屑时,必须停机进行。

(3)在使用机械设备进行加工时,手不能过分接近设备的切削刀刃;禁止多人同时使用一台设备各自加工。

(4)操作木工机械时,必须按要求穿戴好工作服、工作帽,不得穿着裙子、高跟鞋、拖鞋进入车间;操作设备时不得佩戴围巾、领带、项链、耳机。

(5)在进行粉尘、噪音较大的加工时,应佩戴防尘口罩和防噪耳套,进行切屑飞溅较大的加工时,应佩戴防护眼镜或面罩。

6.2　木工基础知识

6.2.1　木工加工范围及特点

木工是以木材为基本制作材料,以锯、刨、凿、插接、粘合等工序进行造型的一种工艺。由于木材质地坚固、富有弹性、易于加工、其制品经久耐用,所以在生产和生活中得到广泛应用,我们生活的各个方面几乎都和木工密切相关。

1. 木工应用领域

① 木器家具:木器家具的制作是木工的传统加工范畴,加工方式除传统的手工制作工艺外,采用现代化的专业加工机械生产各类家具已十分普遍。

② 装饰装修:在建筑装修领域,采用各类木材和木工工艺进行家居、营业场所、办公场所的装饰装修,仍然占有较大的比例。

③ 建筑工程:建筑工程是木工在工业生产中的主要应用领域。在建筑施工中大量使用木

模板、木质屋架、木质门窗等结构件和产品。但随着木材资源的日益稀缺，金属材料、复合材料产品的广泛应用，开始逐步替代木材。如钢制模板、塑钢窗、复合门等。另外，在古建筑修复和仿古建筑领域，木质构件和木工生产仍然是不可替代的。

④ 工业模型：在机械产品生产领域，采用木质模型作为铸件生产的造型模样仍在广泛应用。加工铸造木模对木工技术有较高的要求，通常是单件生产，其形状、尺寸的精准程度直接影响铸件的质量。另外，在工业产品研发设计阶段，也经常用木材制作一定比例的实体模型，用于造型评价或技术测试。

⑤ 艺术制品：利用木材特有的质感、色彩、气味和易于加工的物理性能，用木材进行艺术品创作已有悠久的历史。木质艺术品制作中，除采用木工加工的锯、刨、凿、粘合等基本工艺外，还使用铲削、雕刻、打磨抛光、表面漆饰等工艺，而且大多是手工加工。此外，制作者还应具有选料、艺术构思方面的才能。

2. 木工生产特点

① 加工设备自动化程度较低，转速高，切削刃暴露，安全保护设施简单，生产过程中危险性较高。

② 手工操作比例大，劳动强度较高，生产作业环境存在噪音、粉尘危害。

③ 加工材料和切屑均是可燃物，存在火灾的危险，防火要求高。

6.2.2　木材基本知识

木材是树木经采伐后得到加工利用的成材部分，木材知识是人们对木材变化规律和木材利用的知识，包括木材的种类、构造、物理特性以及木材选用等内容。以下仅就木工常用木材的分类及其物理特性方面加以介绍。

1. 常用木材的种类

木材可以有很多分类方法，如从树木的种类、形态和木材供应状态、质量优劣、木质软硬等方面进行分类。以下主要从应用角度对常用木材加以分类介绍。

(1) 原木类

• 圆木：树木采伐后经修枝并裁成一定长度的木材称为圆木。圆木可直接使用，也可加工使用。直径大的主要加工成板材，直径小的多用于檩、椽、木柱和杆架等。

• 板材：宽度为厚度的 3 倍以上的木材称为板材。厚度在 18 mm 以下的为薄板，20～40 mm 的为中板，45～70 mm 的为厚板。板材的长度根据用途而确定。

• 方材：指断面宽度不足厚度 3 倍的木材，一般规格要求端面常为 80～300 mm 范围的方形和矩形材。

(2) 人造板材类

• 纤维板：是将废木材用机械法分离成木纤维或预先经化学处理，再用机械法分离成木浆，再将木浆经过成型、预压、热压而成的板材。纤维板没有木色与花纹，其他的特点与性能与胶合板大致相同。在结构上比天然木材均匀，而且无节疤、腐朽等缺陷。

• 细木工板：细木工板是一种拼板，分为空心和实心两种，它的中部采用各种拼板片或构成空心骨架，两面再胶合一层或数层旋削的薄木板材。它不容易开裂、变形，而强度比同样厚度的木板高，因而多用于细木装修、制作家具等。

• 胶合板：胶合板是用水曲柳、椴木、桦木等木材，经过旋切成薄片，用三层以上成奇数的单片顺纹、横纹垂直交错相叠，采用胶粘剂粘合，在热压机上压制而成。胶合板由于各层的纹理相互垂直，克服了木材翘曲涨缩等缺点，而且厚度小、板面宽大、具有天然的木色和纹理，减少了刨平、拼缝等工序，在使用性能上往往比天然木材优良，用途非常广泛。

2. 木材的特性

(1) 木材的一般特性

① 强度大，弹性、韧性好，具有轻质高强、耐冲击振动的特点。

② 导热性低，绝缘性好，具有较好的隔热、保温性能。

③ 易于加工，可制成各种形状的产品，且具有较好的耐久性。

④ 纹理美观，色调温和，极富装饰性。木材的弹性、绝热性和暖色调的结合，给人以温暖和亲切感。

⑤ 组织构造不均匀，呈各向异性，并且天然缺陷较多，降低了材质和利用率。

⑥ 具有湿涨干缩的特性，容易翘曲和开裂。

⑦ 耐火性差，易于着火燃烧，使用不当，也易于腐朽、虫蛀。

(2) 木材的物理和力学特性

① 含水率：

木材的含水率是指木材中所含水的质量占干燥木材质量的百分数。一般新采伐的木材大多数含水率在 30%以上。含水率大于 25%以上的木材为潮湿木材；含水率在 18%～25%之间的为半干木材；含水率在 18%以下的为干燥木材。

木材在加工和使用前，一般采用人工或自然干燥的方法使木材的含水率达到 15%左右。当木材长期处于一定温度和湿度的环境中时，木材的含水量最后会达到与周围环境的湿度相平衡，这时木材的含水率称为平衡含水率。木材的平衡含水率随其所在地区的不同而不同，我国北方一般为 12%左右，南方为 18%，长江流域为 15%。

木材含水率的大小直接影响木材的强度、变形量、收缩量等指标。

② 密度：

木材的密度是指木材在自然状态下单位体积的质量，通常在木材含水率 12%时测定。木材密度因树种、树木生长环境以及树木的不同部位而不同。

根据木材的密度，一般将木材分为轻材(密度小于 0.5 g/cm^3)、中等材(密度在 0.5～0.8 g/cm^3 之间)和重材(密度大于 0.8 g/cm^3)。一般密度大的木材材质较硬，密度小的材质较软。

③ 湿涨干缩性：

木材具有显著的湿涨干缩特性，这是由于木质细胞壁内吸附水(存在于细胞壁内的水)含量的变化引起的。当木材由潮湿状态干燥到纤维饱和点(当存在于木材细胞腔和细胞间隙中的水完全脱去为零，而细胞壁吸附水饱和时，木材的含水率)时，其尺寸不变，而继续干燥到其细胞壁中的吸附水开始蒸发时，则木材开始发生体积收缩(干缩)。在逆过程中，木材将发生体积膨胀(湿涨)，直到含水率到达纤维饱和点为止，此后，尽管木材含水率继续增加，但木材体积不再膨胀。

木材的湿涨干缩对其实际应用带来严重影响，干缩会造成木结构拼缝不严、接榫松弛、翘曲开裂，而湿涨又会使木材产生凸起变形。为避免这种不利影响，最根本的措施是在木材加工前预先将木材进行干燥处理，使木材含水率达到平衡含水率。

④ 木材的强度：

木材的强度是指它的抗拉、抗压、抗弯和抗剪强度。由于木材的构造各向不同，致使各向强度有很大差异，因此木材的强度有顺纹强度和横纹强度之分。木材的顺纹强度比其横纹强度要大得多，所以工程上应充分利用它的顺纹抗拉、抗压、抗弯强度。理论上木材的顺纹抗拉强度大于顺纹抗压强度，但实际上是木材的抗压强度最大，这是由于木材自然生长过程中或多或少存在一些如木节、虫蛀、腐朽等缺陷，而这些缺陷对木材抗拉强度的影响极为显著，从而造成实际抗拉强度反而小于抗压强度。木材理论上各强度大小的相对关系见表 6－1。

表 6－1　木材理论上各强度大小的关系

抗压		抗拉		抗弯	抗剪	
顺纹	横纹	顺纹	横纹		顺纹	横纹
1	0.1～0.33	2～3	0.05～0.33	1.5～2	0.15～0.33	0.5～1

注：表中以顺纹抗压强度为 1 时得出的其他各强度大小的关系。

木材强度除因树种、产地、生长条件、部位的不同而变化外，还与含水率、负荷时间、使用环境温度及本身缺陷有很大关系。

6.2.3　常用木工机具及手工工具简介

木工机具是指从原木锯剖到加工成木制品的各种加工设备。它包括将原木加工成板材、方材等半成品的制材设备，将半成品加工成木制品的通用和专用细木工设备，以及木工刀具刃磨设备。

在木制品加工过程中，除了使用专业木工机械设备外，还经常要使用电动便携式木工工具和各种手工工具，如手电钻、手提电刨、手提砂光机、手工平刨、槽刨、框锯、凿子等。

1. 锯割设备

(1) 木工带锯机

带锯机是以环状的带锯条张紧于两个回转带轮上，使其沿一个方向连续运动而实现锯削木材的机床。带锯机可按结构形式分为立式和卧式带锯机，也可按工艺要求分为原木带锯机、再剖带锯机和细木工带锯机。一般在木器制作阶段，常使用立式细木工带锯机。木工带锯机外观如图 6－1 所示。

(2) 木工圆锯机

圆锯机是以圆锯片为刀具，使之作连续的旋转运动，完成锯削原木或成材的木工机械。圆锯机结构简单，加工效率高，类型多，应用广泛，是木材加工中最基本的加工设备。圆锯机被广泛用于原木、板方材的纵剖、横截、裁边等加工。单锯片圆锯机如图 6－2 所示。

(3) 手提电动圆锯机

手提电动圆锯机由小型电机直接带动圆锯片旋转锯削木料，具有便于携带、运用灵活、加工效率高的特点，主要用于横截和纵解木料。手提电动圆锯机如图 6－3 所示。

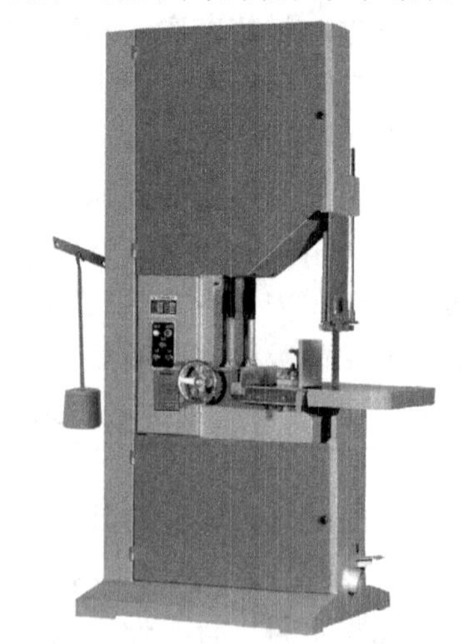

图 6－1　木工带锯机

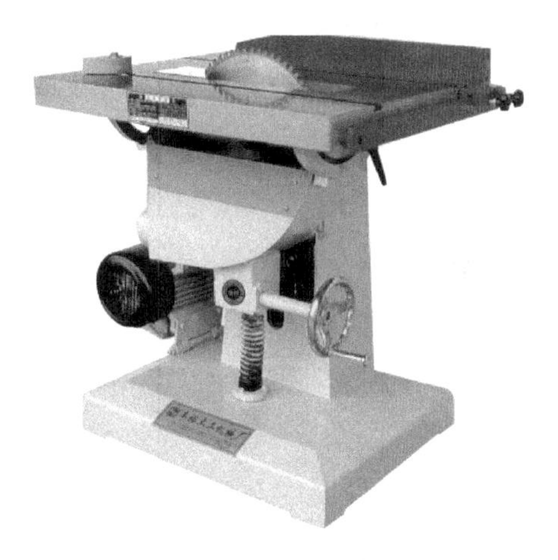

图 6-2 木工圆锯机

图 6-3 手提电动圆锯机

2. 刨削设备

(1) 压刨床

压刨床主要用于将相邻基准面已经刨过的板材或方材刨削成一定厚度,并具有一定表面粗糙度的平行平面。压刨床一般分为单面压刨床和双面压刨床两种。单面压刨床的刀轴安装在工作台的上面,加工时工件沿工作台向前进给,通过高速旋转的刀轴将工件刨削成一定厚度。工作台可根据加工厚度要求沿床身导轨进行升降调整。双面压刨床在工作台上下两面各安装一个刀轴,可同时刨削工件的两个表面,其下刀轴可随工作台一起升降。单面压刨床如图6-4所示。

(2) 平刨床

平刨床主要用来加工粗糙不平的表面和翘曲的板料毛坯,使被加工表面成为光滑平整、满足工艺要求的基准面。利用导尺还可以将基准面的相邻表面加工成一定角度。平刨床按进给方式可分为手动进给和机械进给平刨床,按刀轴数量可分为单轴和双轴平刨床,双轴平刨床的两个刀轴是相互垂直安装,可同时加工两个相邻表面,生产效率较高。单轴木工平刨床如图 6-5 所示。

图 6-4 单面压刨床

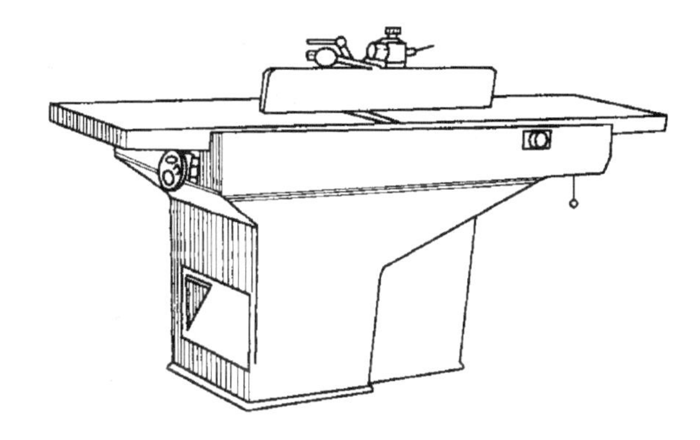

图 6-5 单轴木工平刨床

(3) 手提木工电刨

手提电刨是以高速回转的刨刀头来刨削木材的,它类似倒置的小型平刨床。加工时手握电刨压在木料上向前平稳推进进行刨削，往回退时应将电刨提起离开工件，以免损伤已加工表面。手提电刨除刨削平面外，还可用于倒棱、裁口和刨削夹板门的侧面。手提电刨外形如图6－6所示。

图 6－6　手提电刨

3. 其他专用设备

（1）木工铣床

铣床主要对工件进行曲线外形、直线外形或平面的铣削加工，还可进行锯切、开榫加工。木工铣床按进给方式不同可分为手动进给和机械进给铣床；按主轴数目的不同可分为单轴和双轴铣床；按主轴布局的不同可分上轴铣床和下轴铣床、立式铣床和卧式铣床。

随着机械加工和电子控制技术的不断发展，木工铣床得到迅速发展，近年来出现的自动靠模铣床、数控镂铣床，为复杂木制品的加工提供了方便。单轴木工铣床如图 6－7 所示。

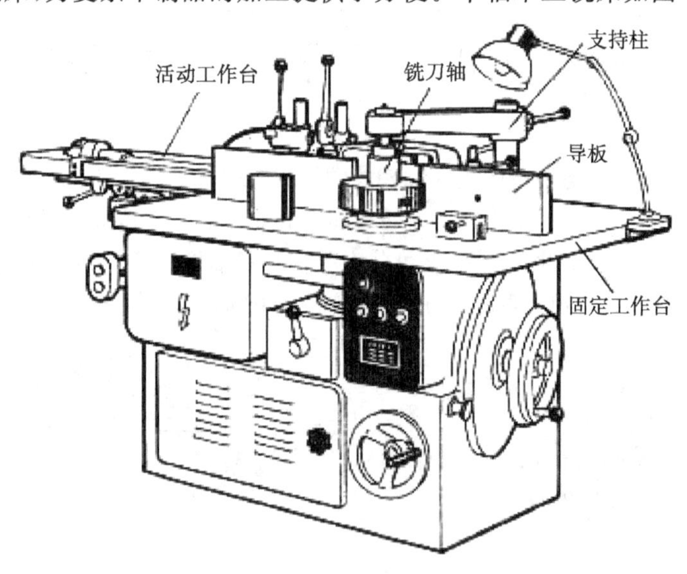

图 6－7　单轴木工铣床

（2）木工车床

木工车床是用来加工回转体形状的木质零件的机械设备，车制的工件可以获得很高的表面粗糙度。木工车床广泛用于木模厂、家具厂和木制工艺品厂细木工零件加工。木工车床种类较多，在小型木制零件单件或小批量生产中，常用中心式具有托架的轻型万能车床，如图 6－8 所示。

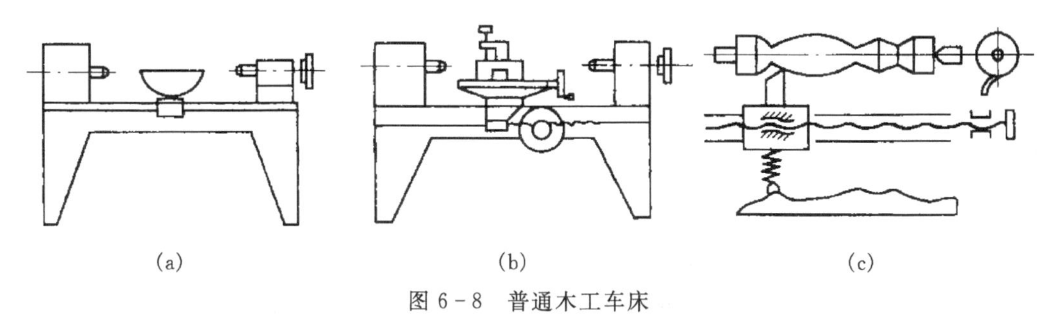

(a)　　　　　　　　(b)　　　　　　　　(c)

图 6 - 8　普通木工车床

(3) 气动打钉机

气动打钉机的动力来自于压缩空气，是将钉子钉入木材的手提电动工具。根据所用钉子形状不同，气动打钉机可分为直钉和 U 形钉打钉机。打钉机主要用来钉包条、镶板、装饰板和骨架等木件连接。直钉气动打钉机如图 6 - 9 所示。

(4) 手提电动曲线锯

曲线锯是用来在板料上进行曲线锯割的工具，选配不同的锯条，可以锯割薄金属板、塑料板、木质层压板。广泛的用于单件或小批量生产时的开孔、直线、曲线切割加工。典型的手提曲线锯如图 6 - 10 所示。

图 6 - 9　直钉气动打钉机

图 6 - 10　曲线锯

4. 木工常用量具和手工工具

(1) 量具

木工量具主要有直尺、折尺、钢卷尺、直角尺、三角尺、水平尺和线锤等。

① 直尺：直尺是用来测量工件长宽尺寸的量具，也可用来画线和检验工件的平直度。直尺有木质和钢质两种，长度一般为 150～1000 mm。

② 折尺：折尺也是一种木工常用长度测量工具，一般用薄木板条制作，有四折和八折两种，对应长度为 500 mm 和 1000 mm。折尺的优点是便于携带。

③ 钢卷尺：钢卷尺也是一种便于携带，适用于大尺度测量的常用量具。卷尺由薄钢片制成，盘卷于钢制或塑料尺盒内，可由内置卷簧自动收卷或手动收卷。大规格钢卷尺分为 5～50 m 若干规格，常用小型卷尺分为 1～3 m 几种规格。

④ 直角尺：直角尺也叫曲尺、拐尺，是木工用来画垂直线、平行线及检验工件是否平整正直的工具。直角尺有木质和钢制两种，一般尺柄长度为 150～200 mm，尺翼长 200～400 mm，尺柄、尺翼互成垂直角。

⑤ 三角尺:三角尺也叫斜尺,一般用不宜变形的木料或金属片制成,尺柄与尺翼成 90°角,其余两角为 45°。三角尺常用来画出 45°斜角结合线。

⑥ 活络尺:一般用不易变形的木料制成,尺柄与尺翼可调节角度。活络尺常用来画特殊角度线。

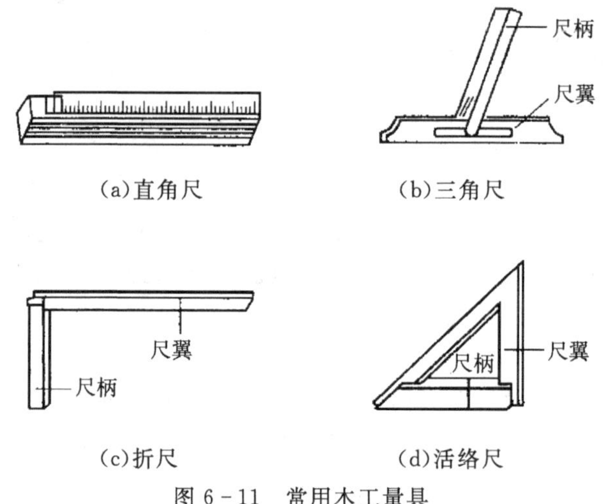

图 6-11　常用木工量具

(2) 画线工具

木工常用画线工具有木工铅笔、墨斗、圆规等。

① 木工铅笔:木工铅笔是手工木工常用的划线工具,与各种尺子配合可完成大多数画线工作。木工铅笔的笔杆是椭圆形的,笔芯有黑、红、蓝几种颜色。

② 墨斗:墨斗是由硬质木料凿削制成,其前半部分是斗槽,后半部分是线轮、摇把,斗槽内装入浸满墨汁的丝绵或棉花,线绳一端绕在后部线轮上,另一端通过墨斗的穿线孔再与定钩相连接。墨斗是一种弹线工具,可用来放大样、弹锯口线、中心线,特别适用于弹作较长的直线,和在边缘不齐的木料上画线。

③ 圆规:圆规是画圆和弧线的工具。画较小半径的圆和弧线时,一般选用较小的钢制圆规。当画较大弧线时,常使用自制的木制圆规,也可用木条、绳子和圆钉等以简单的方法画弧线。

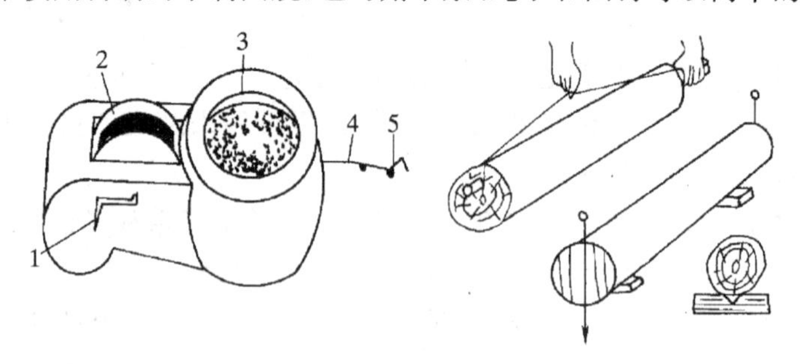

图 6-12　墨斗及用法

1—摇把;2—线轮;3—斗槽;4—线绳;5—定钩

(3) 手工锯

木工用手工锯有框锯、刀锯、板锯、钢丝锯等多种。较常用的有框锯和板锯。

① 框锯:框锯也称架锯,它是由工字形木架和锯条等组成的。木架的一边装锯条,另一边

装绳索并用锯标绞紧，或装钢制拉杆用蝶形螺母拉紧，如图 6－13 所示。框锯根据其用途不同，可细分为纵向锯（顺锯）和横向锯（截锯）。纵向锯锯条较宽，锯齿前刃角较大，用于顺木纹纵向锯削；横向锯锯条略短，锯齿较密，前刃角较小，齿刃为刀刃形用于垂直木纹方向的锯削。

② 板锯：板锯是专门用来切割框锯不能锯削的宽而长的木料的锯削工具。这种锯的锯片薄而且宽，硬度和弹性都比较大，使用灵活，锯出的木板平整，可以在较大的作业面上操作，如图 6－14 所示。

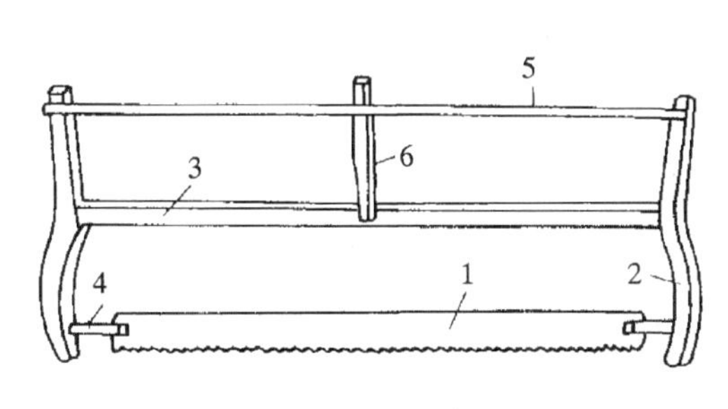

图 6－13　框锯

1—锯条；2—锯拐；3—锯梁；4—锯钮；5—锯绳；6—锯标

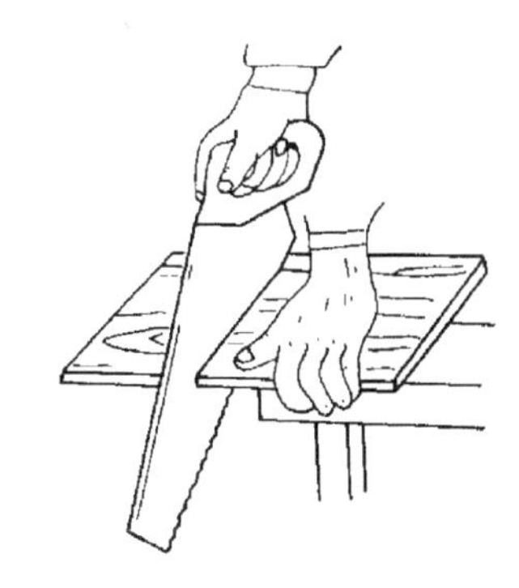

图 6－14　板锯及使用

(4) 手工刨

手工刨是一种木工作业的重要工具，它可以把木料刨削成光滑的平面及各种特定的表面。刨类工具的种类较多，按用途可分为平刨、槽刨、边刨、线刨等，各种刨的种类如图 6－15 所示。各种手工刨主要由刨刃和刨身两部分构成，刨刃是金属锻制而成，刨身一般由硬木制成，平刨的构成如图 6－16 所示。

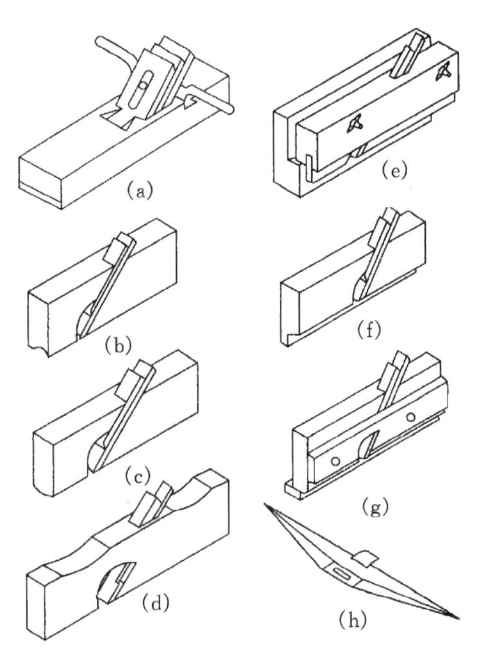

图 6－15　手工刨的种类

(a)平刨；(b)(c)(d)线刨；(e)槽刨；(f)(g)边刨；(h)铁刨

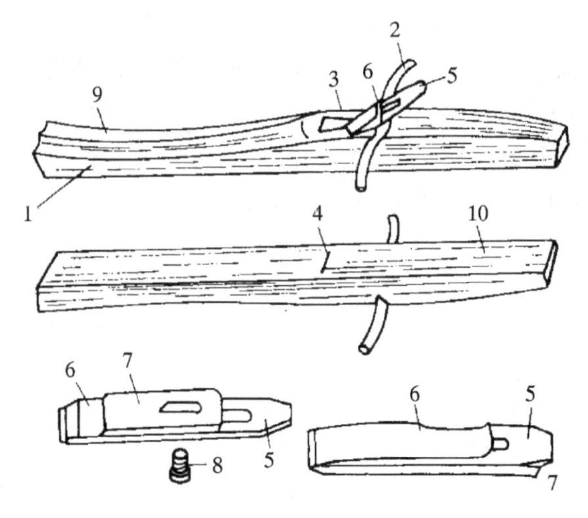

图 6-16　平刨的结构

1—刨床;2—刨把;3—刨羽;4—刨口;5—刨刃;6—盖铁;7—刨楔;8—螺钉;9—刨背;10—刨腹

(5) 凿子

凿子是用于打眼、挖孔、剔槽的手工工具。凿子由硬质木柄和优质工具钢凿体两部分组成。按照刃口形状不同,凿子可分为平凿、圆凿和斜凿,如图 6-17 所示。一般最常用的是平凿。平凿又分为宽刃凿和窄刃凿两种。宽刃凿由于凿体较薄,主要用于铲削,而不宜凿削。窄刃凿是凿眼专用工具,其刃宽有多种规格,凿刃的宽度即为所加工榫眼的宽度。

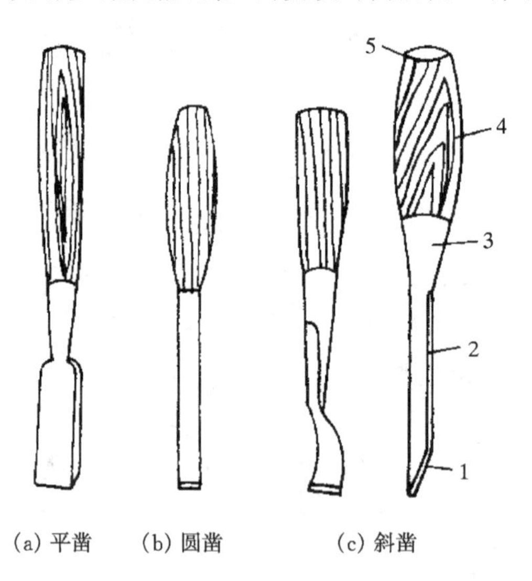

(a) 平凿　(b) 圆凿　(c) 斜凿

图 6-17　凿子

1—凿刃;2—凿身;3—凿库;4—凿柄;5—凿箍

6.3　木工加工基础

6.3.1　木工生产加工的一般工艺过程

木工生产应用领域十分广泛，由于不同行业中木工生产所用原材料状态不同，加工生产的产品类型不同，其生产工艺过程也有较大的差异。在木工实习过程中，一般加工制作的是实木制品，所用原料也是制备后的板材、小方材、层压板材等。因此，以下均以细木工实木产品生产为例，介绍木工生产工艺过程。典型的木工生产工艺过程如图 6－18 所示。

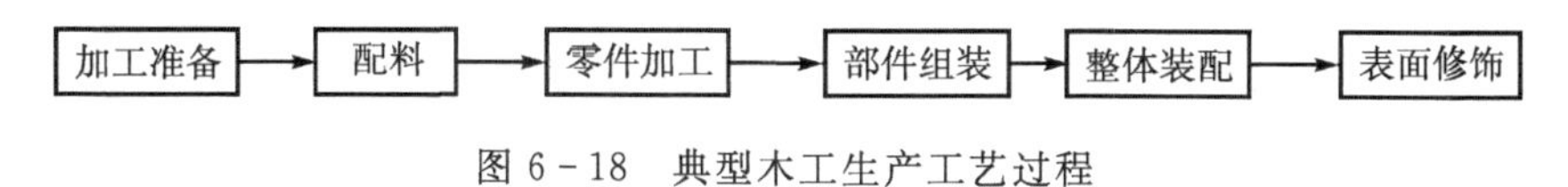

图 6－18　典型木工生产工艺过程

• 加工准备：在加工准备阶段，加工人员应认真阅读工件图纸，选择合适的加工工艺，准备原材料，整理施工场地，刃磨工具，检查加工设备，为正式加工做好各项准备工作。

• 配料：配料就是按照加工零件的尺寸、规格和质量要求，将原料锯割成一定规格和形状的毛坯料的过程，包括合理选料，确定加工余量和确定配料工艺等。配料的基本原则是在保证产品质量的前提下，合理选料，厉行节约，避免大材小用，长材短用和优材劣用。

• 零件加工：此加工阶段是木工生产的主要工艺过程。加工者使用机械设备和手工工具，综合运用画线、锯割、刨削、钻孔、开榫、拼板和砂光等加工工艺，完成木制零件的加工工作。

• 部件组装：部件组装是按照图纸或技术文件要求的结构和工艺将零件组装成部件的过程。组装方式主要有专用连接件连接、胶接、榫卯连接、钉子或螺钉连接。组装完成的部件，如果没有达到准确的形状和精度要求，还需对部件进行修整加工。

• 整体装配：整体装配是将各种部件、零件最后连接装配成完整的木工产品的过程。其装配过程与部件组装过程相类似。

• 表面修饰：作为日常生活用的木制品或木制工艺品，其表面修饰处理是最后必须的工序。表面修饰的方法主要有砂光、粘贴木皮、绘画、打蜡、涂漆、抛光等。

以下针对木工实习的特点，着重对木工生产中零件加工的基本工艺方法加以介绍。

6.3.2　木工加工基本工艺

不同行业木工作业有不同的特点，生产中使用的设备、工具差异较大，所用木材原料状态也不同。作为学生实习的一个工种，木工实习中学生加工制作的木器制品，一般主要是一些简单的实木制品，加工中使用的设备也是小型通用机具和手工工具，属于细木工加工。因此，对木工加工工艺的介绍，着重以学生实习中所涉及的内容为主。

1. 锯削加工

锯削加工是木工加工的最基本工艺。锯削加工是将木材纵向锯开或横向截断。使木料符合毛坯料尺寸要求。锯削加工可以使用带锯机、圆锯机等机械设备，也可以使用手工锯割工具进行。

(1)使用细木工带锯机锯削

细木工带锯机是指带轮直径在 400～800 mm 之间的小型带锯机，可用来进行直线、斜线和沿不规则曲线锯解木料。锯削时通常一人操作，但加工大而长的木料时，也需上下手两人配合操作。

① 开机前要仔细检查锯条有无裂纹；通过调节锯轮或张紧重锤，将锯条张力调整合适；调整和校对活动或固定的靠山；调整锯卡松紧程度；经过开机试运转，设备一切正常后方可进行加工。

② 机器开动后，应等锯条转速稳定后，方可将木料送入锯割。

③ 操作者应站于面对锯条且稍偏左的位置，锯割时左手引导木料，右手施加压力推送木料进锯，在抵达锯条前停止手推送料，改用木棍推送。

④ 锯割时应按画线加工，并且留出少许余量，以便后续加工。

⑤ 锯割时送料速度以能锯开木材且锯条不致弯曲为宜，过慢则会使木料烧焦。遇到木节时应缓慢锯割。

操作注意事项：

· 不得戴手套操作带锯机；调整锯卡时应停机进行。

· 操作时注意力要集中，随时注意观察锯割是否正常，耳听机器运转声音是否正常。发现异常情况要立即停机检查。

· 锯割送料时，不允许将手伸过锯条。

· 锯割木料前，应先检查木料上不得带有铁钉、水泥等硬物。

· 加工时，机器周围应整理干净，防止将人绊倒而发生事故。

(2) 使用细木工圆锯机锯削

圆锯机用途广泛，不仅可以纵横锯割各种板材，而且可以用来起槽、截斜角、截企口缝、锯榫头，是木工加工最基本的设备。

① 开机前应认真检查锯片是否上紧，锯片锯齿有无破裂；调整升降工作台，使锯片露出待锯割木料 30～50 mm。

② 开机后要等锯片转速稳定后方可开始锯割。

③ 锯割速度应根据木材特性灵活掌握，送料速度应与锯片切割速度相适应，速度过快会增加电机负荷，并可能造成锯片破裂。锯割时遇到木节，必须降低送料速度。如遇到夹锯时，应停止进料，待锯片转速提高后方可继续进料锯割。

④ 用手送料时，双手与锯片的距离不能小于 200 mm，不可过分接近锯片。快要锯完时，可改用木棒推送木料。

⑤ 锯割较长木料时，应两人配合操作。上手双手平稳送料，推料至锯片 300 mm 处即可撒手，站向锯侧。下手接料均匀拉送，两人配合要协调，回送时木料必须离开锯片。

操作注意事项：

· 设备的安全防护装置应齐全，不得拆除锯片防护罩和分料刀。

· 设备工作台上不得放置任何工具。设备周围应清理干净，防止将人绊倒发生事故。

· 在设备运转时，不得用手清除台面上的木屑和杂物，只能用长的木棍拨除。也不得用手越过旋转的锯片拿取木料或工具，而应绕开锯片拿取。

· 锯割前，应先检查木料上不得带有铁钉、水泥等硬物。操作时注意力要集中，随时注意观察锯割是否正常，耳听机器运转声音是否正常。发现异常情况要立即停机检查。

(3) 使用手工框锯锯削

框锯是木工最主要的手工工具,可用来纵向、横向锯割小块木料,也可进行曲线锯割。由于是手工操作,初学者一般要经过一段时间的练习,才能掌握操作方法。

① 锯前准备:首先要调整锯条角度(约 45°),使整个锯条处于一个平面,然后绷紧锯条。另外,要先在锯割的木材上画好线,再准备一张用来锯割时安放和固定工件的长凳。

② 握锯和站位:框锯操作时,以右手握住锯拐,无名指和小指夹住锯钮,锯齿尖朝向下方。操作站位以操作者而言,纵向锯割和曲线锯割时,站在工件左边,横截时站在工件右边。

③ 工件固定:小型工件锯割时一般用脚将工件踩在长木凳上固定。纵向锯割时用右脚踩住工件,而横向锯裁时用左脚踩住工件。

④ 起锯要领:开始锯割时,为防止锯条跳动跑线,应以左手食指或拇指扣准墨线外缘作为锯条靠山,右手轻轻推拉锯身,待锯条深入工件不易跳出时,再将左手收回,配合右手进行锯割。

⑤ 锯削要领:正常锯削过程中,向下推锯要有力,但向回拉时用力要轻;锯路要沿着墨线走,不要偏离。锯削速度要均匀有节奏,尽量加大推拉距离,锯的上端应向后倾斜,使锯条与工件表面的夹角约成 70°左右。当锯到末端时,应放慢锯削速度,并用左手拿稳要锯掉的部分,以防木料撕裂。如图 6 - 19 所示。

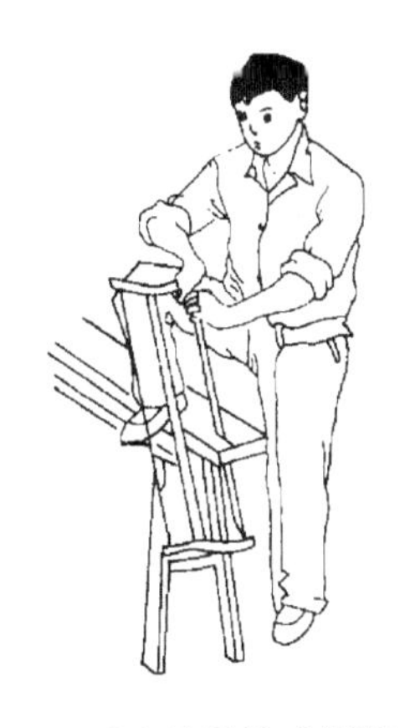

(a)双手纵式锯削

(b)单手纵式锯削

图 6 - 19　锯削方法

2. 刨削加工

刨削加工主要用来将木材毛料的表面加工成比较光滑的平面,有时也可用来进行表面的成型加工,从而得到精确的尺寸和所需的截面形状,属于木工精加工工艺。刨削加工主要使用平刨床、压刨床等机械设备,也可以使用各种手工刨进行加工。

(1) 使用平刨床加工

平刨床主要用来加工具有粗糙不平表面和翘曲表面的毛坯木料,使被加工表面形成光滑平整的基准面,为后续加工打下基础。

① 开机前应认真检查刨刀安装是否牢固,各刀片刃口应与台面平行,并且切削圆半径应相等。

② 加工前应调整好前后台面高度和靠山的位置及角度。后台面应调整到与刀刃切削圆柱水平切面相重合,前台面应低于后台面 1～2 mm,粗刨时取大值,精刨时取小值。前后台面

的高度差即为切削层的厚度，是一次进给的切削量。

③ 刨削操作时，人应站在刨床工作台的左侧中间，两脚前后分开，左脚在前，右脚在后，左手压住木料，紧贴靠山，右手均匀推送。当右手离刨口 150 mm 时应脱离木料，靠左手推送，如图 6-20 所示。

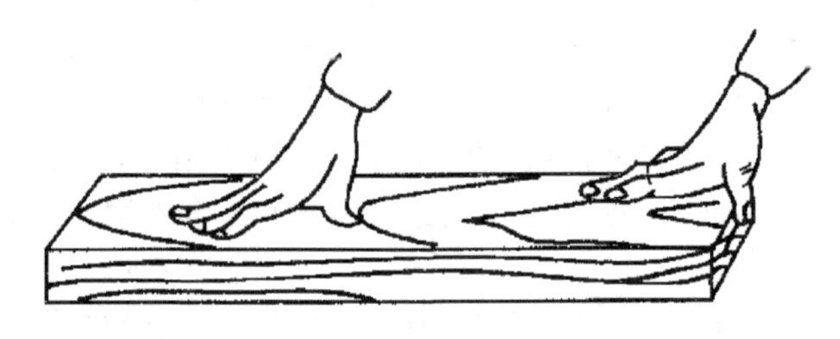

图 6-20　刨削加工手势

④ 刨削时，应先刨大面，后刨小面。一般应顺木纹刨削，当遇到节疤、逆茬或材质坚硬时，应适当降低送料速度。

⑤ 在加工长度小于 300 mm、厚度小于 20 mm 的短薄木料时，严禁用手直接推送，要使用推棍或推板推送，如图 6-21 所示。长度在 300 mm 以下的工件最好不要在平刨上加工。

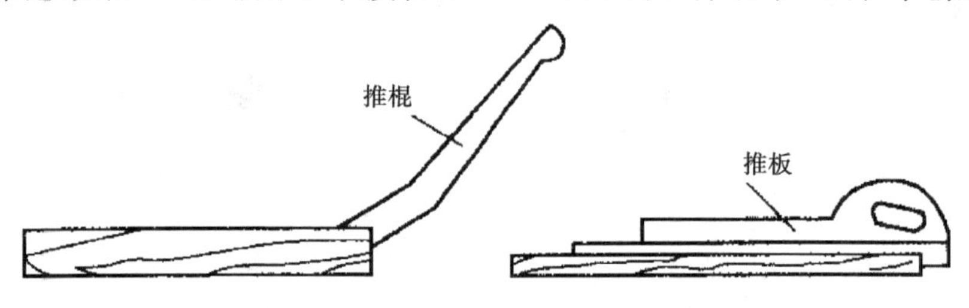

图 6-21　推棍与推板

操作注意事项：

· 操作人员必须穿紧身工作服，扣紧袖口及下摆。不得带手套操作。

· 开机前必须检查设备各部分是否调整、紧固正确，并应进行空载试车，在确认设备运转正常后，方可进行加工作业。

· 刨削前，应先检查木料上不得带有铁钉、水泥等硬物。

· 刨削时，操作人员要保持身体平稳，用双手推送木料。严禁将手指放在木料后端面推送。

· 操作时注意力要集中，随时注意观察刨削是否正常，耳听机器运转声音是否正常。发现异常情况要立即停机检查。

· 设备工作台面上不得放置任何工具。设备周围应清理干净，防止将人绊倒发生事故。

(2)使用压刨床加工

压刨床主要用于将已具有相邻基准面的木料刨削成一定厚度，并具有一定表面粗糙度的平行平面。双面压刨床可以同时刨削木料的两个表面，单面压刨床一次只能加工一个平面，一般和平刨床配合使用，完成工件的表面刨削。

① 加工前应根据工件加工前尺寸及加工后尺寸精度、表面粗糙度要求，仔细调整工作台高低、进给速度等。

② 压刨床一般由两人操作，一人送料，一人接料，两人均应站在机床侧面，而不应站在机床正面，以防工件退回时被打伤。

③ 刨削操作时，应根据工件木纹方向顺木纹且沿着与辊筒垂直的方向进给送料，以保证获得较高的表面质量。

④ 刨削带有斜度的工件时，要根据工件要求的斜度，做一带有相应斜度的模板 1，进料时将工件 2 放在模板 1 上即可，如图 6－22 所示。

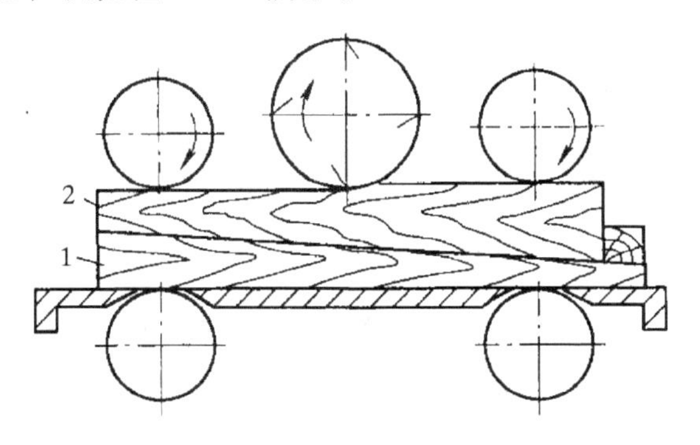

图 6－22　斜形工件刨削法

⑤ 在刨削松木时，常有松脂粘结在台面和辊筒上，阻碍工件进给。这时应在台面上擦拭煤油进行润滑，粘结在辊筒上的树脂应及时清除。

操作注意事项：

· 操作人员必须穿紧身工作服，扣紧袖口及下摆。不得带手套操作。

· 加工前应进行空载试车，在确认设备运转正常后，方可进行加工作业。

· 工件的长度尺寸小于前后辊筒间距时，禁止在压刨床上进行刨削加工。

· 刨削时，如有木屑塞入辊筒与台面之间，工件前进受阻时，必须停机用木棒将其拨出，禁止直接用手指拨弄。

· 操作时注意力要集中，随时注意观察刨削是否正常，耳听机器运转声音是否正常。发现异常情况要立即停机检查。

· 设备周围应清理干净，防止将人绊倒发生事故。

(3)使用手工平刨加工

手工刨是木器加工一种重要的传统手工工具，在个人业余木器制作和小型木器生产企业中广泛应用。手工刨的种类繁多，用途广，应用灵活，操作时需要具备一定的经验和技能。以下仅就平刨的操作加以介绍。

① 刨刀安装与调整：刨刀安装时，先将盖铁压在刨刀上面，调整好两刃的距离，放入刀槽中，使刨刀刃与刨口平齐，然后用刨楔楔紧。调整刨刃时，左手握住刨身，底面朝上，前端朝向面部，单眼沿刨底目测观察刀刃露出刨口情况。右手用小锤轻轻敲击刨刀上端，可使刨刃突出；敲击刨身后端，可使刨刃退回；敲击刨刀两侧，可使刨刃左右高低一致。刀刃露出量决定一次刨削的厚度(吃刀深度)，一般在 0.1～0.5 mm 之间，粗刨时大些，精刨时小些。刨刀调整好后，应将刨楔敲紧。要退出刨刀，重复敲击刨身后端即可。

② 选择刨削面和方向：刨削前先选择两个较好的表面作为基准面进行加工，刨削方向应顺木纹进行，避免逆茬。应先刨削基准面，再刨其他面。

③ 刨削要领：刨削时，双手紧握刨把，拇指压在刨身后部，食指压在刨身中部靠前一点。操作者站在工作台和木料左边，左脚在前，右脚在后，身体稍向前倾。刨削开始，以掌推刨，两食指对刨的前身施加压力，不使刨头上翘；推至中途，食指逐步减小压力，拇指相应对刨身后端增大压力；推至终端，食指压力减小为零，拇指压力逐渐增大，直至全部压住刨身，避免刨头低下，如图 6－23 所示。退回时，应将刨身后部稍微抬起，以免刨刃在木料上拖磨，使刃口变钝。

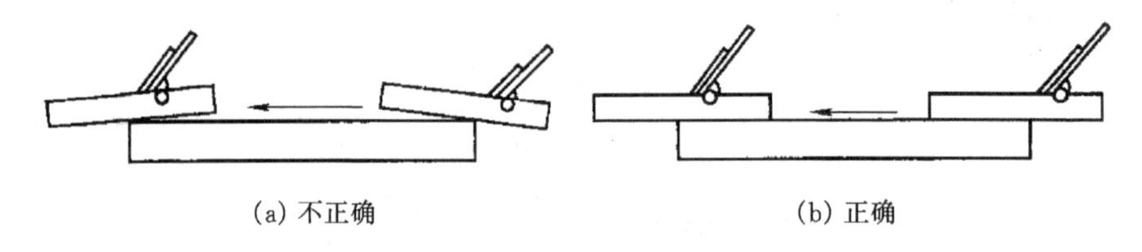

(a) 不正确　　(b) 正确

图 6－23　刨削方法

④ 注意事项：刨削时，刨底应始终紧贴木料，要一刨推到底，中途不应停顿；在刨削弯曲木料时，应先刨凹面，后刨凸面，然后再通长刨削。

3. 车削加工

木工生产中的车削加工主要用来加工回转体形状的零件。车削加工可以获得很高的表面粗糙度以及复杂的回转体外形。用来进行车削加工的木工车床类型较多，有主要用于轴类零件加工的中心式车床，有用于大直径盘形零件加工的花盘式车床以及各种专用车床。这些车床用途广泛，已被木模厂、家具厂以及木工爱好者广泛使用。

以下仅以不具有机动纵、横向进给刀架的 MC614 型普通木工车床为例（见图 6－24），介绍木工车削加工操作要领和安全要点。

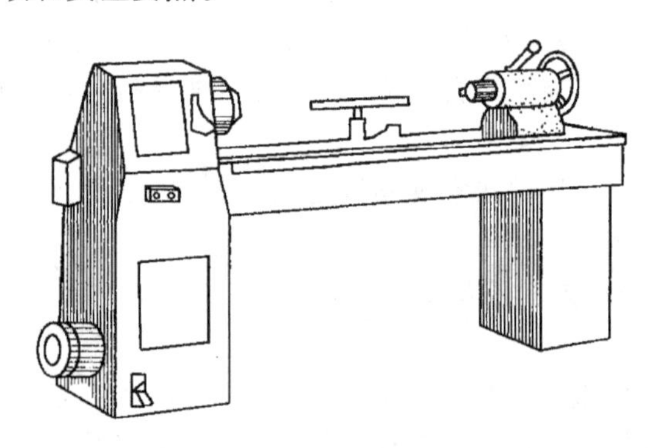

图 6－24　MC614 型普通木工车床

① 加工前，应先用锯割、刨削等方法制作出具有零件粗略形状，四周留有适当加工余量的毛坯料。

② 装夹毛坯料时，应先在材料两端面画出对角线，确定中心点位置。然后，将一端对准车床主轴上的三齿顶尖，另一端对准尾座上的活动顶尖，将尾座紧固后，手摇尾座手轮，使工件用主轴三齿顶尖和尾座活动顶尖夹持顶紧。工件夹紧程度要合适，应使工件定位牢固，同时能使尾座顶尖灵活转动。

③ 车削前应先调整好刀架的纵横位置和支撑托板的高度。刀架的纵向位置应使支撑托

板处于工件加工部位；刀架的横向位置应使支撑托板尽量接近工件表面，一般与工件表面间留 3～5 mm 间隙；支撑托板的上沿应略低于工件中心线。调整好后将各紧固手柄旋紧，用手转动机床主轴，检查工件不能与刀架相碰。

④ 车削时，车床主轴转速应根据工件直径大小而定。一般工件直径越大，长度越长，主轴转速越低。反之，主轴转速就越高。刚开始车削时，因工件有凸出棱角使车削不均匀，车刀震动也大，吃刀量要少；当将棱角车掉后，即可增大吃刀量。

⑤ 车削时，操作者双手握持车刀，左手以拇指和食指握车刀前端，食指抵住支撑托板边缘，将车刀架于支撑托板上，右手握住车刀后端。刀刃接触工件时应缓慢，刀刃的高低由右手来掌控，刀尖左右移动由左手控制。在整个车削过程中，车刀始终要压紧支撑托板。工件不同的表面形状，应选用相应的车刀切削加工。

⑥ 在车床上手持砂纸打磨工件时，手的压力不宜过大，并应随时左右移动位置，以免烫伤手指。

操作注意事项：

· 车削加工时，操作者应佩戴护目镜；工作服袖口和下摆要扣紧，不得戴手套操作。

· 车削加工前，必须检查工件、刀架、尾座是否紧固，并开车试运转。

· 胶合的工件必须完全干燥后方可上车床加工；木料上不得带有铁钉、水泥等硬物。

· 不可用手触摸转动的工件；测量尺寸或进行其他调整时，必须停车后进行；停车后主轴停止转动前，不可用手抓握工件刹车。

· 加工时，车刀应有序摆放在便于取、放的位置；机器周围应整理干净，防止将人绊倒而发生事故。

4. 孔眼加工

木工制品上的孔按工艺要求可分为圆孔和槽孔，这些孔主要用于与相邻木制零件上的榫头接合，所以对孔的精度和表面质量有一定的要求。木制品上的各种孔可以采用各种钻床加工，也可以用手工凿眼工具加工。

(1)用钻床加工孔眼

木工钻床种类较多，主要有立式钻床、卧式钻床和组合钻床。以下仅以立式单轴钻床(见图 6－25)为例，介绍圆孔和槽孔加工方法。

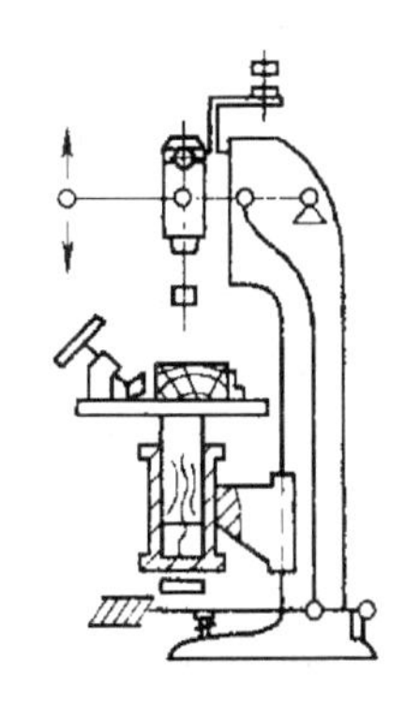

图 6－25　立式单轴钻床

① 加工前，应先根据加工孔径安装好钻头，并对钻床运转状况进行检查，运转正常方可进行加工。

② 工件在工作台上由夹紧器夹持牢固后，通过转动工作台位置调整手轮移动工作台，由工作台带动工件移动，使钻孔部位对准钻头。开启钻床，用右手操控主轴缓慢下降对工件进行钻孔。当木料较硬或钻深孔时，应放慢钻头下降速度或反复提起钻头以利木屑排出。钻完孔后，松开主轴操作手柄使主轴上升复位，关闭电源开关，待主轴停止转动后，取出工件。

③ 加工长孔时，可间歇移动工作台使工件移位，经多次反复钻孔即可完成长孔加工；如需在工件上钻斜孔，可以采用将工作台倾斜成一定角度加工，也可工作台不动，而利用两块具有

相同斜度的模具夹持工件进行加工，如图 6－26 所示。

④ 钻透孔时，应在工件下面垫一块木块，以防钻透时碰伤台面和钻头。在较小工件上加工透孔，可以一次装夹钻透；在较大工件上钻透孔，如一次无法钻透，可将工件翻转后从另一面钻透。加工不透孔时，需将台面调整到所需的高度进行钻削。

⑤ 加工长方形榫孔的方法与上述圆孔加工方法类似，只是加工榫孔所使用的切削刃具是由不旋转的空心方凿内装旋转钻头组成。加工时，随着主轴的下降，钻头钻出圆孔的同时，方凿靠下压力切削四角的余料，最终制出矩形榫眼，如图 6－27 所示。选用不同规格的钻具，即可加工出不同尺寸的榫眼。

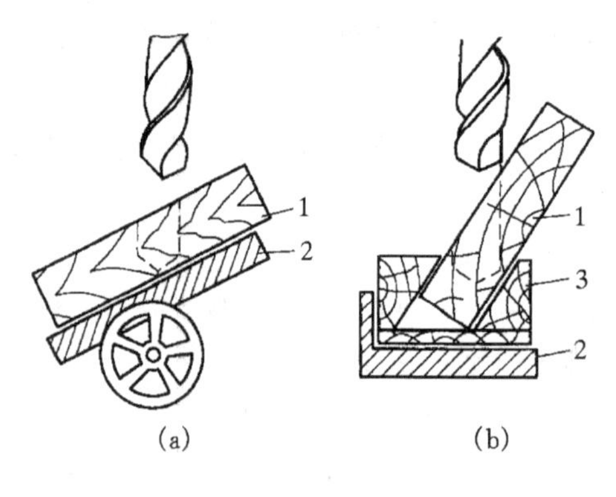

图 6－26　斜孔钻削方法

1—工件；2—工作台；3—夹具

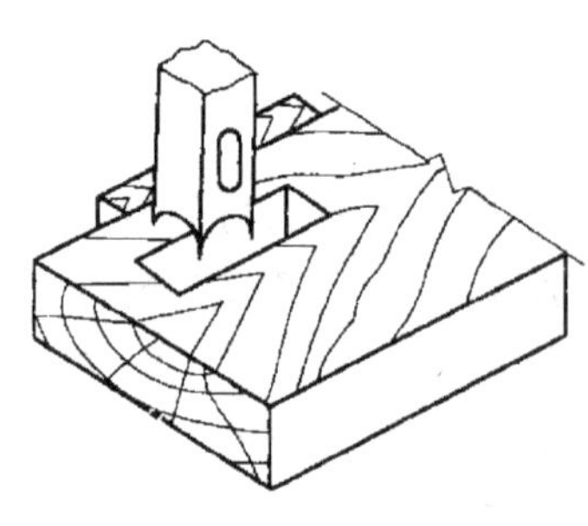

图 6－27　榫眼加工

操作注意事项：

· 钻削加工时，操作者应佩戴护目镜，不得戴手套操作。

· 工件应夹持牢固，不得手持工件进行钻孔。不可用手直接清理钻屑。孔口的毛边应用锉刀或刮刀去除。

· 钻孔时如钻头被工件夹住，应立即关机，待钻头停止转动后，用手旋转钻夹头使钻头退出工件。

· 不可用手触摸转动中的钻头和机床其他运动部件。

· 钻削时，应选择合适的转速和进给量。大直径钻头应低速大进给量钻削，小直径钻头可高速小进给量钻削。钻大孔时，可先钻小孔作为引导孔。

(2)用手工工具加工孔眼

能进行孔眼加工的手工工具，主要有各种手工钻和凿子。各种手工钻主要用于不同大小的圆孔加工，其操作方法比较简单。而凿子有许多类型，主要用于凿眼、挖孔和剔槽。以下着重介绍使用窄刃平凿加工榫眼的方法。

① 加工前，应先在工件上画出榫眼线，如要加工通透榫眼，应在工件两面同时画线。

② 在较长的木料上加工榫眼时，可将工件放在长凳上，身体侧坐在木料上压住工件；如在较短的木料上加工榫眼，也可用虎钳等夹持装置夹牢工件，以保证在凿孔时工件不弹跳。

③ 凿削时，左手紧握凿柄(刃口向内)，保持凿子不向两边倾斜，右手持锤，锤击凿子要用力均匀，如图 6－28(a)所示。切线凿削时，应先将凿刃放到榫眼线附近，再左右摇摆凿子，切到画线一半(俗称吃线)处，立正凿子，然后用锤锤击。

④ 凿削时，下凿顺序应从榫眼近处逐渐向远处凿削。先从榫眼后部下凿，以锤击打凿顶，注意“锤要打准打平，凿要扶直扶正”，使凿刃切入木料一定深度，然后左手沿榫眼长度方向前后晃动凿子后，拔出凿子，即“一锤晃三晃”。如此依次向前移动凿削，一直凿到前边边线，最后再将凿面反转过来凿削孔的后边，凿削过程按照图 6-28(b)所示位置 1—2—3—4 逐步进行。

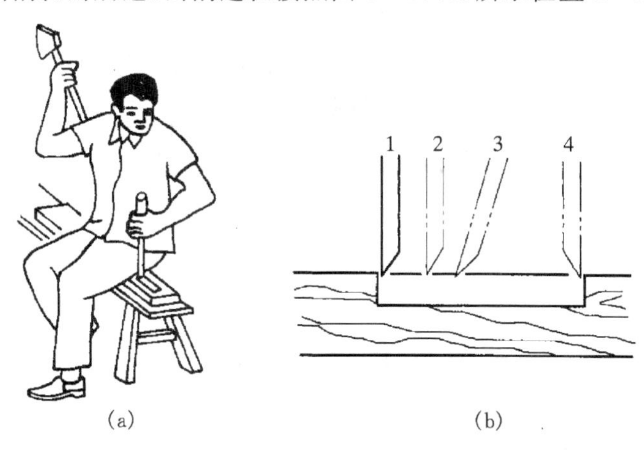

图 6-28　凿眼操作

⑤ 根据榫眼深度，可采用分层凿削的方法，达到深度要求。如为通透榫眼，一面凿削深度应超过料厚的一半，再将工件翻过来从另一面凿削加工，直至加工出通透榫眼。最后，可用宽凿对榫眼侧壁进行适当修整，以使榫眼符合尺寸要求。

操作注意事项：

· 凿削加工时，操作者应佩戴护目镜，以防木屑溅入眼睛。

· 凿子应放在安全的地方，不要放在凳子或工作台上，以防掉下伤到腿或脚。

· 用锤击打凿子时，防止打偏，以免打伤手。如使用斧头锤击凿子，可用斧侧面锤击，但应注意不得使斧刃向下，以免砍伤左手。

* 创意园地

读者可以利用所学的木工加工技能，动手制做一些有创意的木器制品。图 6-29～6-31 是几件学生木工实习作品，供读者参考。

图 6-29　学生作品《鲁班锁》

图 6-30　学生作品《独轮车》

图 6-31　学生作品《卡车》

复习思考题

1. 简述木工加工在工业生产中的作用。
2. 木工加工有何特点？有哪些安全注意事项？
3. 木工加工常用木材种类有哪些？
4. 木材的一般特性有哪些？
5. 木材的物理和力学特性有哪几项？
6. 木工加工常用机械设备有哪几种？常用手工工具有哪些？
7. 简述木工加工的一般工艺过程。
8. 简述使用手工框锯锯削的操作要领。
9. 如何用压刨床刨削有斜度的木料？
10. 用凿子在木料上凿眼的操作要领有哪些？

第7章　数控加工

7.1　数控加工概述

7.1.1　数控机床

数控加工，是指在数控机床上进行加工的一种工艺方法。数控，即数字控制（NC），在机床领域是指用数字信号对机床运动及其加工过程进行控制的一种方法。如果采用专用计算机来实现部分或全部基本数控功能，则称为计算机数控（CNC）。

数控机床即采用了数控技术的机床，或者说是装备了数控系统的机床。现代数控机床都采用计算机作为控制系统，其基本组成如图7-1所示。

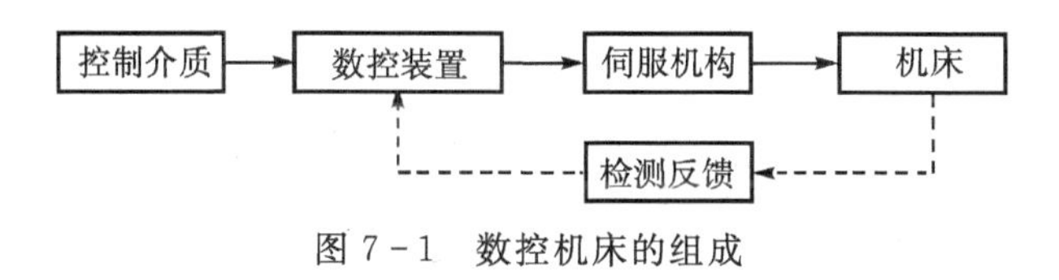

图7-1　数控机床的组成

7.1.2　数控加工的特点

(1) 加工适应性强

数控加工最大的特点是高柔性。所谓柔性就是灵活性、通用性，可以适应加工不同形状的工件。数控机床的加工是针对不同工件编制加工程序进行的，在更换工件时，只需要调用存储于计算机内的加工程序，调整刀具数据和装夹工件即可。不像一般自动机床、仿形机床在更换零件品种时，必须重新制造和更换凸轮、靠模等。因此，数控加工可以缩短生产准备时间，特别适用于多品种、中小批量和复杂型面的加工。

(2)加工精度高、加工质量稳定

目前数控装置的脉冲当量（即每输出一个脉冲后机床的移动量）一般为0.001 mm。高精度的数控系统可以达到0.0001 mm，能确保加工工件的精度。另外，数控加工还可避免工人的操作误差，使一批零件的尺寸一致性特别好，大大提高了产品质量。

(3)生产效率高

数控加工能有效减少零件加工所需的机动时间和辅助时间。一般数控机床的主轴转速和进给量都是按程序指令自动无级变速的。因此，有利于选择最佳的切削用量。数控机床具有自动换刀、快进、快退和快速定位等功能，可大大减少辅助时间。与普通机床加工相比，可大幅度提高生产效率。对于复杂型面的加工，生产效率可提高十几倍甚至是几十倍。

由于数控机床的高精度和灵活性，能加工很多普通机床难以加工或者根本不能加工的复杂型面。因此，数控机床首先被用于航天、航空工业的机械加工中。对各种复杂模具加工也显出其优越性。数控机床已经成为金属切削机床的发展方向。但是数控机床，对所用刀具的精度、耐用度也有较高的要求。数控编程操作较复杂，如编程操作不当，可能发生干涉碰撞，造成事故。所以，对编程人员的素质要求较高。

7.1.3　数控加工基本操作步骤

虽然数控机床有多种类型，但金属切削类数控机床的加工过程基本类似，其基本操作步骤如下：

输入装载加工程序 → 装夹刀具和工件 → 对刀、设置刀具参数 → 设定工件坐标系 → 自动加工。

7.1.4　数控编程

数控编程就是指用机床数控代码编制成工件加工程序的过程(NC programming)。数控编程可以手工完成，即手工编程，也可以采用计算机辅助编程。手工编程的一般步骤包括：工件图样分析、工艺处理、数学处理、编制程序清单、程序检验及仿真加工和首件加工等。其工作流程如图 7 - 2 所示。

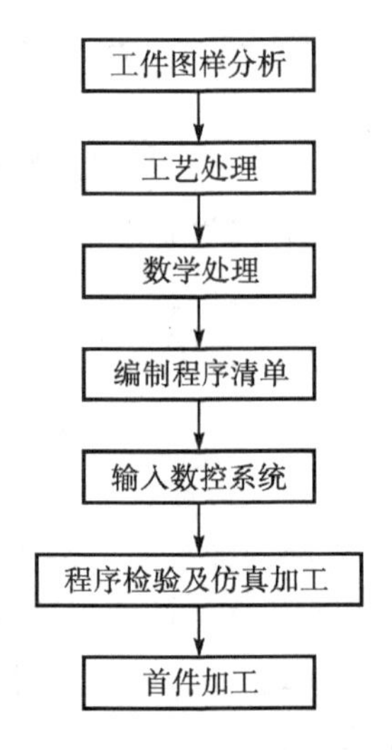

图 7 - 2　数控编程一般步骤

7.1.5　编程坐标系

编程坐标系，即机床坐标系的确定。

为了使机床的设计编程都有统一的标准，便于操作，ISO 和我国 JB3051 - 82《数控机床的坐标系和运动方向的命名》标准，对数控机床及其运动坐标系作了明确规定。坐标系的定义如图 7 - 3 所示。

铣削类数控机床通常有立式、卧式及床身式、升降台式、龙门式数控铣床或加工中心等。目前，一般的数控铣床可作为刀具进给的坐标轴有 4 个，即 3 个基本轴(X、Y、Z)和 1 个第四轴(3 个回转轴 A、B、C 中的一个)，大型的或功能较全的数控铣床往往设有多个坐标轴，包括 3 个附加的辅助线性轴(平行于 X、Y、Z 的坐标运动 U、V、W)。

在确定机床坐标轴时，一般先确定 Z 轴，然后确定 X 轴，再确定 Y 轴，最后确定其他轴。

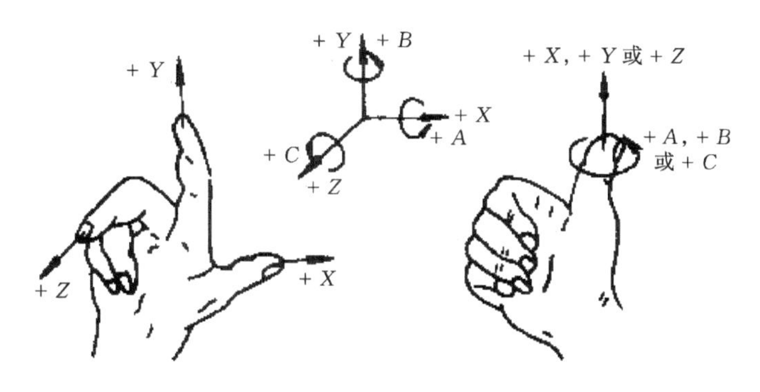

图7-3 基本坐标系定义及其方向

规定平行于机床主轴的坐标轴为Z轴，X轴为水平方向且垂直于Z轴，Y坐标轴垂直于X和Z。规定X、Y、Z轴运动的正方向是使刀具与工件之间距离增大的方向，Z坐标的正向取刀具远离工件的方向。X坐标的正向分两种情况：当Z轴为水平时，沿刀具主轴向工件的方向看，朝右的方向为X轴的正向；当Z轴为垂直时，对单立柱铣床，面对刀具主轴向立柱看，朝右的方向为X轴的正向。Y坐标的正负要根据已确定的X，Z坐标正向按右手定则判定，当拇指指向X轴正向，中指指向Z轴正向时，那么食指指向的就是Y轴正向。绕着X、Y、Z轴运动的三个回转坐标，可根据已确定的X、Y、Z坐标按右手螺旋法则来确定。如图7-3所示。

为了编程方便，工件编程零点可以根据计算最方便的原则来确定某一点为编程零点。如图7-4(a)所示台阶轴零件，若用机床零点M编程时，车端面和各个台阶长度时，都需要经过繁琐的计算。如果使用工件右端面圆心W为零点编程，则编程就会方便很多，编程尺寸可以直接从零件图中得到，车端面时，Z坐标即为0。

如图7-4(b)所示，铣床编程时零点设置较为灵活。为了加工方便，在本书中统一将工件上表面的左下角设为零点。

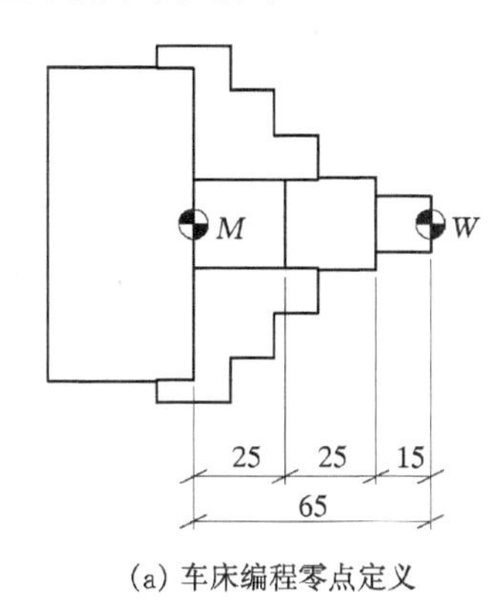

(a) 车床编程零点定义

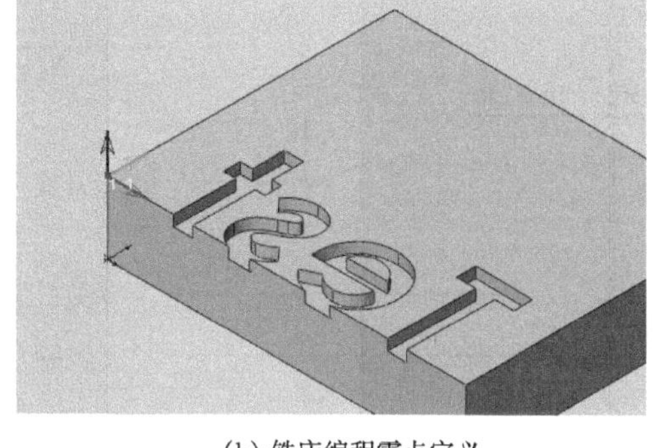

(b) 铣床编程零点定义

图7-4 编程零点定义

7.2 数控车床的操作与编程

本节以广州机床厂生产的G-CNC6135数控车床为例，介绍数控车床的基本操作、编程，并提供一些实例。

7.2.1 数控车床及其数控系统简介

G－CNC6135 数控车床是广州机床厂生产的经济型数控车床，其主要参数如下：

床身最大工件回转直径	350 mm
最大工件长度	750 mm
加工最大直径	350 mm
加工最大长度	450 mm
刀架位数	4
刀架横向行程	178 mm
刀架纵向行程	630 mm
主轴孔直径	46 mm
主轴转速范围	25～1600 r/min
主电机功率	4.5 kW

G－CNC6135 数控车床采用广数 GSK980TB3 数控系统。该数控系统是经济及普及型数控系统的升级换代产品，可控制 3 个进给轴，增加了自动送料、G71 凹槽循环加工等功能，显著提高了零件加工的效率、精度和表面粗糙度。

该系统具有以下特点：

① 采用 32 位 CPU、CPLD 硬件插补技术，实现高速微米级控制。

② 采用四层线路板，集成度高，系统工艺结构合理，可靠性高。

③ 彩色 LCD 中英文显示，界面友好，操作方便。

④ 加减速可调，可配套步进驱动单元或伺服驱动单元。

⑤ 可变电子齿轮比，应用方便。

⑥ 前置 USB 接口及 RS232 接口，方便用户装载程序及与计算机通信。

GSK980TB3 数控系统为 420 mm×260 mm 的铝合金操作面板，其型号的含义如图 7－5 所示。

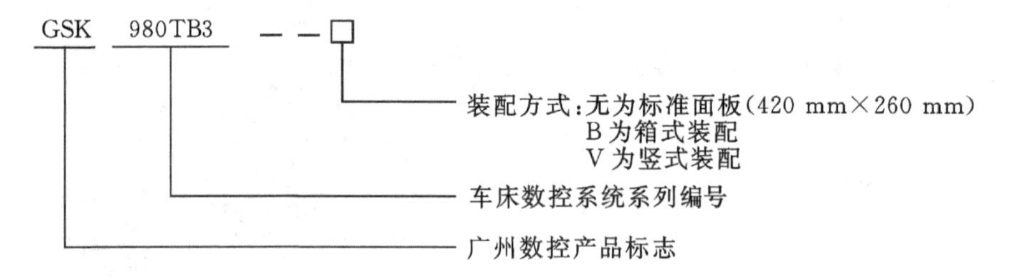

图 7－5　GSK980TB3 数控系统型号及意义

7.2.2 数控系统操作面板和功能键介绍

GSK980TB3 数控系统的控制面板及各功能键的说明如图 7－6 所示。

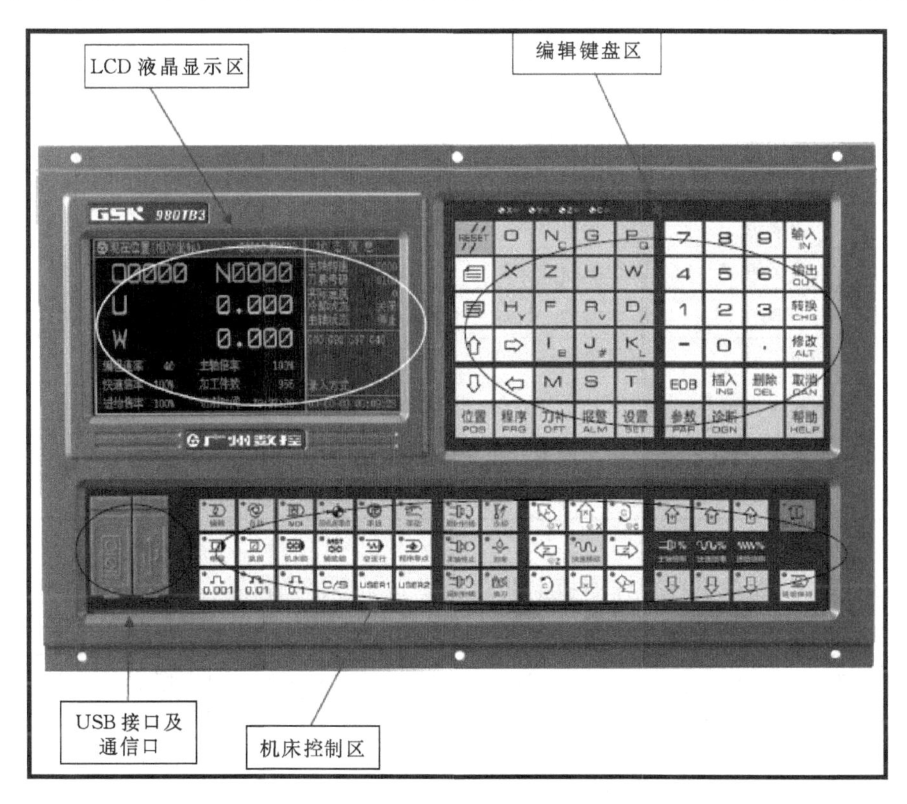

图 7-6 GSK980TB3 数控系统操作面板

1. 编辑键盘区

如图 7-7 所示,编辑键盘区的键可再细分为 9 个小区,具体每个区的使用说明如表 7-1 所示。

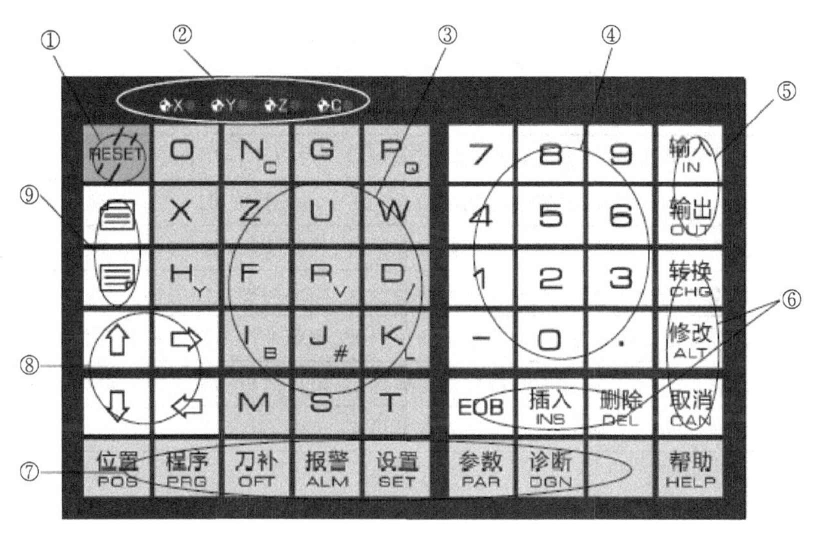

图 7-7 GSK980TB3 数控系统编辑键盘区

表 7－1　编辑键盘区的功能说明

序号	名　称	功　能　说　明
1	复位键	系统复位，进给、输出停止
2	指示灯	各功能指示灯
3	地址键	进行地址录入
4	数字键	进行数字录入
5	输入/输出键	用于参数、补偿量等数据输入，RS232 接口文件的输入、输出等
6	功能键	程序编辑时程序段的插入、修改、删除等操作
7	屏幕操作键	按下其中任意键，进入相对应的界面显示（下面详细介绍）
8	光标移动键	可使光标上下左右移动
9	翻页键	用于同一显示方式下页面的转换、程序的翻页等

GSK980TB3 数控系统在操作面板上共布置了 8 个屏幕操作键，具体如图 7－8 所示。

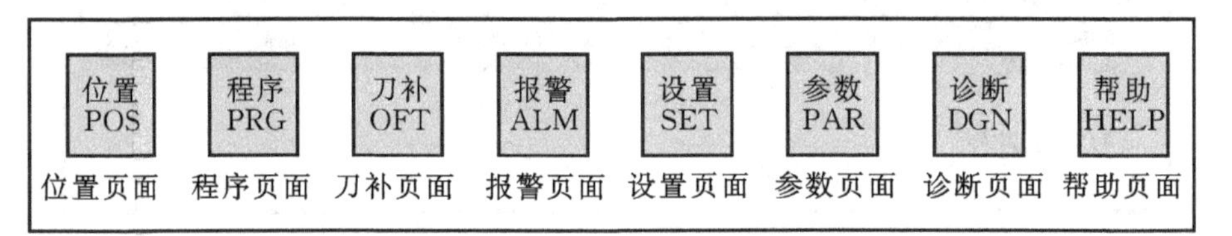

图 7－8　GSK980TB3 数控系统屏幕操作键

各个屏幕操作键的名称及功能说明如表 7－2 所示。

表 7－2　屏幕操作键的功能说明

名　称	功　能　说　明	备　注
位置页面	进入位置页面	通过连续按比键或翻页键切换当前点的相对坐标、绝对坐标、综合坐标、位置/程序四种界面显示
程序页面	进入程序页面	通过连续按比键或翻页键切换程序、MDI、程序目录三种显示界面
刀补页面	进入刀补页面	通过连续按此键切换 001～064 号和 101～164 号两部分显示内容
报警页面	进入报警页面	通过翻页键切换报警信息、外部消息两种显示界面
设置页面	进入设置页面	通过连续按此键切换设置、图形两种显示界面
参数页面	进入参数页面	通过连续按此键切换参数、螺距补偿参数两种显示界面
诊断页面	进入诊断页面	通过连续按此键切换诊断、机床面板和宏变量三种显示界面
帮助页面	进入帮助页面	通过按此键进入帮助页面

2. 机床控制区

机床控制区提供了多个按键，包括了编辑方式、自动方式、MDI 方式、手脉、手动、主轴顺逆时针转、主轴停止以及换刀等多个功能按键，具体如图 7－9 所示。

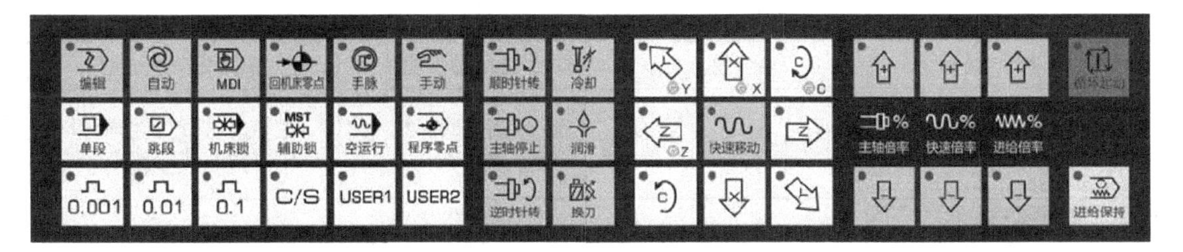

图 7－9　GSK980TB3 数控系统机床控制区按键

具体的按键名称及功能说明如表 7－3 所示。

表 7－3　机床控制区按键的功能说明

按　键	名　称	功　能　说　明	备注及操作说明
编辑	编辑方式选择键	进入编辑操作方式	自动运行时切换到编辑方式，系统运行完当前程序段减速停止
自动	自动方式选择键	进入自动操作方式	选择自动方式时，系统选择内部存储器程序
MDI	录入方式选择键	进入录入操作方式	自动运行时切换到录入方式，系统运行完当前程序段减速停止
回机床零点	机床回零方式选择键	进入机床回零操作方式	自动运行时切换到回零方式，系统立即减速停止
手脉	手脉方式选择键	进入手脉操作方式	自动运行时切换到手脉方式，系统立即减速停止
手动	手动方式选择键	进入手动操作方式	自动运行时切换到手动方式，系统立即减速停止
单段	单段开关键	程序单段/连续运行状态切换。指示灯亮时为单段运行	自动方式、录入方式下有效
跳段	程序段选跳开关键	首标“/”符号的程序段是否跳段。打开时，指示灯亮，程序跳过	自动方式、录入方式下有效
空运行	空运行开关键	空运行有效时，指示灯亮	自动方式、录入方式下有效
MST 辅助锁	辅助功能开关键	辅助功能找开时指示灯亮，M、S、T、功能输出无效	自动方式、录入方式下有效
机床锁	机床锁住开关键	机床锁打开时指示灯亮，轴动作输出无效	自动方式、录入方式、机床回零、手脉方式、手动方式下有效

续表 7-3

按　键	名　称	功　能　说　明	备注及操作说明
顺时针转 主轴停止 逆时针转	主轴控制键	主轴顺时针转，主轴停，主轴逆时针转	在手动方式下主轴为模拟量控制方式时有效
主轴倍率	主轴倍率键	主轴速度调整（主轴转速模拟量控制方式有效）	任何方式下有效
快速倍率	快速倍率键	快速倍率	编辑、自动、手动、录入、回机床零点、回程序零点、手脉、单步方式均有效
快速倍率	进给倍率键	进给速度的调整	自动、手动、录入、单步方式有效
0.001 0.01 0.1	手动单步、手脉倍率选择键	手动单步、手脉倍率选择键	手脉方式、手动方式下有效
X Y Z	手脉选择键	选择手摇脉冲发生器（手脉），对应的机床移动轴	手脉方式下有效
润滑	润滑开/关键	机床润滑键开/关	自动方式、录入方式、手脉方式、手动方式下有效
冷却	冷却液开/关键	冷却液开/关	自动方式、录入方式、手脉方式、手动方式下有效
换刀	机床工作灯开/关键	机床工作灯开/关	手脉方式、手动方式下有效
Y X C Z 快速移动	手动进给键	手动操作方式 X、Y、Z 轴正向/负向移动。	机床回零、手机方式、手脉方式下有效
快速移动	快速移动键	快速移动开/关	任何方式下有效
快速移动	进给保持键	按此键，系统暂停自动运行	自动方式、录入方式下有效
循环起动	循环启动键	按此键，程序自动运行	自动方式、录入方式下有效

3. 液晶显示区

系统的显示区采用彩色7英寸LCD。

(1)位置显示界面及功能介绍

数控系统上电前，请确认机床刀架、尾座处于安全位置！

接通机床电源，系统加电，自检正常，初始化完成后，显示现在位置(相对坐标)页面，如图7-10所示。

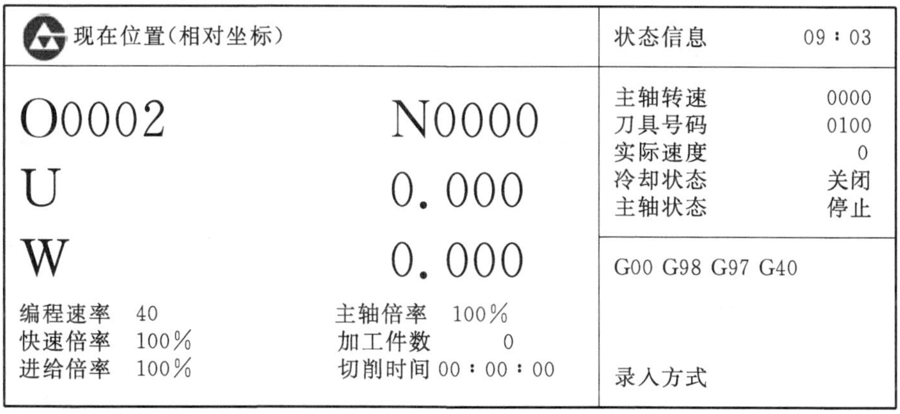

现在位置(相对坐标)
状态信息 09∶03
O0002 N0000
U 0.000
W 0.000
编程速率 40 主轴倍率 100%
快速倍率 100% 加工件数 0
进给倍率 100% 切削时间 00∶00∶00
主轴转速 0000
刀具号码 0100
实际速度 0
冷却状态 关闭
主轴状态 停止
G00 G98 G97 G40
录入方式

图7-10 现在位置(相对坐标)显示页面

按位置按键可以进入位置页面显示，位置页面有[相对坐标][绝对坐标][综合位置]和[程序监控]四种显示方式，可以通过按翻页键或者位置键分别查看。

① 相对坐标：显示当前刀具在相对坐标系的位置，如图7-10所示。相对坐标的清零操作步骤：按字母U键，坐标系U轴闪烁，按取消键，坐标系被清零，W轴操作相同(注：系统断电后相对坐标自动清零)。

② 绝对坐标：显示当前刀具在绝对坐标系的位置，如图7-11所示(注：系统断电后绝对坐标自动记忆)。

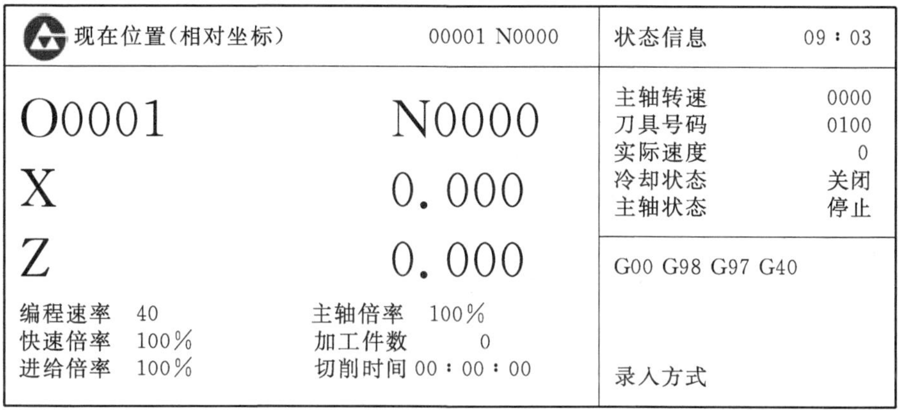

现在位置(相对坐标) 00001 N0000
状态信息 09∶03
O0001 N0000
X 0.000
Z 0.000
编程速率 40 主轴倍率 100%
快速倍率 100% 加工件数 0
进给倍率 100% 切削时间 00∶00∶00
主轴转速 0000
刀具号码 0100
实际速度 0
冷却状态 关闭
主轴状态 停止
G00 G98 G97 G40
录入方式

图7-11 现在位置(绝对坐标)显示页面

③ 综合位置：在综合界面中，可同时显示图7-12所示的坐标系中的坐标位置值：相对坐标系中的位置，绝对坐标系中的位置，机床坐标系中的位置，余移动量(在自动、录入方式下才显示)。

现在位置(相对坐标)　00001 N0000		状态信息　09：03
(相对坐标)	(绝对坐标)	主轴转速　0000 刀具号码　0100 实际速度　0 冷却状态　关闭 主轴状态　停止
U　2.563	X　301.059	
W　3.587	Z　0.684	
(机床坐标)	(余移动量)	G00 G98 G97 G40
X　400.256	X　0.000	
Z　－100.236	Z　0.000	录入方式

图 7－12　现在位置(综合位置)显示页面

④ 程序监控：在此界面中，可同时显示当前位置的相对坐标、绝对坐标以及当前程序段，方便程序运行的同时观察刀具的位置，如图 7－13 所示。

现在位置(相对坐标)　00001 N0000		状态信息　09：03
(相对坐标)	(绝对坐标)	主轴转速　0000 刀具号码　0100 实际速度　0 冷却状态　关闭 主轴状态　停止
U　2.563	X　301.059	
W　3.587	Z　0.684	
00001； G50　X250.　Z450.； T0101； G00　X100.　Z200.； G90　U－10.　W－50.　R－1.5　F500.；		G00 G98 G97 G40 录入方式

图 7－13　现在位置(程序监控)显示页面

⑤ 其他信息显示：在位置显示的绝对、相对坐标界面上，可以显示编程速率、快速倍率、进给倍率、主轴倍率、加工件数、切削时间等信息。在状态信息栏中显示主轴转速、刀具号码、实际速度、冷却状态、主轴状态、G 功能代码等信息。具体含义如下：

编程速率：程序中由 F 代码指定的速率。

快速倍率：系统当前的快速倍率。

进给倍率：系统当前的进给倍率。

主轴倍率：主轴转速倍率，调节主轴转速。

加工件数：当程序执行到 M30(或主程序中的 M99)时＋1。

切削时间：当自动运转启动后，开始计时，单位依次为小时、分、秒。

主轴转速：主轴编码器反馈的实际转速。

刀具号码：系统当前所使用的刀号及偏置号。

实际速度：实际加工中，经倍率后的实际加工速度。

冷却状态：冷却液开启或关闭状态。

主轴状态：主轴逆时针转、停止或顺时针转状态。

G 功能代码：当前系统的模态 G 代码。

加工件数、切削时间的清零方法：切换到位置界面下，按一下字母 T 键，界面上的加工数值开始闪烁，这时再按取消键[CAN]，则加工件数被清零；如在闪烁时按其他键，返回界面操作，数值不会改变。按两下字母 T 键，界面上的切削时间值开始闪烁，这时再按取消键[CAN]，则切削时间被清零；如在闪烁时按其他键，返回界面操作，数值不会改变。

(2) 程序显示界面及功能介绍

按程序键进入程序页面显示，程序页面在非编辑方式下有[程序显示][MDI 输入][程序目录]三种显示方式，可通过翻页键或程序键分别进行查看。

① 程序显示：在此界面显示中，显示存储器内当前程序段所在页的程序，具体如图 7 - 14 所示。在编辑方式下只有程序显示方式，可通过按翻页键或上下左右光标键对当前程序全部内容进行查看或编辑。

程序　　00001 N0000	状态信息　　09：04
00001； G50　X250　Z450.； T0101； G00　X100.　Z200.； G90　U - 10.　W - 50.　R - 1.5.　F500.； G90　U - 50.　W - 10.　R - 3.　F350.； G00　X120.； T0202； M03　S01； G92　X80.　W - 65.　R5.1　F0.5；	主轴转速　0000 刀具号码　0100 实际速度　0 冷却状态　关闭 主轴状态　停止 G00 G98 G97 G40
地址　　行 2	编辑方式

图 7 - 14　程序显示页面

② MDI 输入：在输入方式下可以编制多段程序并被执行，程序格式和编辑程序一样。MDI 运行适用于简单的测试程序操作，具体如图 7 - 15 所示。

程序　　00001 N0000				状态信息　　10：04
X				主轴转速　0000
Z	G94	F	1000.000	刀具号码　0100
U	G97	M		实际速度　0
W	G98	S	0	冷却状态　关闭
R		T	0100	主轴状态　停止
F				
M	G21			G00 G98 G97 G40
S	G40			
T				
P				
Q		SACT	0000	
地址				录入方式

图 7 - 15　MDI 输入显示页面

③ 程序目录：在程序目录显示界面中，显示当前系统使用的版本号、已存入的程序数(包括子程序)、尚可存入的程序数、存入的程序占用的存储容量(用字符数显示)、还可以使用的程序存储容量和依次显示存入程序的程序号，具体如图 7-16 所示。

程序　　00001 N0000	状态信息　　10：04
系统版本号：　GSK-980TB3　V3. 75. 063T 已存程序数：　13　　剩余：687 已用存储量：　704　　剩余：23840 程序目录表： 00000 00001 00002 00003 00004 00005 00006 00007 00008 00009 00010 00011 00045	主轴转速　0000 刀具号码　0100 实际速度　0 冷却状态　关闭 主轴状态　停止 G00 G98 G97 G40
地址	录入方式

图 7-16　程序目录显示页面

(3) 刀补显示页面

按刀补键进入刀补显示页面。刀补显示页面有 001～064 号和 101～164 号两部分显示内容，可通过连续按刀补键或者按翻页键分别进行查看或修改，具体页面显示如图 7-17 所示。

偏置(mm)　　00001 N0000　　状态信息　　10：09

序号	X	Z	R	T
000	0.000	0.000	0.000	0
001	0.000	0.000	0.000	0
002	0.000	0.000	0.000	0
003	0.000	0.000	0.000	0
004	0.000	0.000	0.000	0
005	0.000	0.000	0.000	0
006	0.000	0.000	0.000	0
007	0.000	0.000	0.000	0

现在位置(相对坐标)

U　−169.380　　W　122.337

地址

主轴转速　0000
刀具号码　0100
实际速度　0
冷却状态　关闭
主轴状态　停止

G00 G98 G97 G40

录入方式

图 7-17　刀补显示页面

在偏置界面中包括 001～064 号和 101～164 号两部分，其中 001～064 号用于修改刀偏值，101～164 号用于建立刀偏值，000 号和 100 号用于工件坐标系平移。而 X、Z 分别为 X 轴、Z 轴方向从刀架中心到刀尖的刀具偏置值；R 为假想刀尖的半径补偿值；T 为假想刀尖号。

(4) 报警显示页面

按报警键进入报警页面显示，报警页面有[报警信息][外部消息]两种显示方式，可通过按报警键或翻页键分别进行查看，具体如图 7-18 所示。

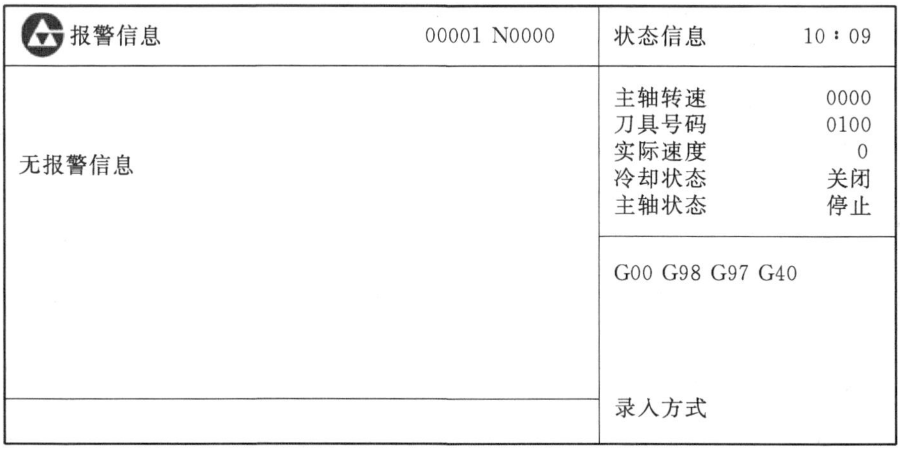

报警信息　　　　00001 N0000	状态信息　　　10：09
无报警信息	主轴转速　0000 刀具号码　0100 实际速度　0 冷却状态　关闭 主轴状态　停止
	G00 G98 G97 G40
	录入方式

图 7-18　报警信息显示页面

当系统出现错误时，系统会自动进入报警界面，在报警显示画面里显示当前 P/S 报警号和详细报警内容。

(5) 设置显示页面

按设置键进入设置页面显示，设置页面有[设置][图形]两种显示方式，可通过连续按设置键或翻页键分别进行查看或修改。具体的页面显示如图 7-19 所示。

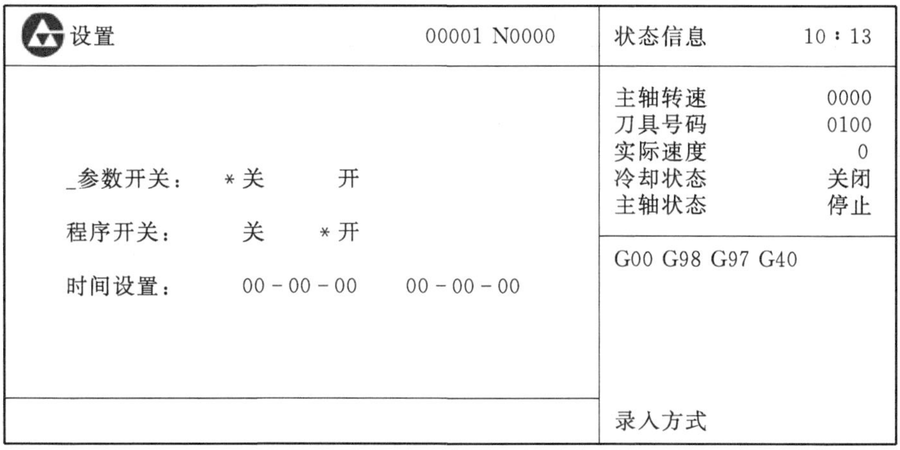

设置　　　　00001 N0000	状态信息　　　10：13
_参数开关：　* 关　　开 程序开关：　关　　* 开 时间设置：　00-00-00　　00-00-00	主轴转速　0000 刀具号码　0100 实际速度　0 冷却状态　关闭 主轴状态　停止
	G00 G98 G97 G40
	录入方式

图 7-19　设置显示页面

操作说明：

在上图中可以对参数、程序的开关和当前时间进行设置。具体的操作方法和步骤如下：

① 使用上下左右光标键移动光标，定位参数开关、程序开关、时间设置。

② 按字母 D 键设定参数或程序开关为“开”，这时可以进行参数更改、设置或程序编辑。当参数开关设为“开”时，系统显示 P/S100 号报警，此时可输入参数。输完参数后，返回设置界面。按字母 W 键设定参数或程序开关为“关”，关闭参数开关，报警自动取消，禁止对系统参数进行修改、设置。当程序开关设为“关”时，禁止编辑程序。

③ 在[录入方式]下，将光标移到时间设置，依次输入日期和时间，按输入键[IN]确认，如输入出错可重新输入或按取消键[CAN]，向前逐字取消。

(6) 参数显示页面

按参数显示键进入参数页面显示，具体如图 7-20 所示，参数页面有[参数][螺距补偿参数]两种显示方式，可通过连续按参数显示键分别进行查看或修改。

参数			00001 N0000	状态信息	10：09
序号	数据	序号	数据	主轴转速	0000
_001	00000000	009	00001100	刀具号码	0100
002	01000001	010	00000000	实际速度	0
003	01000100	011	00000001	冷却状态	关闭
004	00100000	012	00000000	主轴状态	停止
005	01000000	013	00000000	G00 G98 G97 G40	
006	00000000	014	10001111		
007	00000000	015	00000000		
008	00000000	016	00000000		
LAN SCW *** MDSP WHLA RAD *** ***					
Bit0： 未用					
序号 001				录入方式	

图 7-20　参数显示页面

在界面下方有光标对应参数的详细内容解释，各参数的具体定义详见附录中的参数说明。螺距补偿参数页面如图 7-21 所示。

螺距补偿参数(mm/1000)		00001 N0000	状态信息	11：09
序号	X(um)	Z(um)	主轴转速	0000
_000	0	0	刀具号码	0100
001	0	0	实际速度	0
002	0	0	冷却状态	关闭
003	0	0	主轴状态	停止
004	0	0		
005	0	0	G00 G98 G97 G40	
006	0	0		
007	0	0		
008	0	0		
009	0	0		
			录入方式	

图 7-21　螺距补偿参数页面

选择手动录入操作方式，可以进入设置页面。在[设置]界面下，打开参数开关，可对参数进行相应的修改。需要注意的是，有些参数修改必须输入[用户口令]中相应等级权限才能实现修改。

(7) 诊断显示页面

诊断界面显示 CNC 和机床间的 DI/DO 信号状态、系统接口信号、MDI 机板按键状态、CNC 输入/输出状态、系统内部 CNC 状态等信息，具体如图 7-22 所示。此部分诊断用于检测 CNC 接口信号和内部信号运行状态,不可修改。

诊断		00001 N0000		状态信息	10:09
序号	数据	序号	数据	主轴转速	0000
_001	00000000	009	00001100	刀具号码	0100
002	01000001	010	00000000	实际速度	0
003	01000100	011	00000001	冷却状态	关闭
004	00100000	012	00000000	主轴状态	停止
005	01000000	013	00000000		
006	00000000	014	10001111	G00 G98 G97 G40	
007	00000000	015	00000000		
008	00000000	016	00000000		
机床侧输入信号(I/O 板)					
Bit0:TCP DIQP DECX DITW *SP ST DECZ *ESP					
序号　001				录入方式	

图 7-22　诊断显示页面

7.2.3　数控车床操作

数控车床的操作包括手动操作、手脉操作、手动录入操作、编辑操作、自动操作、对刀操作。

1. 手动操作

按[手动]按键进入手动操作方式,主要包括手动进给、主轴控制及机床面板控制等内容。在手动操作方式下,可以使 X、Z 轴分别以手动进给速度或手动快速移动速度运行。

按住进给轴[Z+]或[Z-]键,箭头表示方向,松开按键时轴运动停止,且此时可调整进给倍率改变进给的速度;X 轴也一样。手动进给倍率,共 16 挡调节,即 0%～150%,每 10%为一挡。

按下快速键,编辑面板上方的快速指示灯亮则进入手动快速移动状态,再按进给轴键,各轴以快速运行速度运行。在手动快速移动时,可按面板上的快速倍率调整按键 ,选择手动快速倍率,快速倍率有 Fo、25%、50%、75%、100%五挡。

在手动录入方式下给定 S 转速,手动/手脉/单步方式下,按下主轴[顺时针转]键,主轴 CW 顺时针转动,即反转;按下主轴[逆时针转]键,主轴 CCW 逆时针转动,即正转;按下[停止]键,主轴停止旋转。

另外,在手动操作中,还可以控制冷却液开关、润滑油开关和手动换刀等。

2. 手脉操作

按[手脉]键进入手脉/单步方式,机床按选择的步长进行移动。可以选择 0.1、0.01、0.001的步长值。

通过修改位参数可以决定是手脉方式还是单步方式。当手脉方式时,可通过手摇脉冲发生器改变刀具位置;当单步方式时,按一次[X-]或[X+]键,可使 X 轴向负向或正向按单步增量进给一次;按一次[Z-]或[Z+]键,可使 Z 轴向负向或正向按单步增量进给一次。

3. 手动录入(MDI)操作

系统在录入方式下除了可录入数据、修改参数、偏置等,还提供了 MDI 运行功能,通过此功能可以直接输入指令运行。比如图 7－23 中，输入 G00 指令，要求刀具移动到 X50、Z50 的位置，按下[循环启动]键即可进行 MDI 运转。运行过程中可按暂停键暂停指令段运行，也可按[RESET]复位键停止程序运行。

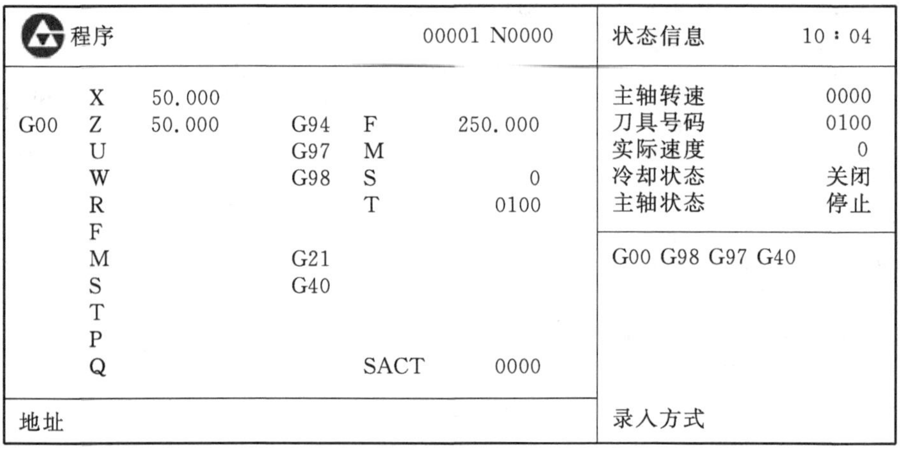

程序						00001 N0000	状态信息	10：04
	X	50.000					主轴转速	0000
G00	Z	50.000	G94	F		250.000	刀具号码	0100
	U		G97	M			实际速度	0
	W		G98	S		0	冷却状态	关闭
	R			T		0100	主轴状态	停止
	F						G00 G98 G97 G40	
	M		G21					
	S		G40					
	T							
	P							
	Q			SACT		0000		
地址							录入方式	

图 7－23　MDI 指令输入页面

4. 编辑操作

为防止用户程序被他人擅自修改、删除，本系统设置了程序开关。在程序编辑之前，必须打开程序开关才能够进行编辑操作。

加工程序的编辑需在编辑操作方式下进行，按 [编辑键]进入编辑操作方式。

按[程序]键进入程序显示界面，可以对程序进行编辑和修改。

按下地址键 O、数字键(程序编号)及 EOB 键，可以实现程序的新建和打开。

在程序中，可以进行程序的手动输入、字段的插入、删除和修改，也可以对程序块进行删除、复制和粘贴，还可以删除单个程序、删除全部程序、复制程序、更名程序以及程序管理等操作。

5. 自动操作

在编辑方式、自动方式或手动录入方式下都可以载入程序，在自动方式下，可以将选择好的程序启动运行。在运行过程中，可切换到位置、程序、图形等界面下观察程序运行情况。

程序的运行是从光标的所在行开始的，所以在按下[循环启动]键前最好先检查一下光标是否在需要运行的程序段行上，各模态值是否正确。若要从起始行开始，在编辑方式下，按[RESET]复位键使光标移动到开头，按下[循环启动]键实现从起始行自动运行程序。

在正式加工前，可以用“空运行”来对程序进行检验，一般配合“辅助锁”“机床锁”使用。

如果要检测程序单段运行情况，可以选择程序单段运行。也可以选择在 “机床锁”状态下运行程序，此时机床各轴不移动，但位置坐标的显示和机床运动时一样，并且 M、S、T 都能执行，此功能用于程序校验。如果按下[辅助锁] 键，则进入辅助功能锁住运行状态，此时 M、S、T 代码不执行，机床拖板移动，通常与机床锁住功能一起用于程序校验。

6. 对刀操作

加工一个零件通常需要几把不同的刀具，由于刀具安装及刀具偏差，每把刀转到切削位置时，其刀尖所处的位置并不完全重合。为使用户在编程时无需考虑刀具间偏差，本系统设置了刀具偏置自动生成的对刀方法，使对刀操作非常简单方便。通过对刀操作以后，用户在编程时只要根据零件图纸及加工工艺编写程序，而不必考虑刀具间的偏差，只需在加工程序中调用相应的刀具补偿值。下面我们来介绍试切对刀的方法。

(1) 试切对刀(1 号刀——90 度外圆车刀)的基本步骤

① MDI 录入方式下选择 1 号刀 T0100，不带刀补。

② 手动方式下，设置主轴正转，沿 X 轴负向在工件右侧表面切削，即平端面。

③ 在 Z 轴保持不动的情况下沿 X 轴正方向退出刀具，并且停止主轴旋转。

④ 在 MDI 方式选择刀补键，翻页移动光标到 101，依次键入地址键[Z]、数字键[0]及输入键[IN]；

⑤ 手动方式下，调整 X 向进刀量(1～2 mm 进刀量)，沿 Z 轴负向切削 15 mm 左右，实现外圆试切。

⑥ 在 X 轴不动的情况下沿 Z 正向退刀，停主轴，测量直径。

⑦ 在 MDI 方式选择刀补键，翻页移动光标到 101，依次键入地址键[X]、数字键(写入测量的直径值)及输入键[IN]。

至此完成 1 号刀的补偿值获取。可以在 MDI 方式下切换到 T0101，对 1 号刀进行校验，检验对刀的误差大小。如果误差在允许范围内，则完成 1 号刀的对刀，可以加工使用；如果误差超出允许的范围，则需重新对刀。

(2) 2 号刀(切断刀)对刀步骤

① MDI 录入方式下选择 2 号刀 T0200，不带刀补。

② 手动方式下，设置主轴正转，沿 X 轴负向在工件上 1 号刀已加工面上切槽。

③ 在 Z 轴保持不动的情况下沿 X 轴正方向退出刀具，并且停止主轴旋转，测量槽右端面到工件右端面之间的距离。

④ 在 MDI 方式选择刀补键，翻页移动光标到 102，依次键入地址键[Z]、负号(“－”)、数字键(写入槽右端面到工件右端面的测量值)及输入键[IN]。

⑤ 手动方式下，调整 X 向进刀量(限定在 0.5mm 内)，沿 Z 轴负向切削 5mm 左右，实现外圆试切。

⑥ 在 X 轴不动的情况下沿 Z 正向退刀，停主轴，测量直径。

⑦ 在 MDI 方式选择刀补键，翻页移动光标到 102，依次键入地址键[X]、数字键(写入测量直径值)及输入键[IN]。

至此完成 2 号刀的补偿值获取。可以在 MDI 方式下切换到 T0202，对 2 号刀进行校验，检验对刀的误差大小。如果误差在允许范围内，则完成 2 号刀的对刀，可以加工使用；如果误差超出允许的范围，则需重新对刀。

(3) 3 号刀(尖刀)和 4 号刀(螺纹刀)的对刀

① MDI 录入方式下选择 3 号刀 T0300，不带刀补。

② 手动方式下，设置主轴正转，调整 X 向进刀量(限定在 1 mm 内)，沿 Z 轴负向切削 5 mm 左右，实现外圆试切。

③ 在刀具保持不动的情况下停止主轴旋转，测量已加工外圆面底部到工件右端面之间的距离。

④ 在 MDI 方式选择刀补键，翻页移动光标到 103，依次键入地址键[Z]、负号[－]、数字键(写入外圆面底部到工件右端面之间的测量)及输入键[IN]。

⑤ 启动主轴旋转，在 X 轴不动的情况下沿 Z 正向退刀，停主轴，测量直径。

⑥ 在 MDI 方式选择刀补键，翻页移动光标到 103，依次键入地址键[X]、数字键(测量的直径值)及输入键[IN]。

完成 3 号刀的补偿获取。可以在 MDI 方式下切换到 T0303，对 3 号刀进行校验，检验对刀的误差大小。如果误差在允许的范围内，则完成 3 号刀的对刀，可以加工使用；如果误差超出允许的范围，则需重新对刀。

4 号刀的对刀和 3 号刀一样，只是需要注意的是在主轴旋转时，转速设置至少在 560 转/分，刀具进给速度选择最小，保证外圆切削切出一个光滑的圆柱面，方便测量直径。

7.2.4　数控车床编程

控制数控机床完成零件加工的代码系列的集合称为程序。将编写好的程序输入到数控系统之后，系统就可根据代码来控制刀具沿直线、圆弧运动，或控制主轴旋转、停止、冷却液开关等动作。在程序中要根据机床的实际运动顺序来编写这些代码。

1. 程序的构成

程序是由多个程序段构成的，而程序段又是由字构成的，各程序段用程序段结束代码(ISO 为 LF，EIA 为 CR)分隔开。本系统中用字符“;”表示程序段结束代码。程序的一般结构如图 7 - 24 所示。

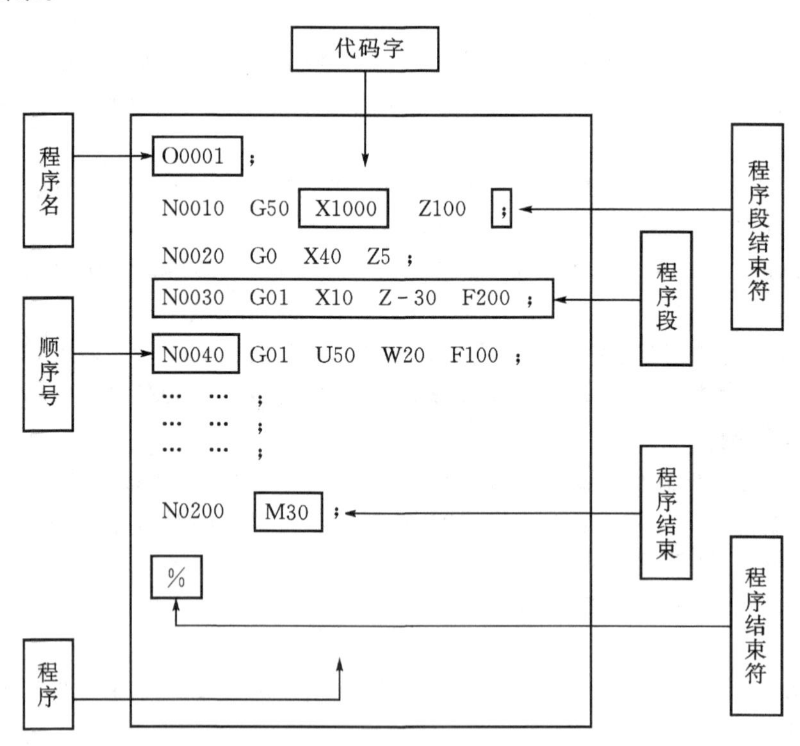

图 7 - 24　数控程序的一般结构

本系统中，系统的存储器可以存储 500 个用户程序。为了把这些程序相互区别开，在程序的开头，用地址 O 及后面四位数构成程序名，具体如图 7-25 所示。程序从程序名开始，以“%”结束。

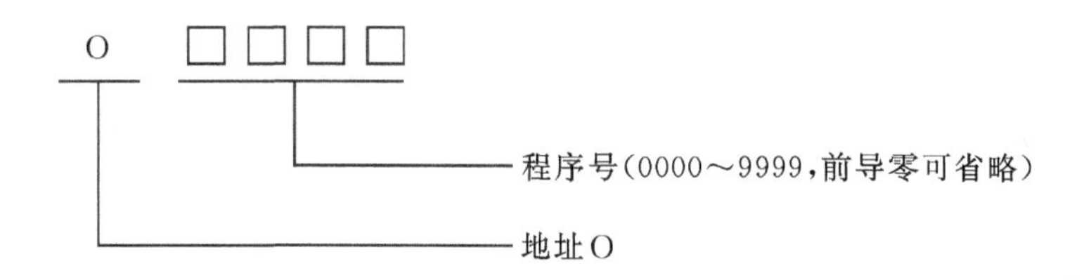

图 7-25　数控程序的程序名格式

程序是由多个指令构成的，一个指令单位称为程序段。程序段之间用程序段结束代码隔开，在本系统中用字符“;”表示程序段结束代码。

在程序段的开头可以用地址 N 和后面四位数构成的顺序号，具体格式如图 7-26 所示。顺序号的顺序是任意的，其间隔也可不等(间隔大小由数据参数 P50 设定)。可以全部程序段都带有顺序号，也可以在重要的程序段带有。但按一般的加工顺序，顺序号要从小到大排序。

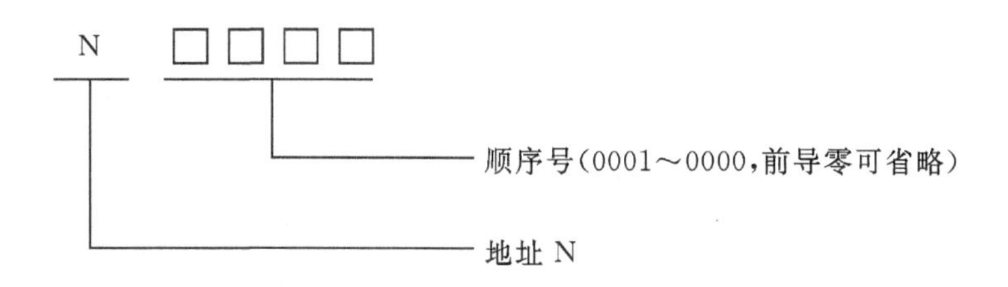

图 7-26　数控程序的段序号格式

代码字是构成程序段的要素。代码字是由地址和其后面的数字构成的(有时在数字前带有＋、－号)，具体结构如图 7-27 所示。

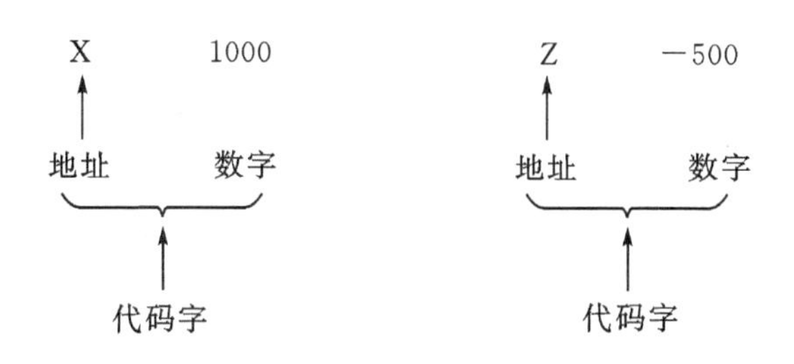

图 7-27　数控程序的代码字格式

地址是英文字母(A～Z)中的一个字母，它规定了其后数值的意义。在本系统中，可以使用的地址和意义如表 7-4 所示。根据不同的代码，有时一个地址也有不同的意义。

表 7-4　数控程序的代码字含义

地址	取值范围	功能意义
O	0～9999	程序名
N	1～9999	顺序号
G	00～99	准备功能
X	-9999.999～9999.999 mm	X 向坐标地址
	0～9999.999 s	暂停时间指定
Z	-9999.999～9999.999 mm	Z 向坐标地址
U	-9999.999～9999.999mm	X 向增量
	-9999.999～9999.999 mm	G71、G72、G73 代码中 X 向精加工余量
	00.001～9999.999 mm	G71 中切削深度
	-9999.999～9999.999 mm	G73 中 X 向退刀距离
W	-9999.999～9999.999 mm	Z 向增量
	0.001～9999.999 mm	G72 中切削深度
	-9999.999～9999.999 mm	G71、G72、G73 代码中 Z 向精加工余量
	-9999.999～9999.999 mm	G73 中 Z 向退刀距离
R	0～9999.999 mm	圆弧半径
	0.001～9999.999 mm	G71、G72 循环退刀量
	1～9999999 次	G73 中粗车次数
	0～9999.999 mm	G74、G75 中切削后的退刀量
	0～9999.999 mm	G74、G75 中切削到终点时候的退刀量
	0～9999.999 mm	G76 中精加工余量
	-9999.999～9999.999 mm	G90、G92、G94 中锥度
I	-9999.999～9999.999 mm	圆弧中心相对起点在 X 轴矢量
	0.06～25400 牙/英寸	英制螺纹牙数
J	0～9999999	G92 X 向的退尾比例
K	-9999.999～9999.999 mm	圆弧中心相对起点在 Z 轴矢量
F	0～15000 mm/min	分进给速度
	0.001～500 mm/r	转进给速度
	0.001～500 mm	公制螺纹导程
S	0～9999 r/min	主轴转速指定
	0～9999 m/min	主轴恒线速值指定
	00～04	多挡主轴输出
	10～99	子程序调用
T	0100～0800	刀具功能、子程序调用
M	00～99	子程序调用

续表 7 - 4

地址	取值范围	功能意义
P	1～9999999(0.001s)	暂停时间
	0～9999	调用子程序号
	0～999	子程序调用次数
	0～9999.999 mm	G74、G75 中 X 向循环移动量
	见编程篇 3.4 节 G76 代码说明	G76 中螺纹切削参数
	1～9999	复合循环代码精加工起始程序段顺序号
Q	2～9999	复合循环代码精加工结束程序段顺序号
	0.001～9999.999 mm	G74、G75 中 Z 向循环移动量
	0～9999999 mm	G76 中第一次切入量
H	01～99	G65 中运算符
L	01～99	G92 中的螺纹头数
B	0～9999.999	自动倒角范围
C		

2. 准备功能 G 代码

准备功能 G 代码由 G 及其后二位数值组成，它用来指定刀具相对工件的运动轨迹、进行坐标设定等，其格式如图 7 - 28 所示。

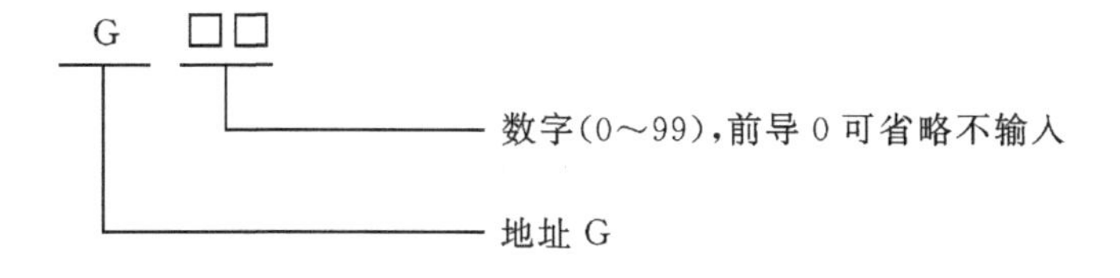

图 7 - 28　数控程序的 G 代码格式

G 代码被分为 00、01、02、03、06、07 组。其中 00 组属于非模态代码。其余组为模态 G 代码。模态 G 代码一经执行，其功能和状态一直有效，当同组的其他 G 代码被执行后，原 G 代码功能和状态被注销。初态 G 代码是指系统上电后初始的模态，G 代码的初态有 G00、G97、G98、G40、G21。非模态 G 代码一经执行，其功能和状态仅一次有效，以后需使用相同的功能和状态必须再次执行。在同一个程序段中可以指令几个不同组的 G 代码(00 组与 01 组不能共段)，如果在同一个程序段中指令了两个及以上的同组 G 代码，则系统会产生报警。没有共同代码字的不同组 G 代码可以在同一程序段中，功能同时有效并且与先后顺序无关。

常用的 G 代码：G00、G01、G02、G03、G04、G90、G92、G71、G70、G73、G75、G76。

(1) G00——快速定位

代码格式：G00 X(U)_Z(W)_；

功能：两轴同时以各自的快速移动速度移动到 X(U)、Z(W)指定的位置。走刀轨迹如图7－29所示。

说明：X(U)——X 方向定位终点的绝对(相对)坐标。

Z(W)——Z 方向定位终点的绝对(相对)坐标。

· 两轴是以各自独立的速度移动的，其合成轨迹并非直线，因此不能保证各轴同时到达终点，编程时应特别注意。

· X、Z 轴各自的快速移动速度分别由参数 P21、P22 设定，可按面板上的[快速倍率]键调整，选择手动快速倍率，快速倍率有 Fo、25%、50%、75%、100%五挡(Fo 速度由数据参数 P32 设定)。

· 当 G00 指令段中未指定代码字时刀具不移动，系统只改变当前刀具移动方式的模态为 G00。

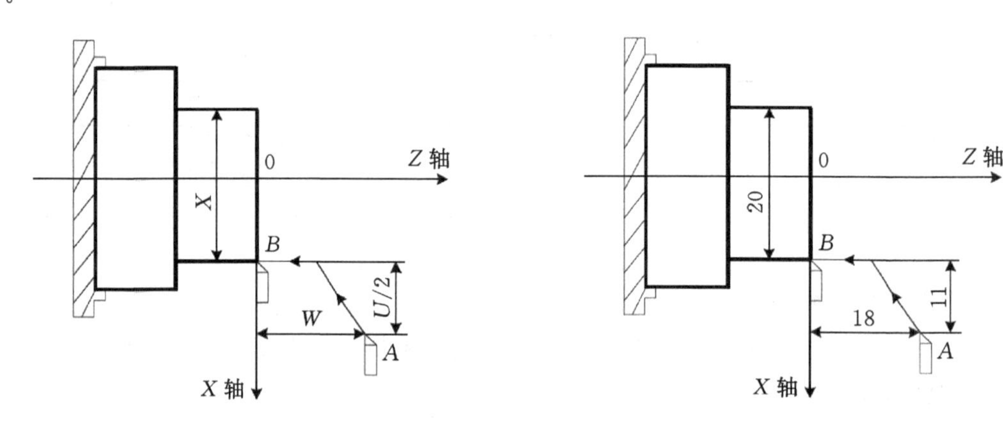

图 7－29　G00 走刀轨迹　　图 7－30　G00 代码应用举例

刀具从 A 点快速定位到 B 点，相关尺寸如图 7－30 所示。

编程如下：

G0　X20　Z0；(绝对编程，直径编程)

G0　U－22　W－18；(相对编程，直径编程)

G0　U－22　Z0；(混合编程，直径编程)

(2)G01——直线插补

代码格式：G01 X(U)_Z(W)_F_；

功能：刀具以 F 指定的进给速度(mm/min 或 mm/r)沿直线移动到指定的位置。走刀轨迹如图7－31所示。

说明：X(U)——X 方向插补终点的绝对(相对)坐标；

Z(W)——Z 方向插补终点的绝对(相对)坐标。

F——X、Z 轴的合成进给速度，模态代码。其取值范围与是 G98 还是 G99 状态有关。

刀具从当前点直线插补到终点，相关尺寸如图 7－32 所示。

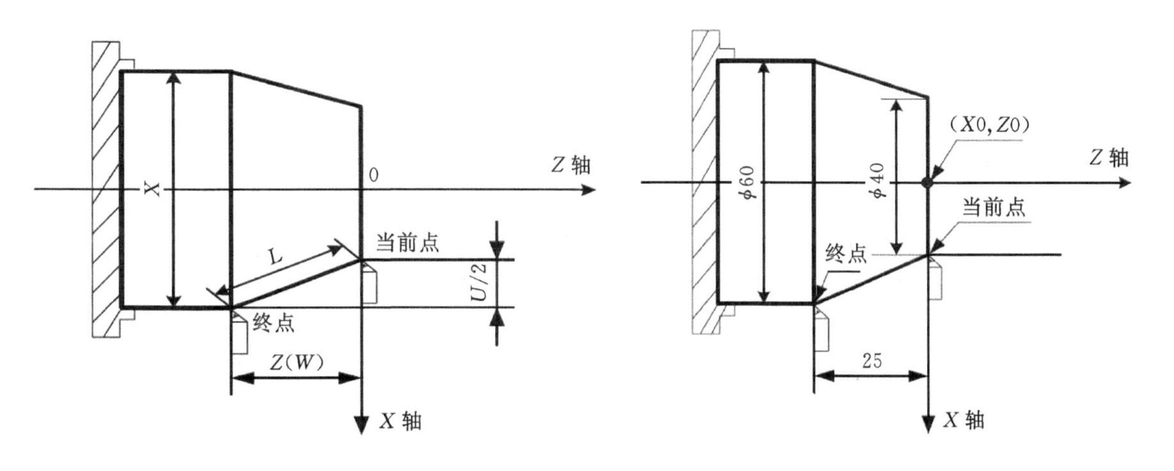

图 7－31　G01 走刀轨迹　　　　图 7－32　G01 代码应用举例

程序如下(直径编程)：

G01　X60.0　Z－25;(绝对值编程)

G01　U20.0　W－25.0;(相对值编程)

(3) G02/G03——顺时针/逆时针圆弧插补

代码格式:G02/G03 X(U)_ Z(W)_ R_F_;

　　　　　G02/G03 X(U)_ Z(W)_ I_K_F_;

功能:刀具从起点位置(当前程序段运行前的位置)以 R 指定的值为半径或以 I、K 值确定的圆心顺时针/逆时针圆弧插补至 $X(U)$、$Z(W)$指定的终点位置。走刀轨迹如图 7－33 所示。

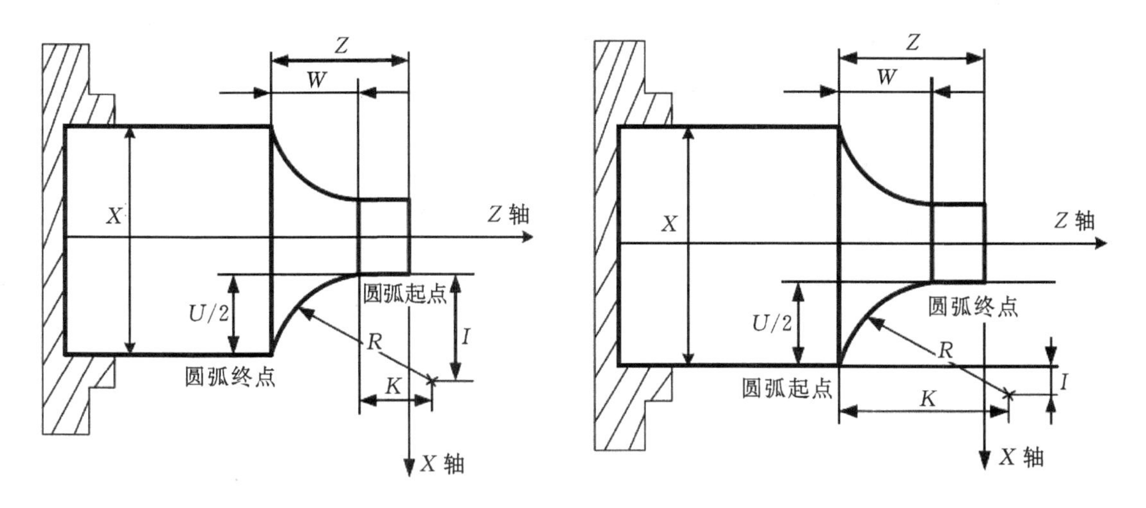

图 7－33　G02、G03 走刀轨迹

说明:X(U)——X 方向圆弧插补终点的绝对(相对)坐标。

Z(W)——Z 方向圆弧插补终点的绝对(相对)坐标。

R——圆弧半径。

I——圆心相对圆弧起点在 X 轴上的差值(半径代码)。

K——圆心相对圆弧起点在 Z 轴上的差值。

F——圆弧切削速度。

X、U、Z、W、I、K 取值范围为－9999.999～9999.999 mm,R 取值范围为 0～9999.999 mm。

顺时针或逆时针与采用前刀座坐标系还是后刀座坐标系有关,具体如图 7-34 所示,本系统采用前刀座坐标系,后面的图例均以此编程。

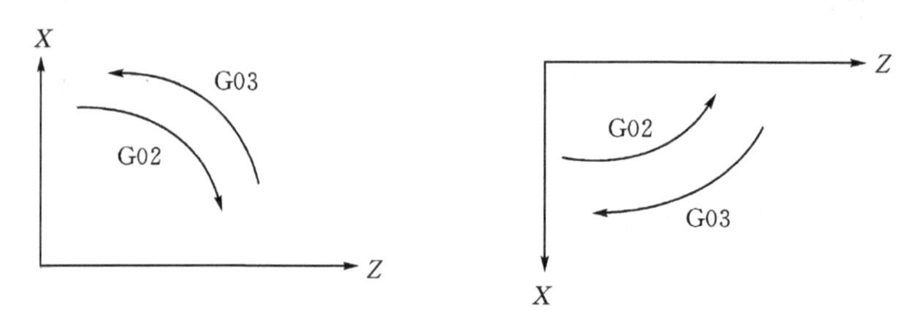

图 7-34　后刀座坐标系、前刀座坐标系下的 G02 和 G03

用 G02 代码编写图 7-35 所示的程序。

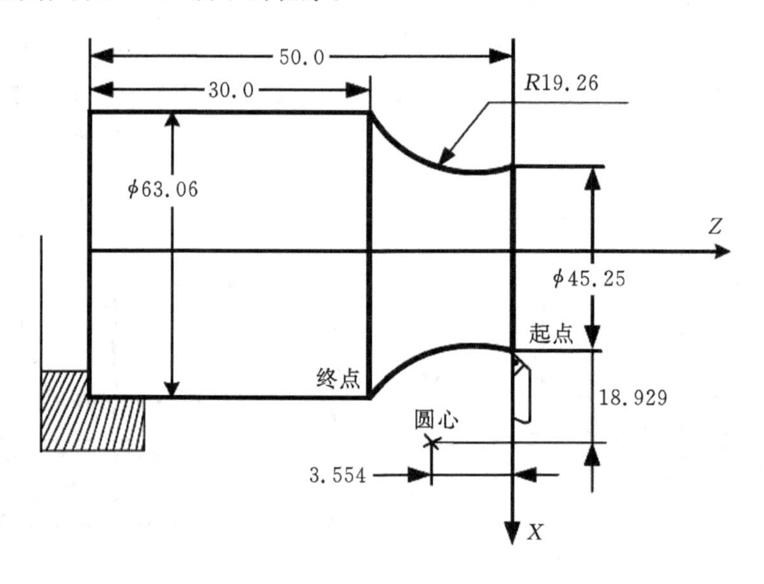

图 7-35　G02 代码编码举例

程序如下任一条(刀具当前点在起点):

G02　X63.06　Z－20　R19.26　F300;

G02　U17.81　W－20.0　R19.26　F300;

G02　X63.06　Z－20　I18.929　K－3.554　F300;

G02　U17.81　W－20.0　I18.929　K－3.554　F300;

(4)单一型固定循环代码

在有些特殊的粗车加工中，由于切削量大，同一加工路线要反复切削多次，此时可利用固定循环功能，用一个程序段可实现通常由多个程序段指令才能完成的加工动作。并且在重复切削时，只需改变相应的数值，对简化程序非常有效。单一型固定循环代码有外(内)圆切削循环 G90 和螺纹切削循环 G92。

① G90——外(内)圆切削循环。

代码格式：G90 X(U)_ Z(W)_ R_F_；

功能：执行该代码时，可实现圆柱面、圆锥面的单一循环加工，循环完毕刀具返回起点位置。具体如图 7－36 所示。

说明：X、Z——循环终点绝对坐标值，单位为 mm。

U、W——循环终点相对循环起点的坐标，单位为 mm。

R——圆锥面切削始点与切削终点处的半径差，单位为 mm。

F——循环中 X、Z 轴的合成进给速度，模态代码。

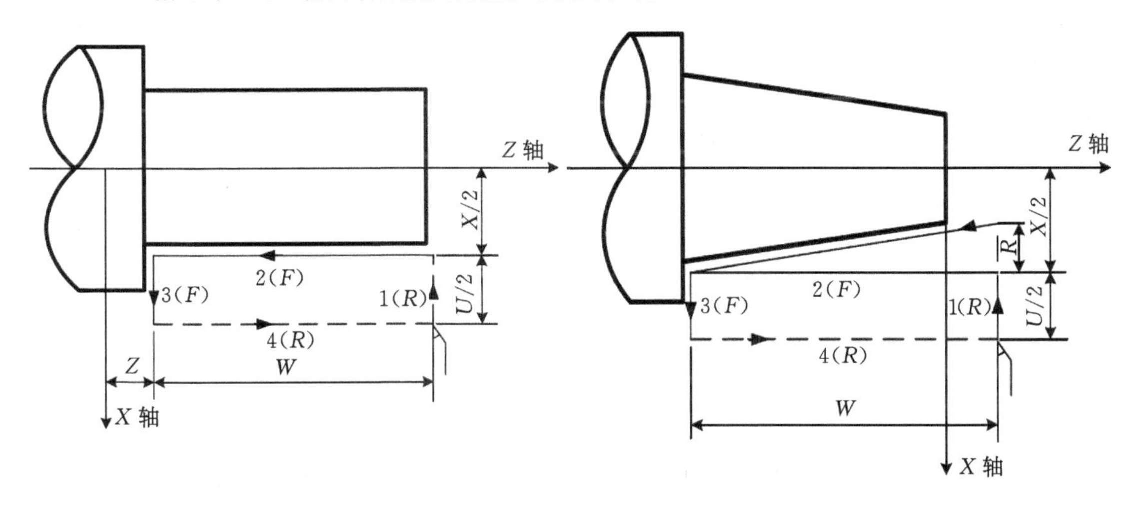

图 7－36　G90 走刀轨迹

② G92——螺纹切削循环。

代码格式：G92 X(U)_ Z(W)_ J_K_F_L_P_；

G92 X(U)_ Z(W)_ J_K_I_L_P_；

功能：执行该代码，可进行等导程的直螺纹、锥螺纹单一循环螺纹加工，循环完毕刀具返回起点位置。螺纹切削时不需退刀槽。当用户不用 J、K 设定螺纹的退尾长度时，系统执行的退尾长度＝数据参数 P68 的设定值×0.1×螺距，当不需要退尾时，在指令中指定 P0 即可；当 J、K 设定值时，按 J、K 设定值执行 X、Z 轴退尾；当只设定 J 或 K 值时，按 45°退尾执行。具体走刀轨迹如图 7－37 所示。

说明:X、Z——循环终点坐标值,单位为 mm。

U、W——循环终点相对循环起点的坐标,单位为 mm。

J——X 向的退尾比例,为无符号数。取值范围为 0~9999,单位为 mm,J 为半径指定。

K——Z 向的退尾比例,为无符号数。取值范围为 0~9999999,单位为 mm。

R——螺纹起点与螺纹终点的半径之差,单位为 mm。

F——公制螺纹导程,取值范围为 0.001~500,单位为 mm,模态代码。

I——英制螺纹每英寸牙数,取值范围为 0.06~25400,单位为牙/英寸,模态代码。

L——螺纹头数,取值范围为(1~99),单位为头,模态代码;不指定时默认为 1。

P——退尾长度,取值范围为(0~255),单位为 0.1 螺距。

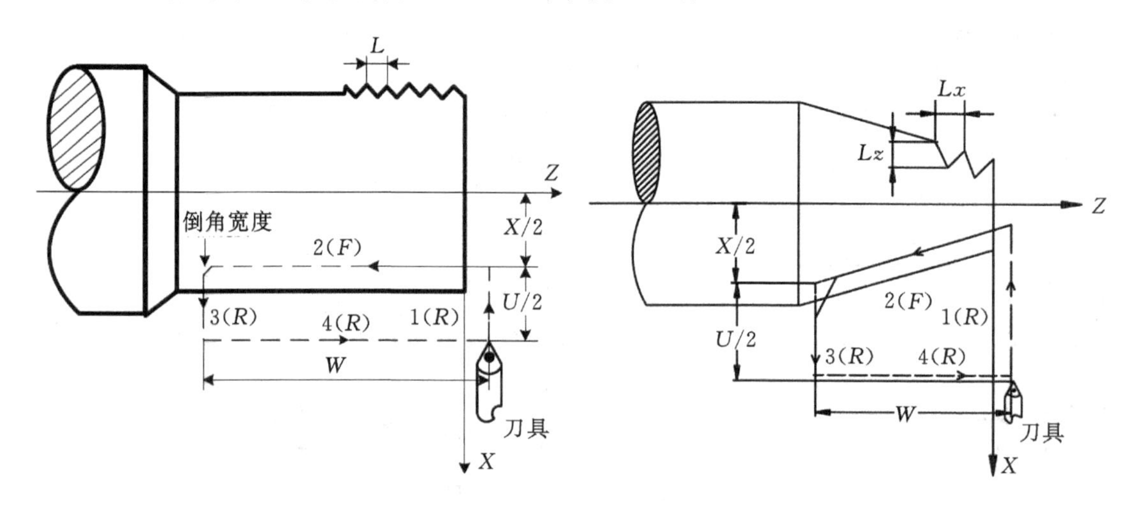

图 7-37　G92 走刀轨迹

(5) 复合型固定循环代码

为更简化编程,本系统提供了一些复合型固定循环代码,分别为:外(内)圆粗车循环 G71、封闭切削循环 G73、精加工循环 G70 及复合型螺纹切削循环 G76。运用这组复合循环代码,只需指定精加工路线和粗加工的吃刀量等数据,系统会自动计算加工路线和走刀次数。

①G71——外(内)圆粗车循环。

代码格式:G71 U(Δd) R(e);

G71 P(NS) Q(NF) U(Δu) W(Δw) F_S_T_;

N(NS)…;

…;

…;

N(NF)…;

功能:系统根据 NS~NF 程序段给出工件精加工路线,吃刀量、进刀与退刀量等自动计算粗加工路线,用与 Z 轴平行的动作进行切削。对于非成型棒料可一次成型。具体走刀轨迹如图 7-38 所示。

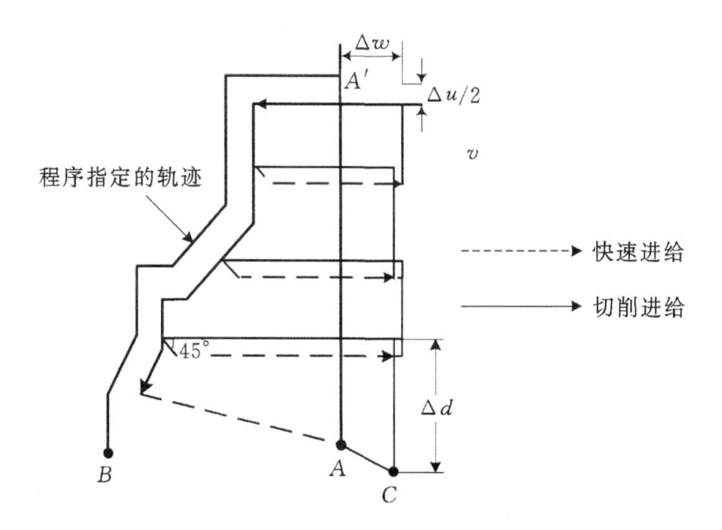

图 7-38 G71 走刀轨迹

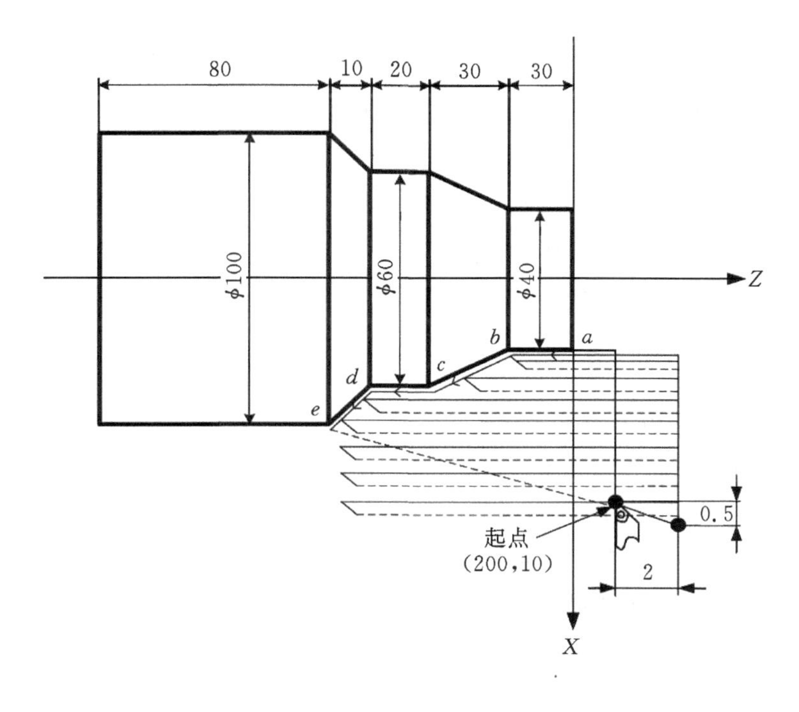

图 7-39 G71 代码编程举例

说明：Δd——每次切深，无符号。切入方向由 AA' 方向决定(半径指定)，取值范围为 0.001～9999.999 mm。模态代码，一直到下次指定前均有效。另外，用参数 P71 也可以指定，根据程序指令，参数值也改变。

e——退刀量(半径指定)，单位为 mm，取值范围为 0.001～9999.999 mm。模态代码，在下次指定前均有效。用参数 P72 也可设定，用程序指令时，参数值也改变。

NS——精加工路线程序段群的第一个程序段的顺序号。

NF——精加工路线程序段群的最后一个程序段的顺序号。

Δu——X 轴方向精加工余量的距离及方向，取值范围为－9999.999～9999.999 mm。

Δw——Z 轴方向精加工余量的距离及方向，取值范围为－9999.999～9999.999 mm。

F　切削进给速度，其取值范围为：每分进给为 1～8000 mm/min，每转进给为 0.001～500 mm/r。

S——主轴的转速。

T——刀具、刀偏号。

程序如下：

O0001；

N010 G0 X220.0 Z50；（定位到安全位置）

N020 M3 S300；（主轴逆时针转，转速 300 r/min）

N030 M8；（开冷却）

N040 T0101；（调入粗车刀）

N050　G00　X200.0 Z10.0；（快速定位，接近工件）

N060 G71 U0.5 R0.5；（每次切深 1 mm（直径），退刀 1 mm（直径））

N070 G71 P080 Q120 U1 W2.0 F100 S200；（对 $a-d$ 粗车加工，余量 X 方向 1 mm，Z 方向 2 mm）

N080 G00 X40.0；（定位到 X40）
N090 G01 Z－30.0 F100　S200；（$a \to b$）
N100 X60.0 W－30.0；（$b \to c$）
N110 W－20.0；（$c \to d$）
N120 X100.0 W－10.0；（$d \to e$）
} 精加工路线 $a \to b \to c \to d \to e$ 程序段

N130 G00 X220.0 Z50.0；（快速退刀到安全位置）

N140 T0202；（调入 2 号精加工刀，执行 2 号刀偏）

N150 G00 X200.0 Z10.0；（定位到 G70 指令的循环起点）

N160 G70 P80 Q120；（对 $a-e$ 精车加工）

N170 M05 S0；（关主轴，停转速）

N180 M09；（关闭冷却）

N190 G00 X220.0 Z50.0 T0100；（快速回安全位置，换回基准刀，清刀偏）

N200 M30；（程序结束）

② G73——封闭切削循环。

代码格式：G73 U(Δi) W(Δk) R(d)；

　　　　G73 P(NS) Q(NF) U(Δu) W(Δw) F_S_T_；

功能：利用该循环代码，可以按 NS～NF 程序段给出的轨迹重复切削，每次切削刀具向前移动一次。对于锻造、铸造等粗加工已初步形成的毛坯，可以高效率地加工。具体走刀轨迹如图 7－40 所示。

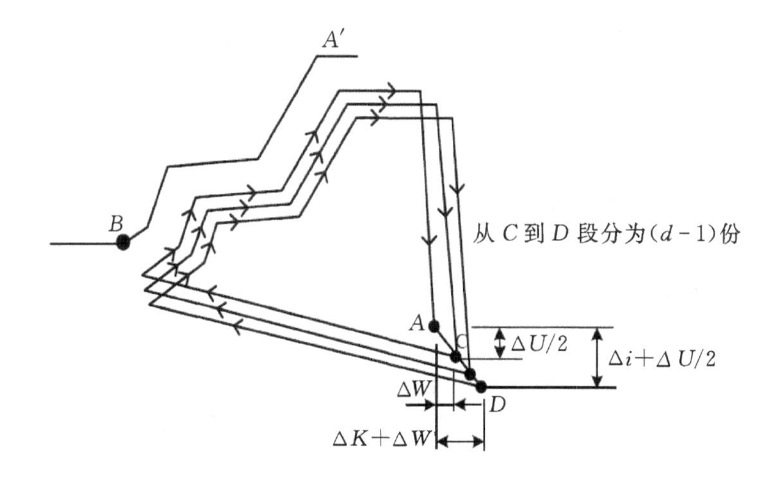

图 7－40　G73 走刀轨迹

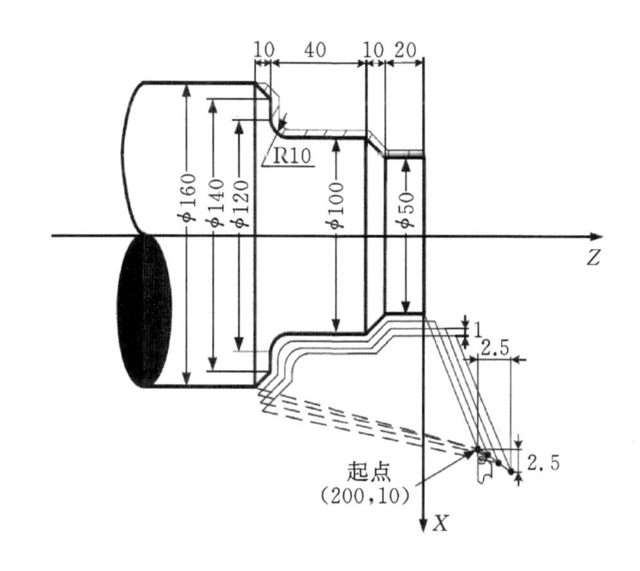

图 7－41　G73 代码编程举例

说明：Δi——X 轴方向退刀的距离及方向(半径值)，单位为 mm；模态代码，一直到下次指定前均有效。另外，用参数 P73 也可设定，根据程序指令，参数值也改变。

Δk——Z 轴方向退刀距离及方向，单位为 mm；模态代码，一直到下次指定前均有效。另外，用参数 P74 也可设定，根据程序指令，参数值也改变。

d——封闭切削的次数，单位为次，模态代码，一直到下次指定前均有效。另外，用参数 P75 设定，根据程序指令，参数值也改变。

NS——构成精加工形状的程序段群的第一个程序段的顺序号。

NF——构成精加工形状的程序段群的最后一个程序段的顺序号。

Δu——X 轴方向的精加工余量，取值范围为－9999.999～9999.999 mm，根据参数设置中的半径编程方式还是直径编程方式，给定值为半径值或直径值。

Δw——Z 轴方向的精加工余量，取值范围为－9999.999～9999.999 mm。

F——切削进给速度，其取值范围为 1～8000 mm/min。

S——主轴的转速。

T——刀具、刀偏号。

程序如下：(直径指定，公制输入，最小毛坯尺寸为 ϕ86)

N008 G0 X260.0 Z50.0；(定位到安全位置)

N009 T0101；(换 1 号刀，执行 1 号刀偏)

N010 G98 M03 S300；(主轴正转，转速 300)

N011 G00 X200.0 Z10.0；(快速定位至起点)

N012 G73 U2.0 W2.0 R3；(X 向退刀 4 mm，Z 向退刀 2 mm，分 3 刀粗车，每刀直径进给 2 mm)

N013 G73 P014 Q020 U0.5 W0.5 F100；(X 向留 0.5 mm，Z 向留 0.5 mm 精车余量)

N014 G00 X80.0 W－10.0 S500；
N015 G01 W－20.0 F120；
N016 X100.0 W－10.0；
N017 W－30.0；　　(精加工形状程序段)
N018 G02 X120 W－10.0 R10.0 F100；
N019 G01 X140.0；
N020 G01 X160.0 W－10.0；

N021 G0 X260.0 Z50.0；(移动到安全位置方便换刀)

N022 T0303；(换 3 号刀，执行 3 号刀偏)

N023 G00 X200.0 Z10.0；(快速回到 G70 定位)

N024 G70 P014 Q020；(精加工)

N025 M5 S0 T0200；(停主轴，换 2 号刀，取消刀补)

N026 G0 X260.0 Z50.0；(快速返回起点)

N027 M30；(程序结束)

③ G70——精加工循环。

代码格式：G70 P(NS) Q(NF)；

功能：执行该指令时刀具从起始位置沿着 NS～NF 程序段给出的工件精加工轨迹进行精加工。在用 G71、G72、G73 进行粗加工后时，可以用 G70 代码进行精车。

说明：

NS：构成精加工形状的程序段群的第一个程序段的顺序号；

NF：构成精加工形状的程序段群的最后一个程序段的顺序号。

④ G76——复合型螺纹切削循环。

代码格式：G76 P(m)(r)(a) Q(Δdmin) R(d)；

G76 X(U) Z(W) R(i) P(k) Q(Δd) F(I)；

功能：系统根据指令地址所给的数据自动计算并进行多次螺纹切削循环螺纹加工完成。

走刀轨迹如图7-42所示。

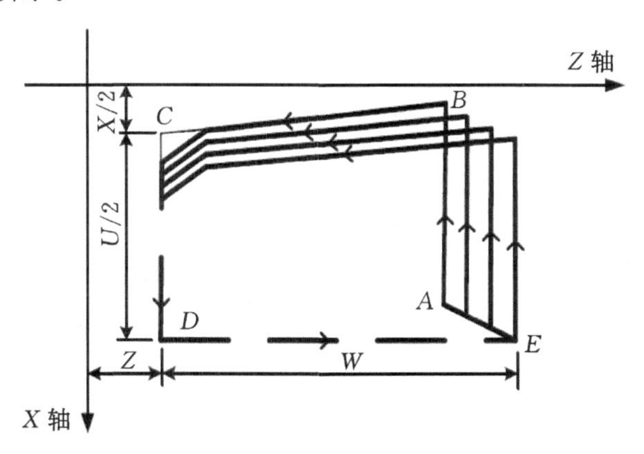

图7-42　G76走刀轨迹

说明：X、Z——螺纹终点（螺纹底部）坐标值，单位为mm。

U、W——螺纹终点相对加工起点的坐标值，单位为mm。

m——最后精加工的重复次数0～99，此代码值是模态的，在下次指定前均有效。另外用参数P77也可以设定，根据程序指令，参数值也改变。最后精加工的重复次数，其范围是0～99。

r——螺纹倒角量。如果把L作为导程，在0.1L～9.9L的范围内，以0.1L为一挡，可以用00～99两位数值指定。该代码是模态的，在下次指定前一直有效。另外，用参数P68也可以设定，根据程序指令也可改变参数值。在G76程序中设定螺纹倒角量后，在G92螺纹切削循环中也起作用。

a——刀尖的角度（螺纹牙的角度可以选择0～90°）。把此角度值用两位数指定。此代码是模态的，在下次被指定前均有效。另外，用参数P78也可以设定，根据程序指令也可改变参数值。

△dmin——最小切入量，单位为mm。当一次切入量（△D×N－△D×N－1）比△dmin还小时，则用△dmin作为一次切入量。该代码是模态的，在下次被指定前均有效。另外，用参数P79也可以设定，用程序指令也改变参数值。最小切入量，设定范围为0～9999999，单位为mm。

d——精加工余量，单位为mm。此代码是模态的，在下次被指定前均有效。并且用参数P80也可以设定，用程序指令也改变参数值。精加工余量，设定范围为0～9999999，单位为mm。

i——螺纹部分的半径差，取值范围为－9999.999～9999.999，单位为mm，i=0为切削直螺纹；

k——螺纹牙高（X轴方向的距离用半径值指令），取值范围为0～9999999，单位为mm。

△d——第一次切削深度，半径值，单位为mm。当△d=0时，系统以最小切入量执行。

F——螺纹导程，单位为mm。

I——每英寸牙数。

用螺纹切削复合循环 G76 代码编制图 7－43 所示零件的加工程序，加工螺纹为 M68×6。

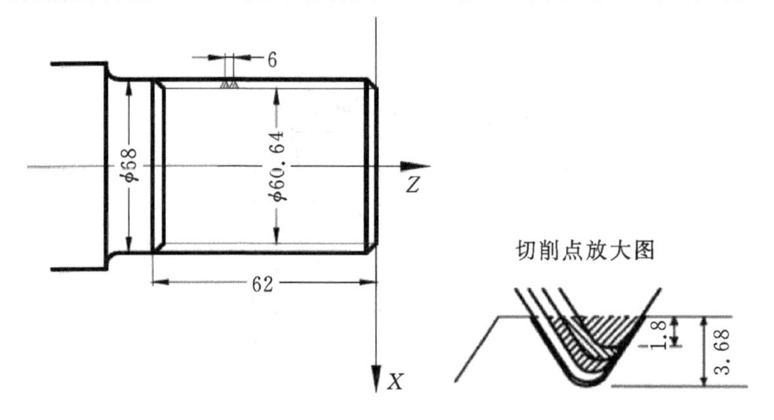

图 7－43　G76 代码编程举例

程序如下：

G00 X100 Z50；（定位到安全位置）

M03 S300；（启动主轴，指定转速）

G00 X80 Z10；（快速定位到加工起点）

G76 P011060 Q0.1 R0.2；（进行螺纹切削）

G76 X60.64 Z－62 P3.68 Q1.8 F6.0；

G00 X100 Z50；（返回程序起点）

M5 S0；（停主轴）

M30；（程序结束）

3. 辅助功能 M 代码

辅助功能 M 代码用地址 M 加两位数字组成，系统把对应的控制信号送给机床，用来控制机床相应功能的开或关。同一程序段中只允许使用一个 M 代码。

本系统可支持的 M 代码：

M03：主轴逆时针转（正转）。

M04：主轴顺时针转（反转）。

M05：主轴停止。

M08：冷却液开。

M09：冷却液关（不输出信号）。

M10：尾座进。

M11：尾座退。

M12：卡盘夹紧。

M13：卡盘松开。

M32：润滑开。

M33：润滑关（不输出信号）。

M00：程序暂停，按“循环启动”程序继续执行。

M30：程序结束，程序返回开始。

M41～M44：主轴自动换挡机能(详参见机床连接篇《主轴自动换档控制》)

M51～M70：用户自定义输出控制。

M91～M94：用户自定义输入控制。

在一般的使用中，主要使用 M03 主轴正转、M05 主轴停止和 M30 程序结束。

4. 主轴功能 S 代码

通过地址 S 和其后面的数值，把代码信号送给机床，用于机床的主轴控制。在一个程序段中可以指令一个 S 代码。关于可以指令 S 代码的位数以及如何使用 S 代码等，请参照机床制造厂家的说明书。当移动指令和 S 代码在同一程序段时，移动指令和 S 功能指令同时开始执行。

代码格式：S__

当选择主轴模拟量控制时，系统可实现主轴无级调速。用地址 S 和其后面数字，直接指令主轴的转速(r/min)，根据不同的机床厂家，转速的单位也有所不同。当选择主轴为开关量控制时，系统可实现主轴的分级调速。

在本机床的使用中，由于主轴为开关量控制，可用 S1 和 S2 来控制主轴，分别实现主轴的高速和低速控制。

5. 刀具功能 T 代码

用地址 T 及其后面两位数字来选择机床上的刀具，具体如图 7-44 所示。在一个程序段中，可以指令一个 T 代码。移动指令和 T 代码在同一程序段中时，移动指令和 T 代码同时开始。关于 T 代码如何使用的问题，请参照机床的说明书。用 T 代码后面的数值指令，进行刀具选择。其数值的后两位用于指定刀具补偿的补偿号。

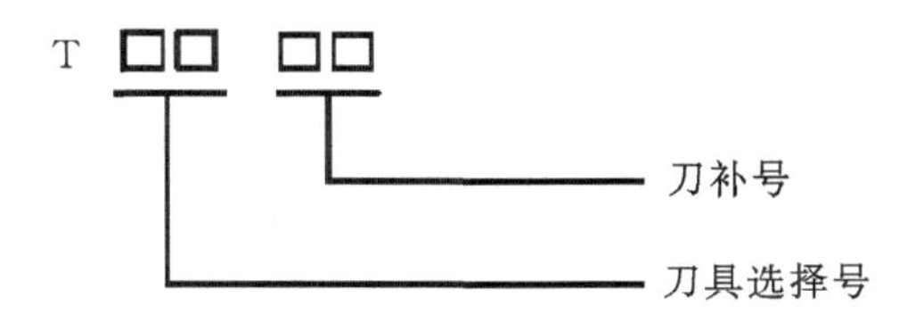

图 7-44　T 功能字段格式

7.2.5 编程实例

现在我们以两个实例来看看数控车床加工编程应用。

1. 实例 1

如图 7-45 所示为零件图和工艺图。此零件的加工可以采用单一循环指令编程，也可采用复合循环指令编制加工程序。

① 首先采用单一型循环指令编程。将加工过程分为粗加工和精加工，分别编制粗加工和精加工两段程序代码。

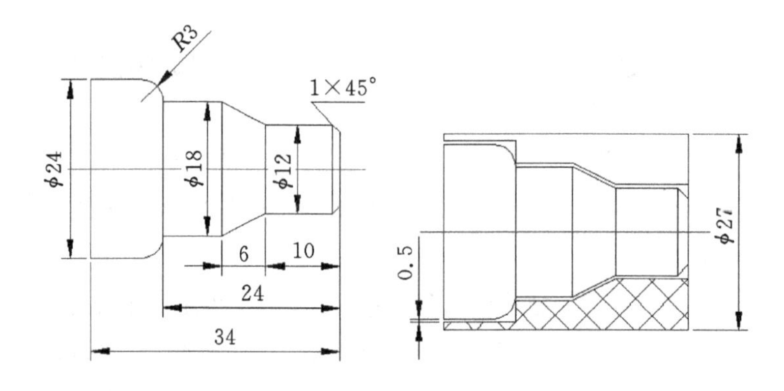

图 7-45 编程实例 1 的零件图和工艺图

粗加工程序：

```
N10 G0 X50 Z100
N20 T0101 M3 S2
N30 G0 X25 Z2
N40 G1 Z−38 F100
N50 G0 X27
N60 Z2
N70 X25
N80 G90 X23 Z−24 F100
N90 X21
N100 X19
N110 G90 X17 Z−10
N120 X15
N130 X13
N140 G0 X20 Z−10
N150 G90 X19 Z−16 R−1.5
N160 R−3
N170 G0 X50 Z100
N180 M5
N190 M30
```

精加工程序：

```
N10 T0101 M3 S2
N20 G0 X6 Z2
N30 G1 X12 Z−1 F100
N40 Z−10
N50 X18 Z−16
```

```
N60 Z-24
N70 G3 X24 Z-27 R3
N80 G1 Z-34
N90 G0 X50 Z100
N100 T0202
N110 G0 X28 Z-34
N120 G1 X-1 F80
N130 G0 X50 Z100
N140 M5
N150 M30
```

② 采用复合型循环指令 G71 和 G70 编程，其加工程序如下。

```
N10 G0 X50 Z100
N20 T0101 M3 S2
N30 G0 X27 Z2
N40 G71 U1 R0.5
N50 G71 P60 Q120 U1 W1 F100
N60 G0 X6 Z2
N70 G1 X12 Z-1 F100
N80 Z-10
N90 X18 Z-16
N100 Z-24
N110 G3 X24 Z-27 R3
N120 G1 Z-38
N130 G70 P60 Q120
N140 G0 X50 Z100
N150 T0202
N160 G0 X28 Z-34
N170 G1 X-1 F80
N180 G0 X50 Z100
N190 M5
N200 M30
```

2. 实例 2

如图 7-46 所示为实例 2 的零件图和工艺图。此零件的加工同样既可以采用单一循环指令编程，也可采用复合循环指令编制加工程序。

① 采用单一型循环指令 G90 来实现，分成粗加工和精加工两段程序代码。

粗加工程序：

```
N10 G0 X50 Z100
```

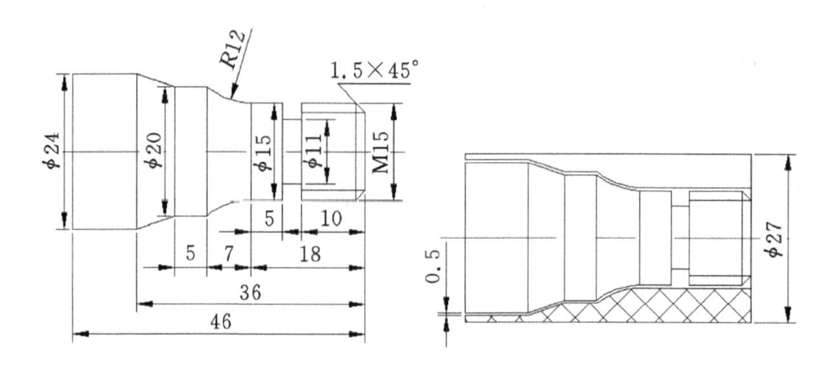

图 7-46 编程实例 2 的零件图和工艺图

```
N20 T0101 S2 M3
N30 G0 X25 Z2
N40 G1 Z-50 F100
N50 G0 X27
N60 Z2
N70 G90 X23 Z-30 F100
N80 X21
N90 G90  X19 Z-18
N100 X17
N110 X16
N120 G0 X21 Z-18
N130 G90 X21 Z-25 R-1.5
N140 R-2.5
N150 G0 X50 Z100
N160 M5
N170 M30
```

精加工程序：

```
N10 T0101 S2 M3
N20 G0 X8 Z2
N30 G1 X15 Z-1.5 F100
N40 Z-18
N50 G2 X20 Z-25 R12
N60 G1 Z-30
N70 X24 Z-36
N80 Z-46
N90 G0 X50 Z100
N100 T0202
```

```
N110 G0 X16
N120 Z—10
N130 G1 X11
N140 X16
N150 G0 X50 Z100
N160 T0404
N170 G0 X15 Z2
N180 G92 X14.5 Z—10.5 F2
N190 X14
N200 X13.5
N210 X13
N220 X12.5
N230 X12
N240 G0 X50 Z100
N250 T0202
N260 G0 X28 Z—46
N270 G1 X—1 F80
N280 G0 X50 Z100
N290 M5
N300 M30
```

② 采用复合循环指令 G71 和 G70 来实现，其加工程序代码如下。

```
N10 G0 X50 Z100
N20 T0101 S2 M3
N30 G0 X27 Z2
N40 G71 U1 R0.5
N50 G71 P60 Q120 U1 W1 F100
N60 G0 X8 Z2
N70 G1 X15 Z—1.5  F100
N80 Z—18
N90 G2 X20 Z—25 R12
N100 G1 Z—30
N110 X24 Z—36
N120 Z—50
N130 G70 P60 Q120
N140 G0 X50 Z100
N150 T0202
N160 G0 X16
```

```
N170 Z−10
N180 G1 X11
N190 X16
N200 G0 X50 Z100
N210 T0404
N220 G0 X15 Z2
N230 G76 P011060 Q0.1 R0.2
N240 G76 X12 Z−12 P1.5 Q0.5 F1.5
N250 G0 X50 Z100
N260 T0202
N270 G0 X28 Z−46
N280 G1 X−1 F80
N290 G0 X50 Z100
N300 M5
N310 M30
```

7.3 数控铣床编程与操作

7.3.1 数控铣床概述

本节以数控立式升降台铣床为例,介绍其组成、结构特点、主要参数及编程操作方法等。图 7-47 所示为 XKA5032 型数控立式升降台铣床的外形图。机床的主传动系统由 7.5 kW 交流电动机带动主传动箱中 3 组滑移齿轮,组成 18 种转速,并传递给铣头的主轴。主轴可以手动调整轴向位置,也可以连同铣头在左右 45°范围内调整到某一倾斜位置。进给系统的 3 个坐标轴由交流伺服电动机驱动,升降台的垂直电动机带制动器,防止断电时升降台因自重而下滑。润滑系统采用定时定量的自动润滑系统,并可调整油量和时间间隔,以保证每个润滑点的合理油量。机床采用倒挂式电柜和吊挂式操纵站,占地面积小,便于多位置操作。

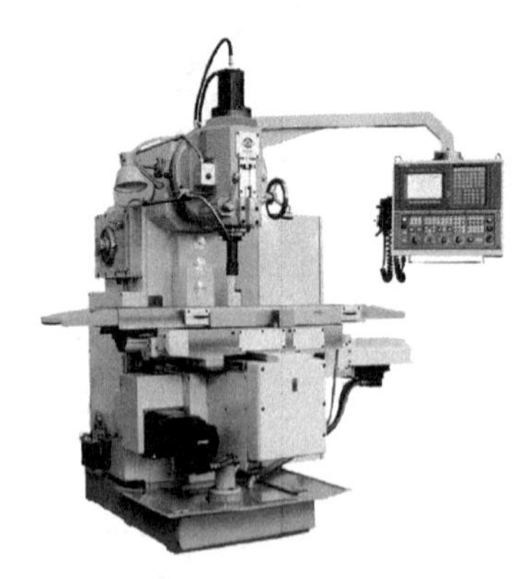

图 7-47 XKA5032 数控立式升降台铣床

7.3.2　数控铣床的主要参数

工作台面积(长 宽)	1220 mm×320 mm
工作台纵向行程(*X* 轴)	750 mm
工作台横向行程(*Y* 轴)	350 mm
升降台垂向行程(*Z* 轴手动)	400 mm
主轴至垂直导轨的距离	330 mm
主轴端面至工作台面的距离	90～490 mm
主轴转速范围高速挡	80～4500 r/min
低速挡	45～2600 r/min
进给速度范围(*X*、*Y*、*Z* 轴)	5～2500 mm/min
快速移动速度(*X*、*Y*、*Z* 轴)	5000 mm/min
主电动机功率	3.7 kW/5.5 kW
三个坐标的进给电动机的额定转矩	3.6 N·m

7.3.3　机床坐标系与工件坐标系

机床坐标系又称机械坐标系,它是以机床上的参考点(又称为机械原点)为原点建立的,是机床运动部件的进给运动坐标系,其坐标轴及方向按标准规定,其坐标原点的位置则由各机床生产厂设定。立式铣床通常指定 *X* 轴正向、*Y* 轴正向和 *Z* 轴正向的极限为参考点,参考点是机床上一个固定点,与加工程序无关,数控机床的型号不同,其参考点的位置也不同。

数控铣床的机床坐标系的原点一般位于机床零点(机械原点),即机床移动部件沿其坐标轴的行程极限位置,或者说是坐标轴的回零位置,参见图 7-48。在机床坐标系下,CRT(显示屏)上显示此时主轴的端面及中心,即对刀参考点的坐标值均为零。机械原点在各个机床的系统参数中设定,用户不能随意改变。一般情况下刀具不能移动到这点。

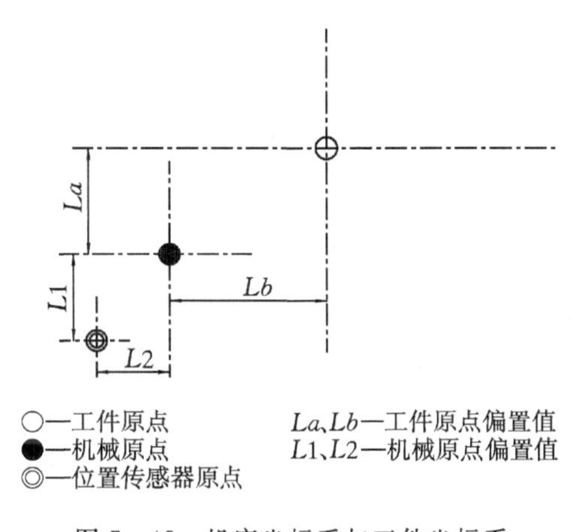

图 7-48　机床坐标系与工件坐标系

工件坐标系,是指加工工件时所需建立的坐标系,又称编程坐标系,供编程用。工件坐标系的原点,简称工件原点,也称工件零点或编程零点,其位置由编程者自行设定,一般设在工件的设计、工艺基准处，总之要便于编程，便于坐标尺寸的计算。编程时，必须首先设定工件坐标系，程序中的坐标值均以工件坐标系为依据。工件原点是以机床原点为参考的，工件原点与机床原点之间的偏移量称为零点偏移，参见图 7-28。所以，有时常将工件零点称作“工件零偏”，这一偏置值需要在机床上实际测定，并可通过机床操作面板或程序在机床数控系统中设置。这样在计算零件加工刀具路径时可不考虑机床原点，简化了各坐标点的数值计算。

7.3.4　数控编程

所谓数控编程，即依照数控系统规定的指令、格式，将零件的机械加工工艺过程、切削参数和其他辅助动作，按照动作顺序编成数控机床加工的程序，记录在控制介质即程序载体（如磁盘、存储卡等）上，然后输入控制系统，从而指挥机床进行自动加工。

在一般的企业工艺管理中，数控程序编制内容大致如图 7-49 所示。数控机床工艺和程序编制过程中应备齐有关机床使用说明书，机床数控系统编程手册，切削用量规范，刀具规格标准与夹具手册等资料，以做到工艺、程序编制正确合理，工具齐备。

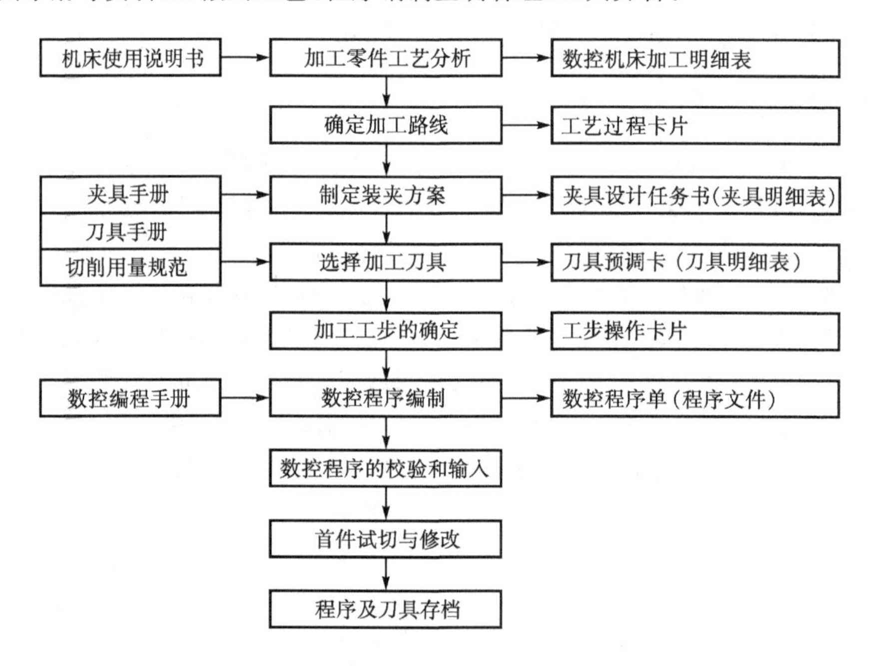

图 7-49　手工编程的一般步骤

1. 手工编程的一般步骤

手工编程时，以完成某种数控系统下的零件加工指令代码程序单为主要目的。要求编程人员对所用机床及数控系统的指令代码十分熟悉。通常可在计算机上通过 Windows 中的字处理软件“记事本”进行手工编程。当加工零件比较简单时，编程人员可通过数控系统自身的编辑器进行手工编程，也是比较方便的。数控机床手工编程主要分三个阶段：首先是工艺准备阶段，包括对被加工零件图的分析，制定零件的装夹方案与工艺过程，选择适当的刀具；其次是程序编制过程，包括零件加工原点的选取，计算刀具运动的路径，选择合理的加工用量；最后是零件的首件试切削，根据实际切削情况，对程序的刀具轨迹与路径、切削用量等进行修正并完成程序的存档。

手工编程的一般步骤可分为五步：

(1) 分析零件图，确定合理的工艺过程及工艺路线

在制定零件加工工艺时，与普通机床一样，应先根据图纸对零件的形状、尺寸、技术条件、材质和毛坯等进行详细分折，遵循一般的工艺原则确定工艺方案。编程前要对工艺方案等再进行分析，确定出实际的加工方法和加工顺序。

(2) 选择机床，准备刀具，确定装夹方案，合理选择切削用量

数控铣床与普通铣床的工艺准备相比，无根本区别，但数控铣床的加工工艺比普通铣床规程要详细复杂。普通机床的工艺规程常常仅规定工艺过程，而每道工序的工步、走刀路径和切削用量等可由机床操作者自行决定，在数控机床上加工零件的全过程则要由工艺编程人员预先安排好。因此，要求工艺程编人员对所选数控机床的功能、切削规范、刀具规格及夹具等都要十分熟悉，以便对零件加工的全过程有仔细的考虑与合理的安排。

数控镗铣类机床所用刀具通常是组件，刀具一般由刀头、刀柄、拉钉组成，有些还加上过渡套和刀杆等，可分为模块式、整体式和组合(专用)式三类。根据数控机床的加工特点，要求所用夹具系统定位精度高，占用空间小，刚性好并可实现快速重调。能否保质保量地完成零件的加工，还需要考虑夹具的夹紧力的合理选择，夹紧力过大必然增加零件的变形，所以夹紧点应按夹紧原则选择在工件刚性最好且尽量远离加工处的部位，这样能使夹紧变形控制在允许的范围内。

切削用量的选择要综合机床、夹具、刀具、工件材料等多方面的因素，切削用量包括主轴转速、进给速度、切削深度和切宽等。切削用量的确定与使用的刀具密切相关，一般按照所选刀具规定的参数，某些刀具手册与一些国外的刀具制作厂家的刀具样本上也提供有刀具所用的切削参数，可以参考。下面给出切削用量的计算公式：

① 主轴转速 S(r/min，即转/分钟)：$S=\frac{V}{\pi D}\times 1000$

② 进给速度 F(mm/min，即毫米/分钟)：$F=S\times f$

上面两个公式中，V 是刀具的切削速度，单位为 m/min，根据所加工零件的材质，并按工步中粗加工、精加工来决定 V 的值。D 是刀具直径，单位为 mm，要按切削面的大小选定刀具直径(注：对刀盘直径的大小应考虑机床允许刀具最大直径、承重及主轴功率极限)。f 是机床的每转进给量，单位为 mm/r，对于多齿刀具(如端面铣刀)。要先确定出每齿进刀量 fz，单位是 mm/z，进而得出 f 值，即 $f=fz\times Z$(Z 为齿数)。

通常由 V 和 D 两个参数来决定主轴转速 S。再按粗、精加工等要求，选择合适的 f，即可计算出走刀量(进给速度)F。确定切削用量时要注意机床的允许能力，数控机床一般精度较高，应避免使用过大加工量粗切，以免使机床过早丧失精度。

(3) 选定工件坐标系，然后进行运动轨迹上有关各点的坐标计算

工件坐标系也可以简称为工件零点或程序零点。确定工件坐标原点，是要建立工件坐标系与机床坐标系的关系，作为加工零件在本次装夹时刀具路径的计算基准。工件坐标系原点与机床坐标原点的偏移量称为零点偏移，并可通过机床操作面板或程序在机床数控系统中设置。这样在计算零件加工刀具路径时可不考虑机床原点，简化了各坐标点的数值计算。通常将工件原点选在工件上便于坐标计算的位置，尽量与设计基准统一，使程序编制简单方便，引

起的加工误差小。然后根据零件的尺寸、走刀路线，计算出零件上各有关几何元素的起点、终点、圆弧的圆心等坐标。若不使用刀具的半径补偿功能，就应计算刀心轨迹。

(4) 编制数控加工程序

编程时要根据数控加工的特点，做到工序集中，尽量减少换刀次数，缩短空行程路线，使程序实用、高效。

(5) 输入程序，调试程序，首件试切

程序的输入可以通过控制介质(如磁盘)送入机床的控制系统，也可采用面板编辑输入方式，直接由机床操作面板键入程序。为了避免在实际加工中出现意外，要求操作和编程人员在实际切削前做好程序调试工作，这一环节也很重要。将程序输入机床后，程编者要先锁定机床("机械锁定"及"试运行"功能)，然后使用机床的"轨迹动画"功能，模拟仿真加工过程，查找出程序中的错误，纠正之后，程序才能用于实际切削加工。

为了尽可能一次成功，操作人员还应调整 Z 向的工件零偏，在"自动运行"方式下启动数控程序，让刀具在工件外面(不切入工件)空运行一遍，确定刀具运动轨迹正确无误后方可正式试切。然而对于因计算误差和对刀误差引起的加工误差，用"轨迹动画"和"空运行"的方法是无法检查出来的，所以要进行首件试切，以便最终保证加工精度。

试切过程中可通过修调切削参数(转速和进给等)获得满意的加工效果，如果实践证明原加工方案不是最佳的，必要时应重新调整加工的次序，并及时修改程序。

2. 自动编程

自动编程是由计算机来完成数控编程的大部分工作。一般要借助于 CAD/CAM 软件，通过零件造型、特征识别与提取等工作，使计算机自动计算出刀具轨迹，再经后期处理，生成零件的数控加工程序。

对于加工部位较多、形状复杂(如空间曲线、曲面等)、工序很长、计算繁琐的零件，手工编程的效率较低，加上较大的坐标值的计算量，如轮廓曲面要进行繁琐复杂的数学运算，手工编程的差错率也会很高，这种情况下可采用计算机辅助编程或自动编程。

3. 大隈(OKUMA)系统常用编程代码简介

目前数控机床的 NC(数控)编程代码都可以分为准备功能 G 代码、辅助功能 M 代码以及其他辅助代码(T、S、F)。通过这些代码编程来实现机床的各种运动与移动。

大隈数控系统是一种功能比较全面，较实用的数控系统，许多功能采用模块化形式，针对性强。下面以 OKUMA OSP7000 为对象，介绍其代码功能。功能代码基本遵循国际标准或一些约定，按照功能可分成以下三类：

(1)准备代码(G 代码)

准备功能代码是用地址字 G 和后面的两位或者三位数字来表示的，见表 7－5。

G 代码按其功能的不同分为若干组。G 代码有两种模态：模态式 G 代码和非模态式 G 代码。表中标有"◎" 符号的 G 代码属于非模态式 G 代码，只限定在被制定的某个程序段中有效。而未标"◎"符号的 G 代码属于模态式 G 代码，又称续效代码，具有延续性，在后续程序段中，只要同组其他 G 代码未出现之前一直有效。另外，表中标有"○"符号的 G 代码可以通过机床状态参数来设定，使它成为默认的有效状态；标有"※"符号的 G 代码是当机床加电后就被设定为有效状态。

表 7－5　常用准备功能 G 代码

OKUMA OSP7000 CNC 系统							
G 代码		组号	意 义	G 代码		组号	意 义
G00	○	1	点定位(快速移动)	G61		14	准停模式
G01	○		直线插补	G62		19	可编程镜像加工
G02			圆弧插补(顺时针)	G64	※	14	切削模式
G03			圆弧插补(逆时针)	G73		21	高速钻孔切削循环
G04	◎	2	暂停	G74		11	反相攻丝循环
G09	◎	18	准停检验	G76			精镗循环
G10	※	3	取消 G11	G80	※		取消固定循环
G11			坐标系平移和旋转	G81			钻孔循环
G20	◎	15	英制输入	G84			攻丝循环
G21	◎		公制输入	G85			镗孔循环
G40	※	17	取消刀具半径补偿	G90		12	绝对位置尺寸模式
G41			刀具半径补偿(左偏)	G91			增量位置尺寸模式
G42			刀具半径补偿(右偏)	G92		20	工件坐标系变更
G53	○	10	取消刀具长度补偿	G94		13	每分钟进给指令
G54			*X* 轴刀具长度补偿	G95			每转进给指令
G55			*Y* 轴刀具长度补偿				
G56	○		*Z* 轴刀具长度补偿				

(2) 辅助功能(M 代码)

辅助功能代码是用地址字 M 及两位或三位数字来表示的，可编程的 M 代码范围是从 0 到 511。它主要用于机床加工操作时的工艺性指令，启动电磁阀等操作，如主轴的启停、切削液的开关等。除去一些固定、通用的 M 代码，许多数控功能的 M 代码都是由机床制造厂商确定产生的。

(3)其他辅助代码(F、S、T、H、D)

① 进给功能代码 F：表示进给速度，用地址“F”及后面的若干数字来表示，单位为 mm/min(公制)或 inch/min(英制)。例如，公制的“F150” 来表示进给速度 150 mm/min。

② 主轴功能代码 S：表示主轴转速，用地址“S”及后面的若干位数字来表示，单位为r/min(转/分钟)。例如，S200 表示主轴转速为 200 r/min。

③ 刀具功能代码 T：表示选刀功能。凡有刀具交换装置的机床，在进行多道工序加工时，必须选取合适的刀具。每把刀具应安排一个刀号，刀号在程序中指定，数控系统按照 T 指令准备下一把刀。而实际的刀具交换要用 M06 实现。刀具功能用地址“T”及后面的 1～4 位数字表示，即 T0～T9999，但实际的机床用不了这么多的刀号，具体由机床制造商来控制。例如，T6 表示将准备第六号刀具。

④ 刀具长度补偿功能代码 H：表示刀具长度补偿号，它是由地址“H”及后面的几位数字表示，“H”及后面的数字为存放刀具长度补偿值的寄存器地址字。例如，H18 表示刀具长度补偿量用第 18 号值。

⑤ 刀具半径补偿功能代码 D：表示刀具半径补偿号，它是由地址“D”及后面的几位数字表示，“D”及后面的数字为存放刀具半径补偿值的寄存器地址字。例如，D16 表示刀具半径补偿量用第 16 号的值。

4. 编程的基本概念

(1)尺寸设定单位

本系统采用两种尺寸输入制式，英制和公制，缺省时采用公制。英制是由 G20 指令确定；公制是由 G21 指令确定。这两个指令用来检查由 NC 任选参数(位参数)NO3 的“bit0”所设定数是“0”(公制)还是“1”(英制)，若不一致则报警。

(2)绝对坐标和增量坐标

运动轨迹上的终点(目标点)坐标是相对于起点(当前点)计量的坐标，称为相对坐标，或者增量坐标；所有坐标点的坐标值均从某一固定坐标原点计量的坐标，称为绝对坐标。

绝对位置和增量位置指令表示轴指令量的方式有绝对位置指令 G90 和增量位置指令 G91 两种形式。G90 和 G91 属于状态设置功能指令，一般常在程序的开头预先声明，这是一种好习惯，便于阅读程序，当需要变更时就以 G91 取代 G90 或以 G90 取代 G91，可随时编写。

G90 指令按绝对值方式设定输入坐标，即轴移动指令终点的坐标值 X、Y、Z 都是以某个坐标系的坐标原点(程序零点)为参考基准来计算。

G91 指令按增量值方式设定输入坐标，即轴移动指令终点的坐标值 X、Y、Z 都是以始点为基准来计算，再根据终点相对于始点的方向判断正负，与坐标轴同向取正，反向取负。

(3)程序的组成和结构

一个完整的加工程序由若干程序段构成；而程序段是由一个或若干个字组成；每个字又由字母(地址)和数字组成；每一个字母或数字称为字符。程序的开头是程序名，结束时须有程序结束指令。例如：

```
O118
……
……
N0020 G90 G00 X60 Y60
N0025 S600 M03
N0030 Z10
N0035 G01 Z－8F300
……
……
N0065 G00 Z80 M05
N0065 M02
```

这表示一个完整的加工程序，由若干程序段组成，但上面仅列出了 6 个程序段(不算程序名)，以程序名“O118”开头，以指令“M02 或 M03”作为该主程序结束。每个程序段以顺序号“N－－”开始，用 LF(换行符)或 CR(回车符)结束，程序段中最好用“空格”将每个字分隔开；一个好的程序还应考虑加入注释语句，这样较清晰，便于修改和阅读程序。注释语句是非执行指令，仅起注释的作用，用“()”来描述，圆括弧内由编程人员加上注释说明的内容。

每一个程序段中有若干个字。如上例“N0020”这个程序段中，由 5 个字组成，每一个字都有一定的功能含义。该程序段表示一个完整的动作；主轴(刀具)以绝对位置尺寸方式快速定位到

“X60Y60”的坐标位置，“X60”字表示 X 轴正向位移 60 mm，“X”为坐标地址，“60”为坐标尺寸数值。

7.3.5　数控铣床的操作

OSP7000M/700M 是日本 OKUMA 公司专门为铣床配置的数控系统，具备强大的功能，并且可靠稳定，是当今最成熟的数控系统之一。

1. 数控铣床的安全操作规范

因意外事故可能会造成人身伤害和机床损坏，数控机床配置了必要的安全装置(包括硬件和软件)，但操作人员或维护人员不应该完全依赖这些安全装置，需要熟知下述事项，从而避免事故发生。在操作机床之前，需要特别注意以下事项：

(1)开机前的准备工作

① 关好控制电柜、操作控制箱门。

② 机床周围不要放置无关物品。

③ 检查确认润滑油、液压油、冷却液的液位正常，各部位压力表的压力正常。

④ 电源接通顺序：打开总电源开关，按操作面板上的电源“加电”按钮(若“急停”开关未释放，要先释放“急停”开关)，系统内电源自动顺序接通。

(2)手动、自动加工时的注意事项

① 严格按操作说明书进行操作。

② 对加工的首件零件要进行动作检查和防止刀具干涉的检查，建议按“高速扫描运行”→“空运转”→“单程序段切削”→“连续运转”的顺序进行。

③ 主轴旋转移动进给轴时，确认安全后再进行。

④ 主轴旋转切削过程中不要用手去清除切屑或触摸工件。

⑤ 确认刀具在刀库中的安装位置情况。

⑥ 确认刀具补偿值的设定，确认工件原点的设定。

⑦ 确认操作面板上主轴、进给轴的速度及其倍率开关状态。

⑧ 切削加工要在主轴及各轴的扭矩和功率范围内使用。

⑨ 要确认工件在卡紧状态下进行加工。

⑩ 调整冷却液喷嘴位置，使刀具及工件得到冷却。

⑪ 禁止多人同时操作一台机床，避免误操作带来的人员伤害和机床损坏。

(3) 工件装卸时的注意事项

① 装卸工件时，把刀具移动到安全位置，且使主轴停转。

② 加工前，确认工件已经正确夹紧固定。

③ 装卸较重工件时，不要用手搬，应该使用吊车或其他起重设备。

(4) 工作结束时的注意事项

① 工作结束时要清扫机床周围。

② 把机床各轴停在中间位置。

③ 操作者离开机床要关断机床电源。

④ 关断电源顺序：按“急停”开关→按机床操作面板上的“电源关断”钮(或直接按此钮)→关断总电源开关。

(5)其他安全事项

① 操作人员必须穿好工作服(鞋、帽)后再工作。

② 进入防护罩内作业时，必须切断电源，确认安全后再进行作业。

③ 勿用湿手触摸电器元件。

④ 出现异常情况时，操作者应迅速按下操作面板上的“急停”开关。

(6)机床日常维护事项

① 定期清洗过滤网，以使机床工作在最佳状态。

② 按说明书要求定期更换和补充各单元的油、液。

③ 定期检查、调整 X、Y、Z 轴极限限位开关的位置和有效性。

④ 定期检查急停按钮、进给保持按钮的有效性。

⑤ 更换保险及其他替换备件，必须使用指定的规格。

⑥ 经常整理、清扫机床四周。

2. 操作面板介绍

(1)人机界面组成

OSP7000M/700M 系统在数控铣床应用中，操作界面由 NC 操作面板 A(如图 7－50 所示)，机床操作面板 B(如图 7－51 所示)和便于手动进给微调的手持操作盒组成。

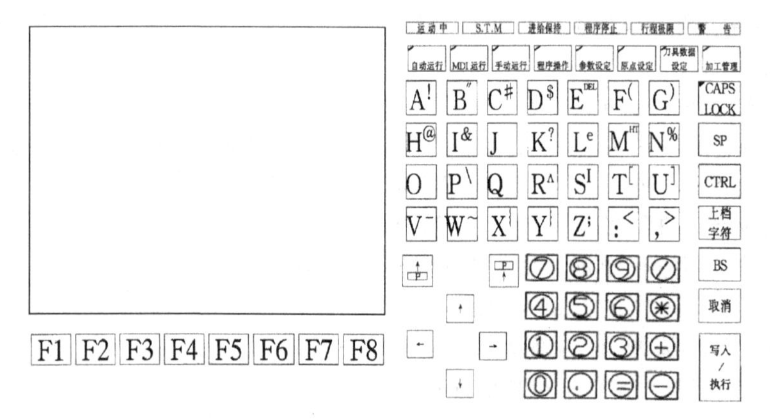

图 7－50　NC 操作面板 A

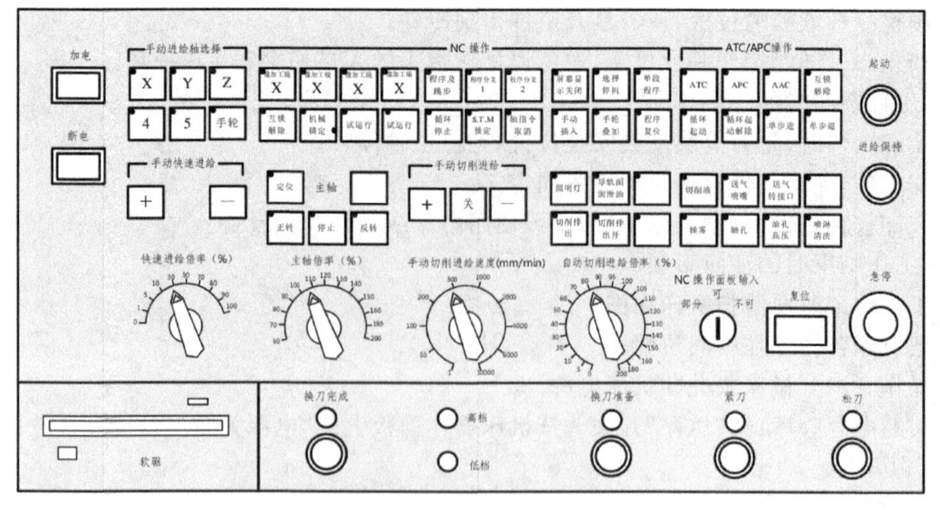

图 7－51　机床操作面板 B

(2) 基本操作

① 机床通电顺序：

- 顺时针旋转电柜门上总电源开关，使把手从 OFF 旋到 ON 位置，电柜接入电源。
- 在机床操作面板上，按“加电”按钮，系统便顺序起动，显示屏为“当前位置”界面。

② 机床断电顺序：

- 在机床操作面板上，按“断电”按钮，系统电源关断。
- 逆时针旋转电柜上的总电源开关，使把手从 ON 旋到 OFF 位置，关断机床电源。

③ 紧急停止：在紧急情况下（出现或可能造成人身伤害以及机床或工件损坏时），要立即按下机床操作面板上的红色“急停”按钮。顺时针旋转此按钮帽，可释放“急停”按钮。

* 创意园地

读者可利用所学的数控加工知识和技能，在数控车床和数控铣床上加工制做一些有创意的作品。下图 7－52 中是一些实习学生的创意作品，供参考。

图 7－52　学生作品

复习思考题

1. 数控加工与传统机床加工有何特点？
2. 数控加工的基本操作步骤是什么？与传统加工有何不同？
3. 数控编程的一般步骤是什么？
4. 数控车床加工时对刀的作用是什么？如何操作？
5. 数控铣床上的机床坐标系与工件坐标系有何区别？它们的作用分别是什么？
6. 数控铣床的安全操作规程有哪些？

第 8 章　特种加工

8.1　特种加工简介

8.1.1　特种加工的产生及发展

传统的机械加工已有很久的历史，它对人类的生产和物质文明起了极大的作用。例如 18 世纪 70 年代就发明了蒸汽机，但苦于制造不出高精度的蒸汽机汽缸，无法推广应用。直到有人创造出和改进了汽缸镗床，解决了蒸汽机主要部件的加工工艺，才使蒸汽机获得广泛应用，引起了世界性的第一次产业革命。这一事实充分说明了加工方法对新产品的研制、推广和社会经济等起着多么重大的作用。随着新材料、新结构的不断出现，情况将更是这样。

但是从第一次产业革命以来，一直到第二次世界大战以前，在这段长达 150 多年都靠机械切削加工（包括磨削加工）的漫长年代里，并没有产生特种加工的迫切要求，也没有发展特种加工的充分条件，人们的思想一直还局限在自古以来传统的用机械能量和切削力来除去多余的金属，以达到加工要求。

直到 1943 年，前苏联拉扎林柯夫妇研究开关触点遭受火花放电腐蚀损坏的现象和原因，发现电火花的瞬时高温可使局部的金属熔化、气化而被蚀除掉，开创和发明了电火花加工方法，用铜丝在淬火钢上加工出小孔，可用软的工具加工任何硬度的金属材料，首次摆脱了传统的切削加工方法，直接利用电能和热能来“切削”金属，获得“以柔克刚”的效果。

第二次世界大战后，特别是进入 50 年代以来，随着生产发展和科学实验的需要，很多工业部门，尤其是国防工业部门要求尖端科学技术产品向高精度、高速度、高温、高压、大功率、小型化等方向发展，它们所使用的材料愈来愈难加工，零件形状愈来愈复杂，表面精度、粗糙度和某些特殊要求也愈来愈高，对机械制造部门提出了以下新的要求：

① 解决各种难切削材料的加工问题：如硬质合金、钛合金、耐热钢、不锈钢、淬火钢、金刚石、宝石、石英以及锗、硅等各种高硬度、高强度、高韧性、高脆性的金属及非金属材料的加工。

② 解决各种特殊复杂表面的加工问题：如喷气涡轮机叶片、整体涡轮、发动机机座、锻压模和注射模的立体成型表面，各种冲模、冷拔模上特殊断面的型孔，炮管内膛线，喷油嘴、栅网、喷丝头上的小孔窄缝等的加工。

③ 解决各种超精、光整或具有特殊要求零件的加工问题：如对表面质量和精度要求很高的航天、航空陀螺仪、伺服阀，以及细长轴、薄壁零件、弹性元件等低刚度零件的加工。

要解决上述一系列工艺问题，仅仅依靠传统的切削加工方法就很难实现，甚至根本无法实现，人们相继探索研究新的加工方法，特种加工就是在这种前提条件下产生和发展起来的。但是，外因是条件，内因是根本，事物发展的根本原因在于事物的内部，特种加工所以能产生和发展的内因，在于它具有切削加工所不具有的本质和特点。

切削加工的本质和特点：一是靠刀具材料比工件材料更硬；二是靠机械能把工件上多余的材料切除。一般情况下这是行之有效的方法。但是，当工件材料愈来愈硬，加工表面愈来愈复杂的情况下,“物极必反”,原来行之有效的方法反而转化为限制生产率和影响加工质量的不利因素了。于是人们开始探索用软的工具加工硬的材料,不仅用机械能而且还采用电、化学、光、声等能量来进行加工。到目前为止,已经找到了多种这一类的加工方法,为区别于现有的金属切削加工,这类新加工方法统称为特种加工,国外称作非传统加工(NTM,non-traditional machining)或非常规机械加工(NCM,non-conventional machining)。它们与切削加工的不同点是:

① 不是主要依靠机械能,而是主要用其他能量(如电、化学、光、声、热等)去除金属材料。

② 工具硬度可以低于被加工材料的硬度。

③ 加工过程中工具和工件之间不存在显著的机械切削力。

正因为特种加工工艺具有上述特点,所以就总体而言,特种加工可以加工任何硬度、强度、韧性、脆性的金属或非金属材料,且专长于加工复杂、微细表面和低刚度零件,同时,有些方法还可用以进行超精加工,镜面光整加工和纳米级(原子级)加工。

我国的特种加工技术起步较早。50年代中期我国工厂中已设计研制出电火花穿孔机床、电火花表面强化机,中国科学院电工研究所、原机械工业部机床研究所、原航空工业部625研究所、哈尔滨工业大学、原大连工学院等相继成立电加工研究室和开展电火花加工的科研工作。50年代末,营口电火花机床厂开始成批生产电火花强化机和电火花机床,成为我国第一家电加工机床专业生产厂。以后上海第八机床厂等也专业生产电火花加工机床。

60年代初,中国科学院电工研究所研制成功我国第一台靠模仿形电火花线切割机床。这是我国电火花线切割加工的“春燕”。60年代末上海电表厂张维良工程师在阳极—机械切割的基础上发明出我国独创的高速走丝线切割机床,上海复旦大学研制出电火花线切割数控系统。从此如雨后春笋一般,电火花、线切割加工技术在我国迅速发展。

1979年我国成立了全国性的电加工学会。1981年我国高校间成立了特种加工教学研究会。这对电加工和特种加工的普及和提高起了很大的促进作用。由于我国幅员辽阔,人口众多,在工业化过程中,对特种加工技术既有广大的社会需求,又有巨大的发展潜力。1997年我国电火花穿孔、成型机床的年产量大于1000台,电火花数控线切割机床的年产量超过3800台,其他电加工机床在200台以上。已有50多个电加工机床生产企业,电加工、特种加工机床总拥有量也居世界的前列。我国已有多名科技人员获电火花、线切割、超声波、电化学加工等八项国家级发明奖。但是由于我国原有的工业基础薄弱,特种加工设备和整体技术水平与国际先进水平还有不少差距,高档电加工机床每年还从国外进口300台以上,有待我们继续努力。

8.1.2 特种加工的分类

特种加工的分类还没有明确的规定,一般按能量来源和作用形式以及加工原理可分为表8-1所示的形式。在发展过程中也形成了某些介于常规机械加工和特种加工工艺之间的过渡性工艺。例如,在切削过程中引入超声振动或低频振动切削,在切削过程中通以低电压大电流的导电切削、加热切削以及低温切削等。这些加工方法是在切削加工的基础上发展起来的,目的是改善切削的条件,基本上还属于切削加工。

在特种加工范围内还有一些属于减小表面粗糙度值或改善表面性能的工艺,前者如电解抛光、化学抛光、离子束抛光等,后者如电火花表面强化、镀覆、刻字,激光表面处理、改性,电子束曝光,离子束注入掺杂等。

随着半导体大规模集成电路生产发展的需要，上述提到的电子束、离子束加工，就是近年来提出的超精微加工，即所谓原子、分子单位的加工方法。

此外，还有一些不属于尺寸加工的特种加工，如液中放电成形加工、电磁成形加工、爆炸成形加工及放电烧结等等。

表 8－1　常用特种加工方法分类表

特种加工方法		能量来源及形式	作用原理	英文缩写
电火花加工	电火花成形加工	电能、热能	熔化、气化	EDM
	电火花线切割加工	电能、热能	熔化、气化	WEDM
电化学加工	电解加工	电化学能	金属离子阳极溶解	ECM(ELM)
	电解磨削	电化学、机械能	阳极溶解、磨削	EGM(ECG)
	电解研磨	电化学、机械能	阳极溶解、研磨	ECH
	电铸	电化学能	金属离子阴极沉积	EFM
	涂镀	电化学能	金属离子阴极沉积	EPM
激光加工	激光切割、打孔	光能、热能	熔化、气化	LBM
	激光打标记	光能、热能	熔化、气化	LBM
	激光处理、表面改性	光能、热能	熔化、相变	LBT
电子束加工	切割、打孔、焊接	电能、热能	熔化、气化	EBM
离子束加工	蚀刻、镀覆、注入	电能、动能	原子撞击	IBM
等离子弧加工	切割(喷镀)	电能、热能	熔化、气化(涂覆)	PAM
超声加工	切割、打孔、雕刻	声能、机械能	磨料高频撞击	USM
化学加工	化学铣削	化学能	腐蚀	CHM
	化学抛光	化学能	腐蚀	CHP
	光刻	光、化学能	光化学腐蚀	PCM

8.1.3　特种加工对材料可加工性和结构工艺性等的影响

由于上述各种特种加工工艺的特点以及逐渐广泛的应用，引起了机械制造工艺技术领域内的许多变革，例如材料的可加工性、工艺路线的安排、新产品的试制过程、产品零件设计的结构和零件结构工艺性好坏的衡量标准等产生了一系列的影响。

① 提高了材料的可加工性：以往认为金刚石、硬质合金、淬火钢、石英、玻璃、陶瓷等是很难加工的。现在已经广泛采用金刚石、聚晶(人造)金刚石制造的刀具、工具、拉丝模具，可以用电火花、电解、激光等多种方法来加工它们。材料的可加工性不再与硬度、强度、韧性、脆性等成直接、正比关系，对电火花、线切割加工而言，淬火钢比未淬火钢更易加工。

② 改变了零件的典型工艺路线：以往除磨削外，其他切削加工、成形加工等都必须安排在淬火热处理工序之前，这是一切工艺人员决不可违反的工艺准则。特种加工的出现，改变了这种一成不变的程序格式。由于它基本上不受工件硬度的影响，而且为了免除加工后再引起淬

火热处理变形，一般都先淬火而后加工。最为典型的是电火花线切割加工、电火花成形加工和电解加工等都必须先淬火，后加工。

特种加工的出现还对工序的“分散”和“集中”引起了影响。以加工齿轮、连杆等型腔锻模为例，由于特种加工时没有显著的切削力，机床、夹具、工具的强度、刚度不是主要矛盾。因此，即使是较大的、复杂的加工表面，往往宁可用一个复杂工具、简单的运动轨迹、一次安装、一道工序加工出来。这样做工序比较集中。

③ 方便了新产品开发：试制新产品时，采用光电，数控电火花线切割，可以直接加工出各种标准和非标准直齿轮（包括非圆齿轮，非渐开线齿轮）、微电机定子、转子硅钢片，各种变压器铁心，各种特殊、复杂的二次曲面体零件。这样可以省去设计和制造相应的刀具、夹具、量具、模具及二次工具，大大缩短了试制周期。

④ 对产品零件的结构设计带来很大的影响：例如，花键孔、轴，枪炮膛线的齿根部分，从设计角度为了减少应力集中，最好做成小圆角，但拉削加工时刀齿做成圆角对排屑不利，容易磨损，刀齿只能设计与制造成清棱清角的齿根，而用电解加工时由于存在尖角变圆现象，非采用小圆角的齿根不可。又如各种复杂冲模如山形硅钢片冲模，过去由于不易制造，往往采用拼镶结构，采用电火花、线切割加工后，即使是硬质合金的模具或刀具，也可做成整体结构。喷气发动机涡轮也由于电加工而可采用整体结构。

⑤ 对传统的结构工艺性的好与坏需要重新衡量：过去对方孔、小孔、弯孔、窄缝等被认为是工艺性很“坏”的典型，对工艺、设计人员是非常“忌讳”的，有的甚至是“禁区”。特种加工的采用改变了这种现象。对于电火花穿孔，电火花线切割工艺来说，加工方孔和加工圆孔的难易程度是一样的。喷油嘴小孔，喷丝头小异形孔，涡轮叶片大量的小冷却深孔，窄缝，静压轴承、静压导轨的内油囊型腔，采用电加工后变难为易了。过去淬火前忘了钻定位销孔、铣槽等工艺，淬火后这种工件只能报废，现在则大可不必，可用电火花打孔、切槽进行补救。相反有时为了避免淬火开裂、变形等影响，故意把钻孔、开槽等工艺安排在淬火之后，这在不了解特种加工的审查人员看来，将认为是工艺、设计人员的“过错”，其实是他们没有及时进行知识更新，不了解特种工艺的产生和发展使这种工艺安排成为可能，因而灵活性更大了。

8.2　电火花线切割加工

电火花线切割加工（wire cut EDM，WEDM）是在电火花加工基础上于上个世纪 50 年代末最早在前苏联发展起来的一种新的工艺形式，是用线状电极（钼丝或铜丝）靠火花放电对工件进行切割，故称为电火花线切割，简称线切割。它已获得广泛的应用，目前国内外的线切割机床已占电加工机床的 60%以上。

8.2.1　电火花线切割加工原理、特点及应用范围

1. 线切割加工的原理

电火花线切割的基本原理是利用移动的细金属导线（铜丝或钼丝）作电极，对工件进行脉冲火花放电、切割成形。根据电极丝的运行速度，电火花线切割机床通常分为两大类：一类是高速走丝电火花线切割机床（WEDM—HS），这类机床的电极丝作高速往复运动，一般走丝速度为 8～10 m/s，这是我国生产和使用的主要机种，也是我国独创的电火花线切割加工模式；另一类是低速走丝电火花线切割机床（WEDM—LS），这类机床的电极丝作低速单向运动，一

般走丝速度低于 0.2 m/s，这是国外生产和使用的主要机种。

图 8－1 为高速走丝电火花线切割工艺及装置的示意图。利用细钼丝 4 作工具电极进行切割，贮丝筒 7 使钼丝作正反向交替移动，加工能源由脉冲电源 3 供给。在电极丝和工件之间浇注工作液介质，工作台在水平面两个坐标方向各自按预定的控制程序，根据火花间隙状态作伺服进给移动，从而合成各种曲线轨迹，把工件切割成形。

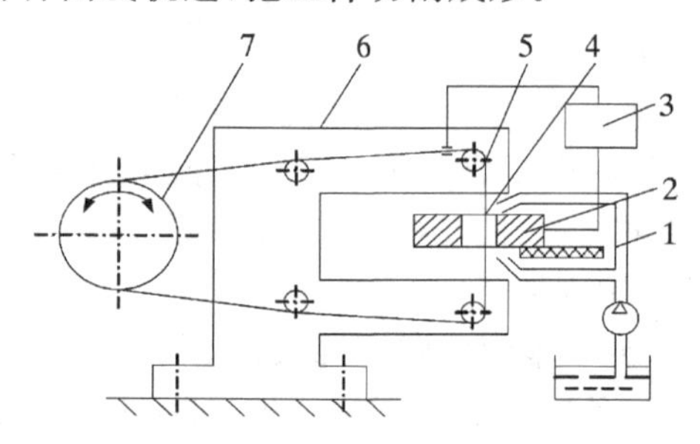

图 8－1　电火花线切割原理

1—绝缘底板；2—工件；3—脉冲电源；4—钼丝；5—导向轮；6—支架；7—贮丝筒

此外，电火花线切割机床按控制方式可分为：靠模仿型控制、光电跟踪控制、数字程序控制等，按加工尺寸范围可分为大、中、小型以及普通型与专用型等。目前国内外 95％以上的线切割机床都采用数控化，而且采用不同水平的微机数控系统，从单片机、单板机到微型计算机系统，有的还有自动编程功能。

2. 线切割加工的应用范围

线切割加工为新产品试制、精密零件加工及模具制造开辟了一条新的工艺途径，主要应用于以下几个方面。

① 模具加工：适用于各种形状的冲模。调整不同的间隙补偿量，只需一次编程就可以切割凸模、凸模固定板、凹模及卸料板等。模具配合间隙、加工精度通常都能达到要求。此外，还可加工挤压模、粉末冶金模、弯曲摸、塑压摸等通常带锥度的模具。

② 加工电火花成形电极：一般穿孔加工用的电极以及带锥度型腔加工用的电极，以及铜钨、银钨合金之类的电极材料，用线切割加工特别经济，同时也适用于加工微细复杂形状的电极。

③ 零件加工：在试制新产品时，用线切割在坯料上直接割出零件，例如试制切割特殊微电机硅钢片定、转子铁心，由于不需另行制造模具，可大大缩短制造周期、降低成本。另外修改设计、变更加工程序比较方便，加工薄件时还可多片叠在一起加工。在零件制造方面，可用于加工品种多，数量少的零件，特殊难加工材料的零件，材料试验样件，各种型孔、特殊齿轮、凸轮、样板、成型刀具。同时还可进行微细加工，异形槽加工等。

8.2.2　电火花线切割控制系统和编程技术

1. 线切割控制系统

控制系统是进行电火花线切割加工的重要环节。控制系统的稳定性、可靠性、控制精度及自动化程度都直接影响到加工工艺指标和工人的劳动强度。

控制系统的主要作用是在电火花线切割加工过程中，按加工要求自动控制电极丝相对工件的运动轨迹和进给速度，来实现对工件的形状和尺寸加工。亦即当控制系统使电极丝相对于工件按一定轨迹运动时，同时还应该实现进给速度的自动控制，以维持正常的稳定切割加工。后者是根据放电间隙大小与放电状态自动控制的，使进给速度与工件材料的蚀除速度相平衡。

电火花线切割机床控制系统的具体功能包括：

① 轨迹控制：即精确控制电极丝相对于工件的运动轨迹，以获得所需的形状和尺寸。

② 加工控制：主要包括对伺服进给速度、电源装置、走丝机构、工作液系统以及其他的机床操作控制。此外，失效、安全控制及自诊断功能也是一个重要的方面。

电火花线切割机床的轨迹控制系统曾经历过靠模仿形控制、光电跟踪仿形控制，现在已普遍采用数字程序控制，并已发展到微型计算机直接控制阶段。数字程序控制（NC 控制）电火花线切割的控制原理是把图样上工件的形状和尺寸编制成程序指令，一般通过键盘或使用穿孔纸带或磁带，输给电子计算机，计算机根据输入指令控制驱动电动机，由驱动电机带动精密丝杠，使工件相对于电极丝作轨迹运动。图 8-2 所示为数字程序控制过程框图。

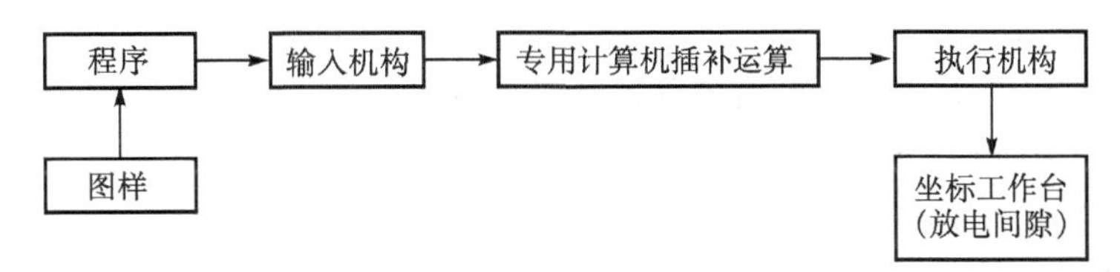

图 8-2　数字程序控制过程框图

数字程序控制方式与靠模仿形和光电跟踪仿形控制不同，它无需制作精密的模板或描绘精确的放大图，而是根据图样形状尺寸，经编程后用计算机进行直接控制加工。因此，只要计算机的运算控制精度比较高，就可以加工出高精度的零件，而且生产准备时间短，机床占地面积少。目前高速走丝电火花线切割机床的数控系统大多采用较简单的步进电动机开环系统，而低速走丝线切割机床的数控系统则大多是伺服电动机加码盘的半闭环系统，仅在一些少量的超精密线切割机床上采用了伺服电动机加磁尺或光栅的全闭环数控系统。

(1) 轨迹控制原理

常见的工程图形都可分解为直线和圆弧或及其组合。用数字控制技术来控制直线和圆弧轨迹的方法，有逐点比较法、数字积分法、矢量判别法和最小偏差法等等。每种插补方法各有其特点。高速走丝数控线切割大多采用简单易行的逐点比较法。目前的线切割数控系统；X、Y 两个方向不能同时进给，只能按直线的斜度或圆弧的曲率来交替地一步一个微米地分步“插补”进给。采用逐点比较法时，X 或 Y 每进给一步，每次插补过程都要进行以下 4 个节拍：

第一拍：偏差判别。判别加工坐标点对规定几何轨迹的偏离位置，然后决定拖板的走向。一般用 F 代表偏差值，$F=0$，表示加工点恰好在线（轨迹）上。$F>0$，加工点在线的上方或左方，$F<0$，加工点在线的下方或右方，以此来决定第二拍进给的轴向和方向。

第二拍：进给。根据 F 值控制某坐标工作台沿 $+X$ 向或 $-X$ 向；或 $+Y$ 向或 $-Y$ 向进给一步，向规定的轨迹靠拢，缩小偏差。

第三拍：偏差计算。按照偏差计算公式，计算进给一步后新的坐标点对规定轨迹的偏差 F 值，作为下一步判别走向的依据。

第四拍：终点判断。根据计数长度判断是否到达程序规定的加工终点，若到达终点，则停止插补，否则再回到第一拍。如此不断地重复上述循环过程，就能加工出所要求的轨迹和轮廓形状。

在用单片机或单板机构成的线切割数控系统中，进给的快慢，决定于放电间隙、采样变频电路得来的进给脉冲信号，用它向 CPU 申请中断，CPU 每接受一次中断申请，就进行上述 4 个节拍运行一个循环，决定 X 或 Y 方向进给一步，然后通过并行 I/O 接口芯片，驱动步进电动机带动工作台进给 1 μm。

(2)加工控制功能

线切割加工控制和自动化操作方面的功能很多，并有不断增强的趋势，这对节省准备工作量、提高加工质量很有好处，主要有下列几种：

① 进给控制：能根据加工间隙的平均电压或放电状态的变化，通过取样、变频电路，不定期地向计算机发出中断申请，自动调整伺服进给速度，保持某一平均放电间隙，使加工稳定，提高切割速度和加工精度。

② 短路回退：经常记忆电极丝经过的路线。发生短路时，改变加工条件并沿原来的轨迹快速后退，消除短路，防止断丝。

③ 间隙补偿：线切割加工数控系统所控制的是电极丝中心移动的轨迹。因此，加工有配合间隙冲模的凸模时，电极丝中心轨迹应向原图形之外偏移进行“间隙补偿”，以补偿放电间隙和电极丝的半径，加工凹模时，电极丝中心轨迹应向图形之内“间隙补偿”。

④ 图形的缩放、旋转和平移：利用图形的任意缩放功能可以加工出任意比例的相似图形；利用任意角度的旋转功能可使齿轮、电机定转子等零件的编程大大简化；而平移功能则极大地简化了跳步模具的编程。

⑤ 适应控制：在工件厚度变化的场合，改变规准之后，能自动改变预置进给速度或电参数(包括加工电流、脉冲宽度、间隔)，不用人工调节就能自动进行高效率、高精度的加工。

⑥ 自动找中心：使孔中的电极丝自动找正后停止在孔中心处。

⑦ 信息显示：可动态显示程序号、计数长度等轨迹参数，较完善地采用 CRT 屏幕显示，还可以显示电规准参数和切割轨迹图形等。

此外，线切割加工控制系统还具有故障安全和自诊断等功能。

2. 线切割数控编程

线切割机床的控制系统是按照人的“命令”去控制机床加工的。因此必须事先把要切割的图形，用机器所能接受的“语言”编排好“命令”，并告诉控制系统。这项工作叫做数控线切割编程，简称编程。

为了便于机器接受“命令”，必须按照一定的格式来编制线切割机床的数控程序。目前高速走丝线切割机床一般采用 3B(个别扩充为 4B 或 5B)格式，而低速走丝线切割机床通常采用国际上通用的 ISO(国际标准化组织)或 EIA(美国电子工业协会)格式。为了便于国际交流和标准化，电加工学会和特种加工行业协会建议我国生产的线切割控制系统逐步采用 ISO 代码。

(1)自动编程原理

数控线切割编程，是根据图样提供的数据，经过分析和计算，编写出线切割机床能接受的程序单。数控编程可分为人工编程和自动编程两类。人工编程采用各种数学方法，使用一般的计算工具(包括电子计算器)，人工地对编程所需的数据进行处理和运算。通常是根据图纸把图形分割成直线段和圆弧段，并且把每段的起点、终点、中心线的交点、切点的坐标一一定出，按这些直线的起点、终点，圆弧的中心、半径、起点、终点坐标进行编程。当零件的形状复杂或具有非圆曲线时，人工编程的工作量大，并容易出错。在人工编程技术领域内，已出现了多种方法：三角法、解析法、增量法、表格法、六边形法、求点算式法、轨迹法、几何法、典型化法等。

为了简化编程工作，利用电子计算机进行自动编程是必然趋势。自动编程使用专用的数控语言及各种输入手段，向计算机输入必要的形状和尺寸数据，利用专门的应用软件即可求得各交、切点坐标及编写数控加工程序所需的数据，编写出数控加工程序，并可由打印机列出加工程序单，由穿孔机穿出数控纸带。即使是数学知识不多的人也照样能简单地进行这项工作。

为了把图样中的信息和加工路线输入计算机，要利用一定的自动编程语言（数控语言）来表达，构成源程序。源程序输入后，必要的处理和计算工作则依靠应用软件（针对数控语言的编译程序）来实现。自动编程的过程如图 8－3 所示。

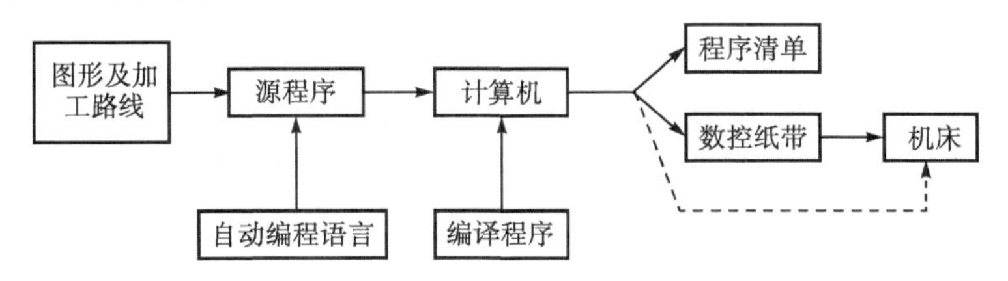

图 8－3　自动编程过程

一般说来，数控自动编程语言的处理程序主要分为两部分：

• 主处理程序：包括编译部分和计算部分，可把数控语言编写的源程序转化为由机器指令组成的目标程序，并根据图形和加工路线进行必要的计算。

• 后置处理程序：将计算结果变换为数控机床的运动或者控制专门功能的部分。对于不同的数控装置有其不同的程序段指令格式，因此这段程序应针对特定的数控机床。

为了既满足进出口机床的需要，又符合国内多数线切割机床的要求，近来已出现了可输出三种格式（1SO、EIA 和 3B）的自动编程机。

目前自动编程用的计算机以微型机为主，功能简单的编程也可在袖珍计算器上实现。

（2）数控编程语言

自动编程中的应用软件（编译程序）是针对数控编程语言开发的，所以研制合适的语言系统是重要的先决条件。从 70 年代初起，我国研制了多种自动编程软件（包括数控语言和相应的编译程序），如 XY、SKX－1、SXZ－1、SB－2、SKG、XCY－1、SKY、CDL、TPT 等。通常经后置处理可按需要显示或打印出 3B（或 4B、5B 扩展型）格式的程序清单，或由穿孔机制出数控纸带。在国际上主要采用 APT 数控编程语言，但一般根据线切割机床控制的具体要求作了适当简化，使语言表达更为简单、直观、便于掌握，输出的程序格式为 ISO 或 EIA。

（3）自动编程机的主要功能

① 处理直线、圆弧、非圆曲线和列表曲线所组成的图形。

② 能以相对坐标和绝对坐标编程。

③ 能进行图形旋转、平移、对称（镜像）、比例缩放、加线径补偿量、偏移、加过渡圆和倒角等。

④ 操作方便，常采用提示的“菜单”加人机对话方式，屏幕编辑功能强，可显示输入的加工程序和进行增、删、改。

⑤ 输出方式多，CRT 显示、打印图表、绘图机作图、穿孔纸带、存入磁盘、直接输入线切割机床等。

值得指出，在一些 CNC 线切割机床上，本身已具有多种自动编程机的功能，或做到控制机与编程机合二为一，在控制加工的同时，可以“脱机”进行自动编程。例如在国外的低速走丝线切割机床及近来我国生产的一些高速走丝线切割机都有类似的功能。

为了使编程人员免除记忆枯燥繁琐的编程语言等麻烦，我国科技人员开发出了绘图式编程技术，只需根据待加工的零件图按照机械作图的步骤，在计算机屏幕上绘出零件图形，计算机内部的软件即可自动转换成3B或ISO代码线切割程序，非常简捷方便。

对一些毛笔字体或熊猫、大象等工艺美术品复杂曲线图案的编程，可以用数字化仪靠描图法把图形直接输入计算机，或用扫描仪直接对图形扫描输入计算机，再经内部的软件处理，编译成线切割程序。

3. 影响线切割工艺指标的因素

(1)线切割加工的主要工艺指标

① 切割速度。

在保持一定的表面粗糙度的切割过程中，单位时间内电极丝中心线在工件上切过的面积总和称为切割速度，单位为 mm^2/min。最高切割速度是指在不计切割方向和表面粗糙度等条件下，所能达到的切割速度。通常高速走丝线切割速度为 40～80 mm^2/min，它与加工电流大小有关，为比较不同输出电流脉冲电源的切割效果，将每安培电流的切割速度称为切割效率，一般切割效率为 20 $mm^2/(min \cdot A)$。

② 表面粗糙度。

和电火花加工表面粗糙度一样，我国和欧洲常用轮廓算术平均偏差 Ra(μm)来表示，而日本常用 R_{max}(μm)来表示。高速走丝线切割一般的表面粗糙度 Ra 为 5～2.5 μm，最佳也只有 1 μm 左右。低速走丝线切割一般的表面粗糙度 Ra 可达 1.25 μm，最佳可达 0.2 μm。

③ 电极丝损耗量。

对高速走丝机床，用电极丝在切割 10000 mm^2 面积后电极丝直径的减少量来表示。一般每切割 10000 mm^2 后，钼丝直径减小不应大于 0.01 mm。

④ 加工精度。

加工精度是指所加工工件的尺寸精度、形状精度(如直线度、平面度、圆度等)和位置精度(如平行度、垂直度、倾斜度等)的总称。快速走丝线切割的可控加工精度在 0.01～0.02 mm 左右，低速走丝线切割可达 0.005～0.002 μm 左右。

(2) 电参数的影响

① 脉冲宽度 t_i。

通常 t_i 加大时加工速度提高而表面粗糙度变差。一般 $t_i=2\sim60$ μs，在分组脉冲及光整加工时，t_i 可小至 0.5 μs 以下。

② 脉冲间隔 t_0。

t_0 减小时平均电流增大，切割速度加快，但 t_0 不能过小，以免引起电弧和断丝。一般取 $t_0=(4\sim8)t_i$。在刚切入或大厚度加工时，应取较大的 t_0 值。

③ 开路电压 $\hat{u}_i$。

该值会引起放电峰值电流和电加工间隙的改变。$\hat{u}_i$ 提高，加工间隙增大，排屑变易，提高了切割速度和加工稳定性，但易造成电极丝振动，通常 $\hat{u}_i$ 的提高还会使丝损加大。

④ 放电峰值电流 $\hat{i}_e$。

$\hat{i}_e$ 是决定单脉冲能量的主要因素之一。$\hat{i}_e$ 增大时，切割速度提高，表面粗糙度变差，电极丝损耗加大甚至断丝。一般 $\hat{i}_e$ 小于 40 A，平均电流小于 5 A。低速走丝线切割加工时，因脉宽很窄，电极丝又较粗，故有时大于 50 A。

⑤ 放电波形。

在相同的工艺条件下，高频分组脉冲常常能获得较好的加工效果。电流波形的前沿上升比较缓慢时，电极丝损耗较少。不过当脉宽很窄时，必须要有陡的前沿才能进行有效的加工。

（3）非电参数的影响

① 电极丝及其移动速度对工艺指标的影响。

对于高速走丝线切割，广泛采用 ϕ0.06～0.20 mm 的钼丝，因它耐损耗、抗拉强度高、丝质不易变脆且较少断丝。提高电极丝的张力可减轻丝振的影响，从而提高精度和切割速度。丝张力的波动对加工稳定性影响很大，产生波动的原因是：电极丝在卷丝筒上缠绕松紧不均；正反运动时张力不一样；工作一段时间后电极丝伸长、张力下降。采用恒张力装置可以在一定程度上改善丝张力的波动。电极丝的直径决定了切缝宽度和允许的峰值电流。最高切割速度一般都是用较粗的丝实现的。在切割小模数齿轮等复杂零件时，采用细丝才能获得精细的形状和很小的圆角半径。随着走丝速度的提高，在一定范围内，加工速度也提高了。提高走丝速度有利于电极丝把工作液带入较大厚度的工件放电间隙中，有利于电蚀产物的排除和放电加工的稳定。但走丝速度过高，将加大机械振动、降低精度和切割速度，表面粗糙度也恶化，并易造成断丝，一般以小于 10 m/s 为宜。低速走丝线切割机床，电极丝的材料和直径有较大的选择范围。高生产率时可用 0.3 mm 以下的镀锌黄铜丝，允许较大的峰值电流和气化爆炸力。精微加工时可用 0.03 mm 以上的钼丝。由于电极丝张力均匀，振动较小，所以加工稳定性、表面粗糙度、精度指标等均较好。

② 工件厚度及材料对工艺指标的影响。

工件材料薄，工作液容易进入并充满放电间隙，对排屑和消电离有利，加工稳定性好。但工件太薄，电极丝易产生抖动，对加工精度和表面粗糙度不利。工件厚，工作液难以进入和充满放电间隙，加工稳定性差，但电极丝不易抖动，因此精度较高，表面粗糙度值较小。切割速度（指单位时间内切割的面积，单位为 mm^2/min）起先随厚度的增加而增加，达到某一最大值（一般为 50～100 mm）后开始下降，这是因为厚度过大时，排屑条件变差。

工件材料不同，其熔点、气化点、热导率等都不一样，因而加工效果也不同。加工铜、铝、淬火钢时，加工过程稳定，切割速度高；加工不锈钢、磁钢、未淬火高碳钢时，稳定性较差，切割速度较低，表面质量不太好；加工硬质合金时，比较稳定，切割速度较低，表面粗糙度值小。

③ 预置进给速度对工艺指标的影响。

预置进给速度（指进给速度的调节）对切割速度、加工精度和表面质量的影响很大。因此应调节预置进给速度紧密跟踪工件蚀除速度，保持加工间隙恒定在最佳值上。这样可使有效放电状态的比例大，而开路和短路的比例少，使切割速度达到给定加工条件下的最大值，相应的加工精度和表面质量也好。如果预置进给速度调得太快，超过工件可能的蚀除速度，会出现频繁的短路现象，切割速度反而低（欲速则不达），表面粗糙度也差，上下端面切缝呈焦黄色，甚至可能断丝；反之，进给速度调得太慢，大大落后于工件的蚀除速度，极间将偏于开路，有时会时而开路时而短路，上下端面切缝发焦黄色。这两种情况都大大影响工艺指标。因此，应按电压表、电流表调节进给旋钮，使表针稳定不动，此时进给速度均匀、平稳，是线切割加工速度和表面粗糙度均好的最佳状态。

此外，机械部分精度（例如导轨、轴承、导轮等磨损、传动误差）和工作液（种类、浓度及其脏污程度)都会对加工效果产生相当的影响。当导轮、轴承偏摆,工作液上下冲水不均匀,会使加工表面产生上下凹凸相间的条纹,恶化工艺指标。

本教材以苏州三光科技有限公司生产的电火花线切割设备为例。该设备包括 BKDC 电火花线切割机床控制机和 DK7725e 电火花线切割机床。下面分别介绍这两大部分。

4. BKDC 电火花线切割机床控制机

BKDC 快速走丝线切割控制机是通用线切割控制机,外形美观大方,设计时以操作者为中心,因而给操作和维修带来极大的方便。图 8-4 是 BKDC 控制机的外形图。

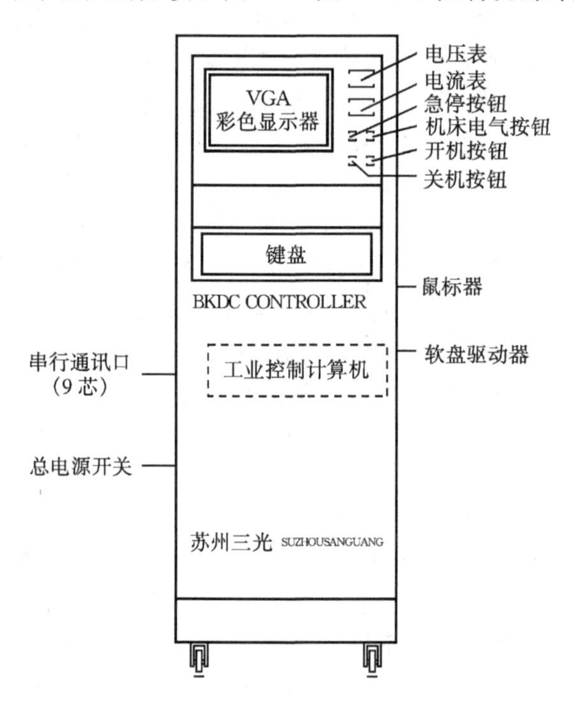

图 8-4　BKDC 控制机外形图

BKDC 控制机的菜单采用树状结构,从上往下,最上层是系统主菜单,系统主菜单如图 8-5所示,测试/电源菜单如图 8-6 所示。

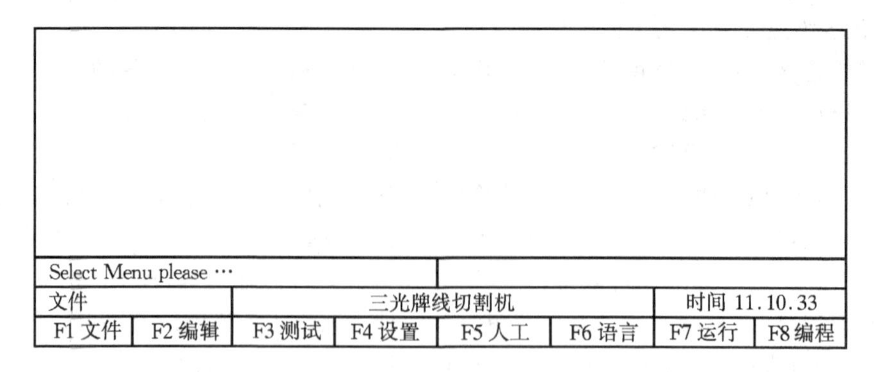

图 8-5　主菜单

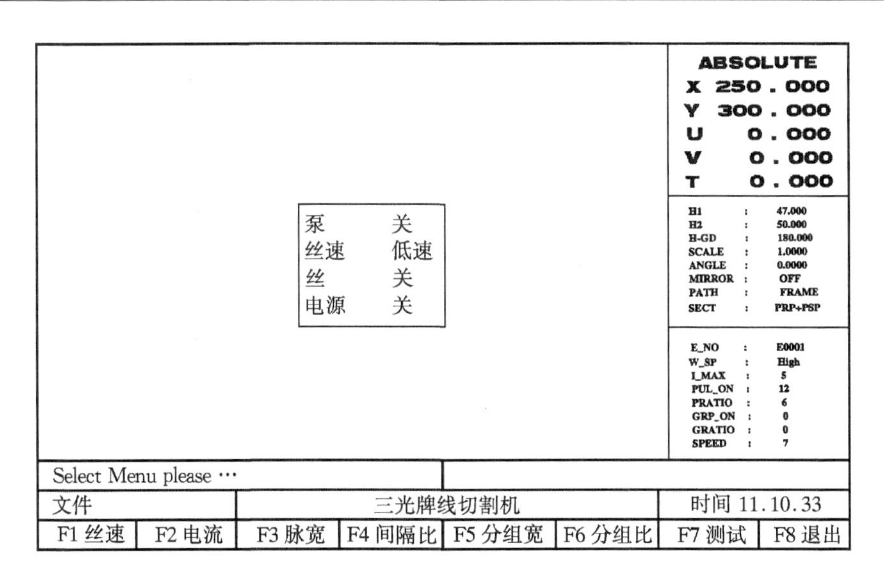

图 8－6　测试\电源菜单

5. DK7725e 型电火花线切割机床

机床外形图如图 8－7 所示。

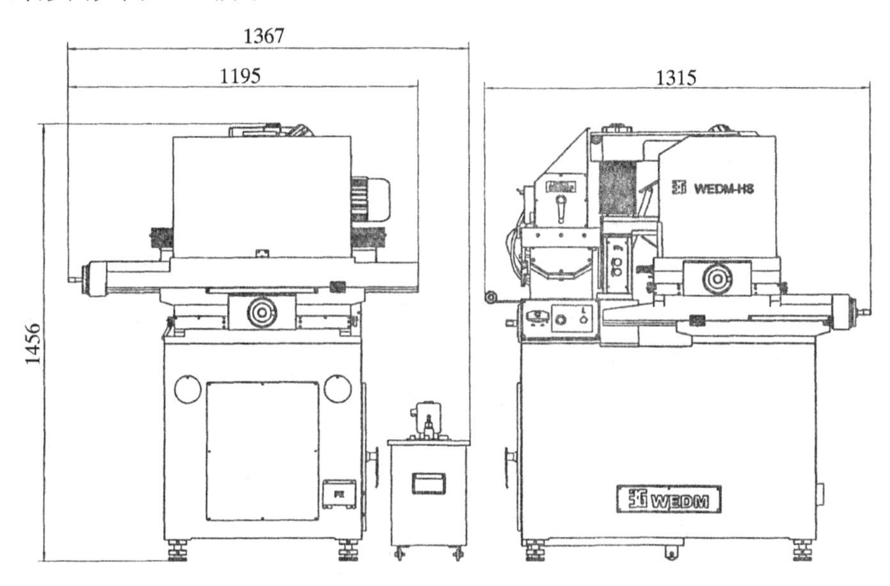

图 8－7　机床外形图

DK7725e 型电火花线切割机床是采用金属丝(通常叫电极丝)作为工具(电极)，在脉冲电源作用下，利用液体介质被击穿后形成电火花放电时，在火花通道中瞬间产生大量的热，使工件表面的金属局部熔化甚至气化，加上液体介质的共同作用而使金属被蚀除下来的原理，由 CNC 控制，使电极丝按预定的轨迹进行切割加工。

其中机床机械部分包括床身、运丝系统、坐标工作台、工作液箱四部分。床身支承着运丝系统和座标工作台；运丝系统由运丝机构和线架两部分组成，运丝机构中的贮丝筒由一只交流电机带动作正反向转动，从而使绕在贮丝筒和线架之间的电极丝以一定速度作往返运动，贮丝筒拖板有限位开关保护。坐标工作台台面上装有固定工件的夹具体，坐标工作台两拖板（X、Y）的丝杠分别由两只步进电机带动，任一拖板超出行程范围时，由行程开关动作，致使两拖板停止运动。变频系统每发出一个脉冲信号，步进电机带动工作台拖板（X、Y）或线架拖板（U、V）移动 0.001 mm。移动速度由变频控制，移动轨迹由微型计算机给定。脉冲电源是进行线电极切割的能源，变频进给系统是将反映火花间隙大小及物理状态的信号变成某种频率的脉冲，通过步进电机实现电极丝相对工件的运动。

斜度加工的方法是：工作台按规定轨迹移动的同时，电极丝按一定斜度方向倾斜，两个运动的合成即能进行斜度加工。

运丝系统基本框架如图 8－8 所示。

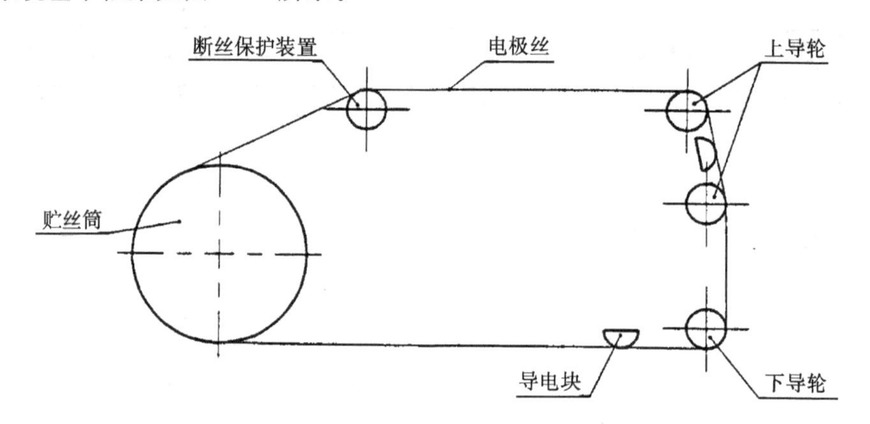

图 8－8　运丝系统

6. WAP－2000 线切割编程系统

WAP－2000 系统是由 CAXA 为苏州三光科技有限公司专门开发的线切割自动编程系统，它是面向线切割加工行业的计算机辅助自动编程工具软件。它可以为各种线切割机床提供快速、高效率、高品质的数控编程代码，极大地简化了数控编程人员的工作。并且对于在传统编程方式下很难完成的工作，它都可以快速、准确地完成。

WAP－2000 采用图形交互方法进行线切割编程，直观、方便，具有丰富完备的 CAD 功能。可以生成相应的图形，并对该图形进行自动编程，自动生成切割轨迹并输出 G 代码和 3B 代码，通过代码反读还可以将已经存在的 G 代码和 3B 代码用图形方式显示出来，已校验代码的正确性。另外，WAP－2000 系统还提供了仿真功能，可以模拟切割过程。

（1）轨迹生成

加工轨迹是加工过程中切削的实际路径。轨迹的生成是在已经构造好的轮廓的基础上，结合加工工艺，给出确定的加工方法和加工条件，由计算机自动计算出加工轨迹。

以下主要介绍线切割加工轨迹的生成方法。用户将鼠标指针移动到屏幕右侧的系统模块菜单区中间两排图标上，当鼠标停留在第二排左边第一个图标上一段时间，则会在相应位置弹出一个亮黄底色的提示条："切割轨迹生成"。用左键点取该模块图标后，系统在功能菜单区弹出其子功能的菜单，如图 8－9 所示。

图 8 - 9　轨迹生成子菜单

具体操作步骤：

① 用鼠标左键点取“轨迹生成”菜单条，系统弹出如图 8 - 10 所示的对话框，此对话框是一个需要用户填写的参数表。各种参数的含义和填写方法如下所述。

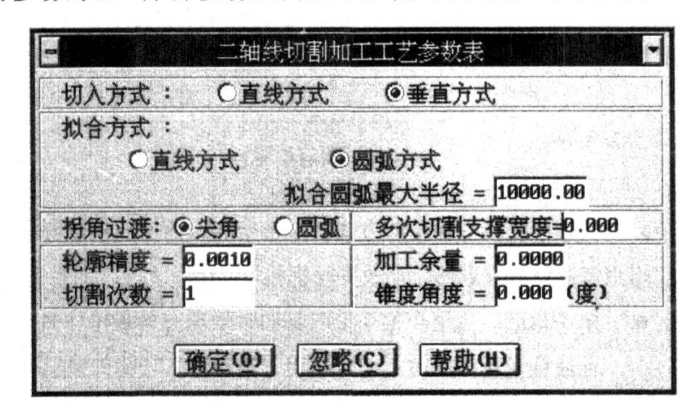

图 8 - 10　加工工艺参数表

• 切割次数：生成的加工轨迹的行数。

• 加工余量：给轮廓留出的加工预留量。

• 轮廓精度：对由样条曲线组成的轮廓，系统将按给定的误差把样条离散成多条线段，用户可按需要来控制加工的精度。

• 锥度角度：做锥度加工时，丝倾斜的角度。系统规定，当输入的锥度角度为正值时，采用左锥度加工；当输入的锥度角度为负值时，采用右锥度加工。

• 多次切割支撑宽度：进行多次切割时，指定每行轨迹的始末点间保留的一段没切割的部分的宽度。

注意：本系统不支持带锥度的多次切割。

② 按对话框中的“确定”按钮后，依参数表里确定的加工次数填写每次加工丝的偏移量。例如：当设加工次数为 2 时，弹出的立即菜单中有两个按钮，以确定每次加工的偏移量。

③ 拾取轮廓线。在确定加工的偏移量后，系统提示拾取轮廓。

拾取轮廓线可以利用曲线拾取工具菜单。当系统提示拾取轮廓线时，击空格键可弹出对应的工具菜单，其中，工具菜单提供三种拾取方式：单个拾取、链拾取和限制链拾取。另外，用户可通过拾取取消功能改变轮廓拾取。

• 单个拾取：需用户挨个拾取需同时处理的各条轮廓曲线。适合于曲线数量不多同时不适合使用“链拾取”功能的情形。

• 链拾取：需用户指定起始曲线及链搜索方向，系统按起始曲线及搜索方向自动寻找所有首尾相接的曲线。适合于需批量处理的曲线数目较多同时无两根以上曲线搭接在一起的情形。

• 限制链拾取:需用户指定起始曲线、搜索方向和限制曲线,系统按起始曲线及搜索方向自动寻找首尾相接的曲线至指定的限制曲线。适用于避开有两根或两根以上曲线搭接在一起的情形,从而正确拾取所需的曲线。

• 拾取取消:在拾取轮廓的过程中,用户可通过此功能取消掉最近拾取的一条轮廓线。

④ 轮廓线拾取方向。当拾取第一条轮廓线后,此轮廓线变为红色的虚线。系统给出提示:选择链搜索方向。此方向表示加工方向,同时也表示拾取轮廓线的选择方向后,如果采用的是链拾取方式,则系统自动拾取首尾相接的轮廓线;如果采用单个拾取方式,则系统提示继续拾取轮廓线;如果采用限制链拾取则系统自动拾取该曲线与限制曲线之间连接的曲线。

⑤ 选择加工的侧边。当拾取完轮廓线后,系统要求选择切割侧边,即丝偏移的方向,生成加工轨迹时将按这一方向自动实现丝的补偿,补偿量即为指定的偏移量加上加工参数表里设置的加工余量。

⑥ 指定穿丝点位置及丝最终切到的位置。穿丝点的位置必须指定。加上轨迹将按要求自动生成,至此完成线切割加工轨迹的生成。

(2)轨迹仿真

功能说明:对加工切削过程进行动态或静态的仿真。以线框形式表达的丝沿着指定的加工轨迹运行一周,模拟实际加工过程中切削工件的情况。

操作说明:系统提供"连续"、"单步"和"静态"三种仿真方式。其中,在连续方式系统将完整地模拟从起切到加工结束之间的全过程,不可中断。

(3)G 代码及其生成

G 代码处理功能就是结合特定机床把系统生成的加工轨迹转化成机床代码 G 指令,生成的 G 指令可以直接输入数控机床用于加工,这是本系统的最终目的。考虑到生成程序的通用性,此软件针对不同的机床,可以设置不同的机床参数和特定的数控代码程序格式,同时还可以对生成的机床代码的正确性进行校核。

以下主要介绍线切割加工 G 代码的生成方法。用户将鼠标指针移动到屏幕右侧的系统模块菜单区中间两排图标上,当鼠标停留在第二排中间的图标上一段时间,则会在相应位置弹出一个亮黄底色的提示条:"G 代码"。用左键点取该模块图标后,系统在功能菜单区弹出其子功能的菜单。

后置生成就是按照当前机床类型的配置要求,把已经生成的加工轨迹转化生成 G 代码数据文件,即 CNC 数控程序,有了数控程序就可以直接输入机床进行数控加工。

生成 G 代码操作说明:

① 选取"生成 G 代码"功能项,则弹出一个需要用户输入文件名的对话框,要求用户填写代码程序文件名,此外系统还在信息提示区给出当前所生成的数控程序所适用的数控系统和机床系统信息,表明目前所调用的机床配置和后置设置情况。

② 输入文件名后点取"确认"键,系统提示拾取加工轨迹。当拾取到加工轨迹后,该加工轨迹变为红色线。操作者可以连续拾取多条加工轨迹,单击鼠标右键结束拾取,系统即生成数控程序。当拾取多个加工轨迹同时生成加工代码时,各轨迹之间按拾取的先后顺序自动实现跳步。与"轨迹生成"模块中的"轨迹跳步"功能相比,用这种方式实现跳步,各轨迹仍保持相互

独立，所以各轨迹当中仍可以保存不同的加工参数，比如各个轨迹可以有不同的加工锥度等。

*** 创意园地**

读者可以利用学习的线切割加工知识，设计一些有创意的图形，编程后将它们在线切割机床上加工出来。下面是几件线切割工艺加工的学生作品，供参考。

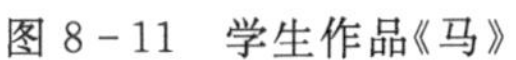

图 8-11 学生作品《马》

图 8-12 学生作品《天鹅》

图 8-13 学生作品《天使》

复习思考题

1. 什么是特种加工？特种加工有哪些应用领域？
2. 特种加工有哪些种类？各有何特点？
3. 特种加工对材料可加工性及零件结构工艺性带来了哪些影响？
4. 简述电火花线切割的基本工作原理。
5. 电火花线切割有哪些应用范围？
6. 电火花线切割加工的尺寸精度和表面粗糙度范围是多少？
7. 影响电火花线切割加工质量的工艺参数有哪些？如何正确选择？

第9章 基于项目的综合应用实例

9.1 学习要点

在基本工程训练教学中，加入以项目为载体的综合训练，能够使学生综合运用所学的机械加工技能，并通过采用项目管理的实施过程，体验现代企业产品生产流程，学习和综合应用工艺编制、成本核算、质量管理与检验等知识，有助于学生建立全面系统的工程概念，获取具体、形象的感性认识。

学习要点：

(1)了解项目管理过程与方法。

(2)了解工艺与成本的关系，掌握工艺规程编制。

(3)综合运用所学机械加工技能，进行实物零件加工，完成项目任务。

(4)了解机械制造企业的产品开发流程。

9.2 项目与项目管理

9.2.1 项目及其特征

项目是在一定时间、成本、人力资源、环境等约束条件下，为了达到特定的目标所从事的一次性任务。项目是一个动态概念，侧重于过程，可以是修建一座港口、建造一个公园，也可以是研究一项课题、开发一个新产品等。比如，手机制造企业开发具备特定功能的新型手机是一个项目，而企业进行手机生产进度安排、订购材料、管理库存、质量检验等周而复始的活动则属于常规运作。

项目具备主要特征如下。

1. 一次性

一次性是项目与其他常规运作的最大区别。项目有明确的起止时间，此之前从未发生过，将来也不会在同样条件下再度发生。

2. 独特性

每个项目的成果都有自身的特点，其时间地点、内外部环境、自然及社会条件都区别于其他项目。即使其成果可能出现某些重复的特征，也并不会改变项目所具有的独特性。

3. 目标明确性

每个项目均有明确的目标，包括时间、成果目标。项目实施过程中的各项工作都是为实现目标而进行的。

9.2.2　项目管理

项目管理是20世纪50年代在西方发达国家逐步发展起来的一种管理技术，经历了传统项目管理阶段及现代项目管理阶段，已广泛应用于军事、建筑、制造、金融等诸多行业中。通过科学的项目管理方法可以提高项目质量、缩短周期、节约资金。

项目管理是以项目及其资源为对象，通过对项目进行高效率的计划、组织、实施和控制，实现全过程动态管理和项目特定目标的管理方法。

项目的实现过程是由项目管理过程构成的，包括启动过程、规划工作过程、执行工作过程、监控工作过程和收尾工作过程。五个过程相互交叠，相互影响。

①启动过程：是指定义一个项目（或阶段）的具体工作范围，明确决策者、决策项目是否起始、是否可以向后推进的过程。

②规划工作过程：是指拟订、编制并改进项目（或阶段）的目标、工作方案、资源计划等，并从备选方案中选择最佳方案的工作过程。

③执行工作过程：是指组织、协调人员和其他资源，使项目团队按时完成既定工作计划的过程。

④监控工作过程：是指制定标准、定期监控项目进展情况，确定实际情况与计划是否存在偏差，并采取纠偏措施的活动过程。

⑤收尾工作过程：是指编制项目（或阶段）需移交的文件，使下一环节对本项目（或阶段）正式接收，本项目顺利结束的过程。

9.2.3　产品开发项目管理

产品开发是指从形成新产品构想到确定投产期间所经历的主要过程。将产品开发作为项目进行管理，可将其分为以下五个管理过程。

①启动过程，包括明确项目的具体工作目标、组建团队、确定决策者。

②规划工作过程，包括通过市场调研与相关技术分析，拟订若干技术方案，以市场为导向在备选方案中选择最佳方案。

③执行工作过程，包括产品结构设计、试制图纸发放；根据试制图纸安排样机生产，并进行小型试验研究；进一步对方案的参数进行放大或连续性试验的中试及扩大试验，如对样机进行耐久性试验；对中试成果进行现场工业应用测试。通过中试及工业应用测试对技术参数、零部件结构、产品性能、材料、工艺进行反复验证后，设计部门方可确认产品结构可靠、功能完整。在此期间财务部门完成成本估算。

④监控工作贯穿在整个执行过程中，包括定期监控项目进度，适当调整项目目标与实施计划，以及制定产品标准。

⑤收尾工作过程，是指由决策者确定目标实现、决定投产、产品移交至生产部门，至此产品开发项目完成。

产品开发项目完成、决定投产后，由生产部门进行工艺设计、工装夹具设计和技术文件准备等，由生产计划部门进行进度安排、零部件订购、生产管理、库存管理等活动，产品进入常规生产阶段。

9.3 机械加工工艺

9.3.1 工艺与成本

工艺是使各种原材料、半成品成为产品的方法和过程。同一零件通常可以采用不同的工艺方案来加工完成，工艺设计就是要在不同工艺方案中选出符合设计要求、经济高效的工艺方案，并编制工艺文件、设计工艺装备等的过程。

不同的工艺方案，直接影响着产品的制造成本。设计人员应在产品设计阶段，综合考虑制造的可行性和经济性，使设计的零件与产品在满足功能的前提下，尽可能地减少加工劳动量、提高生产效率。设计中应注意以下加工工艺性原则。

①加工精度、尺寸公差、形状公差和表面粗糙度的要求应合理，兼顾质量与成本。

②各加工表面几何形状应尽量简单，并减少加工面积。

③零件应有合理的工艺基准并尽量与设计基准一致。

④零件的结构应便于装夹、加工和测量。

⑤零件的结构应能够减少装夹次数，有相互位置要求的结构应尽量能在一次装夹中加工完成。

⑥零件的结构要素尽可能统一，并尽量使用普通设备和标准刀具进行加工。

9.3.2 工艺过程

生产过程中逐渐改变生产对象形状、尺寸、相对位置及性质，使其成为成品或半成品的过程称为工艺过程。

工艺过程是由多道工序组成的，工序包含若干安装、工位、工步和走刀。

①工序是指一个或一组工人，在一个工作地点，对同一个或同时对几个工件连续完成的那部分工艺过程。划分工序的主要依据是工作地点是否变动和工作是否连续。

②安装是指工件经一次装夹后所完成的工序。在一道工序中，工件可能被多次装夹才能完成加工。

③工位是指为了完成一定的工序，一次装夹后，工件与夹具或设备的可动部分一起相对刀具或设备的固定部分所占据的每一个位置。

④工步是指在加工表面、加工工具、切削速度和进给量均保持不变的情况下，连续完成的工序部分。

⑤走刀是指在一个工步内，如果加工余量大，可分几次切削，每切削一次为一次走刀。

9.3.3 工艺规程

规定产品或零部件制造工艺过程和操作方法等的工艺文件称为工艺规程。工艺规程是直接指导生产操作的重要技术文件，常表现为各种形式的工艺卡片、检验卡片、工艺附图等。工艺卡片内容一般包括毛坯选择、工艺路线、加工设备、加工参数和加工工时等信息。生产前的材料供应、工艺装备准备、生产组织和成本核算，都是以工艺规程为依据的。编制工艺规程时要做到正确、完整、统一，并遵守保证产品质量、提高生产效率、降低制造成本的原则，同时要注意安全生产与劳动环境良好。

1. 常用工艺规程

(1)加工工艺过程卡

加工工艺过程卡以工序为单位,简要列出整个零件加工所经过的工艺路线。它一般作为生产管理使用,不直接指导工人操作,但在单件、小批量生产中,由于不编制其他较详细的工艺文件,多配合相关工艺附图或简图以此种卡片指导生产(参见表 9-1)。

(2)加工工序卡片

加工工序卡片是针对某一道工序制订的,更详细地记载该工序的操作内容,包括工件的装夹方法、工序尺寸、使用设备、刀具等,以及每一工步的主轴转速、切削速度、进给量、进给次数等工艺参数。加工工序卡片主要用于大批量生产的产品和单件、小批量生产中的关键工序(参见表 9-2)。

2. 编制工艺规程的步骤

①收集原始资料,包括产品装配图、零件图,产品质量标准,生产纲领等。

②按照图纸分析零件技术要求、加工精度及零件结构工艺性。

③选择毛坯类型及其制作方法。

④拟定工艺路线,选择定位基准。

⑤确定各工序尺寸及公差,以及工艺装备、工艺参数和工时定额等具体内容。

⑥填写工艺文件。

3. 工序简图的绘制

在工艺卡片上附工序简图可以简单明了地指导生产操作人员进行操作。工艺简图应按如下要求制作:

- 简图应按比例缩小,用尽量少的视图表达。可以只画出与加工部位有关的局部视图,除加工面、定位面、夹紧面及主要轮廓面外,其余线条均可省略。
- 被加工表面用粗实线表示,其余均用细实线。
- 应标明本工序的工序尺寸、公差及表面粗糙度要求。
- 定位、夹紧表面应以 JB/T5601—2006 标准规定的符号标明。

下面给出常用定位、夹紧符号及标注示例。

(1)定位支撑符号(见表 9-3)

(2)辅助支承符号(见表 9-4)

(3)夹紧符号(见表 9-5)

(4)常用装置符号(见表 9-6)

表 9－1　加工工艺过程卡

	机械加工工艺过程卡片	产品型号		零件图号			
		产品名称		零件名称		共　页	第　页

材料牌号		毛坯种类		毛坯外形尺寸		每毛坯可制件数		每台件数		备注	

工序号	工序名称	工序内容	车间	工段	设备	工艺装备	工时	
							准终	单件

										设计(日期)	审核(日期)	标准化(日期)	会签(日期)	
标记	处数	更改文件号	签字	日期	标记	处数	更改文件号	签字	日期					

表 9－2　加工工序卡

	机械加工工序卡片	产品型号		零件图号			
		产品名称		零件名称		共　页	第　页

车间	工序号	工序名称	材料牌号
毛坯种类	毛坯外形尺寸	每毛坯可制件数	每台件数
设备名称	设备型号	设备编号	同时加工件数
夹具编号	夹具名称	切削液	
工位器具编号	工位器具名称	工序工时 准终	工序工时 单件

工步号	工步内容	工艺装备	主轴转速/(r/min)	切削速度/(m/min)	进给量(mm/r)	背吃刀量/mm	进给次数	工序工时 机动	工序工时 辅助

										设计(日期)	审核(日期)	标准化(日期)	会签(日期)	
标记	处数	更改文件号	签字	日期	标记	处数	更改文件号	签字	日期					

表 9－3　定位支撑符号

定位支承类型	符号			
	独立定位		联合定位	
	标注在视图轮廓线上	标注在视图正图[①]	标注在视图轮廓线上	标注在视图正面[①]
固定式			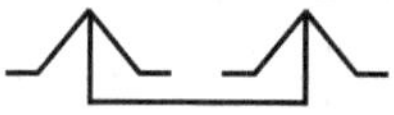	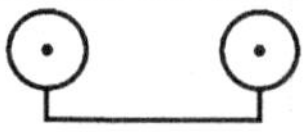
活动式			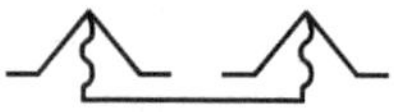	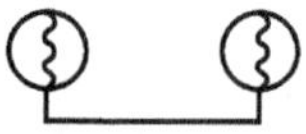

①视图正面是指观察者面对的投影面。

表 9－4　辅助支承符号

独立支承		联合支承	
标注在视图轮廓线上	标注在视图正面	标注在视图轮廓线上	标注在视图正面
		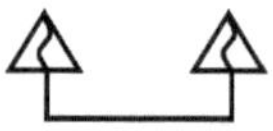	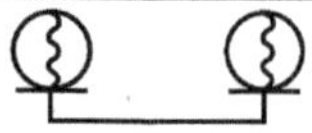

表 9－5　夹紧符号

夹紧动力源类型	符号			
	独立夹紧		联合夹紧	
	标注在视图轮廓线上	标注视图正面	标注在视图轮廓线上	标注在视图正面
手动夹紧				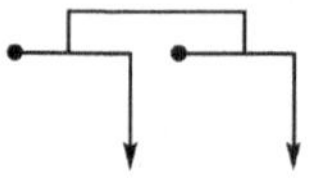
液压夹紧	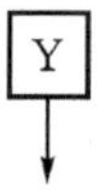 Y	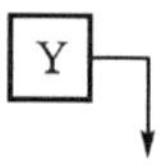 Y	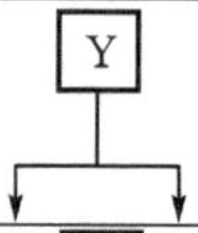 Y	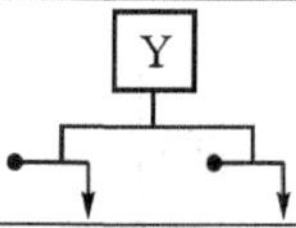 Y
气动夹紧	 Q	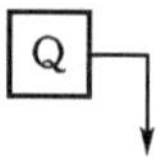 Q	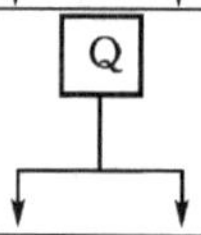 Q	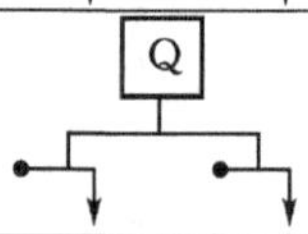 Q
电磁夹紧	 D	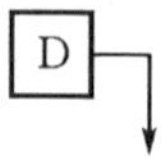 D	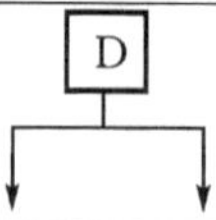 D	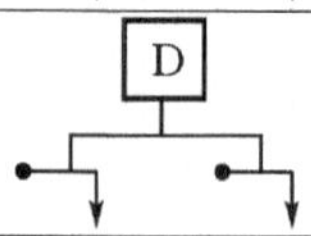 D

表9-6 常用装置符号

序号	符号	名称	简图	序号	符号	名称	简图
1		固定顶尖	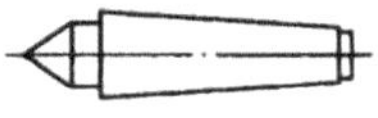	2		内顶尖	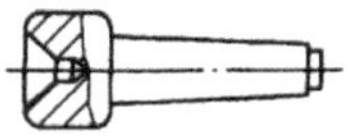
3		回转顶尖	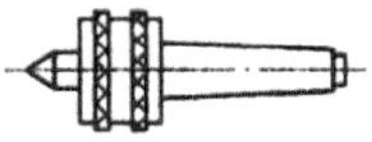	4		圆柱心轴	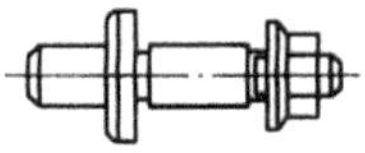
5		三爪自定心卡盘	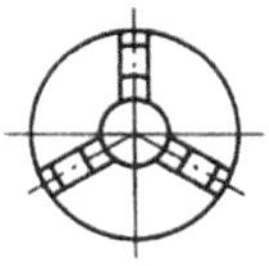	6		四爪单动卡盘	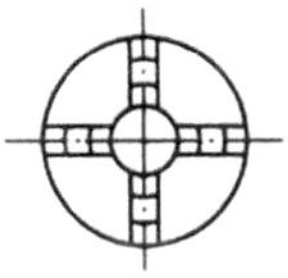
7		中心架	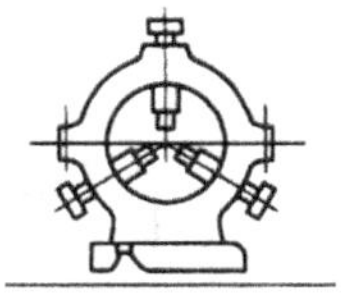	8		跟刀架	
9		止口盘	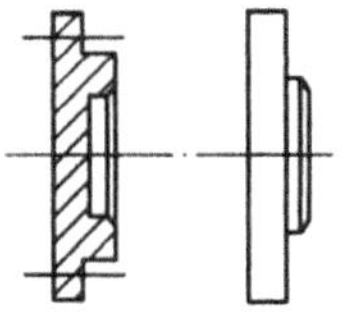	10		拨杆	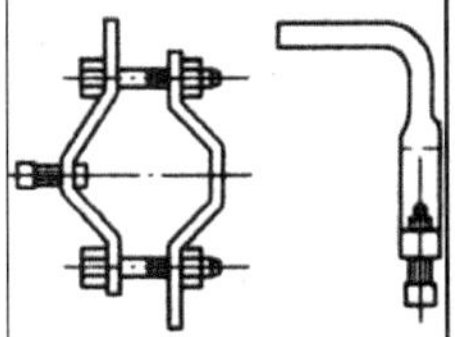
11		圆柱衬套	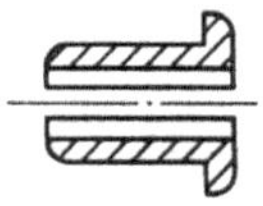	12		可调支撑	
13	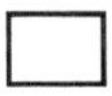	垫铁	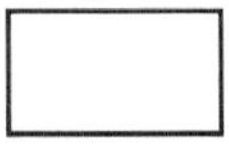	14		压板	
15	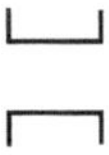	平口钳	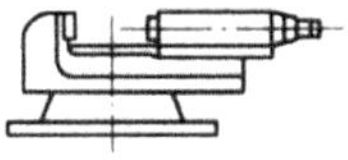	16		V形铁	

(5)标注示例

定位支承符号、辅助支承符号、夹紧符号、装置符号的大小与位置应根据工艺图确定，其线宽为图纸中粗实线线宽的一半。在工件的一个定位面上如果布置两个及以上的定位点，且对每个点的位置无特定要求时，允许用定位符号右边加数字的方法进行表示，不必将每个定位点的符号都画出。在标注时，定位符号、夹紧符号和装置符号可单独使用，也可联合使用，如图9-1、9-2所示。

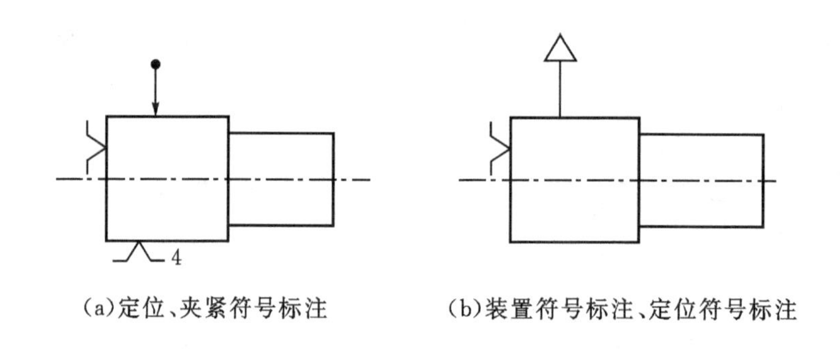

(a)定位、夹紧符号标注　　(b)装置符号标注、定位符号标注

图9-1　三爪自定心卡盘定位夹紧示意图

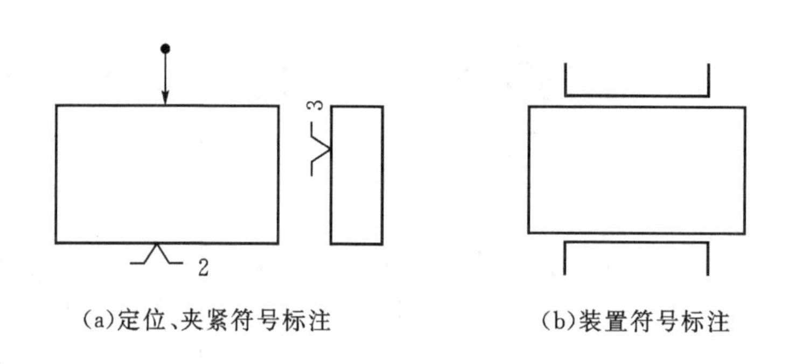

(a)定位、夹紧符号标注　　(b)装置符号标注

图9-2　平口钳定位夹紧示意图

9.4　综合应用实例

9.4.1　实例介绍

本实例的目标是：以4人为一小组，在80课时内，进行小型卷板机样机试制。

卷板机是对板材进行连续弯曲的塑形机床。本小型卷板机为手动工具，具有卷制圆弧形状板材和线材的功能。本卷板机共25种零件，其中自制件12种、标准件10种，外购通用件3种。小型卷板机外观如图9-3所示。

图 9-3　小型卷板机

9.4.2　项目实施

要求学生将小型卷板机样机试制作为一个项目，以项目管理的方式实施，包括规划、执行、监控、收尾过程。

1. 生产过程组织

小型卷板机样机试制，需加工零件 12 种，涉及加工工艺有车削、铣削、钣金、线切割、钻削、螺纹加工。所需设备包括普通车床、万能工具铣床、剪板机、折弯机、电火花线切割机、台式钻床等。

2. 人员配置计划

每组 4 名同学，分别为 A、B、C、D 同学。其中 A 同学为组长，负责项目计划与进度控制，各组员根据责任分配表完成各项任务，具体责任分配见表 9-7。

表 9-7　责任分配表

<table>
<tr><th colspan="2" rowspan="2"></th><th>项目负责人</th><th colspan="4">制造</th><th>成本分析</th><th>总装调试</th></tr>
<tr><th>A 同学</th><th>A 同学</th><th>B 同学</th><th>C 同学</th><th>D 同学</th><th>B 同学</th><th>C 同学</th></tr>
<tr><td colspan="2">编制工艺</td><td>PA</td><td>X</td><td>X</td><td>X</td><td>X</td><td></td><td></td></tr>
<tr><td rowspan="5">制造加工</td><td>车削</td><td>PA</td><td>X</td><td>A</td><td>A</td><td>A</td><td></td><td></td></tr>
<tr><td>铣削</td><td>PA</td><td>A</td><td>X</td><td>A</td><td>A</td><td></td><td></td></tr>
<tr><td>钣金</td><td>PA</td><td>A</td><td>A</td><td>X</td><td>A</td><td></td><td></td></tr>
<tr><td>线切割</td><td>PA</td><td>A</td><td>A</td><td>A</td><td>X</td><td></td><td></td></tr>
<tr><td>钻削、螺纹加工</td><td>PA</td><td>A</td><td>A</td><td>A</td><td>X</td><td></td><td></td></tr>
<tr><td colspan="2">质量检验</td><td>PA</td><td>X</td><td>X</td><td>X</td><td>X</td><td></td><td></td></tr>
<tr><td colspan="2">成本分析</td><td>PA</td><td>A</td><td>X</td><td>A</td><td>A</td><td>X</td><td></td></tr>
<tr><td colspan="2">总装调试</td><td>PA</td><td>A</td><td>A</td><td>X</td><td>A</td><td></td><td>X</td></tr>
<tr><td colspan="2">项目管理</td><td>X</td><td></td><td></td><td></td><td></td><td></td><td></td></tr>
</table>

注：D—单独决策；P—控制进度；A—可以建议；X—执行工作；I—必须通报；T—需要培训

3. 生产进度计划

项目进度计划可以用甘特图表示，甘特图是以时间顺序显示要进行，以及可以同时进行的活动。一般是在图表中用线条标出每一任务的执行时间，如表 9－8 所示。

表 9－8　项目进度表

任　务	完成时间	周数															
		1	2	3	4	5	6	7	8	9	10	11	12	13	14	15	16
项目管理计划	9.11																
编制加工工艺	10.2																
加工制造	12.4																
总装调试	12.18																
成本分析与总结报告	12.25																

4. 质量管理计划

质量管理是指通过策划、实施、控制、检查、改进使产品满足质量要求的相关管理活动。本项目的质量管理计划主要集中于制造过程中的质量控制，包括对外购件进行规格、尺寸检查；对自制件严格按照图纸要求进行质量检测，并建立重点工序质量控制点；检验经过调试后的小型卷板机是否能够完成卷板任务。

5. 成本核算

成本核算包括材料、标准件、通用件、辅助材料成本，动力消耗，设备折旧以及加工成本等。通过成本核算可计算制造成本，为产品定价提供依据，并可进行成本分析与控制以提高产品利润。

9.4.3　主要零件工艺过程拟定

小型卷板机的底板、立板、滚轴需要配合良好以实现卷板功能。其中立板是小型卷板机的重要零件之一，它的作用是支撑滚轴，并保证齿轮啮合良好，因此需保证滚轴孔 F、G 间的位置精度和尺寸精度。立板通过螺纹孔 C 装配在底板上，并通过螺纹孔 E 与压板装配，上滚轴固定在压板上，使用调节螺杆可改变上下滚轴之间距离，以卷制不同圆弧尺寸。光孔 D 与弹簧配合，保证压板能够复位。下面以立板为例拟定工艺过程。

立板毛坯选择厚度为 14 mm 的热轧钢板，先分别铣出定位基准面 A、B，B 面与 A 面互为基准，再铣出外形尺寸；然后，采用钳工划线，确定各孔的位置；分别钻出光孔 D，螺纹孔 C、E 底孔，光孔 F，再粗钻光孔 G，通过扩孔、粗铰、精铰，使孔 G 的表面粗糙度达到 Ra 值 1.6 μm。最后攻制 C、E 螺纹孔，立板零件图见图 9－4。

立板加工工艺过程卡片见表 9－9。

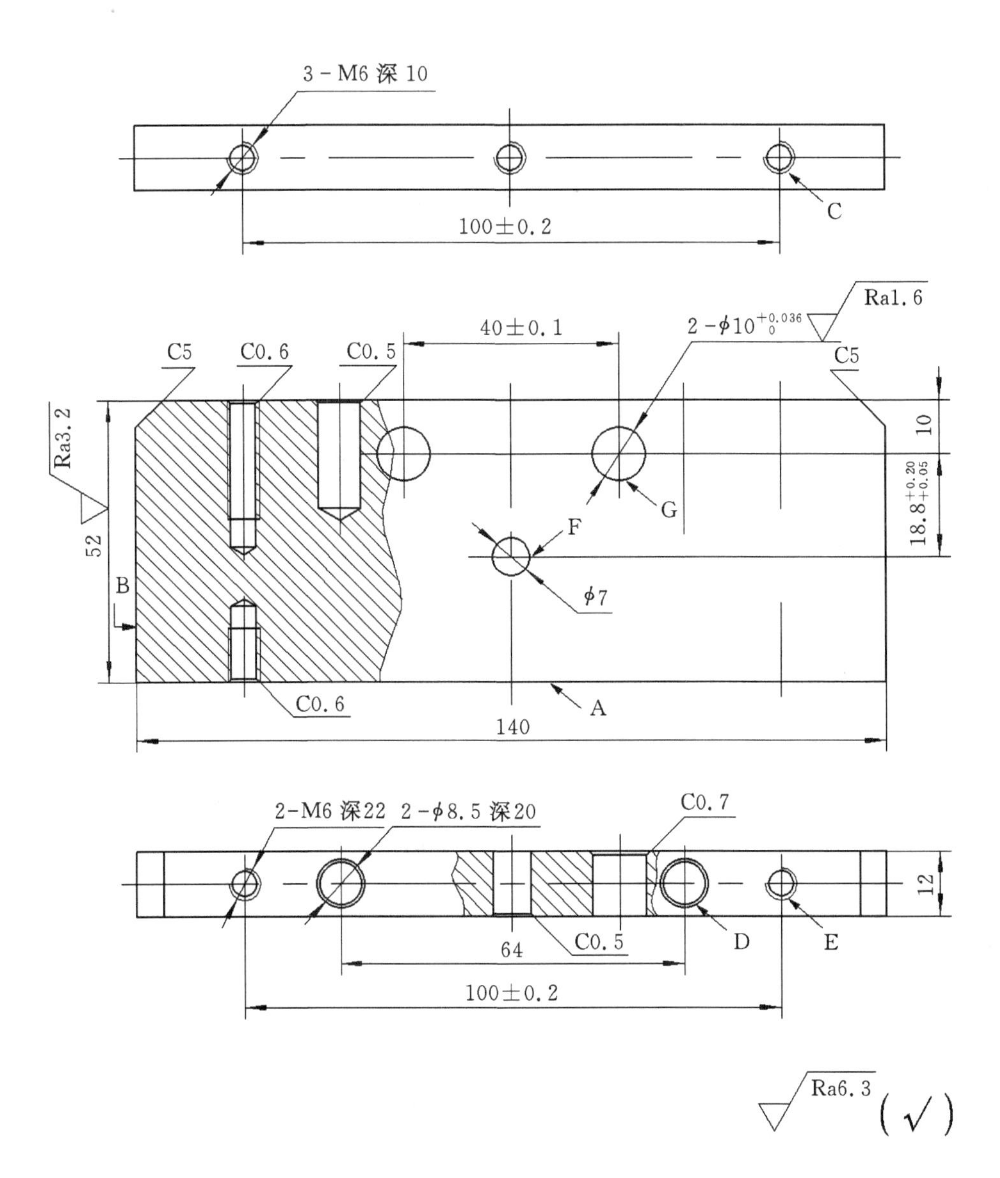
3-M6 深 10
C
100±0.2
40±0.1
2-ϕ10$^{+0.036}_{0}$
Ra1.6
C5
C0.6
C0.5
C5
Ra3.2
10
18.8$^{+0.20}_{+0.05}$
52
F
G
ϕ7
B
C0.6
A
140
2-M6 深22
2-ϕ8.5 深20
C0.7
12
64
C0.5
D
E
100±0.2
Ra6.3
(√)

图 9-4　立板零件图

表 9－9　立板零件加工工艺过程卡

工程项目名称			加工工艺过程卡	产品名称		生产纲领		共 4 页
教改项目				小型卷板机		整机试制		第 1 页
零件名称	立板	材料 45	毛坯尺寸 145×55×14 mm	每台件数	2	备注		
序号	工序名称	工序内容	工序简图	使用设备	刀具	夹具	量具	工时/min
1	下料	下料，尺寸 145×55×14 mm	145；14；55	切割机			钢板尺	5
2	划线	划出外形轮廓加工线		钳工划线工具				10
3	铣削	安装(1) 铣削下端面为基准面 安装(2) 铣削上端面至尺寸	Ra3.2；52；3；2	万能工具铣床	端面铣刀	平口钳	游标卡尺	20
		安装(3) 铣削左端面为基准面 安装(4) 铣削右端面至尺寸	140；Ra6.3；3；2	万能工具铣床	端面铣刀	平口钳	游标卡尺	15
				编制(日期)	审核(日期)	标准化(日期)	会签(日期)	
标记	处数	更改单号	签字	日期				

加工工艺过程卡

工程项目名称	教改项目	产品名称	小型卷板机	生产纲领	整机试制	共 4 页	第 2 页
零件名称	立板	材料	45	毛坯尺寸	145×55×14 mm	每台件数	2
备注							

序号	工序名称	工序内容	工序简图	使用设备	刀具	夹具	量具	工时/min
3	铣削	安装(5) 铣削 2 个倒角		万能工具铣床	端面铣刀	平口钳	游标卡尺	10
		安装(6) 铣削下平面 安装(7) 铣削上平面至尺寸		万能工具铣床	端面铣刀	平口钳	游标卡尺	25
4	划线	划出所有螺孔、光孔中心线，打样冲眼		钳工划线工具				10

标记	处数	更改单号	签字	日期	编制(日期)	审核(日期)	标准化(日期)	会签(日期)

工程项目名称				加工工艺过程卡		产品名称		生产纲领		共 4 页
教改项目						小型卷板机		整机试制		第 3 页
零件名称		立板	材料	45	毛坯尺寸	145×55×14 mm	每台件数	2	备注	
序号	工序名称	工序内容		工序简图		使用设备	刀具	夹具	量具	工时/min
5	孔加工	安装(1) 钻孔 2－ϕ5.2 深 27 钻孔 2－ϕ8.5 深 20		2－ϕ5.2深27 2－ϕ8.5深20 64 100±0.2		台式钻床	钻头	平口钳	游标卡尺	10
		安装(2) 钻孔 3－ϕ5.2,深 15		3－ϕ5.2深15 100±0.2		台式钻床	钻头	平口钳	游标卡尺	10
				编制(日期)	审核(日期)	标准化(日期)			会签(日期)	
标记	处数	更改单号	签字	日期						

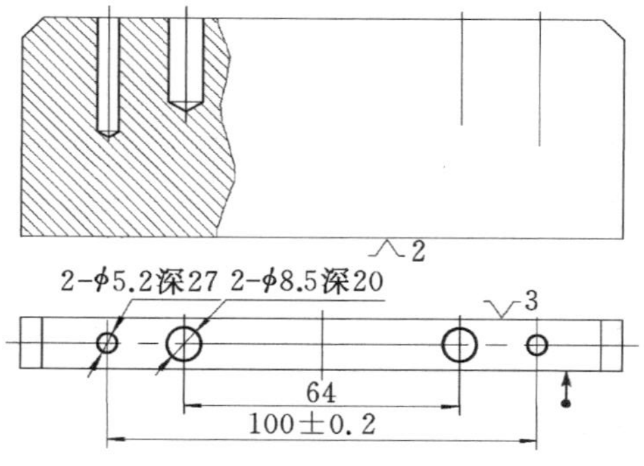

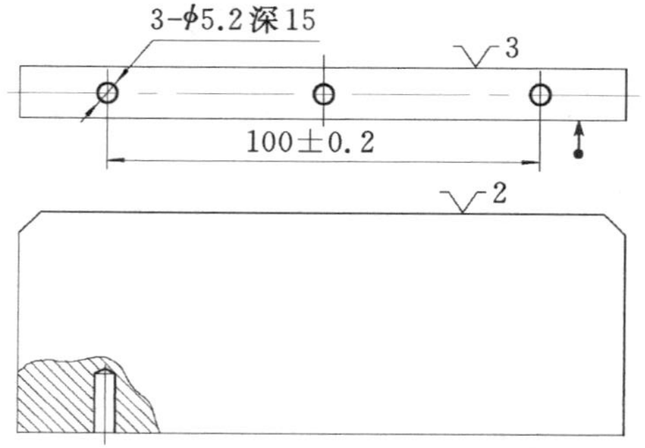

工程项目名称			加工工艺过程卡			产品名称		生产纲领		共 4 页
教改项目						小型卷板机		整机试制		第 4 页
零件名称	立板	材料	45	毛坯尺寸	145×55×14 mm	每台件数	2	备注		
序号	工序名称	工序内容		工序简图		使用设备	刀具	夹具	量具	工时/min
5	孔加工	安装(3) 钻通孔 $\phi7$ 钻通孔 2 - $\phi8.5$ 扩孔 2 - $\phi9.8$ 粗铰孔 2 - $\phi9.95$ 精铰孔 2 - $\phi10$(H7 绞刀)		40±0.1 2-$\phi10^{+0.036}_{0}$ Ra1.6 2 10 $\phi7$ $18.8^{+0.20}_{+0.05}$ 3		台式钻床	钻头、机用绞刀	平口钳	游标卡尺 内径量表	30
6	攻螺纹	安装(1) 攻螺纹 3 - M6 深 10 安装(2) 攻螺纹 2 - M6 深 22		3-M6深10 2(安装1) 3 2-M6深22 2(安装2)			丝锥	台钳		25
				编制(日期)	审核(日期)	标准化(日期)		会签(日期)		
标记	处数	更改单号	签字	日期						

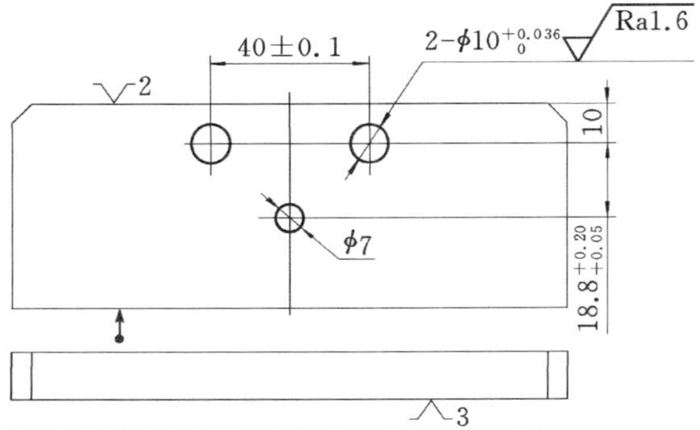

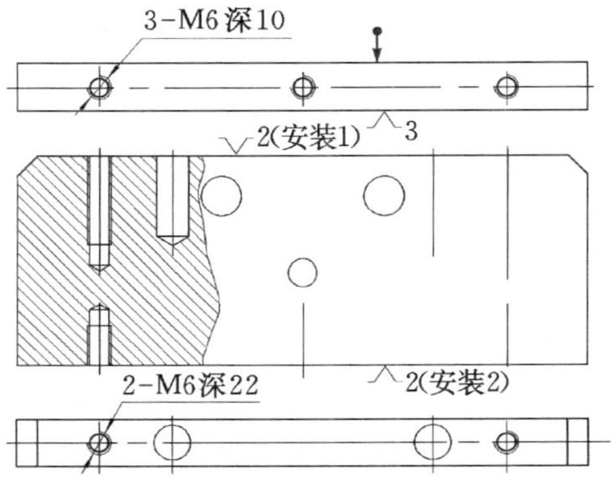

附录　常用技术资料

附表 1　尺寸 0～500 mm 标准公差表

基本尺寸		公差值														
		IT4	IT5	IT6	IT7	IT8	IT9	IT10	IT11	IT12	IT13	IT14	IT15	IT16	IT17	IT18
大于	到	um								mm						
—	3	3	4	6	10	14	25	40	60	0.10	0.14	0.25	0.40	0.60	1.0	1.4
3	6	4	5	8	12	18	30	48	75	0.12	0.18	0.30	0.48	0.75	1.2	1.8
6	10	4	6	9	15	22	36	58	90	0.15	0.22	0.36	0.58	0.90	1.5	2.2
10	18	5	8	11	18	27	43	70	110	0.18	0.27	0.43	0.70	1.10	1.8	2.7
18	30	6	9	13	21	33	52	84	130	0.21	0.33	0.52	0.84	1.30	2.1	3.3
30	50	7	11	16	25	39	62	100	160	0.25	0.39	0.62	1.00	1.60	2.5	3.9
50	80	8	13	19	30	46	74	120	190	0.30	0.46	0.74	1.20	1.90	3.0	4.6
80	120	10	15	22	35	54	87	140	220	0.35	0.54	0.87	1.40	2.20	3.5	5.4
120	180	12	18	25	40	63	100	160	250	0.40	0.63	1.00	1.60	2.50	4.0	6.3
180	250	14	20	29	46	72	115	185	290	0.46	0.72	1.15	1.85	2.90	4.6	7.2
250	315	16	23	32	52	81	130	210	320	0.52	0.81	1.30	2.10	3.20	5.2	8.1
315	400	18	25	36	57	89	140	230	360	0.57	0.89	1.40	2.30	3.60	5.7	8.9
400	500	20	27	40	63	97	155	250	400	0.63	0.97	1.55	2.50	4.00	6.3	9.7

附表 2　公差等级应用范围

应用范围	公差等级(IT)																			
	01	0	1	2	3	4	5	6	7	8	9	10	11	12	13	14	15	16	17	18
高精度标准量块(块规)	■	■	■																	
量块,检验高精度工件用的量规及轴用卡规的校对塞规			■	■	■	■														
特别精密零件的配合尺寸				■	■	■	■													

续附表 2

应用范围	公差等级(IT)																		
	01	0	1	2	3	4	5	6	7	8	9	10	11	12	13	14	15	16	17	18
检验低精度工件用的量规、精密零件的配合尺寸																				
配合尺寸																				
原材料公差																				
未注公差尺寸(非配合尺寸,冲压件、模锻件、铸件等)																				

附表 3　各种加工方法表面粗糙度范围

加工方法		表面粗糙度范围 $Ra/\mu m$
砂模铸造		6.3～100
壳型铸造		6.3～100
金属模铸造		1.6～50
离心铸造		1.6～25
精密铸造		0.8～12.5
蜡模铸造		0.4～12.5
压力铸造		0.4～6.3
热轧		6.3～100
冷轧		0.2～12.5
挤压		0.4～12.5
冷拉		0.2～6.3
锉		0.4～25
刮削		0.4～12.5
刨削	粗	6.3～25
	半精	1.6～6.3
	精	0.4～1.6
插削		1.6～25
钻孔		0.8～25
扩孔	粗	6.3～25
	精	1.6～6.3
金刚镗孔		0.05～0.4

续附表 3

加工方法		表面粗糙度范围 $Ra/\mu m$
镗孔	粗	6.3～50
	半精	0.8～6.3
	精	0.4～1.8
铰孔	粗	1.6～12.5
	半精	0.4～3.2
	精	0.1～1.6
拉削	半精	0.4～3.2
	精	0.1～0.4
滚铣	粗	3.2～25
	半精	0.8～6.3
	精	0.4～1.6
端面铣	粗	3.2～12.5
	半精	0.4～6.3
	精	0.2～1.6
车外圆	粗	6.3～25
	半精	1.6～12.5
	精	0.2～1.6
金刚车		0.025～0.2
车端面	粗	6.3～25
	半精	1.6～12.5
	精	0.4～1.6
磨外圆	粗	0.8～6.3
	半精	0.2～1.6
	精	0.025～0.4
磨平面	粗	1.6～3.2
	半精	0.4～1.6
	精	0.025～0.4
珩磨	平面	0.025～1.6
	圆柱	0.012～0.4
研磨	粗	0.2～1.6
	半精	0.05～0.4
	精	0.012～0.1

续附表 3

加工方法		表面粗糙度范围 $Ra/\mu m$
抛光	一般	0.1～1.6
	精	0.012～0.1
滚压抛光		0.05～3.2
超精加工	平面	0.012～0.4
	圆柱	0.012～0.4
化学磨		0.8～25
电解磨		0.012～1.6
电火花加工		0.8～25
切割	气割	6.3～100
	锯	3.2～100
	车	3.2～25
	铣	12.5～50
	磨	1.6～6.3
螺纹加工	丝锥板牙	0.8～6.3
	梳铣	0.8～6.3
	滚	0.2～0.8
	车	0.4～12.5
	搓丝	0.8～6.3
	滚压	0.4～3.2
	磨	0.2～1.6
	研磨	0.05～1.6
齿轮及花键加工	刨	0.8～6.3
	滚	0.8～6.3
	插	0.8～6.3
	磨	0.1～0.8
	剃	0.2～1.6

附表 4　形状和位置公差特征项目符号

分类	特征项目	代号
形状公差	直线度	—
	平面度	▱
	圆度	○
	圆柱度	⌭
形状或位置公差	线轮廓度	⌒
	面轮廓度	⌓

分类		项目	代号
位置公差	定向	平行度	//
		垂直度	⊥
		倾斜度	∠
	定位	同轴度	◎
		对称度	⌯
		位置度	⌖
	跳动	圆跳动	↗
		全跳动	⌰

附表 5　表面粗糙度选用表

序号	标准 $Ra/\mu m$	表面状况	加工方法	应用举例
1	<100	明显可见的刀痕	粗车、镗、刨、钻	粗加工的表面，如粗车、粗刨、切断等表面，用粗镗刀和粗砂轮等加工的表面，一般很少采用
2	<25～50	明显可见的刀痕	粗车、镗、刨、钻	粗加工后的表面，焊接前的焊缝、粗钻孔壁等
3	<12.5	可见刀痕	粗车、铣、刨、钻	一般非结合表面，如轴的端面、倒角、齿轮及皮带轮的侧面、键槽的非工作表面，减重孔眼表面
4	<6.3	可见加工痕迹	车、镗、刨、钻、铣、锉、磨、粗铰、铣齿	不重要零件的配合表面，如支柱、支架、外壳、衬套、轴、盖等的端面。坚固件的自由表面，坚固件通孔的表面内、外花键的非定心表面，不作为计量基准的齿轮顶圈圆表面等
5	<3.2	微见加工痕迹	车、镗、刨、铣、刮、磨、锉、滚压、铣齿	和其他零件连接不形成配合的表面，如箱体、外壳、端盖等零件的端面。要求有定心及配合特性的固定支承面如定心的轴间，键和键槽工作表面。不重要的坚固螺纹的表面。需要滚花或氧化处理的表面
6	<1.6	看不清加工痕迹	车、镗、刨、铣、铰、拉、磨、滚压、刮 1～2 点/平方厘米铣齿	安装直径超过 80 mm 的 G 级轴承的外壳孔，普通精度齿轮的齿面，定位销孔，V 型带轮的表面，外径定心的内花键外径，轴承盖的定中心凸肩表面

续附表 5

序号	标准 $Ra/\mu m$	表面状况	加工方法	应用举例
7	<0.8	可辨加工痕迹的方向	车、镗、拉、磨、立铣、刮 3～10 点/平方厘米、滚压	要求保证定心及配合特性的表面，如锥销与圆柱销的表面，与 G 级精度滚动轴承相配合的轴径和外壳孔，中速转动的轴径，直径超过 80 mm 的 E、D 级滚动轴承配合的轴径及外壳孔，内、外花键的定心内径，外花键键侧及定心外径，过盈配合 IT7 级的孔（H7），间隙配合 IT8—IT9 级的孔（H8、H9），磨削的齿轮表面等
8	<0.4	微辨加工痕迹的方向	铰、磨、镗、拉、刮 3～10 点/平方厘米^2、滚压	要求长期保持配合性质稳定的配合表面，IT7 级的轴、孔配合表面，精度较高的齿轮表面，受变应力作用的重要零件，与直径小于 80 mm 的 E、D 级轴承配合的轴径表面、与橡胶密封件接触的轴的表面，尺寸大于 120 mm 的 IT13—IT16 级孔和轴用量规的测量表面
9	<0.2	不可辨加工痕迹的方向	布轮磨、磨、研磨、超级加工	工作时受变应力作用的重要零件的表面。保证零件的疲劳强度、防腐性和耐久性，并在工作时不破坏配合性质的表面，如轴径表面、要求气密的表面和支承表面，圆锥定心表面等。IT5、IT6 级配合表面、高精度齿轮的表面，与 G 级滚动轴承配合的轴径表面，尺寸大于 315 mm 的 IT7—IT9 级级孔和轴用量规级尺寸大于 120～315 mm 的 IT10—IT12 级孔和轴用量规的测量表面等
10	<0.1	暗光泽面	超级加工	工作时随较大变应力作用的重要零件的表面。保证精确定心的锥体表面。液压传动用的孔表面。汽缸套的内表面，活塞销的外表面，仪器导轨面，阀的工作面。尺寸小于 120 mm 的 IT10—IT12 级孔和轴用量规测量面等
11	<0.05	亮光泽面	超级加工	保证高度气密性的接合表面，如活塞、柱塞和汽缸内表面，摩擦离合器的摩擦表面。对同轴度有精确要求的孔和轴。滚动导轨中的钢球或滚子和高速摩擦的工作表面

续附表 5

序号	标准 $Ra/\mu m$	表面状况	加工方法	应用举例
12	<0.025	镜面光泽面	超级加工	高压柱塞泵中柱塞和柱塞套的配合表面,中等精度仪器零件配合表面,尺寸大于 120 mm 的 IT6 级孔用量规、小于 120 mm 的 IT7—IT9 级轴用和孔用量规测量表面
13	<0.012	雾状镜面	超级加工	仪器的测量表面和配合表面,尺寸超过 100 mm 的块规工作面
14	<0.0063	雾状镜面	超级加工	块规的工作表面,高精度测量仪器的测量面,高精度仪器摩擦机构的支承表面

参考文献

[1] 周文，过桂萍. 机械加工实训教程 [M]. 北京：北京航空航天大学出版社，2010.

[2] 金福昌. 车工(中级)[M]. 北京：机械工业出版社，2005.

[3] 周宇辉. 钣金工入门 [M]. 合肥：安徽科学技术出版，2009.

[4] 周宇辉. 钣金工简明速查手册 [M]. 北京：国防工业出版社，2010.

[5] 宋瑞宏，施昱. 金工实习 [M]. 北京：国防工业出版社，2010.

[6] 傅水根，李双寿. 机械制造实习 [M]. 北京：清华大学出版社，2009.

[7] 郗安民，翁海珊. 金工实习 [M]. 北京：清华大学出版社，2009.

[8] 刘云龙. 焊工(中级) [M]. 北京：机械工业出版社，2006.

[9] 周波. 木工(中级) [M]. 北京：机械工业出版社，2009.5.

[10] 路玉章. 木雕技法与传统雕刻图谱 [M]. 北京：中国建筑工业出版社，2004.

[11] 李慧. 木工工长一本通 [M]. 北京：中国建材工业出版社，2009.

[12] 叶春香. 钳工常识 [M]. 北京：机械工业出版社，2005.

[13] 郑立业，等. 企业安全生产基本知识 [M]. 北京：石油工业出版社，2007.

[14] 刘富觉. 钣金基本技能训练[M]. 西安：西安电子科技大学出版社，2006.

[15] 王志海，舒敬萍，马晋. 机械制造工程实训及创新教育[M]. 北京：清华大学出版社，2014.

[16] 骆珣. 项目管理教程[M]. 北京：机械工业出版社，2010.

[17] 武友德，苏珉. 机械加工工艺[M]. 北京：北京理工大学出版社，2011.

[18] 陈宏钧. 机械加工工艺技术及管理手册[M]. 北京：机械工业出版社，2011.

[19] 魏杰. 机械加工工艺项目操作 [M]. 北京：北京理工大学出版社，2016.